本书著者名单

著　　者　李俊生　肖能文　李兴春　李广贺　郑元润
　　　　　邓祥征　于宏兵

参加人员　（按拼音排序）

杜显元　丁金枝　范　巍　付梦娣　胡　迪

胡理乐　李　川　林英志　罗建武　马恩君

全占军　戎晓坤　宋一之　王备新　王学霞

闫春红　杨萌青　余　瑞　吴　锋　谢德燕

袁　波　周奇斌　朱林海

国家"十一五"科技支撑计划

陆地石油开采
生态风险评估的技术研究

Technical Research on Ecological Risk Assessment of Terrestrial Petroleum Exploration

李俊生　肖能文　等　著

中国环境出版社·北京

图书在版编目（CIP）数据

陆地石油开采生态风险评估的技术研究/李俊生，肖能文等著. —北京：中国环境出版社，2013.11
ISBN 978-7-5111-1489-1

Ⅰ．①陆…　Ⅱ．①李…②肖…　Ⅲ．①陆地—石油开采—环境生态评价　Ⅳ．①X74

中国版本图书馆 CIP 数据核字（2013）第 127974 号

出 版 人	王新程	
责任编辑	葛　莉　张　娣	
责任校对	尹　芳	
封面设计	彭　杉	

出版发行　中国环境出版社
　　　　　（100062　北京市东城区广渠门内大街 16 号）
　　　　　网　　址：http://www.cesp.com.cn
　　　　　电子邮箱：bjgl@cesp.com.cn
　　　　　联系电话：010-67112765（编辑管理部）
　　　　　　　　　　010-67113412（教育图书事业部）
　　　　　发行热线：010-67125803，010-67113405（传真）

印　　刷	北京中科印刷有限公司
经　　销	各地新华书店
版　　次	2013 年 11 月第 1 版
印　　次	2013 年 11 月第 1 次印刷
开　　本	787×1092　1/16
印　　张	24.5
字　　数	592 千字
定　　价	96.00 元

序

  党的"十八大"提出了把生态文明建设纳入"五位一体"总体布局和建设美丽中国的奋斗目标，并强调"坚持预防为主、综合治理，以解决损害群众健康突出环境问题为重点，强化水、大气、土壤等污染防治"。对资源开发提出来"要按照人口、资源、环境相均衡，经济、社会、生态效益相统一的原则，控制开发强度，调整空间结构"、"资源循环利用体系初步建立。单位国内生产总值能源消耗和二氧化碳排放大幅下降，主要污染物排放总量显著减少"的要求。国民经济和社会发展第十二个五年规划纲要中指出"主要污染物排放总量显著减少""加快推行清洁生产，在农业、工业、建筑、商贸服务等重点领域推进清洁生产示范，从源头和全过程控制污染物产生和排放，降低资源消耗"。

  生态风险评估是随着生态环境管理目标和环境观念的转变而逐渐兴起并得到快速发展的一个新的研究领域，有关污染生态风险评估方法、技术以及指标体系仍是科学研究的重要内容。目前，生态风险评价的各种指标体系还没有建立起来，各种环境化合物的基准值和参考剂量数据库以及事故风险概率还有待进一步补充。随着环境保护进入一个新的时代，应开展区域性污染物生态风险评价工作，充分了解受污染生态系统基本状况，分析可能造成生态风险的因子，按照生态系统等级结构进行风险受体选择和风险表征，使其更适合多尺度生态风险的表征，并建立相应的评价指标和技术标准体系，使我国生态风险评价工作为区域生态环境保护与管理提供科学决策依据。生态风险评估技术的开发将为区域生态质量改善和生态文明建设奠定科学基础。

  石油开采是支撑我国国民经济发展的重要基础产业之一，石油开采过程已引起各种不同程度的环境污染和生态退化。随着国民经济的快速发展，我国对各种石油资源的开发利用强度将日益增大，预计到 2020 年原油年需求量将达4.5 亿 t，然而我国目前自产原油年产量一直徘徊在 1.80 亿 t 左右，石油供需矛盾突出，国家面临重大能源安全问题。为满足未来国民经济发展的需求，我国必须动用更多的陆地石油地质储量以提高原油产量，这势必导致进一步扩张石油开采的生态环境影响区，采油区也必须向低渗透率、低丰度、低产能贫矿或尾矿储量的石油资源区转移，由此还将产生更多的累积污染与更严重的生态风险问题。如何科学减缓、解决石油开采给生态环境带来的破坏和生态风险，协调石油开采与生态环境保护的矛盾，是迫切需要攻克的重大技术难题之一。

国务院和行业部门对石油开采造成的生态风险和环境污染问题给予了高度关注，要求查明石油开采污染源头及其生态风险效应，进行污染治理与控制，减少源头污染，实现清洁生产，建设"绿色油田"。然而，目前我国涉及石油开采生态风险监测与评估的方法、标准和技术体系还不完善，石油开采过程中污染物处理与控制技术还不能满足现在和未来生态环境保护需求。特别是，石油开采自身的复杂性和区域生态环境特征的脆弱性和多样性，给污染物识别与生态风险评估以及油田污染控制带来极大困难，使生态环境保护、污染物控制面临巨大挑战。如何协调石油开采与生态环境保护之间的关系，确保我国石油开采走上环境友好的可持续发展道路是国家面临的重大攻关课题之一。

我国陆地石油资源广泛分布于不同生态类型中，平原湿地、滨海湿地、半干旱草原区和荒漠区石油资源丰富，开采潜力巨大。其中东北湿地、环渤海滨海湿地以及半干旱草原地区中有大量的油田分布，而这些地区又是我国重要生态脆弱区和重要生态功能区之一，具有较大的生态服务功能，对维护区域生态安全具有重要作用。过去几十年来石油资源的开发，加剧了这些地区的环境恶化和生态退化，国家为此已经开展了一些生态保护计划，但迄今仍缺乏针对石油开采导致生态影响与退化的重点专题研究。

"十一五"国家科技支撑重点项目"陆地石油开采生态风险评估与污染控制关键技术研究"围绕国家环境保护"十一五"规划中资源开发生态环境保护的战略目标，针对典型石油开采过程中迫切需要解决的环境污染控制与环境保护关键技术，以东北湿地和滨海湿地石油开采区为典型区，进行污染辨识、污染诊断、生态受体识别、暴露评价、生态效应评估、风险表征与风险预警以及风险管理等生态风险评估技术研究，形成石油开采生态风险评估技术体系，建立石油开采环境污染控制与管理相关标准，为实现石油资源开发和环境保护的和谐发展提供技术支撑。

中国工程院院士　刘鸿亮

2013 年 11 月

目　录

第1章 概　述

石油作为应用最广泛的能源之一，被称为"黑色的金子"和"工业的血液"。美国30%的能源由石油提供，这一比例在英国达到50%，尼日利亚甚至高达90%。1996年全世界每天要消耗大约0.717亿桶原油，据石油输出国组织（OPEC）估计，到2020年全球每天大约要消耗1亿桶原油。

石油工业的发展水平是一个国家综合国力的重要体现，也是支撑国民经济发展的重要基础产业之一，是国家能源安全的重要保障。近年来，我国的石油开采得到了快速发展。1978年我国原油年产量超过亿吨，1993年原油产量已达1.449亿t，逐渐由原来的贫油国迈入世界六大产油国之列。我国目前勘探开发的油气田有400多个，分布在全国25个省、市和自治区。各油田的主要工作生产范围近20万km^2，覆盖地区面积达32万km^2，约占国土总面积的3%。我国自产原油年产量一直徘徊在1.8亿t左右，随着国民经济的快速发展，未来石油供需矛盾突出，我国需要动用更多的陆地石油地质储量以提高原油产量，这势必导致采油区必须向低渗透率、低丰度、低产能贫矿或尾矿的石油资源区转移。

石油是一种含有多种烃类（正烷烃、支链烷烃、芳烃、脂环烃）及少量其他有机物（硫化物、氮化物、环烷酸类等）的复杂混合物，其中有2 000多种毒性大且疑有"三致"（致畸、致癌、致突变）效应的有机物质，如苯系化合物、多环芳烃中的菲、蒽、芘及酚类等。

石油污染的来源包括石油的开采、生产、运输以及使用等过程。近30多年来国内外发生了多起重大石油污染事故，如1978年利比里亚油轮"阿莫科·加的斯"号沉没原油泄漏事件；1979年墨西哥湾油井爆炸事件；1989年美国埃克森公司"瓦尔德斯"号油轮搁浅原油泄漏事件；1991年海湾战争期间石油泄漏事件；1992年希腊油轮"爱琴海"号搁浅原油泄漏事件；1996年利比里亚油轮"海上女王"号原油泄漏事件；1999年马耳他油轮"埃里卡"号沉没原油泄漏事件；2000年利比里亚油轮"威望"号沉没原油泄漏事件；2006年美国阿拉斯加重大石油泄漏事故；2007年俄罗斯油轮"伏尔加石油139"号沉没原油泄漏事件；2010年墨西哥湾原油泄漏事件。这些原油泄漏事故给当地环境产生极大的污染，造成大量动植物死亡，甚至危害人类健康。

石油开采是石油污染最主要的来源。陆地石油开采是一项包含地下、地上多种工艺的系统工程，主要包括勘探、钻井、井下作业、油气开采、油气集输和处理、储运，以及辅助配套工程（如供排水、供电、供热、自动控制等）。给生态环境带来严重影响的主要是来自开采过程中的钻井、井下作业、原油集输作业以及配套的地面工程建设等方面。随着石油开采规模的扩大，开采或生产过程中含油废水的排放、落地原油等，在一定程度上造成开采区的水、土环境污染，由此将产生更多的累积污染与更严峻的生态风险。因此，石油污染已被许多国家纳入危险物质清单。

目前，世界上许多发达国家相继出台了各类环境介质（土壤、沉积物、地表水和地下水）中的石油烃含量标准，并对石油污染进行风险评价以保护生态环境和人体健康。由于我国对石油污染重视不够，石油开采污染场地的控制起步较晚，特别是我国涉及石油开采生态风险监测与评估的方法、技术流程与标准体系还不完善，加上石油开采自身的复杂性和所处陆地区域生态环境特征的脆弱性和多样性，为污染物识别与生态风险评估带来极大困难，造成陆地石油生态环境保护、污染物控制面临巨大挑战。因此，亟须查明石油开采污染源头及其生态风险效应，科学地评估陆地石油开采过程给生态环境带来的生态风险，提出规避生态风险的有效方法，为减少源头污染、实现清洁生产以及污染治理与控制提供技术支撑，为石油开采区生态环境保护与管理策略提供科学依据。

1.1　石油污染的现状

石油污染泛指原油和石油初加工产品（包括汽油、煤油、柴油、重油、润滑油等）及各类油的分解产物所引起的污染。石油对土壤的污染主要是在勘探、开采、运输以及储存过程中引起的，油田周围大面积的土壤一般都受到严重的污染，石油对土壤的污染多集中在 20 cm 左右的表层。石油类物质进入土壤，可引起土壤理化性质的变化，如堵塞土壤孔隙，改变土壤有机质的组成和结构，引起土壤有机质的碳氮比（C/N）和碳磷比（C/P）的变化；引起土壤微生物群落、微生物区系的变化。石油污染对作物生长发育的不利影响主要表现为：发芽出苗率降低，生育期限推迟，贪青晚熟，结实率下降，抗倒伏、抗病虫害的能力降低等。土壤的石油污染直接导致粮食的减产，而且通过食用生长于农业土地上的植物及其产品影响人类的健康。石油类污染物在作物体及果实部分的主要残留毒害成分是多环芳烃类物质，其对人及动物的毒性极大，尤其以双环和三环为代表的多环芳烃毒性更大。多环芳烃类物质可通过呼吸、皮肤接触、饮食摄入等方式进入人和动物体内，影响肝、肾等器官的正常功能，甚至引起癌变。石油类物质还通过地下水的污染以及污染的转移构成对人类生存环境多个层面上的胁迫。

石油排入土壤后会影响土壤的通透性，改变土壤的有机组成，使之盐碱化、沥青化、板结化，阻碍植物根系呼吸及营养吸收，影响植物生长。石油中的多环芳烃具有致癌、致畸、致突变等作用，在一些植物的果实中残留值很高，并可通过食物链在人体中富集，严重危害人体健康。石油烃中不易被土壤或植物根系吸附的污染物组分可以随着地表降水渗透到地下水，污染浅层地下水环境，危害饮用水水质安全。因此，石油污染土壤的修复已成为世界各国普遍关注的问题。

石油及石油产品对水体的污染主要有海洋、江河湖泊、地下水污染。石油污染最主要发生在海洋，据统计，每年通过各种渠道泄入海洋的石油和石油产品约占全世界石油总产量的 0.5%。我国部分沿海地区海水含油量已超过国家规定的海水水质标准的 2～8 倍，海洋石油污染十分严重。海洋石油污染危害是多方面的，如在水面形成油膜，阻碍了水体与大气之间的气体交换；油类黏附在鱼类、藻类和浮游生物上，致使海洋生物死亡，破坏海鸟生活环境，导致海鸟死亡和种群数量下降；石油污染还会使水产品品质下降，造成大量经济损失。

河流湖泊水体污染主要是由炼制石油产生的废水以及石油产品造成的。在石油工业活动中，有大量含油废水排出，由于排放量大，常常超出水体的自净能力，形成石油污染。

另外，油轮洗舱水以及船舶在水域中航行时所产生的油污，也会对水域造成污染。这些污染使河流、湖泊水体以及底泥的物理、化学性质或生物群落组成发生变化，从而降低了水体的使用价值，甚至危害到人的健康。

1.1.1 石油主要组成成分

石油是由数百种化学特性不同的化合物组成的复杂混合体，含有多种烃类（包括烷烃、环烷烃、芳香烃、烯烃等）及少量其他有机物（硫化物、氮化物、环烷酸类等）。

（1）石油的元素组成

组成石油的化学元素主要是 C、H、O、S、N。在大部分石油中，还发现有其他微量元素，构成了石油的灰分。

（2）石油的馏分组成

石油中含有不同的烃类，利用石油组分沸点不同的特点，通过加热蒸馏可以将原油分割成不同沸点的馏分（石油制品）。表 1-1 列出了石油馏分的名称、沸点范围和主要烃类的碳原子个数。

表 1-1　原油的馏分组成

馏分	组成	沸点/℃	碳原子数/个
轻馏分	石油气	<35	$C_1 \sim C_4$
	汽油	50～200	$C_5 \sim C_{10}$
	煤油	130～250	$C_{11} \sim C_{15}$
中馏分	柴油	180～320	$C_9 \sim C_{23}$
	重瓦斯油	320～360	
重馏分	润滑油	360～500	$C_{18} \sim C_{35}$
	渣油	>500	$C_{30} \sim C_{60}$

（3）石油的组分组成

石油化合物的不同组分对有机溶剂和吸附剂具有选择性溶解和吸附性能，选用不同的有机溶剂和吸附剂，将石油分成若干部分，每一个部分就是一个组分，分别为油质、胶质、沥青质和碳质。

油质是指石油中能溶解于中性有机溶剂、不被硅胶吸附、浅黄色的黏性油状物。成分主要为饱和烃和一部分芳香烃。

胶质是指石油中可溶于石油醚、苯、二氯甲烷等有机溶剂，能被硅胶所吸附的物质。可分为苯胶质（用苯解吸的产物）和酒精-苯胶质。前者多为芳香烃和一些含有杂原子氧、硫、氮的芳香烃化合物，后者主要为含杂原子的非烃化合物。轻质油中胶质含量少，重质油中胶质含量大。

沥青质是指石油中不溶于石油醚和酒精，而溶于苯、三氯甲烷的沥青部分。其分子量较大，在电子显微镜下观察，其宏观结构呈胶状颗粒，分子结构是由稠环芳香烃和烷基侧链组成的复杂结构。

碳质是指石油中不溶于有机溶剂的非烃化合物。

（4）石油的化合物组成

石油中含有数百种化合物，主要由正构烷烃、异构烷烃、环烷烃、芳烃和非烃化合物及沥青质组成。

1）正构烷烃

属于饱和烃，在常温常压下，1～4个碳原子（C_1～C_4）的烷烃为气态，5～16个碳原子（C_5～C_{16}）的烷烃为液态，17个碳原子（C_{17}）以上的高分子烷烃皆呈固态。石油中已鉴定出的正烷烃有C_1～C_{45}，个别报道曾提及见到C_{60}正烷烃，但大部分正烷烃碳数为C_{35}。正构烷烃在石油中多数占15.5%（体积），轻质石油可达30%以上，而重质石油则小于15%，其含量主要取决于生成石油的原始有机质的类型（陆相原油含量多，海相原油含量少）和原油的成熟度（未成熟的石油中主要含大分子量的正构烷烃；成熟的石油中主要含中分子量的正构烷烃；降解的石油中主要含中、小分子量的正构烷烃）。

2）异构烷烃

石油中的异构烷烃以C_{10}为主，且以异戊间二烯烷烃最重要，其特点是在直链上每4个碳原子有一个甲基支链。在沉积物和原油中以植烷、姥鲛烷、降姥鲛烷、异十六烷及法呢烷的含量最高。研究和应用最多的是植烷和姥鲛烷。

3）环烷烃

环烷烃分为单环、双环、三环和多环几种类型。在低分子烷烃（<C_{10}）中，环己烷、环戊烷及其衍生物是石油的主要组分，特别是甲基环己烷和甲基环戊烷常常是最丰富的。大部分碳原子数少于10个的烷基环烷烃是环戊烷或环己烷的衍生物，仅有少量是双环的。中等馏分到重馏分（C_{10}～C_{35}）的环烷烃一般有1～5个五环和六环，其中单环和双环烷烃占环烷烃总量的50%～55%，在这些高分子量的化合物中常有一个长链和几个短甲基或乙基链。石油中各种单、双环烷烃的丰度随分子量（即碳原子数）的增加而有规律地减少。

4）芳香烃

芳香烃的特征是分子中含有苯环结构，属于不饱和烃。根据其结构不同可分为单环、多环、稠环3类芳香烃。单环芳香烃是指分子中含有一个苯环的芳香烃，包括苯及其同系物；多环芳香烃是指分子中含两个或多个独立苯环的芳香烃；稠环芳香烃是指分子中含两个或多个苯环，彼此之间共用两个相邻碳原子稠合而成的芳香烃。在石油的低沸点馏分中，芳香烃含量较少，且多为单环芳香烃，如苯、甲苯和二甲苯。随着沸点的升高，芳香烃含量亦增多，除单环芳香烃外，出现双环芳香烃，如联苯。在重质馏分中还可能出现稠环芳香烃，如萘和菲，蒽的含量较少。

几种基本类型的芳香烃化合物有：苯（Benzene）（1环）、萘（Naphthalene）（2环）、菲（Phenanthrene）和蒽（Anthracene）（3环）、苯并蒽（4环），其通式C_nH_{2n-P}中P随环数变化。属于苯（$P=6$）、萘（$P=12$）和菲（$P=18$）三种类型的化合物是最丰富的，每一类型中多数组分常常不是母体化合物，而是带1～3个碳原子的烷基衍生物，如烷基苯中主要组分是甲苯（可占原油的1.8%），有时是二甲苯（邻、间、对二甲苯含量可占原油的1.3%），苯通常含量不多（可达原油的1%）。

多环芳香族化合物（PAHs）包括萘、蒽、菲、芘、苯并[a]蒽和苯并[a]芘（BaP）等，含有多个易断的苯环。在所有的石油制品中都含有多环芳香烃，尤其在煤焦油和渣油中富集。

5）非烃化合物

石油中的非烃化合物主要是含硫、氮、氧 3 种元素的有机化合物，主要集中在石油的高沸点馏分中。

含硫化合物：最重要的非烃化合物，存在于中、重馏分中。主要有硫醇（—SH）、硫化物（—S—）（包括硫醚 R—S—R′、环硫醚）、二硫化物（—S—S—）以及噻吩衍生物。此外，还有元素硫、硫化氢。

含氮化合物：主要集中在胶质-沥青质中。石油中含氮化合物可分为碱性和中性两大类。碱性含氮化合物主要是吡咯、吲哚、咔唑的同系物及酰胺等。原油中含有具有重要意义的中性含氮化合物，即卟啉化合物，它是石油有机成因的重要生物标志物。

含氧化合物：主要有酸性和中性两大类。酸性含氧化合物中有环烷酸、脂肪酸及酚，总称石油酸；中性含氧化合物有醛、酮等，其含量较少。

石油中的非烃化合物是指分子结构中除含碳、氢原子外，还含有氧、硫、氮等杂原子的化合物，主要有含氧化合物、含硫化合物、含氮化合物及胶质和沥青质。氧、硫、氮 3 种元素一般仅占石油的 2%左右，但其化合物却占 10%~20%。这些非烃组分主要集中在石油高沸点馏分中，且各种石油中的非烃化合物在数量上不占主要地位，但它的组成和分布特点对石油的性质却有很大影响。例如，石油中含硫化合物的多少直接影响着原油的质量好坏。

表 1-2　石油类污染物的主要污染物

烷烃	环烷烃	芳香烃	含硫化合物	含氧化合物	含氮化合物
直链烷烃	烷基环戊烷	烷基苯	硫醇	环烷酸	吡啶
支链烷烃	烷基环己烷	单环芳烃	硫醚	脂肪酸	吡咯
		多环芳烃	二硫化物	酚	喹啉
		稠环芳烃	噻吩	芳香羧酸	胺

表 1-3　石油不同组分一般性质

化学物质	分子量/（g/mol）	熔点/℃	沸点/℃	密度/（g/cm³）	溶解度/（g/m³）	蒸汽压/Pa	$\log K_{ow}$
正戊烷	72.15	−129.7	36.1	0.614	38.5	68 400	3.62
正辛烷	114.2	−56.2	125.7	0.700	0.66	1 880	5.18
正十六烷	226.4	18.2	286.8	0.773	—	0.133	—
环戊烷	70.14	−93.9	49.3	0.799	156	42 400	3.00
甲基环己烷	98.19	−126.6	100.9	0.770	14	6 180	2.82
苯	78.1	5.53	80.0	0.879	1 780	12 700	2.13
甲苯	92.1	−95.0	111.0	0.867	515	3 800	2.69
三甲基苯	120.2	−44.7	164.7	0.865	48	325	3.58
萘	128.2	80.2	218.0	1.025	31.7	10.4	3.35
蒽	178.2	216.2	341.2	1.251	0.041	0.000 8	4.63
菲	178.2	101.0	339.0	0.980	1.29	0.016 1	4.57
苯并[a]芘	252.3	175.0	496.0	—	0.003 8	7.3×10^{-7}	6.04

注：K_{ow}为正辛醇-水分配系数。

由表 1-3 看出，不同的石油组分其性质差别相当大。例如，表征物质可挥发性的饱和蒸气压一项，烷烃类的正戊烷是多环芳烃类的苯并[a]芘的 1 012 倍，说明在烷烃大量挥发的情况下，多环芳烃类的苯并[a]芘则可能基本不发生挥发作用。其他几项也分别说明了石油的这一特点。

石油类污染物已列入我国的危险废物名录，在列入的 48 种危险废物中，石油类排列第 8 位。石油类污染物对人类、动物、土壤和天然水体均存在危害和影响。

在石油烃中含有多种有毒物质，其毒性按烷烃、环烷烃和芳香烃的顺序逐渐增加。人类接触石油，可引起急性中毒和慢性中毒。易溶于水的低沸点的饱和烃类，浓度低时能引起动物的麻醉和昏迷；浓度高时能造成细胞的损伤死亡。高沸点的饱和烃类能使生物的营养与输导系统产生紊乱。石油中的芳香烃类物质对人体的毒性较大，由于其有疏水性及低水溶性，能很快进入到沉积环境中并长期存在。随着苯环数量的增加，其水溶性越低，在环境中存在时间越长，致癌性也越强。美国环保局在 20 世纪 80 年代初把 16 种未带分支的 PAHs 确定为环境中的优先污染物，我国也把 PAHs 列入环境优先检测的污染物黑名单（周文敏等，1990）。

1.1.2　石油污染物的主要来源

油气的开采和运输过程会对生态环境造成影响。在油气的开采过程中，会产生大量含油废水、有害的废泥浆以及其他一些污染物，石油中的黏稠胶体可以成片成块地形成长时间的污染，如果处理不好就会污染周边土壤、河流甚至地下水，同时石油、天然气本身就含有对人和动物有害的物质，一旦发生井喷或泄漏，对油气田附近的土壤污染很大。石油管道的泄漏也会严重破坏土壤生态平衡。土壤的严重污染会导致石油烃的某些成分在粮食中积累，影响粮食的品质，并通过食物链危害人类健康。在石油开发的井上作业过程中，进入到生态系统的污染物最主要的是矿物油，它包括落地原油、采油废水和钻井泥浆中的废油。

造成环境污染的石油类污染物主要有 3 种形式：含油固体废弃物、落地原油、含油废水。石油污染物主要集中在土壤表层 0～40 cm 处。土壤对石油污染物具有吸附和截留能力，但有一定限度，超过这个限度，石油污染物将会向土壤深层下渗（Benka-Coker 和 Ekundayo，1995），进一步影响到地下水水质（Fried 等，2006）。石油的渗透能力与土壤质地和污染物存在的时间有关，质地越粗，渗透力越强；随着时间的增加，原油在土壤中的渗透作用逐渐加强，降解的可能性变小（陈鹤建，2000）。另外，地下水的运动亦会影响石油污染物的迁移（Moseley 和 Meyer，1992），如图 1-1 所示。

石油的开采、冶炼、使用和运输过程的污染和遗漏事故，以及含油废水的排放、污水灌溉，各种石油制品的挥发、不完全燃烧物飘落等引起一系列石油污染问题。特别是石油开采过程中产生的落地原油，已成为土壤矿物油污染的重要来源。石油污染物主要来源于以下几个方面。

（1）石油生产作业事故造成土壤污染

在我国的石油开采过程中，还存在一些不合理的作业方式，油田开发过程中的井喷事故、输油管线的泄漏、采油井洗井、地面设备检修都会造成严重的石油污染，由于大量石油的排洒，油浓度大大超过土壤颗粒能够吸附的量，过多的石油存在于土壤空隙中，使小范围内的生态系统完全毁灭，甚至引起地下水的污染。

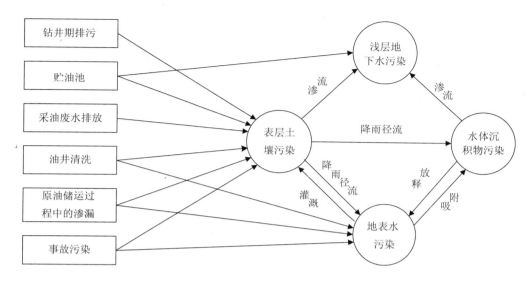

图 1-1　石油生产中的污染来源及影响

石油开采的每一个环节都可能产生石油类污染物并污染自然环境。石油开采不同作业期所产生的石油类污染物具体描述如下。

1）钻井期

在进行钻井作业时，会产生含有石油类污染物的钻井废水及含油泥浆，这是钻井过程中，由冲洗地面和设备的油污、起下钻作业时泥浆流失、泥浆循环系统渗漏而产生。废水含油浓度为 50～1 200 mg/L，水量从几吨至数十吨不等。另外，有些情况下，在达到高含油层前，要经过一定数量的低含油地层，从而导致油随钻井泥浆一起带至地面。同时，一经到达高含油层，地压较高时少量高浓度油可能喷出。

2）采油期

采油期（包括正常作业和洗井）排污包括采油废水和洗井废水。在地下含油地层中，石油和水是同时存在的，在采油过程中，油水同时被抽到地面，这些油水混合物被送进原油集输系统的选油站进行脱水、脱盐处理。被脱出来的废水即采油废水，又称"采出水"。由于采油废水随原油一起从油层中开采出来，经原油脱水处理而产生，因此，这部分废水不仅含有在高温高压油层中溶进地层中的多种盐类和气体，还含有一些其他杂质。更为重要的是，由于选油站脱水效果的影响，这部分废水中携带石油类污染物。另外，在研究流域范围内，也存在采用重力分离等简单的脱水方法，并多见于单井脱水的油井。一般地，油井采油废水含油浓度每升在数千毫克，单井排放量每日平均为数立方米。洗井废水是对注水井周期性冲洗产生的废水或油井在开采一段时间后，由于设备损坏、油层堵塞、管道腐蚀等原因，需要进行大修或洗井作业而产生的含油废水。

3）原油集输贮运过程

在原油集输过程中产生的污染物主要是原油集中处理站产生的含油废水，另外，在集输过程中的一些中间环节，如接转加压站、计量站等也产生一定量的含油废水和固体废弃物。

4）检修和洗井

油井在开采一段时间后，由于设备损坏、油层堵塞、管道腐蚀等原因需要进行检修或洗井作业。这一过程也产生大量的含油废水和固体废弃物，有时甚至会导致大量原油排至地面。

5）事故污染

事故污染包括自然因素和人为因素两种情况：自然事故包括井喷、设备故障和山体滑坡等原因导致输油管线断裂等，这些意外事故均会导致大量原油外泄地面；人为事故指由于各种人为因素（如偷油等）造成的采油设备、输油管线破坏等而导致的原油泄漏。事故污染属偶然事件，一般难以预测，具有产污量大、危害严重的特点。

（2）含油废弃物堆放

含油废弃物主要包括油页岩矿渣、含油泥浆等，油岩是石油工业的重要原料之一，其开采、冶炼时会产生大量的含油矿渣，在进入地表土壤环境前就已经被固体物质所吸附或夹带。含油废弃物在堆放过程中，经降水的冲刷、淋洗等作用，向周围土壤中浸入大量的油，导致污染土壤中的石油污染物含量急剧增高。含油废弃物的另一种污染土壤的途径是与土壤颗粒掺混，并通过扩散作用等方式将周围土壤污染。

（3）漏油与溢油

在石油的勘探、开采、加工、运输及储存等过程中，由于操作不当或事故等原因，不可避免地会造成石油及石油产品的泄漏或溢出，致使大量的石油类物质直接进入土壤，造成土壤的石油污染。例如，石油开采过程中的井喷事故，输油管线及储油设备由于腐蚀等原因所导致的泄漏事故以及油田地面设备和石化生产装置检修中的溢油事故等，这些现象发生在陆地时均可导致大量的石油类物质进入土壤造成土壤的石油污染。

（4）含油废水灌溉污染

含油废水中的原油以乳化的形态分散在水体中，含油浓度可高达 7 000 mg/kg。高浓度的含油废水排至井场地面后迅速下渗，在水动力作用下，这种污染深度一般较大。引用被石油污染的水源进行农灌是大面积土壤受石油污染的最主要原因，这类废水中含有大量的石油类污染物，长期使用这类污水灌溉必然导致土壤中含油量的增高，污染土壤。沈抚污灌区的土壤污染即为这类土壤污染的代表，为中国最大的石油类污水灌区之一。沈抚两地灌溉面积达 1 万 hm^2，由于长期使用含油废水进行灌溉，在沈抚灌渠上游地区，造成了水稻秧苗生长速度缓慢、烂根、粒瘪等现象，产出的大米质量和地表水水质也受到了严重的影响。

（5）大气沉降

在石油开采、冶炼、加工等生产过程中，由于生产工艺落后或环境保护设施不完善，会有部分挥发性石油污染物进入大气环境，这些污染物可通过颗粒吸附、降雨、自然降尘等多种途径进入土壤。除此之外，各种燃油机械所排放的废气中也含有大量的未燃烧的石油成分，这些成分也会通过上述几种方式进入土壤，造成土壤污染。

此外，油田、工厂、船坞、车辆排出的石油烃进入大气，一部分被阳光氧化，另一部分又沉降到地球表面，进入土壤中造成土壤污染。

（6）药剂施用

一些石油产品经常用来作为各种杀虫剂、除草剂及防腐剂等农药的溶剂或乳化剂，当这些农药在农业生产中使用时，石油类物质也会随之进入土壤，从而增加了土壤中的石油浓度，造成土壤的石油污染。

（7）车辆尾气造成土壤污染

汽车尾气中含有各种石油成分，尤其是多环芳烃，可以使车辆繁多的公路两侧的土壤受到相当于或超过污灌、大气污染造成的石油污染。

（8）垃圾施用

工业垃圾、生活垃圾成分复杂，经常含有一定数量的油类。大量垃圾施入土壤，也会增加土壤中油的含量。

1.2 石油污染物在环境中的迁移转化

1.2.1 石油类在环境中的赋存状态

（1）石油类在水体中的赋存状态

石油类污染物进入水体后，在风、阳光和微生物等因素的作用下，经历扩散、乳化、氧化和吸附及沉淀等风化过程后，其组成性质和存在形式都会有所变化。据报道，占新鲜原油 25%～30%的低于 C_{13} 的较轻组分，在进入水体几小时甚至几十小时即可经挥发进入大气。剩余的石油类主要以以下 5 种形式存在于水中：

漂浮油：粒径大于 100 μm 的油珠，在一定时间的静置或缓慢流动条件下，油粒能浮上水面，形成漂浮油。对石油工业废水而言，漂浮油是废水中含油量的重要部分，一般占废水总含油量的 65%～70%。

细分散油：粒径介于 10～100 μm 的微小油珠，不稳定，能缓慢聚拢并形成较大的油珠而上浮到水面。

乳化油：油珠粒径小于 10 μm 的极微细的油珠，以水包油的细颗粒形式稳定悬浮分散在水中。

溶解油：以分子状态分散在水体中，油和水形成均相体系，非常稳定，很难用一般方法去除。石油工业废水中，溶解油很少，一般不多于 5～15 mg/L。

油-固体物：在水体中，油被固体悬浮物（如泥沙）吸附在其表面上，而形成油-固体物。油-固体物一部分会悬浮在水相中，一部分会沉积在底泥中，并且这两种存在状态相互影响、相互转化，在一定条件下处于动态平衡中。

（2）石油类在土壤中的赋存状态

石油类污染物在土壤中的存在状态主要有 4 种：残留态、挥发态、自由态和溶解态。

残留态是指由于石油吸附作用或是毛细作用而残留在土壤多孔介质中的污染物，其以液态形式存在，但不能在重力作用下自由移动。

挥发态是指由挥发进入土壤气相中，并在浓度梯度作用下不断扩散的污染物。

自由态是指在重力作用下可自由移动的污染物，其可通过挥发和溶解向土壤和地下水中释放。

溶解态是指溶解在地下水中，并随地下水迁移扩散的污染物。

虽然石油类物质在土壤中以这 4 种形态存在，但每种形态的污染物并不是一成不变的，各种形态间会通过一系列的传质作用进行相互转化。不同的油品、地域、土壤环境，其存在状态也不同。土壤中不同状态的石油危害也不一样，如残留态是较难清除的部分，自由态是一个长期的污染源，溶解态可能造成大量水体的污染。

1.2.2　石油污染物在环境中的迁移转化

石油类物质的组成和性质十分复杂，土壤又是一个多相体系，这决定了其在土壤环境中迁移、转化规律的复杂性。由于土壤中存在着大量的有机和无机胶体、微生物和土壤动物，使进入土壤中的石油类污染物通过土壤的物理、化学和生物等过程，不断地被吸附、分解、迁移和转化。土壤表面的石油还可通过挥发进行自净。乳化和溶解态的石油类物质随水流可以相对自由地向土层深处迁移或发生平面的扩散运动，当污染强度较大且小分子烃类含量较高时，则可以迁移进入地下水含水层中。逸散在大气中的部分石油类物质可由空气携带飘移，飘移过程中易于吸附在大气的粉尘上，随着粉尘的降落而进入远离污染源的地表土壤，使污染物发生了长距离的输移。

（1）吸附与解吸

由于石油的疏水性，土壤中绝大部分石油类物质吸附在固体表面。在土壤环境条件下的吸附是干态或亚饱和态的吸附。在这种情况下，土壤的湿度会影响平衡吸附量，因为湿度越大，石油类物质越倾向于在土壤有机质上吸附，所以，在较大的湿度条件下，土壤有机质含量是影响平衡吸附量的一个重要因素。

在溶液中石油烃含量较低的条件下，土壤对石油烃的吸附等温线均呈斜率各不相同的直线。土壤理化性质的不同，导致石油烃吸附能力的差异。土壤对石油烃的吸附量，随土壤有机质含量和物理性黏粒含量的增加而增加，土壤有机质对石油烃吸附的影响作用大于物理性黏粒。污染土壤中的石油烃释放是一个极其缓慢的过程，释放率均较低，受石油烃的组成、污灌及土壤有机质含量和物理性黏粒含量等因素的影响。

（2）挥发作用

挥发是石油类污染物在环境中迁移转化的一个重要途径。在原油的采出、输运到炼制的各个环节中，石油类污染物洒落在土壤表面，都会向大气中挥发。石油中的轻质烃挥发性最强，且与下垫面的性质、吸附能力及挥发面积、环境温度、环境风速、时间等有关。通过石油的 GC-TIC-MS 谱图分析发现，在石油暴露十几天后，主要的色谱峰明显降低，这是石油烃的挥发作用造成的。黄廷林（2000）研究发现，温度和风速是影响石油类污染物挥发迁移的最重要因素，温度升高、风速增大都可使挥发迁移速度提高 0.5～5 倍以上。石油类污染物在黄土地区土壤表面挥发的动力学过程可以用一级反应动力学较好地描述。Hinchee 等（2001）选择一系列烃类物质组成混合物，考察 352 d 内混合物成分结构的变化趋势，结果表明，各物质的演变规律遵循其挥发性，最易挥发的物质最先消失（Porta 和 Pellei，2001）。

（3）渗滤作用

土壤中在不同方向上广泛分布的孔隙，为污染物在多种方向上的扩散和迁移提供了可能性。由于水的重力迁移作用，污染物在土壤中的迁移在总体上存在着向下的趋势。落地原油污染物水平方向上主要以放射状分布在以油井为中心的一定范围内，单井调查显示，油井附近的石油类污染物浓度最大，离井越远浓度越小，40～60 m 以外石油的残留污染就很低了，而纵向上石油对土壤的初步污染则多集中于地表下 20 cm 左右的表层。黄廷林等（2000）认为黄土对石油类有很强的截留能力，石油类很难向土壤深层迁移，土壤中可检出的石油类最大迁移深度为 30 cm，随着土壤石油污染强度的提高，石油类迁移的深度相继增大。石油类在土壤中存留时间的长短对石油类的迁移影响较大，新污染的土壤中的石油类比早期污染土壤中的石油类更易向深层土壤中迁移。随着环境温度的升高，石油类污染物在土层和地下水中的迁移能力增强。石油类污染物在土壤中的渗滤过程影响地下水的污染程度。

（4）生物降解作用

土壤微生物在适宜的环境条件下，可以把石油类物质中的一定组分作为有机碳和能量的来源，将它们降解。影响土壤中石油烃类降解的主要因素有土壤石油污染强度、营养物、氧化剂、表面活性剂、温度、土壤含水率和土壤透气性等。不同烃类化合物的降解率高低是正构烷烃＞异构烷烃＞低分子量芳香烃＞多环芳烃，石油烃类化合物组成成分的差异直接影响其生物降解速率。芳香烃化合物由于具有一定的生物毒性，因而对生物降解有一定的抵抗能力。

烷烃的代谢机理是脱氢作用、氢化作用和氢过氧化作用。通常烷烃的生物降解是由氧化酶系统酶促进行的，首先烷烃氧化成相应的伯醇，然后经由醛转化成脂肪酸，脂肪酸通过氧化降解成乙酰辅酶，后者进入三羧酸循环，分解成 CO_2 和 H_2O，并释放出能量，或进入其他生化过程。

多环芳烃的降解首先通过微生物产生的加氧酶，进行定位氧化反应，然后加入 H_2O 产生反式二醇和酚。环的氧化是微生物降解多环芳烃的限速步骤。不同的代谢途径有不同的中间产物，但普遍的中间代谢产物是邻苯二酚、2,5-二羟基苯甲酸、3,4-二羟基苯甲酸。代谢产生的物质一方面可以被微生物利用合成细胞成分，另一方面也可以氧化成 CO_2 和 H_2O。

（5）非生物降解作用

非生物降解主要包括化学降解和光化学降解。化学降解主要是指自然界产生的各种氧化剂和还原剂以及其他一些功能团破坏或取代有机化合物上的键或基团，决定于可能反应位的数量和类型、取代功能团的存在以及数量、酸碱性和加入催化剂的条件，以及溶液的离子强度等影响反应活性的因素，如氧化—还原反应、水解反应、配位反应等。

光化学降解是指土壤表面接受太阳辐射能和紫外线等而引起的有机污染物的直接和间接分解作用。土壤中的石油烃类物质在阳光特别是紫外光的照射下，迅速发生光化学反应，先离解成自由基，接着转变为过氧化物，然后再转变为醇等物质。所谓的直接光解是指石油烃类物质吸收光能后，分子处于激发态，为恢复其稳定状态，往往出现较强的反应趋势，如分子重排、光解反应、取代反应、氧化反应等，从而分解和降解有机化合物，使其在环境中得以衰减的过程。直接光解的速率与有机物中能进行光化学反应的那部分光子成正比，而有机物吸收光子又是依照不同的波长、摩尔消光系数来进行的。光解速率还与石油烃类物质本身的性质密切相关。在吸收光能的过程中，石油烃可以自身吸光发生反应，也可通过另一种活性吸光物质吸收能量后，再将其传递给反应体系，使石油烃间接获得能量。

由于土壤颗粒的屏蔽使到达土壤下层的光子数急剧减少，因而只有土壤表层的有机物能接受光能发生直接光解。但是，土壤中普遍存在的光敏物质使许多有机物能发生间接光化学转化。研究显示，单线态氧在光照土壤某些部位明显形成。有机物在土壤中直接光解的深度被局限在光子能达到的土层部位，而间接光解可稍微深一些，很显然，单线态氧垂直移动的深度要大于光能所能穿透的土层厚度。

1.2.3   石油污染物迁移转化的途径

石油类污染物在环境中主要以两种形式的污染物迁移，即原油和含油废水。两种形态的污染物性质完全不同，影响迁移转化的一系列因素也不尽相同。以原油形态迁移的影响因素主要有：原油的密度、黏滞性、吸附性、挥发性、流动性、温度、风速等。而以含油废水形态迁移的主要影响因素有：吸附、解吸、对流、扩散、挥发、生物降解、温度等。

原油形态的污染物主要是生产运输过程中的落地原油和事故漏油，其中油为主体相，水为杂质相，其产生后直接落于土壤表面或河海水面。落于土壤表面的原油一方面向大气中挥发（蒸发），另一方面向土壤中渗透，被土壤吸附，并在大气降水时，土中的油一部分在径流条件下向水中释放，随流迁移，另一部分在水动力的驱动下向更深的土层入渗。进入土壤环境后，由于石油类物质流动性差，其污染土壤的方式是含油固体物质与土壤颗粒的掺混。

落地原油在重力作用下发生沿土壤深度方向的迁移，并在毛细力作用下发生水平扩散运动。由于石油的黏度大，黏滞性强，能在短时间内形成大范围的高浓度污染。石油浓度大大超过土壤颗粒的吸附量时，过量的石油就存在于土壤孔隙中，这时如果发生降雨并产生径流，则一部分石油类物质在入渗水流的作用下大大加快入渗的速度，另一部分随径流泥沙一起进入地表径流。在径流中，由于水流的剪切作用，土壤团粒结构被破坏，分布在土壤颗粒孔隙中的石油类物质释放出来。石油类物质一般水溶性很差，而且其比重比水小，所以释放出来的物质很快浮于水面上，并且相互结合形成大的石油团块。这就是在有油井分布的地区，洪水期河流水面上往往有块状浮油出现的原因之一。落地原油经过较长时间，在水力、重力等作用下，经过扩散和混合会逐渐形成更加稳定的状态。

分布于水体表面的油类，很快在水体表面形成油膜，一部分向大气挥发（蒸发），另一部分沿水面扩散，被碎浪分散后以乳化或溶解的形式向水下扩散，或被水体中的泥沙所吸附，悬浮水中或沉积水底。

含油污废水形态的污染物主要是石油生产过程中产生的含油废水及在降雨径流条件下在油污土壤表面产生的含油污水，其主要特点是水为主体相，油为杂质相。它们可以直接污染土壤和地表水体甚至地下水，也可间接污染破坏地下水及水生动植物、食物链及人体健康和环境生态。流经土壤的含油水中的油，易被土壤所吸附，这部分吸附的油既可挥发进入大气，亦可下渗进入更深土层甚至地下水，一定条件下还可能再次释放进入降雨径流或下渗污染地下水。排入水体的含油废水中的油，一部分挥发进入大气，一部分漂浮于水体表面，有的被细分散化或溶解于水中，有的被悬浊质吸附，悬浮或沉于水底，这部分油和水体间保持动态平衡，一定条件下可能渗入地下水层，污染地下水。

综上所述，石油类的迁移途径可用图 1-2 表示。

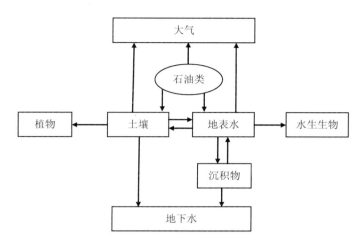

图 1-2 石油类在环境中的迁移途径

1.2.4 石油污染物迁移特征

石油类污染物在土壤中的迁移具有以下特征：

①从水平方向上看，在采油井场附近，石油对土壤的污染程度与距井口距离成反比。产生落地油污染的区域在油井附近 40 m 范围内，产生落地油污染的可能性向外围迅速降低。

②从垂直方向上看，落地油主要在表层土壤中聚集，一般集中在地表之下 20～30 cm 的范围内，其中 0～5 cm 深度范围含量最高，向深部按指数规律迅速降低，达到平衡时，石油污染物的影响深度为 40～50 cm，污染深度为 30～40 cm，平均有 90%以上的石油残留在 20 cm 以上的土层内。

土壤对石油类污染物具有很强的吸附截留能力，绝大部分石油类污染物被截留在土壤表层，很难向下进行垂向迁移。石油类含量总体上随深度增加而降低，尤其是表层土壤以内降低得很快。对表层土壤及深层土壤同时采样，依据采样点剖面上各个土壤样品的采集深度及其石油类含量值，从采样点剖面的石油类含量分布图（图 1-3）可见，石油类物质主要积聚在土壤浅层，且其含量随深度增加而降低。图中反映出在浅层土壤中存在一明显拐点，在此拐点之上，石油类含量下降速度非常快，如：图中，拐点之上，石油类含量由地表处的 6 990.5 mg/kg 迅速降低至 10 cm 深度处的 961 mg/kg，10 cm 的深度石油类含量降低了 6 029.5 mg/kg；而此拐点之下，随深度增加，石油类含量降低的速度变得非常缓慢，由 10 cm 深度处的 961 mg/kg 缓慢降低至 150 cm 深度处的 184.5 mg/kg，140 cm 的深度石油类含量降低了 776.5 mg/kg，平均每 10 cm 深度石油类含量降低 55.5 mg/kg，是拐点之上石油类含量降低速度的 5.77%。

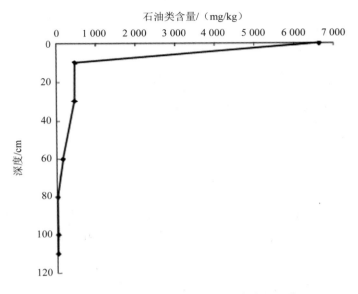

图 1-3   土壤石油类含量随土壤深度变化规律

③从时间上看，随着油田的开采，采油井附近土壤表层的石油含量呈现累加的趋势。在污染物源一定的情况下，随着石油污染物在土壤中的迁移，参与吸附和生物降解等作用的土壤量不断增加，且由于生物降解等作用，土壤的吸附作用不断得到部分恢复。当土壤的吸附与生物降解等自净作用与石油的增加量大体持平时，几者之间达到动态平衡状态。模拟分析结果显示，达到平衡的时间需要 15～20 年，平衡条件下油井附近的土壤含油量一般为 7 000～12 000 mg/kg。

④从环境因素上看，随着温度的升高，石油类污染物在土层和地下水中的迁移能力增强。植物根系也能影响其迁移，如芦苇根系的存在能够促进土壤中石油类污染物的降解转化和垂向迁移，使土壤中的含油量垂向分布特征有别于无植物土壤。

⑤从土壤类型上看，颗粒较细、质地比较黏重的土壤类型，如盐土、草甸土、龟裂土等，对石油的截留作用更大，石油类污染物在这些土壤中更不易下渗迁移，其下渗迁移范围不会超过 20 cm；对于颗粒较粗、结构较松散、空隙比较多的棕漠土，在相同实验条件下，石油类下渗迁移的深度不会超过 30 cm。模拟实验结果表明，6 年内石油类污染物在黑钙土中最大迁移深度为 25～30 cm，而且 90%以上的石油类污染物主要分布于 10 cm 以上的表层土壤中（刘晓艳等，2004）。

1.3   污染扩散模式模拟方法研究

油田开发产生的污染在生态系统中不断地扩散，具有污染物种类繁多、污染源分布广、影响介质全方位、综合性的特点。怎样对典型石油开采区不同介质以及多介质间的污染扩散进行模拟、分析、预测，是进行典型石油开采区生态风险评估、预警的基础。针对石油开采区污染媒介的不同，其污染扩散模式分别如下。

1.3.1 石油污染物在水体中的扩散及模拟

石油和石油化工产品经常以非水相液体（NAPL）的形式污染土壤、含水层和地下水。当 NAPL 的密度大于水的密度时，污染物将穿过地表土壤及含水层到达隔水底板，即潜没在地下水中，并沿隔水底板横向扩展；当 NAPL 密度小于水的密度时，污染物的垂向运移在地下水水面受阻，而沿地下水水面（主要在水的非饱和带）横向广泛扩展。NAPL 可被孔隙介质长期束缚，其可溶性成分还会逐渐扩散至地下水中，从而成为一种持久性的污染源。

在典型石油开采区，水体污染遵循基本的二维水动力学模型。

（1）二维水动力模型

作为石油污染物在水体中扩散的基本动力学模型，二维水动力模型是研究石油扩散的基础。当忽略风应力、涡黏性力、局部摩阻力的影响时，二维水动力计算的基本方程如下：

$$\frac{\partial z}{\partial t} + \frac{\partial}{\partial x}[uh] + \frac{\partial}{\partial y}[vh] = 0 \qquad (1\text{-}1)$$

$$\frac{\partial u}{\partial t} + u\frac{\partial u}{\partial x} + v\frac{\partial z}{\partial y} + g\frac{\partial z}{\partial x} - \Omega + \frac{gu\sqrt{u^2+v^2}}{hC^2} - \xi_x\Delta^2 u - \frac{\tau_x}{\rho h} = 0 \qquad (1\text{-}2)$$

$$\frac{\partial v}{\partial t} + u\frac{\partial v}{\partial x} + v\frac{\partial z}{\partial y} + g\frac{\partial z}{\partial y} + \Omega + \frac{gv\sqrt{u^2+v^2}}{hC^2} - \xi_x\Delta^2 v - \frac{\tau_y}{\rho h} = 0 \qquad (1\text{-}3)$$

式中，z 为水位，m；h 为水深，m；u、v 分别为 x、y 方向垂线平均流速，m/s；t 为时间，s；g 为重力加速度，m/s^2；C 为谢才系数（$C=R^{1/6}/n$，R 为水力半径，m；n 为河床糙率）；Ω 为哥氏力系数（$\Omega=2\omega\sin\psi$，ω 为地球自转速度，ψ 为纬度）；ξ_x、ξ_y 分别为 x、y 方向上的涡动黏滞系数，m^2/s；Δ 为微分算子，$\Delta^2 = \frac{\partial^2}{\partial x^2} + \frac{\partial^2}{\partial y^2}$；$\tau_x$、$\tau_y$ 分别为 x、y 方向上的风切应力。

其中，式（1-1）为连续性方程，式（1-2）、式（1-3）为动力方程。上述偏微分方程可根据给定的初边界条件进行数值求解。在岸边界上，根据固壁的不可穿透性，设流速的法向分量为 0，即 $V_n=0$，在上、下游开边界上，用实际观测或内插法求得的水文资料输入。初始条件为利用模拟初始时刻的水流流速和水位，$u=u_0(x,y)$，$v=v_0(x,y)$，$z=z_0(x,y)$。

基于以上基本方程，就可建立石油污染物在水体中扩散的预测方程。

（2）二维非稳态水质模型

表示水污染扩散输运的过程，可用于江河、湖泊等水体的水质预测，基本方程为：

$$\frac{\partial[hp]}{\partial t} + \frac{\partial[uhp]}{\partial x} + \frac{\partial[vhp]}{\partial y} = \frac{\partial}{\partial x}\left[e_x h\frac{\partial p}{\partial x}\right] + \frac{\partial}{\partial y}\left[e_y h\frac{\partial p}{\partial y}\right] - khp + sh \qquad (1\text{-}4)$$

式中，$p(x,y,t)$ 为污染物垂线平均质量浓度值，mg/m^3；$e_x(x,y)$、$e_y(x,y)$ 分

别为 x、y 方向的紊动扩散系数；$k(x, y)$ 为自净化作用（或沉淀）系数；$s(x, y)$ 为水体中的污浊量（其他源漏项），$mg/(m^3 \cdot s)$，其他符号意义同前。

式（1-4）表示空间任意一点（或微小水团）(x, y) 某污染物的时段平均浓度 $p(x, y)$ 随时间的变化率 $\frac{\partial p}{\partial t}$，与该点处污染物的平移、湍流扩散和源漏项的速率关系。此方程亦被称为二维水质基本方程或二维扩散迁移方程，表达的是某污染物在水体中任意点在二维平面各方向上的时段平均浓度值，其边界条件是：在闭边界处，假定沿岸线的法线方向没有污染物质的扩散与输运，则有 $\frac{\partial p}{\partial t} = 0$；在开边界处，污染物的浓度条件表示为 $p = p_0$ (x_0, y_0, t)，(x_0, y_0) 为开边界点坐标。式（1-1）～式（1-4）共同构成水污染扩散的二维数值模拟模型，采用数值方法联合求解可得到被污染水域的流场和污染物浓度场的时空分布。

1.3.2　石油污染物在大气中的扩散及模拟

在典型石油开采区，原油中较轻的组分极易挥发进入大气，加之天然气的跑、冒、喷、滴、泄，油田开发钻井、井下作业中产生的废气排放（包括大型柴油机排放的废气和烟尘及烃类等有害气体）和废弃不可利用的伴生气等气体燃烧时产生的有害气体等，由于空气具有很大的流动性，这些污染气体的扩散会相对迅速，造成不同程度的大气污染（王林昌，2009），主要成分有 SO_2、NO_x、CO、H_2S、烃类等。它们通常都具有较大的危害性，其中一氧化碳能危及人体中枢神经系统；氮氧化合物对人体呼吸器官有强烈的刺激作用，能引起哮喘，甚至肺气肿、肺癌；硫化氢经黏膜吸收较快，吸入过量易导致呼吸道及眼刺激症状，甚至再现急性中毒，呼吸道麻痹死亡。

另外，石油开发发生井喷时，容易发生火灾，对大气的危害性很大。石油燃烧产生的硫氧化物（二氧化硫和三氧化硫）会严重污染大气，对植物生长、农业生产及自然植被等都有影响，对人体的危害主要是刺激人的呼吸系统，吸入后诱发慢性呼吸道疾病，甚至引起肺水肿和肺心性疾病。如果大气中同时有颗粒物质存在，颗粒物质吸附了高浓度的硫氧化物，可以进入肺的深部，就会大大地加深危害程度。石油燃烧产生的氮氧化物和硫氧化物在高空中被雨雪冲刷、溶解，雨成为了酸雨，这些酸性气体成为雨水中的杂质硫酸根、硝酸根和铵离子，会严重污染土壤以及水体，造成生态的失衡。1990 年爆发海湾战争，伊拉克撤离科威特时故意点燃了大量油井，约有 700 口油井被点燃并一直燃烧了 8 个月，所产生的烟雾和化学物质几个月后仍不消失，其污染程度非常严重，烟雾不仅熏死了众多飞禽，而且导致了印度和东南亚的干旱，甚至在珠穆朗玛峰峰顶、南极冰雪中都化验出了石油燃烧的污染物。从长远结果来看，油田焚烧后的污染更可能导致气候变冷。此外，燃烧的油烟导致的酸雨可引发严重的呼吸道疾病，造成很高的死亡率。

石油空气污染物在大气中的扩散可用大气扩散模式来模拟。大气扩散模式是一种用以处理大气污染物在大气中（主要是边界层内）输送和扩散问题的物理和数学模型。由于影响扩散过程的气象条件、地形、下垫面状况及污染本身的复杂性，到目前为止，基于现有的理论还不能找到一个适用于各种条件的大气扩散模式来描述所有这些复杂条件下的大气扩散问题。因此，近几十年来，气象学家们建立和发展了许多大气扩散模式，形成了种类繁多、能够处理不同条件下大气扩散问题的大气扩散模式，如针对特殊气象条件和地形的扩散模式：封闭型扩散模式、熏烟型扩散模式、山区大气扩散模式和沿海大气扩散模式等。

根据这些模式处理问题所采用的理论和数学方法，基本上可分为高斯模式及其变形模式、统计模式、大气压扩散相似模式和 K 模式。

（1）高斯模式及其变形模式

根据污染和气象场的不同，高斯模式有多种形式，例如（取源点为坐标原点，y 轴与平均风向一致）有界、高架连续点源扩散模式和无界瞬时点源模式（也称烟团模式，其中参数的含义与连续源相同）。高斯模式所描述的扩散过程（实质上也包含了在实际应用中对高斯模式的一些限制）主要有：①下垫面平坦、开阔、性质均匀，平均流场平直、稳定，不考虑风场的切变；②扩散过程中，污染物本身是被动、保守的，即污染物和空气无相对运动，且扩散过程中污染物无损失、无转化，污染物在地面被反射；③扩散在同一温度层结中发生，平均风速大于 1.0 m/s；④适用范围一般小于 10～20 km。

应用最为普遍的是高斯正态烟云模式。对于连续均匀排放的点源，源强为 Q（mg/s），距离地面的有效排放高度为 h_e（m），假定平均风速 u（m/s）沿 x 轴方向，在 y、z 方向上浓度 c 呈正态分布，则扩散公式为：

$$c(x,y,z) = \frac{Q}{2u\pi\sigma_y\sigma_z}\exp(-\frac{y^2}{\sigma_y^2})\cdot\{\exp[-\frac{(z-h_e)^2}{2\sigma_z^2}]+\exp[-\frac{(z+h_e)^2}{2\sigma_z^2}]\} \tag{1-5}$$

式中，c 为欲求的下风向任意位置（x，y，z）的污染浓度，mg/m³；σ_y 为扩散参数，y 方向的标准差，m；σ_z 为扩散参数，z 方向的标准差，m；Q 为排放源强，mg/s；u：排放口高度处的平均风速，m/s；h_e 为有效排放高度，m。

由式（1-5）可以得到：

高架源地面浓度（$z=0$ 时）为：

$$c(x,y,h_e) = \frac{Q}{u\pi\sigma_y\sigma_z}\exp\left[\frac{-y^2}{2\sigma_y^2}-\frac{h_e^2}{2\sigma_z^2}\right] \tag{1-6}$$

地面源地面浓度（$h_e=0$）为：

$$c(x,y)\frac{Q}{u\pi\sigma_y\sigma_z}\exp\left[-\frac{y^2}{2\sigma_y^2}\right] \tag{1-7}$$

地面轴线浓度（$y=0$），对于高架源有：

$$c(x,0,h_e)\frac{Q}{u\pi\sigma_y\sigma_z}\exp\left[-\frac{h_e^2}{2\sigma_z^2}\right] \tag{1-8}$$

而对于地面源有：

$$c(x,0,0) = \frac{Q}{u\pi\sigma_y\sigma_z} \tag{1-9}$$

地面源的高值浓度位于源点，随着下风距离和侧风距离的加大而降低。高架源的高值浓度位于下风轴线上某点附近。地面源的源头附近浓度最大，而高架源的地面浓度从污染源附近的低值浓度增大到最大，之后又随着顺风距离而逐渐减小，不同的源高对近距离内浓度的影响十分明显。随着距离的增加，源高的影响逐渐减小。

因为混合层顶和地面形成了两个不可透的反射壁，污染物在其中扩散、反射、再扩散。其空间任一点的浓度可表示为：

$$c(x, y, z) = \frac{Q}{u\pi\sigma_y\sigma_z} \exp\left[-\frac{y^2}{2\sigma_y{}^2}\right] \cdot \sum_{n=-\infty}^{+\infty} \left\{ \exp\left[-\frac{(z - h_e + 2nL)^2}{2\sigma_z{}^2}\right] + \exp\left[-\frac{(z + h_e + 2nL)^2}{2\sigma_z{}^2}\right] \right\} \tag{1-10}$$

式中，L 为混合层高度，m；n 为反射次数，浓度随 n 的增加减小很快，一般取 3 就有足够的精确度。

虽然高斯模式所描述的扩散过程暗示了实际应用中对这一类模式的一些限制条件，但是，与其他一些类型的扩散模式相比，这类模式有其自身的许多优点：①高斯模式的前提假设是比较符合实际的；②模式的物理概念反映了湍流扩散的随机性，其数学运算比较简单；③高斯类型的模式具有坚实的实验基础；④对基本的高斯扩散模式作一些修正（如地形修正等），便可以直接将其用来处理一些特殊条件下的大气扩散问题；⑤由于高斯扩散模式具有解析形式，因此其数学计算简单，计算量相对较少，还可以计算源和计算点之间的响应关系。正是由于高斯模式物理概念清晰，具有很好的可植性，特别是它有很高的计算效率和空间分辨率，因而即使在现在，它仍然是最受欢迎的模式之一，同时，许多基于该模式的变形模式也应运而生，这些变形模式使得高斯模式无论从理论上还是从实践上都有了进一步的发展。

（2）统计模式

这类模式以大气扩散统计理论为基础，其中心问题是寻求扩散粒子关于时间和空间的概率分布，进一步求出扩散物质浓度的空间分布和时间变化。在均匀、平稳湍流场中，上述概率分布遵从高斯分布，可以导出高斯模式。

长期平均模式在描述单个点源的污染状况或一个城市的大气质量时，有时需要以月平均浓度、年平均浓度等长期平均浓度表示。原则上长期平均浓度可依据瞬时间的值来推算，因此，长期平均浓度值要根据实际气象资料进行计算。气象资料是根据当地气象台（站）常规观测资料，然后对数以千计的风向、风速和大气稳定度的数据进行处理，使之成为符合需要的联合频率函数形式，即由 m 个风向、n 个风速等级、s 个稳定度等级构成的三维矩阵。这样就可以根据联合频率对每小时的浓度进行加权而得到长期平均浓度。其数学表示式为：

$$\bar{c} = \sum_{i=1}^{m}\sum_{k=1}^{n}\sum_{k=1}^{s} a_{ijk}c_{ijk} \tag{1-11}$$

式中，$\bar{c}$ 为平均浓度，mg/m³；a_{ijk} 为风向、风速、稳定度联合频率；c_{ijk} 为在特定风向、风速、稳定度条件下的瞬时浓度，mg/m³；i 为风向，分为 16 个风向；j 为风速等级，分为 12 个等级；k 为稳定度等级，分为 6 个等级。

（3）大气压扩散相似模式

这类模式的理论基础是湍流相似理论，其基本原理是拉格朗日相似性假设，即流场的拉格朗日性质取决于表征流场欧拉性质的已知参量，该理论的基本方法是刚量分析法。在相似理论基础上，Lamb 用 Deardorff 的白天行星边界层模式求得的流场计算了有效释放高度（Lamb，1978）。

$z_x > 0.025 z_r$（z_r 为混合厚度）情况下的浓度，计算的最大浓度 $c_{\max} \infty z_r^{-1}$，这和高斯模式得出的 $c_{\max} \infty z_r^{-2}$ 有所不同。

大气扩散相似理论原则上没有更多的理论限制，但是这类模式要求表征流场欧拉性质的已知参量是完备的，这一点在实际应用中很难满足。因此，这类模式目前也只是应用于小尺度铅直扩散问题和扩散层厚度限制在近地层内的大气扩散问题。

（4）K 模式

K 模式是建立在大气梯度输送理论基础上的，其中心问题是求解输送-扩散方程。梯度输送理论处理空气污染物散布的基本思路就是利用湍流半经验理论，将速度场的脉动量与平均量联系起来。湍流半经验理论的一个基本假定是：由湍流引起的动量通量与局地风速梯度成正比，如：

$$\overline{\rho u' w'} = -\rho K \frac{\partial \overline{u}}{\partial z} \tag{1-12}$$

比例系数 K 即湍流交换系数亦称湍流扩散系数。

推广用于任意物理量 s，则有：

$$\begin{aligned}
\overline{\rho u' s'} &= -\rho K_{sx} \frac{\partial \overline{s}}{\partial x} \\
\overline{\rho v' s'} &= -\rho K_{sy} \frac{\partial \overline{s}}{\partial y} \\
\overline{\rho \omega' s'} &= -\rho K_{sz} \frac{\partial \overline{s}}{\partial z}
\end{aligned} \tag{1-13}$$

式中，K_{sx}、K_{sy}、K_{sz} 分别表示 x、y、z 三个方向的比例系数，即任意物理量 s 的脉动值与该特征量的平均值的梯度成线性比例关系。这就是著名的湍流半经验理论，是根据一些假设及实验结果建立湍流应力与平均速度梯度之间的关系，从而建立起湍流运动的封闭方程组。半经验理论在理论上有很大的局限性和缺陷，但在一定条件下往往能够得出与实际符合较满意的结果，因此在工程技术中得到广泛的应用。由湍流运动引起的污染物局地质量通量输送与污染物的平均浓度梯度成正比，如：

$$\begin{aligned}
\overline{\rho q' u'} &= -\rho K_x \frac{\partial \overline{q}}{\partial x} \\
\overline{\rho q' v'} &= -\rho K_y \frac{\partial \overline{q}}{\partial y} \\
\overline{\rho q' w'} &= -\rho K_z \frac{\partial \overline{q}}{\partial z}
\end{aligned} \tag{1-14}$$

这就是梯度输送理论（也称 K 理论）的基本关系式，也是导出湍流扩散方程的基础。K_x、K_y、K_z 则分别为 x、y、z 三个方向的湍流扩散系数。

随着计算技术的发展，近年来数值 K 模式有了很大的发展，基本上可分为如下几类：①拉格朗日型模式：也称作轨迹模式，模式所采用的坐标固定在气流微团上随气流一起移动；②欧拉型模式：此类模式中，坐标系固定在三维空间中，气流流经固定的坐标系，污染物浓度定义在该固定坐标系中，为了减小数值伪扩散误差，欧拉型模式有多种计算方案，包括差分法、假谱法和有限元方法等，但无论哪种方法都摆脱不了计算过程中差分方案的数值稳定性问题；③混合型模式：此类模式同时具有欧拉型模式和拉格朗日型模式的长处，例如粒子-网格模式（PIC 模式）、矩方法（Method of Moments）等。K 模式的约束条件很少，可以广泛应用于城市、复杂地形、远距离输送等问题，但是它的一个基本缺陷在于把湍流扩散比拟为分子扩散。这一基本假设缺乏严格的物理依据和可靠的实验基础，因此模式的空间分辨率较差，不适合模拟局地扩散问题。这类模式对气象场的输入要求较高，如果输入资料达不到模式要求，则模式的优越性将无法体现。

1.3.3　石油污染物在土壤中的扩散及模拟

在一般情况下，少量矿物油进入土壤后，能促进土壤生物的生长繁殖，增加土壤固氮能力，有利于植物的生长，但其数量一旦超过土壤-植物系统的自净能力，不仅影响地表植物，同时也影响土壤内部物质的转化，从整体上影响土壤的生产力和农产品的生物学质量。矿物油在土壤最大允许负荷限度之内，则土壤生态系统的结构和功能处于正常状态，保持良好的生产能力，能够提供符合食品卫生标准和工业原料标准的农产品，并且不会对地下水、地表水等其他环境要素产生次生污染。总之，矿物油土壤污染标准界限的概念和内涵，就是通过综合性的研究较为准确地得到矿物油在土壤中的临界含量及其较为完备可靠的科学依据，以便政府主管部门制定土壤矿物油的环境质量标准，作为油田开发地区的正式环境法规。依据国内现行的卫生标准和矿物油对植物的毒害指标，参照国外相关标准，对植物中矿物油组分进行具体分析，找出其中生态效应的主导因子，从而综合地确定土壤中矿物油污染的标准界限，研究的内容和程序简述如图 1-4 所示。

以污水形式进入土壤-植物系统的石油烃的主要迁移过程如图 1-5 所示。矿物油以污水输入，第一是土壤分配吸附沉积与在水浸泡下再被解吸的过程；第二为水稻对土壤和污水中油分的吸收与反向释放过程；第三是油分从水分中降解（光解）或挥发到大气的过程；第四为水生生物对油分的吸收而使其退出系统循环的过程。

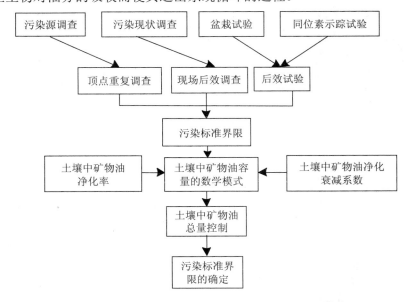

图 1-4　土壤矿物油污染标准界限研究内容和程序

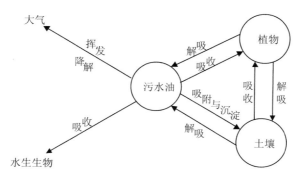

图 1-5 土壤-植物系统中石油迁移的主要过程

可以看出，石油烃的迁移可抽象地采用一个开放型三室体系来描述（图 1-6）。系统中石油烃传输的数量关系可用一阶微分方程组（1-15）表示。

$$\begin{cases} \dfrac{\mathrm{d}q_1(t)}{\mathrm{d}t} = k_{12}q_2(t) + k_{13}q_3(t) - (k_{21} + k_{31} + k)q_1(t) \\ \dfrac{\mathrm{d}q_2(t)}{\mathrm{d}t} = k_{21}q_1(t) + k_{23}q_3(t) - (k_{12} + k_{32})q_2(t) \\ \dfrac{\mathrm{d}q_3(t)}{\mathrm{d}t} = k_{31}q_1(t) + k_{32}q_2(t) - (k_{13} + k_{23})q_3(t) \end{cases} \qquad (1\text{-}15)$$

式中，$q_i(t)$ 和 k_{ij} 分别为系统中各室内石油烃的数量（或浓度）和 t 时刻由 j 室向 i 室传输的速度常数（$t-1$）；k 为石油烃从系统中消失的速度常数；$j=i=1，2，3$。

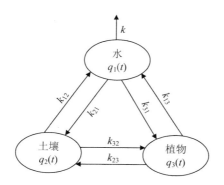

图 1-6 石油烃迁移开放三室体系

方程组（1-15）的解为：

$$\begin{cases} q_1(t) = q_1(0)\left[\dfrac{f}{r\delta} + \dfrac{(r^2 - d\delta + f)\mathrm{e}^{-rt}}{r(r-\delta)} + \dfrac{(\delta^2 - d\delta + f)\mathrm{e}^{-\delta t}}{\delta(\delta - r)}\right] \\ q_2(t) = q_2(0)k_{21}\left[\dfrac{g}{r\delta} + \dfrac{(g-r)\mathrm{e}^{-rt}}{r(r-\delta)} + \dfrac{(g-\delta)\mathrm{e}^{-\delta t}}{\delta(\delta - r)}\right] \\ q_3(t) = q_3(0)k_{31}\left[\dfrac{h}{\delta} + \dfrac{(h-r)\mathrm{e}^{-rt}}{r(r-\delta)} + \dfrac{(h-\delta)\mathrm{e}^{-\delta t}}{\delta(\delta - r)}\right] \end{cases} \qquad (1\text{-}16)$$

式中，r、δ、d、f、g、h 均为常数，已知，系统各室内污染物数量只随时间变化。

通常，土壤中这些石油烃残留物由于受到降解、吸附和解吸等作用的影响，将以代谢物、结合残留或可提取形态分子存在。不同形态的石油烃进行着较为复杂的迁移和转移。可提取性残留，包括某些降解产物，运动自由，可蒸发进入大气，可被吸附成结合状固定物，可下渗污染地下水体，也可被植物（或动物）吸收并随土壤生物一起运动。这就是污染物的吸附与释放机理。

吸附与释放是土壤作用于石油烃类物质的主要形式，也是石油烃在土壤环境中运移时发生的主要变化过程。石油烃物质的吸附与释放特性不仅决定了其在地下固液相间的分配情况，而且决定了其在土壤中的运移特征。吸附与释放发生在固相与液相的接触面上，典型单元体的角度是重要的源汇项，由于石油烃类物质有特殊的物理化学性质，为研究石油烃物质在土壤中的运移特征，首先需要了解其在研究区土壤中的吸附与释放特性，这对探索迁移规律和防治环境污染都具有重要的意义。

（1）吸附机理

石油不易溶于水，是一种高黏度的疏水性物质，多以细小的微粒状态存在。石油类污染物在多孔介质固相颗粒表面的吸附属于物理吸附，主要受土壤中的水温、固相物质构成、水流紊动程度和原油乳化程度等因素影响，其中，分子间力与静电引力是主要作用力。吸附是溶液中某些化学物质附着在另一种物质表面，这里主要是多孔介质的固相表面上的过程。吸附与释放等都是发生在固相与液相的接触面上的，所以吸附与释放能力与表面张力和表面能的变化相联系。多孔介质固相界面上的分子因受力不均衡而产生表面张力，过程中具有表面能。吸附过程中，表面张力减小的同时表面能也有变小的趋势，符合热力学第二定律。研究中常用三种吸附模式描述不同的吸附过程，包括 Henry 模式、Freundlich 模式和 Langmuir 模式等。3 种吸附模式在吸附平衡时的表示式见表 1-4。吸附模式表征了污染物的液相浓度和其被吸附在固相介质表面的固相浓度间的数学关系式，一定温度下，吸附动态平衡时吸附质在固液两相浓度的关系曲线即为吸附等温曲线。

表 1-4　三种吸附模式表示式

吸附模式	表示式	备注
Henry	$G = K \cdot C$	G 为固体颗粒表面平衡吸附量（mg/g）
		C 为液相中污染物平衡浓度（mg/L）
		K 为分配系数
Freundlich	$G = K \cdot C^{1/n}$	n 为常数
Langmuir	$G = G_0 \cdot \dfrac{C}{A+C}$	G_0 为固相最大吸附量（mg/g）
		A 为吸附常数

（2）释放机理

石油烃类污染物进入地下水系统后，在土壤颗粒固相表面发生吸附作用的同时也进行释放，这是因为土壤对石油烃类物质的吸附是一种物理过程，吸附于土壤固相的石油烃类污染物在一定条件下又可能释放到水体中，破坏地下水水质。土壤颗粒固相表面被石油烃类物质污染的途径不同，释放类型也有差异。当石油烃类物质直接吸附于基本干燥的土壤颗粒固相表面时，吸附位由于颗粒表面没有水的包被而充分裸露，有利于石油烃类的吸附发生，故该条件下的吸附速度较快。当土壤颗粒固相表面吸附的是来自水相中的溶解态或乳化态的石油烃类时，因为吸附过程主要发生在对石油烃类具较强亲和力的沉积物有机质上，且固相颗粒表面有水分子包被，所以该条件下的吸附强度较小。由此可知，在前一种条件下，土壤颗粒表面吸附的石油烃类不易发生释放，这主要是因为固相颗粒表面与石油烃类物质紧密结合，且石油烃类的疏水作用使其不易被水所浸润。而后一种条件下的吸附容量较小，水流的剪切作用容易使结合松散的石油烃类与固相颗粒剥离，故形成较大的水相污染浓度。吸附与释放是同时进行的一对逆过程，固相颗粒的吸附收入正是液相溶液的支出，所以固相颗粒对石油烃类的吸附视为汇，而颗粒表面所吸附的石油烃类被释放则视为源。鉴于上述原因，污染土壤中石油烃类的释放研究对石油类非点源污染的控制对策和水质的石油类污染评价有指导意义，以下以采自研究区的被含油污水污染的土样为例探讨影响释放的几个重要因素。

通过考虑土壤地下水流模型（即饱和-非饱和土壤的水质运移模型），建立土壤中有机污染物随水分迁移的动力学控制方程；通过溶质运移模型——石油开采污染物迁移动力学模型，在综合考虑有机污染物在土壤-水环境体系中扩散、吸附解吸、生物降解条件下，建立土壤中有机污染物随水分迁移的动力学方程：

$$C(h)\frac{\partial h}{\partial t} = \frac{\partial}{\partial x}\left(K_{xx}\frac{\partial h}{\partial x}\right) + \frac{\partial}{\partial z}\left(K_{zz}\frac{\partial h}{\partial z}\right) + \frac{\partial K_{zz}}{\partial z} \tag{1-17}$$

式中，$C(h)$ 为水容量；K_{xx}、K_{zz} 分别为横向和纵向水力传导系数；h 为水头压力。

在综合考虑有机污染物在土壤-水环境体系中扩散、吸附解吸、生物降解的条件下，建立如下非平衡吸附的动力学方程：

$$\frac{\partial}{\partial t}(\theta c) + \rho\frac{\partial S}{\partial t} = \frac{\partial}{\partial x}\left[\theta\left(D_{xx}\frac{\partial c}{\partial x} + D_{xy}\frac{\partial c}{\partial y}\right)\right] + \frac{\partial}{\partial y}\left[\theta\left(D_{yx}\frac{\partial c}{\partial x} + D_{yy}\frac{\partial c}{\partial y}\right)\right] - \frac{\partial}{\partial x}(v_x c) + \frac{\partial}{\partial y}(v_y c) - \lambda\theta c \tag{1-18}$$

式中，c 为有机污染物在水相中的浓度；S 为有机污染物在土壤—水界面上的吸附浓度；θ 为体积含水量；v_x、v_y 为 x、y 方向的流速；ρ 为土壤体积密度；λ 为水相微生物降解速率系数；D_{ij} 为弥散系数张量。

1.3.4 石油污染物的多介质逸度模型

石油中的有机污染物进入环境后会在环境各介质中迁移扩散，并伴随发生各种物理、化学、生物的转化过程。多介质环境模型是定量描述污染物在环境系统中的输入与输出、在不同环境介质中的迁移转化行为及其分布的数学模型，有利于揭示污染物环境行为内在的、本质的规律。质量守恒是建立多介质环境模型的基本原理。污染物在环境中的物理迁移和化学转化过程虽然十分复杂，但都遵守质量守恒定律。根据 Mackay 等人的定义，质量平衡方程可分为以下 3 类。

（1）封闭系统，稳态方程

这类质量平衡方程描述了在没有流入和流出的封闭系统内，一定量的化学品如何在给定体积（V）的各个相间分配。污染物的物质的量等于各相中污染物物质量的和，则该封闭稳态系统的质量平衡方程为：

$$M = \sum z_i V_i = \sum z_i f_i V_i \qquad (1-19)$$

式中，M 为污染物总质量，mg；z_i 为 i 相污染物浓度，μg/L；V_i 为 i 相的体积，L；f_i 为 i 相逸度值。

（2）开放系统，稳态方程

这类质量平衡方程考虑了污染物的输入与输出和系统的各种反应，但系统条件不随时间改变。可以描述为污染物的总输入速率（I_{in}，mol/h）等于总输出速率（I_{out}，mol/h）：

$$I_{in} = I_{out} \qquad (1-20)$$

（3）非稳态方程

与稳态系统质量平衡方程不同的是，非稳态条件下的质量平衡方程是以时间为自变量的微分形式，可用下式表示：

$$d_c / d_t = I_{in} - I_{out} \qquad (1-21)$$

式中，d_c 是浓度增量；d_t 是时间增量；输入、输出的速率单位为 mol/h 或 g/h。

总的来说，基于质量平衡原理，多介质环境逸度模型对应于 4 种质量平衡方程，可以分为Ⅰ级逸度模型、Ⅱ级逸度模型、Ⅲ级逸度模型和Ⅳ级逸度模型：

1）Ⅰ、Ⅱ级逸度模型模拟的是稳态、平衡系统

Ⅰ级与Ⅱ级模型的共同点在于都是稳态、平衡模型，即均假定污染物在不同相中达到平衡，各相逸度相同。不同点在于Ⅱ级模型将Ⅰ级模型所描述的封闭环境扩展到开放系统，允许来自研究区域外的稳态输入及系统向外输出；各相内污染物分布均匀，且达到分配平衡；系统中污染物可以发生一系列化学反应（如水解、光解、氧化与还原、生物降解等），且均为一级反应过程。但在实际环境中，系统中的污染物在被降解或迁移前，可能没有足够的时间在各环境介质间达到分配平衡。因此，它们的不足在于过于理想化，无法准确地反映真实的环境。

2）Ⅲ级逸度模型模拟的是稳态、非平衡系统

它假定物质在各相间处于非平衡状态，考虑物质的稳态输入、输出和在相内发生的各种反应，以及相邻两相间物质的各种扩散与非扩散过程。该系统中物质在各相中的逸度相异，更符合实际，主要用来预测化合物在环境中分布已达稳态情况下的分布和归宿。

3）Ⅳ级逸度模型模拟的是非稳态、非平衡系统

它假定物质在各相间处于非平衡状态，考虑物质的非稳态输入与输出和在相内发生的各种反应，以及物质在各相间的扩散与非扩散过程。若需了解化合物在一段时间内的连续变化，必须使用Ⅳ级逸度模型，它能够考虑时间变量，包括随时间变化的污染源，能够很好地描述污染物在多介质环境系统中的迁移转化和分布随时间的动态变化。表 1-5 列出了Ⅰ—Ⅳ级环境逸度模型的比较。

表 1-5　Ⅰ—Ⅳ级环境逸度模型的比较

模型	条件	计算	结果
Ⅰ级	稳态、平衡 无流动过程	$M = f \sum V_i Z_i$	各介质逸度相同
Ⅱ级	稳态、平衡 流动过程	$I = f(\sum D_{A_i} + \sum D_{R_j})$	各介质逸度相同
Ⅲ级	稳态、非平衡 流动过程	$f_j \sum D_{ji} + I_i = f_i(D_{R_i} + D_{A_i} + \sum D_{ji})$	各介质逸度不同
Ⅳ级	非稳态、非平衡 流动过程	$V_i Z_i \mathrm{d} f_i / \mathrm{d} t = I_i + f_j(D_{R_j} + D_{A_i} + \sum D_{ij})$	各介质逸度不同

注：f 是逸度值；Z_i 是第 i 相逸度值；M 是系统内污染物的总量；V_i 是 i 相介质的体积；I 是污染物的输入速率（mol/h），包括通过平流（大气、水体等）进入环境系统的污染物量和直接排放进入大气的污染物量之和；D_{Ai} 是表征平流过程的参数[mol/(Pa·h)]；D_{ij} 是表征反应过程的参数[mol/(Pa·h)]；D_{ji} 是表征污染物在两相间迁移的参数[mol/(Pa·h)]；t 表示时间。

为了更科学有效地分析典型石油开采区的生态污染扩散，可以在系统构建时，将以上各种扩散模型综合，建立污染扩散的模型库，选择拟合程度最好的扩散模式，或将其中的多个模型结合从而确定复合模型系统，更为科学地为决策过程服务。

1.4　石油污染的生态效应

石油污染物如含有多环芳烃、苯系物等多种有毒物质的石油及其化工产品进入土壤-植物系统后会发生迁移，同时也会破坏植被、影响地下水，并对大气造成污染（王景华等，1989），尤其会对土壤-植物系统的组成、结构、功能和服务产生影响，也会通过食物链危害人类健康。目前已在石油污染对土壤理化性质及生物学特性、植物个体生理生态学特性的影响等方面开展了大量工作。

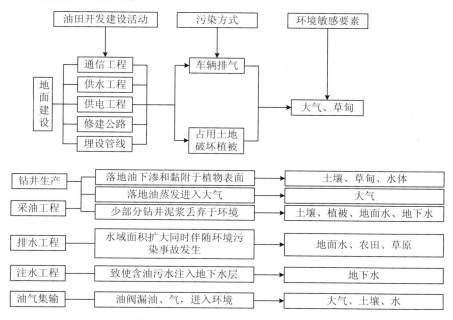

图 1-7　油田生产过程环境影响分析

1.4.1　石油污染对土壤的影响

（1）石油污染对土壤理化性质的影响

石油进入土壤环境后，会显著改变土壤的理化性质。由于石油的黏度较高，大量的石油会将土壤颗粒聚合成较为致密的片层状或团状结构体，降低土壤的孔隙度，并增加土壤的渗透阻力和疏水性（Walter 等，2000）。即使进入土壤中的石油较少，由于石油类物质的水溶性一般很小，土壤颗粒吸附石油类物质后不易被水浸润，难以形成有效的导水通路，透水性也会降低。石油污染会显著降低土壤含水率（贾建丽等，2009），但不会显著影响土壤水势。

石油污染导致土壤有机质、有机碳含量和水溶性有机碳含量增加（刘五星等，2007a），总氮、总磷、有效氮、有效磷、交换性阳离子含量降低，碳氮比、碳磷比增加（王小雨等，2009）。由于石油富含的反应基与无机氮、磷结合并限制硝化作用和脱磷酸作用，降低了土壤有效氮、磷的含量（常志州和何加骏，1998）。但亦存在相反的研究结论，刘五星等（2007b）在大庆、胜利、江汉和江苏等油田发现石油污染对油井周边土壤的全氮、全磷、全钾、水解氮、有效磷、速效钾等无显著影响。

石油污染影响土壤腐殖质的形成和含量。土壤遭受石油污染后，可提取腐殖质（HE）含量和胡敏酸（HA）含量下降，胡敏素（HM）含量增加，HA/HE 的百分比下降；不同结合态腐殖质中，松、稳结合态腐殖质（HI、HII）的含量呈下降趋势，紧结合态腐殖质（HIII）含量增加，并且 HI 的变化幅度小于 HII，导致 HI/HII 呈增加趋势；水溶性有机质（WSOM）的色调系数（$\Delta\log k$）下降而 HA 变化不大。表明随着石油污染程度的增加，土壤 HM 的形成增强，HA 的形成减弱。对 HA 形成的影响主要表现为对稳结合态 HA 形成的抑制作用。同时，WSOM 分子结构趋于复杂而 HA 没有明显变化（冯君等，2008）。此外，随着土壤中石油含量的增加，胡敏酸的脂族性和疏水性降低，而芳香性和极性增强，其分子结构变得老化（张晋京等，2009）。

石油污染导致土壤氧化还原电位下降。Andrade 等（2004）指出土壤氧化还原电位与总石油烃含量（TPH）呈显著负相关。石油污染对土壤电导率影响的研究结果存在不确定性。Benka-Coker 和 Ekundayo（1995）认为石油污染使土壤电导率降低，王小雨等（2009）认为石油污染导致土壤电导率增加，但影响并不显著。这种差异可能是由于影响土壤电导率的因素太多造成的，土壤盐分、水分、有机质含量、紧实度、质地、结构和孔隙度等都不同程度地影响着土壤电导率。

（2）石油污染对土壤微生物的影响

大多数研究认为，石油污染导致土壤微生物总量和以石油烃为碳源的烃降解菌等异养微生物数量增加（Delille，2000），石油污染对土壤微生物的这种刺激效应随着时间的增加而逐渐消失。石油污染亦对其他土壤微生物的数量和活性产生制约作用，如石油污染对植物根际土壤 AM 真菌的产孢能力具有抑制作用。也有研究表明石油污染对土壤中微生物生物量和细菌总量没有显著影响（Megharaj 等，2000）。石油污染对土壤微生物的影响首先取决于石油污染物自身的特性。石油污染程度及污染物中芳香烃类的含量对细菌多样性影响显著，石油污染程度高，芳香烃类含量高的土壤中细菌的多样性相对较低（任随周等，2005）。

石油污染影响参与土壤养分形成与转化的微生物，因此，不可避免地影响着土壤的养分转化过程。石油污染导致参与硝化作用的土壤微生物数量降低，有氧硝化细菌数量增加，厌氧硝化细菌数量减少。此外，石油污染对贫养和富养细菌、氮固定细菌和放线菌的生长可以产生较大的刺激作用（Wyszkowska 等，2002）。

（3）石油污染对土壤酶活性的影响

土壤酶在土壤生态系统物质循环和能量流动方面起着重要作用，土壤酶活性是表征土壤生物学特性与质量的重要指标。石油污染可对多种土壤酶的活性产生影响，以往的研究集中于石油污染对氧化还原酶系和水解酶系的影响。氧化还原酶系方面，吕桂芬等（1997）、Margesin 等（2000）、Baran 等（2004）和何艺等（2008）认为石油污染导致脱氢酶、多酚氧化酶和过氧化氢酶活性增加，而 Megharaj 等、Wyszkowska 等（2002）和蔺昕等则认为石油污染导致这 3 种酶活性降低。水解酶系方面，石油污染导致土壤蛋白酶、转化酶、酸性磷酸酶和碱性磷酸酶活性降低，脂肪酶和荧光素二乙酸酯酶活性增加。Megharaj 等（2000）和 Wyszkowska 等（2002）认为石油污染导致土壤脲酶活性降低，而 Margesin 等（2000）和何艺等（2008）认为石油污染导致土壤脲酶活性增加。石油污染对土壤酶的影响与具体的石油组分有关。Margesin 等（2000）指出柴油污染导致土壤脲酶活性增加，而多环芳烃污染导致脲酶活性降低。还有研究认为石油污染对土壤酶活性不存在显著影响。

1.4.2　石油污染对植物个体的影响

石油污染可对许多植物的存活与生长产生抑制作用。石油污染从物理、化学和生理等多个方面对植物产生影响，尽管植物有时可以通过产生新叶等途径存活，但毒性相对较小的石油或石油组分也可通过阻碍植物的气体交换对植物产生胁迫或致死作用（Pezeshki 等，2000）。

石油污染导致植物存活率、生物量、单株叶片数、植物高度、叶片面积等指标显著降低，石油污染对地下生物量积累的影响大于对地上生物量积累的影响（王雪峰等，2005）。但是，在施加家禽粪便后，石油污染却提高了玉米（Zea mays L.）的生长与干物质产量（Ogboghodo 等，2004）。

石油污染会对植物形成氧化胁迫，造成脂膜损伤，影响细胞膜的透性和细胞内的渗透调节，导致细胞内自由基、丙二醛、超氧化物歧化酶、过氧化氢酶、游离脯氨酸等物质的含量以及相对电导率的增加（Baker，1970）。

石油污染导致细胞内叶绿体损伤，叶绿素等光合色素含量降低，基础荧光（F_0）增加，可变荧光（F_v）、最大荧光（F_m）以及 PSII 原初光能转化效率（F_v/F_m）降低，影响植物的光合作用（陆秀君等，2009）。石油污染还可导致植物蒸散速率（Evapotranspiration rates）下降。研究表明，石油污染物含量为 1% 的土壤中荞麦后期相对生长速率（RGR）和净同化速率（NAR）高于对照，表现出一个延迟的生长高峰（王大为等，1995）。

石油污染影响植物的萌发、开花和结实。石油污染物通过包裹植物种子等途径影响种子与周围土壤间的水分和氧气交换，毒害种子的胚，延迟了植物种子的萌发，降低了种子的萌发率（Salanitro 等，1997）。因此，冬季受到石油污染的种子在春天萌发率会降低。此外，如果植物在花芽发育期间受到石油污染，植物的开花数目会显著降低，果实产生种子的数量也会降低（De Jong，1980）。

　　植物遭受石油污染后生长受到抑制是由于石油对空气的排斥作用、对植物—土壤—水分相互关系的干扰以及土壤中硝态氮的减少而导致的营养缺乏。石油污染对植物的影响程度取决于石油污染物自身的特性以及植物的抗性。苯、甲苯、二甲苯、苯乙烯、茚、萘等挥发性、水溶性、低分子量烃（＜3环）可强烈抑制植物的萌发和生长；高分子量多环芳烃（3～5环）对植物的萌发和生长影响较小（Henner等，1999）。石油污染物的散布形态亦是决定石油污染对植物影响的重要因素，玉米和紫花苜蓿（*Medicago sativa* L.）在完全混合的石油污染土壤中萌发良好，但生长受阻；在土壤表面喷洒石油则严重影响紫花苜蓿的萌发和生长（李小利等，2007）。不同种的植物，甚至同一种植物的不同种群或亚种对石油污染的敏感性也不同，植物对石油污染的敏感性亦随植物的年龄和发生污染的季节不同而不同（Banks和Schultz，2005）。

　　石油污染对某些植物的影响并不是简单的抑制或胁迫，较轻的石油污染可能会促进植物的生长，石油烃浓度低于1 000 mg/kg时对玉米的根系生长有一定的刺激作用，随着石油烃浓度的增加，对根系生长的刺激作用逐渐降低。王雪峰等（2005）亦发现类似现象，低剂量的伊朗轻质原油对红树植物白骨壤（*Aricennia Marina*）没有不利影响，中等剂量的伊朗轻质原油有促进白骨壤生长的作用，高剂量的伊朗轻质原油对植株生长产生明显抑制作用，且出现较多的个体死亡现象。

1.4.3　石油污染对群落和生态系统的影响

　　石油污染影响植物群落的组成和结构。石油污染下植物群落组成和结构的变化取决于石油污染对植物个体的不同效应，包括促进效应、无效应、亚致死效应和致死效应，以及植物个体对石油污染的不同响应，包括适应、耐受和死亡（图1-8）。具体来说有以下几种模式：

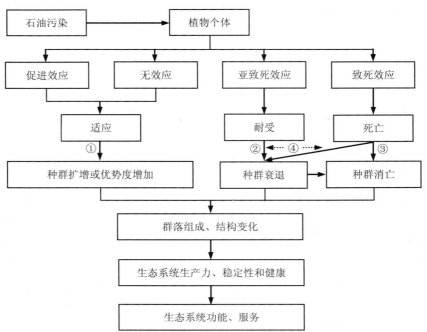

图1-8　石油污染对群落和生态系统的影响

①石油对植物的生长和发育具有促进效应或无效应，植物能够适应石油污染，植物种群扩增或优势度增加，在某些情况下甚至会形成单物种群落（Monospecific community）。例如，Lin 等（1996）对淡水沼泽的研究发现，群落优势植物丝带水兰（*Sagittaria lancifolia*）随着石油量的增加，地上生物量增加，最终形成单物种群落。

②石油对植物的生长和发育具有亚致死效应，植物能够耐受石油污染，但植物种群可能衰退。即使植物能够存活，但如果其开花和结实等繁殖过程受到影响，最终也会造成种群消亡（特别是一年生植物）。

③石油对植物的生长和发育具有致死效应，植物死亡，植物种群消亡。

同一群落中不同种群的植物对石油污染的敏感性不同，同一种群的不同植物对石油污染的敏感性也不同。因此，同一种群的植物对石油污染可能存在多种响应。

④石油对植物的生长和发育同时具有亚致死和致死效应，部分植物能够耐受石油污染，另一部分植物死亡，植物种群衰退，进一步可能造成消亡。例如，在美国 Chesapeake Bay 盐沼草本植物群落开展的长期石油实验表明，石油污染对互花米草（*Spartina alterniflora*）有显著影响。大量的互花米草被杀死，剩余的也表现出许多亚致死效应，包括春季发育延迟、植株密度增加、平均株高降低，次年幼苗的生长几乎都受到抑制（Hershner 和 Lake，1980）。

通常，石油污染会导致植物群落生物量下降，物种多样性降低，植被盖度降低，植株密度发生变化。植物群落变化和土壤环境变化耦合，导致生态系统过程发生变化，进一步影响生态系统的生产力、稳定性和健康，最终危及生态系统的功能和服务（图1-8）。例如，石油污染会影响生态系统的氮固定，尽管这种影响不是很显著（Thomson 和 Webb，1984）。此外，在养分添加的协同作用下，石油污染会导致生态系统内土壤氧需求以及土壤呼吸和硫酸盐还原强度的增加。Culbertson 等（2008）指出，石油泄漏 30 多年后，残留的石油污染物仍明显地影响大尺度的生态系统功能。石油污染导致土壤侵蚀和地形变异性增加。

由于石油化学组分、群落和生态系统的复杂性以及石油污染生态效应的长期性和累积性，同时，长期存在于地下的石油污染物可能在亚致死水平上对生物产生影响，因此，研究石油污染对群落和生态系统的影响，需要考虑许多复合效应、累积效应、间接效应和延迟效应，准确地研究石油污染对群落和生态系统的影响就显得十分困难，目前尚缺乏科学的指标体系来度量石油污染对群落和生态系统的影响。必须实现从基于单个物种的急性毒理学到基于生态系统的毒理学的转变，并将污染物急性的、直接的短期影响和慢性的、延迟的、间接的长期影响紧密地结合起来（Peterson 等，2003）。

1.4.4 石油污染的环境监测

有效地进行石油污染的环境监测对于高效开展石油污染的降解和修复工作，预防石油污染的扩散具有重要意义。目前，石油污染的环境监测一般进行常规的土壤、植被调查取样和分析。但是，土壤和植被监测，特别是大面积的污染监测，往往需要大量的取样，样品的分析测定需要大量昂贵、精密的仪器，测定程序也较为复杂，所以是一项耗力、耗财、耗时的工作。因此，在理解受石油污染的植被和土壤光谱特性的基础上，结合高分辨率遥感资料进行石油污染的遥感监测得到重视。荧光光谱、高分辨率光谱、近红外波段偏振光等已经表现出较好的前景（Fingas 和 Brown，1997；Brekke 和 Solberg，2005）。

荧光光谱对石油中多聚芳烃和杂环化合物组分具有较高的检测能力,但由于石油的荧光波段与腐殖质的荧光波段存在重叠,降低了其对石油污染的检测能力,如何提高荧光光谱对石油污染物的检测能力仍需进一步研究。Löhmannsröben 和 Roch(2000)提出采用激光诱导的荧光光谱原位分析土壤石油污染的方法,取得了较好的效果。

土壤和植被的反射光谱中不仅包含了石油污染的信息,且植被反射光谱特性与石油污染胁迫指示因子(如光合色素、生物量、叶面积等)之间存在高度相关性(刘庆生等,2004),因而利用遥感资料结合地物高分辨率光谱数据进行石油污染的遥感监测值得进一步研究。

王瑗等(2008)对石油污染土壤的近红外波段偏振光特性的研究表明,当土壤含水量较低时,土壤表面反射光的偏振度会随土壤中石油含量的增加而增大;当土壤含水量较高时,土壤表面反射光的偏振度会随土壤中石油含量的增加而降低,这也为石油污染的遥感监测提供了一个途径。

1.4.5　小结与展望

由于石油污染影响的长期性及人类发展对于石油的依赖性,主要石油污染物的识别与原位监测、石油污染的生态环境效应与作用机制、石油污染的扩散与暴露途径、石油污染的修复以及石油污染的监测与预警将长期成为石油污染与修复研究的重要课题。目前已在石油污染对土壤理化性质及生物学特性、植物个体生理生态学特性的影响,以及利用土壤微生物、植物与其他物理化学方法进行石油污染的修复等方面开展了大量工作。但是,上述研究在解释石油污染生态效应的机理方面仍显不足,石油污染对群落和生态系统影响的研究亦较欠缺,石油污染的时空高分辨率监测与预警更为缺乏。因此,将来应在以下几个方面加强研究。

① 从分子、细胞、组织、器官、个体、种群、群落至生态系统,开展多层次综合研究。在分子到个体水平上,进一步强调室内控制实验的作用,利用微观指标较强的机理解释能力,进一步从机理上阐明石油污染的生态效应。在种群到生态系统水平上,应加强野外控制实验和野外调查工作的开展,特别是加强长期定位实验研究,以便更加准确地理解石油污染在群落及生态系统层次上的影响,实现从基于单个物种的急性毒理学到基于生态系统的毒理学的转变。在此基础上,构建多层次的石油污染标志物体系,建立石油污染与标志物的量化关系,结合模型分析,全面理解石油污染对环境的影响,特别是石油污染对生态过程、生态系统功能和服务的影响,以便实现石油污染生态风险的准确评估。

② 借助现代日益发展的遥感技术,实现石油污染的大范围、实时监测与预警。目前,植被指数和红外光谱参数等遥感方法已在生态学、环境科学、农林科学等领域中得到广泛应用。这些指标可以较好地估算叶面积指数、生物量、植被盖度、光合色素和有效光合辐射等生物物理和生物化学参数,因此可以很好地反映植被的活力状况。但是,目前在石油污染生态效应的遥感监测方面开展的工作仍然相对较少,特别是以高光谱分辨率遥感作为监测手段的研究工作更为缺乏。为强化这方面的研究,首先必须针对典型的生态系统或石油开采区开展石油污染生态效应的室内和野外地物光谱研究,建立石油污染与各种遥感参数的定量关系,筛选出能够拟合石油污染的最佳参数。在此基础上,进一步耦合航空、航天等遥感技术,最终实现石油污染生态效应的定时、定位、定量、大面积监测。

1.5　生态风险评价

1.5.1　生态风险评价的定义

风险（Risk，简写为 R）是指事物发展过程中的不利方面或者损失发生的可能性和程度的综合。它有着两个层次的含义：一个是风险发生的可能性（Possibility，简写为 P，也称为风险度）；二是风险带来的损失程度（Deficiency，简写为 D）。从数学角度来描述，可以将风险定义为两者的乘积：

$$R = P \cdot D \tag{1-22}$$

风险 R 也称风险度或者风险值，主要用来评价风险的大小。设 X 是一个随机变量，一般使用随机事件 X 的标准差 $\theta(X)$ 与其平均值 $E(X)$ 的比值来表示风险度：

$$P = \frac{\theta(X)}{E(X)} \tag{1-23}$$

一般地，对于某个特定的灾害或事故 X，其风险度的基本公式如下：

$$R(X) = P(X)D(X) \tag{1-24}$$

对于离散型灾害或损失，可用单个灾害或事故的风险总和表示，公式如下：

$$R(X_i) = \sum_{i=1}^{n} P(X_i)D(X_i) \tag{1-25}$$
$$（其中 i = 1，2，\cdots，n）$$

对于连续型灾害或者事故，风险的风险度 P 及损失的大小 D 都随着随机变量 x 的变化而变化，可用积分的概念定义其风险度公式：

$$R(X) = \int P(X)D(x)\mathrm{d}X \tag{1-26}$$

通常，对于特定的生态风险，还需考虑各类风险的联合分布。

生态风险评价（Ecological Risk Assessment，ERA）是以化学、生态学、毒理学为理论基础，应用物理学、数学和计算机等科学技术，预测污染物对生态系统的有害影响。1992年美国环保局将其定义为，"生态风险评价是评估由于一种或多种外界因素导致可能发生或正在发生的不利生态影响的过程。其目的是帮助环境管理部门了解和预测外界生态影响因素和生态后果之间的关系，有利于环境决策的制定。生态风险评价被认为能够用来预测未来的生态不利影响或评估因过去某种因素导致生态变化的可能性。"

生态风险评价从不同角度理解可以有不同的定义：

①从生态系统整体考虑，生态风险评价可以研究一种或多种压力形成或可能形成不利生态效应的过程，也可以是主要评价干扰对生态系统或组分产生不利影响的概率以及干扰作用的效果；

②从评价对象考虑，生态风险评价可以重点评价污染物排放、自然灾害及环境变迁等环境事件对动植物和生态系统产生不利作用的大小和概率，也可以主要评价人类活动或自

然灾害产生负面影响的概率和作用；

③从方法学角度来看，生态风险评价可以被视为一种解决环境问题的实践和方法，或被看作收集、整理、表达科学信息以服务于管理决策的过程；

④生态风险评价是预测污染物可能产生对人及其他至关重要的生命有机体的损害程度和范围，旨在保证生态系统中的生物能正常栖息、活动和繁殖的环境，保证地区物理化学循环的正常运行；

⑤区域生态风险评价是利用环境学、生态学、地理学、生物学等多学科的综合知识，采用数学、概率论等量化分析技术手段来预测、分析和评价具有不确定性的灾害或事件对生态系统及其组分可能造成的损伤（付在毅和许学工，2001；蒙吉军和赵春红，2009）。

综上所述，生态风险评价的关键是调查生态系统及其组分的风险源，预测风险出现的概率及其可能的负面效果，并据此提出相应的舒缓措施。

1.5.2　生态风险评价程序

美国环保局对生态风险评价工作有较成熟的方法和数据库，并且做了大量的生态风险评价工作。一般分为以下过程：①制订计划，根据评价内容的性质、生态现状和环境要求提出评价的目标和评价重点；②风险的识别，判断分析可能存在的危害及其范围；③暴露评价和生态影响表征，分析影响因素的特征以及对生态环境中各个要素的影响程度和范围；④风险评价结果表征，对评价过程得出结论，作为环保部门或规划部门的参考，作为生态环境保护决策的依据。风险评价系统包括危害识别、暴露评价、剂量-效应关系、风险表征 4 个部分。生态风险评价方法主要有传统的商值法，也有基于概率意义的概率密度函数重叠面积法和联合概率曲线法等概率风险评价方法，其中商值法使用得最普遍、最广泛。

参照欧盟适用于现有化学物质与新化学物质的风险评价技术指南（TGD）中的效应评价外推法对大港油田外排水的多环芳烃进行生态风险评价。在评价污染物质的生态风险时，我们关注的环境效应需要通过危害性识别来确定，然后通过剂量（浓度）-反应（效应）关系的研究来获取物种的实验室毒理学数据（少数情况下，毒理学数据可以通过生态系统模拟实验来获得），然后再考虑评价因素的影响，由毒理学数据外推得出预测无效应浓度（PNEC），即最大不可能发生无法接受效应的最高浓度。在通过基础水平的 3 个营养级水平（藻、溞、鱼）急性毒性试验 LC_{50} 外推 PNEC 过程中，需要选取合适的评价系数以最大限度地减小不确定性的影响。评价系数表见表 1-6。

表 1-6　淡水生态效应评价系数

可获得的实验数据	评价系数
基础水平的 3 个营养级水平每 1 级至少有 1 项 LC_{50}（藻、溞、鱼）	1 000
1 项长期试验的 NOEC（鱼类或藻类）	100
2 个营养级的 2 个种的长期 NOEC	50
3 个营养级的至少 3 个种的长期 NOEC	10

（1）危害识别

危害识别即确定主要的有害物质或污染物和可能受到其危害的对象，评价的受体可以是生物也可以是非生物。采用 3 个基础营养级水平（藻、溞、鱼）急性毒性效应作为环境效应指标。

（2）暴露-反应估算

暴露-反应估算是指对某一物质的剂量或暴露水平与影响的范围及程度之间关系的估算。由于不确定性的存在，在通过基础水平的 3 个营养级水平（藻、溞、鱼）急性毒性试验 LC_{50} 外推 PNEC 时，需要选取合适的评价系数。评价系数由经验得来，所得毒性数据需要与评价系数相除才能推出环境无影响浓度。

通过单物种的实验室研究数据来外推多物种的生态效应时存在不确定性，所以在确定评价系数时，需要选择合适的评价系数。不确定性主要包括：实验室内与实验室外的毒性数据的差异、生物学种内和种间的差异、由短期毒性数据外推长期毒性的不确定性、由实验室所得结果外推野外环境的不确定性。所以评价系数由推导环境无影响浓度的置信限确定。倘若可以获得的一系列营养级水平或者种群水平抑或代表了不同营养级的生物的毒理学数据时，置信限就很高。倘若所获得的数据比基础数据组要求的数据多时，评价系数的值可以降低。一般由评价终点除以评价系数即可以得到环境无影响浓度，对于那些有多个物种、多项评价终点的，用最低值除以评价系数得到环境无影响浓度。

（3）剂量效应

效应评价是通过测定剂量效应曲线找出所使用的化学品（包括农药）的阈值浓度，低于此阈值浓度将不会对生态系统产生不良影响。

（4）风险表征

风险表征是根据暴露数据和效应数据对上述每一环境介质进行逐个生物种群比较和评价其风险大小，给出可能发生效应的概率。由于实验数据和实际情况还有差别，因此结论必然带有不确定性。

1.5.3　生态风险技术框架体系

生态风险隶属风险的范畴，是生态系统受不确定性的事故或灾害影响，其结构和功能所承受的风险。它指一个种群、生态系统或整个景观的正常功能受外界胁迫，从而在目前和将来减小该系统内部某些要素或其本身的健康、生产力、遗传结构、经济价值和美学价值的可能性。在一定的区域内，具有不确定性的事故或者灾害对生态系统及其组成部分可能产生不利作用，包括生态系统结构和功能的损害，从而危及生态系统的安全和健康（Hunsaker 等，1990；Lipton 等，1993；USEPA，1998）。目前发展较为完备的生态风险评价技术框架体系主要有以下几个。

（1）美国体系

美国生态风险评价研究主要从两个层面上发展。一个是以 Suter（1993）和 Battle（1992）等科学家为代表的科学研究层面，为生态风险评价奠定了理论基础和技术框架支撑。随后，一大批的研究机构和物理、化学、生物学、方法学等方面的众多科学家进行了研究。第二个是以美国环保局及所属的有关管理机构和相关实验室进行的生态风险评价技术框架和集体应用的研究。1992 年美国环保局（USEPA，1992 a）定义生态风险为一种或多种压力形成的不利生态效应的可能性过程，并于 1996 年公布了《生态风险评价指南草案》，1988

年正式颁布了《生态风险评价指南》。目前很多发展中国家的生态风险评价框架都是在《生态风险评价指南》的基础上结合本国特点修改制定的。美国生态风险评价模式也是目前全球应用最广泛的模式，其评价框架如图 1-9 所示，主要的目的是为环境和区域管理部门服务，强调评价前的评价者与环境管理者之间共同制订评价计划这一步骤。评价主要步骤和内容包括三大部分：问题制订、分析和风险评估（USEPA，1998）。

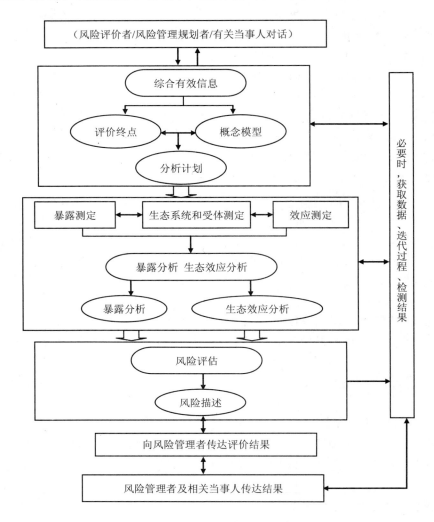

图 1-9   美国环保局生态风险评估框架

（2）欧洲体系

1995 年英国环境部按照"预防为主"的原则，要求所有环境风险评价和风险管理行为必须遵循国家可持续发展战略。它强调如果存在重大环境风险，即使目前的科学证据并不充分，也必须采取行动预防和减缓潜在的危害行为（UKDOE，1995），这符合风险管理的分级体系。英国生态风险评估框架如图 1-10 所示。

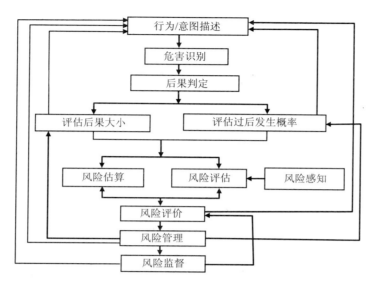

图 1-10　英国生态风险评估框架

荷兰风险管理框架是荷兰房屋、自然规划和环境部（NMHPPE）于 1989 年提出的，其关键是应用阈值（决策标准）来判断特定的风险水平是否能接受。该框架的创新之处在于利用不同生命组建水平的风险指标，如死亡率或其他临界响应值，用数值明确表达最大可接受或可忽略的风险水平。其技术框架如图 1-11 所示。

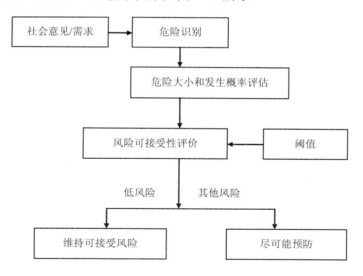

图 1-11　荷兰风险管理框架

（3）澳大利亚体系

澳大利亚生态风险评价研究集中在化学污染物和重金属对土壤的影响上，澳大利亚国家环境保护委员会于 1999 年建立了一套比较完善的土壤生态风险评价指南，其 B5 部分是生态风险评价指南专题（AG，1999）。

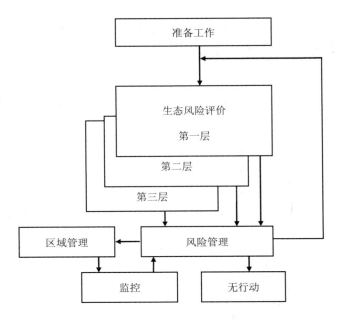

图 1-12　澳大利亚生态风险管理框架

其生态风险评价的主要内容如图 1-13 所示。

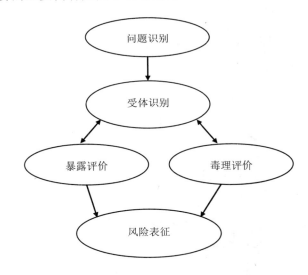

图 1-13　澳大利亚生态风险评价的主要内容

1.6　典型石油开采区的生态风险

1.6.1　典型石油开采区生态风险的特点

典型石油开采区生态风险作为生态风险的一部分，具有生态风险所固有的以下特点。

（1）不确定性

这是生态风险的本质特征。首先，生态系统具有何种风险和造成这种风险的风险源是不确定的；其次，生态风险是否会发生以及发生的时间、地点、强度和范围，具有不确定性，但是人们可以根据生态风险发生的先验概率信息，推断和预测生态系统所具有的风险类型和灾害程度；再者，不确定性还表示在灾害或事故发生之前对风险已经有一定的了解，而不是完全未知。如果某一种灾害以前从未被认知，评价者就无法对其进行分析，也就无法推断它将要给某一生态系统带来何种风险。所以，风险是随机性的，具有不确定性，可将其看做一个随机变量，这就使得我们可以通过统计分析的方法来分析、推断以及预测生态风险的未来趋势。

（2）危害性

生态风险的发生有可能带来不利的方面，也有可能带来有利的方面，但是进行生态风险评价时，一般不考虑有利的影响。生态风险评价所关注的是事件的灾害性或者危害性，是这些事件发生后的作用效果对风险承受者具有的负面影响。这些影响将有可能导致生态系统结构和功能的损伤，生态系统内物种的病变，植被演替过程的中断或改变，生物多样性的减少，景观单一、破碎等。

（3）复杂性

在不同尺度上，生态风险的受体包括生命系统的各个组建水平：个体、种群、群落、生态系统、景观、区域等。这构成了生态风险复杂的内容，并且这种复杂性还包括风险级联特性。风险级联是指生物之间是相互作用的，不同组建水平之间也是相互联系的。

（4）客观性

生态风险对于生态系统来说是客观存在的。由于任何生态系统都不可能是封闭的和静止不变的，必然会受诸多具有不确定性和危害性因素的影响，也就必然存在风险。所以，在进行典型石油开采区风险评价时，尤其是涉及石油开采对生态系统结构和功能影响的时候，要以科学严谨的态度认识其带来的生态风险。

（5）内在价值性

生态风险除了要考虑风险的大小，如经济损失等，还应体现和表征生态系统自身的结构和功能，以生态系统的内在价值为依据，不能用简单的物质或经济损失来表示。

（6）动态性

生态系统是一个动态变化着的系统，影响生态风险的各个随机因素也都是动态变化的，因此生态风险具有动态性。所以进行典型石油开采区生态风险的评估、预警时，需要对生态系统的数据进行实时采集、传输、自动分析，以提高预警结果的科学性。

1.6.2　典型石油开采区生态风险的划分

按照目前对生态风险的划分体系，典型石油开采区的生态风险可按以下 3 种方式进行划分：①根据风险源的性质也即生态风险产生的原因，划分为化学污染类生态风险、其他复合风险源（自然生态风险源、人类活动风险源）类生态风险；②根据风险源的数量，划分为单一风险源生态风险、多风险源生态风险；③根据风险受体的数量与空间尺度，划分为单一物种受体、小范围生态风险和多物种受体、区域范围生态风险。

（1）按照生态风险产生的原因分

1）石油开采区石油化学引起的生态风险

在典型石油开采区，主要的生态风险就是原油扩散带来的系列连锁反应。石油类污染物是成分非常复杂的混合物。在以往的环境管理中，总石油烃（Total Petroleum Hydrocarbon，TPH）的测定经常被用做估计石油含量的替代方法，该方法操作简便，在20世纪80年代末期到90年代中期广泛用于制定土壤评价标准，目前一些国家的场地标准中仍然还保留了这一指标。然而，由于不同污染场地的污染物种类、组成和复杂程度千差万别，迁移、降解、转化及毒理学特性等也有很大差异，因此，TPH方法的缺点显而易见，例如不考虑具体污染物的成分组成和毒理学特性，将很难说明污染造成的风险等，所以该方法正在逐渐被其他一些新的方法所代替。

指示化合物（Indicator compounds）法是解决TPH缺点的一种替代方法，它选择一些"指示化合物"来进行石油含量估计。如美国材料与试验协会（ASTM）的RBCA方法以目标化合物（Chemicals of concern）作为评价指标。在指示化合物的选取中，一般认为直链烃毒性低且溶解相迁移性强，所以指示化合物多选择毒性强而迁移性相对较差的芳香烃。另外，指示化合物的选择应根据场地特性进行，如对于受汽油、炼制油和航空燃料污染的一些轻油场地，最常选择的有关化学品为苯、甲苯、乙苯和二甲苯（BTEX）。根据泄漏的性质，可能还需考虑铅和其他燃料添加剂，如甲基叔丁基乙醚（MTBE）等。对于煤油和燃料油场地，一般重点考虑多环芳烃（PAHs）。通常选取的目标化合物种类见表1-7。

表1-7 通常选取的目标化合物种类

化合物	无铅汽油	含铅汽油	煤油	柴油	重燃料油
苯	×	×	×	-	-
甲苯	×	×	×	-	-
乙苯	×	×	×	-	-
二甲苯	×	×	×	-	-
MTBE TBA	视具体情况	视具体情况	-	-	-
MEK，MIBK					
甲醇，乙醇					
铅 EDC，EDB	-	×			
多环芳烃（12种）	-	-	×	×	×

注：×表示推荐选取的目标化合物；-表示不推荐选取的目标化合物。

也有一些方法推荐基于石油馏分划分的评价指标，如美国总石油烃工作组（TPHCWG）的方法。该方法依据石油烃中的碳原子数目（EC）与化合物在环境中迁移速率的关系，在计算了250多种单化合物的淋滤系数和挥发系数等的基础上将石油划分为13种馏分，并利用"替代化合物"或混合物的RfDs和RfCs描述了每种馏分的阈值毒性特性（表1-8）。

表 1-8 美国总石油烃工作组（TPHHCWG）划分的石油馏分

碳原子数目	参考计量/[mg/（kg·d²）]	参考浓度/（mg/m²）
脂肪族馏分		
>5—6	5.0	18.4
>6—8	5.0	8.4
>8—10	0.1	1
>10—12	0.1	1
>12—16	0.1	1
>16—21	2.0	NA
芳香族馏分		
>5—7	0.004	0.03
>7—8	0.2	0.4
>8—10	0.004	0.2
>10—12	0.004	0.2
>12—16	0.004	0.2
>16—21	0.03	NA
>21—35	0.03	NA

注：NA 表示不适用。

这样就可以定量化地模拟不同的迁移特性造成的可能暴露与风险状况。该方法早期仅使用 13 种石油馏分进行评价，后期经过发展则纳入 RBCA 框架同时考虑指示化合物的评价。在评价时，需优先评价场地上可能存在的指示化合物，包括苯、铅和致癌多环芳烃等，然后再考虑石油馏分，在确定环境样品中的馏分质量时，要减去指示物质，以免重复计算。

另外，从某种程度上来说，该馏分划分方法过于复杂，馏分数目太多，此时可以重新划分石油馏分，减少馏分数目从而使风险评价过程得到简化。如 MaDEP 推荐使用 6 种馏分（3 种芳香烃和 3 种脂肪烃），荷兰 RIVM 使用 7 种馏分（4 种芳香烃和 3 种脂肪烃），新西兰只考虑 3 种脂肪族馏分，加拿大 PHC CWS 和澳大利亚新南威尔士仅使用 4 种馏分等。然而，英国学者在最近的研究中指出，减少馏分数目会降低风险评价的精确性，可能导致评价结果过于保守，而且从分析的角度上来说，馏分数目减少并不意味着工作量的减少，而只是 GC-MS 分析结果的数据表达形式发生变化而已。因此，仍然推荐使用 TPHCWG 的 13 种馏分。

2）由石油开采的人类活动引起的生态风险

在陆地石油勘探、钻井、管线埋设、道路修建及油田地面工程建设等工程开发活动初期造成的生态风险，包括水土流失、工程滑坡、植被破坏等。

一方面油田工程占用土地，在一定地域范围内使原有的生态系统变为一种油田人工生态系统，或成为裸地，这些裸地随着时间的推移，受强风剥蚀，易形成水土流失，而且挖坡填沟修建平台也会改变地表径流路径，影响土壤侵蚀强度。如地面工程建设过程中，因井场、道路、管网、站场等占地，以及堆积、挖掘、碾压、践踏而破坏土壤结构，影响了土壤生产力。无论是临时占地，还是永久占地，都改变了土壤的原有理化性质和结构，使原有土壤结构和性状难以恢复。

另一方面，物探道路、简易公路及施工现场附近等临时用地，使该区域植被由于人、机械及车辆践踏和碾压而被完全破坏，难以恢复，有些经反复碾压使表层土壤受到不同程度扰动，结皮层受到破坏成为虚土，造成井场周围的土壤板结，光板地增多，植被难以恢复。

（2）按照风险源的数量分

1）单一风险源生态风险

为了研究的方便，有时只选取石油开采污染风险源中的一个组分来进行分析，例如典型陆地石油开采区中的萘，萘的毒性虽然比其他多环芳烃化合物小，但由于萘具有较高的水溶性及挥发性使其更易与受体接触，因此其潜在的危害更大，可以先对萘的生态风险进行单一分析，然后再对其他污染物进行分析，这种采用由简单到复杂、由低层次到高层次原则对土壤中萘的生态风险进行的评价，为生态风险的管理提供某一方面精细数据支撑。

2）多风险源生态风险

石油开发是一项包含地下、地上等多种工艺技术的系统工程，工艺流程具有点多、线长、面广等特点。石油开发过程中既有勘探、钻井、管线埋设、道路建设及地面工程建设等活动占用土地，又有含油污水、废弃泥浆、含油污泥、落地原油等污染物的产生，对区域的大气、水体、土壤、生物造成综合性、长期性、系统性的复杂多样影响。在石油开发生产的各地段、各阶段的影响又可能有所不同。

例如，在钻井过程中，需要利用一定的工具和技术，用足够的压力把钻头压到地层，用动力转动钻杆带动钻头旋转破碎井底岩石，在地层中钻出一个较大孔眼。在钻井过程中不但会占用土地、破坏地表植被，而且会排放废钻井液、机械冲洗水、跑冒滴漏的各种废液、油料等污染物。钻井阶段的污染源主要是来自钻井设备和钻井施工现场，在实际生产作业过程中产生大量的固体废弃物、废水、废弃泥浆、岩屑、噪声等各种污染物，对环境造成一定的影响和危害。

测井是获得油气储存层地质资料的极为重要的手段之一，在油气地质勘探和开发过程中应用广泛，主要指向井中放入各种专门测量仪器，沿井身测量岩层剖面的各种物理参数随井深的变化情况，判断评价地层矿藏储积能力，确定油气层的储量和开采情况。随着测井技术的发展，γ源、中子源和放射性同位素等放射性物质被广泛应用于石油生产测井过程之中，由此带来的放射性污染也成为石油勘探开发过程中放射性污染的主要来源。在放射性测井中使用的放射源有γ源、中子源、放射性同位素，放射性物质有铍（Be）、铯（Cs）等，这些放射性废气、废水、废物以及因操作不慎而溅、洒、滴入环境中的活化液，挥发进入空气中的放射性气体，被污染的钻井管和工具等，都会造成环境放射性污染。同时，在施工过程中还会产生一些废水、固体废弃物及噪声。

井下作业是石油开发进行采油生产的重要手段之一，是对油、气、水井实施油气勘探、修理、维护正常生产、增产、报废前善后等一切井下施工的统称，是石油开发中的重要环节。主要工艺过程包括射孔、酸化、压裂、试油、修井、清蜡、除砂等作业环节。其主要污染物有固体污染物、液体污染物、落地原油、气体污染物、噪声等。

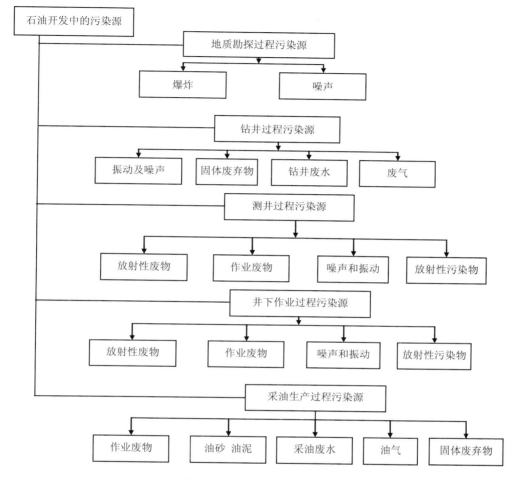

图 1-14　石油开发污染过程

采油生产主要是把地下油气资源经天然或人工方式由地层采出地面，从油井采出的气液混合物经过集输管道、计量站进入原油处理站，进行气液分离、脱水处理，达到外输要求。在采油、集输过程中产生的主要污染物有：采油污水、落地原油、固体废物、采油废气、采油噪声。

所以典型陆地石油开采区生态风险的风险源是一个多风险源的组合，在进行生态风险的评价时，需要充分考虑每个风险源以及它们之间的相互影响对生态环境造成的损失。

（3）按照风险受体数量与空间尺度分

1）单一物种受体、小范围生态风险

在典型石油开采区油田所在区域的植被中，小麦是最常见的种类之一，分布面积也较广。为了研究石油开发对生态环境的影响，可以小麦为单一受体，实地考察或者在实验内进行盆栽小麦试验。通过这些研究可以发现，石油含量不论高低均对小麦出苗率有影响，并且随着土壤中石油含量的增加，出苗率有降低的趋势，最低可使出苗率降到 50%；当石油含量低于 2 000 mg/kg 时，对小麦有效分蘖数没有影响，当石油含量增加到 4 000 mg/kg 时，小麦有效分蘖数变小；随着石油含量的增加，小麦株高有所降低；当石油含量较低（小于 800 mg/kg）时，基本上对穗长没有影响，当石油含量超过 800 mg/kg 时，穗长随着石油含量增加而减小；石油含量对小麦干粒重基本没有影响。

因此，对单一受体的研究虽能正确反映石油污染对所选取的单一受体的危害程度，但由于生态系统的复杂性、多样性，其不能反映对整个生态系统的影响。

2）多物种受体、区域范围生态风险

典型石油开采中的各种污染源交互影响，其受体不仅仅是生态系统中的动物、植物，也包括与人类息息相关的社会、经济。这种多受体、区域性的生态风险，需要用更多的方式来进行分析、预测。例如，很多研究表明生态风险与土地利用变化有着很大的相关性，风险分析不同土地利用方式和强度产生的生态影响具有区域性和累积性的特征，并且可以直接地反映在生态系统的结构和功能上。臧淑英等（2005）将研究区域各种用地分为耕地、林地、草地、居民及工矿用地、交通用地、水域和未利用地 7 种类型，建立土地利用类型与综合区域生态风险之间的经验联系，计算各因素的相对重要性和各土地利用类型对某一因素的相对重要性顺序，最后得出各土地利用类型的综合生态风险程度；杜军等（2010）利用多时段的土地利用结构信息，借助空间统计方法可半定量化地描述不同区块的相对生态风险程度，揭示了生态风险的空间分布特征和动态变化特征。在区域石油开采方面，也有学者运用模糊综合评价方法对油田开发对水体环境、土壤环境和植被生长的影响进行了评估。这些研究都将研究的受体数量级提高到多物种的级别，生态风险的范围扩大到区域级别，更能够从整体上对生态风险进行评估。

1.6.3 典型石油开采区生态风险评估

生态风险评估（Ecological Risk Assessment，ERA）源于风险管理这一环境政策，风险管理产生于 20 世纪 80 年代，它权衡风险级别与减少风险的成本，解决风险级别与一般社会所能接受的风险之间的关系，为风险管理提供科学依据和技术支持，并获得了迅速发展。随着风险理论的发展和生态环境问题的日益突出，生态风险评估发展成为一个通过收集、组织和分析信息，估计不利效应在非人类有机体、群落和生态系统、景观或者区域水平发生的可能性的研究课题。

美国环保局在 1992 年颁布的生态风险评价框架中对生态风险评估进行了定义：评估负生态效应可能发生或正在发生的可能性，而这种可能性是归结于受体暴露在单个或多个胁迫因子下的结果，其目的就是用于支持环境决策。它将生态系统作为整体考虑，研究一种或多种压力形成或可能形成不利生态效应可能性的过程。

从典型陆地石油开采区的生态风险评估的对象上来看，主要包括：①与整个石油开采过程相关的石油污染物对生态系统产生不利作用的可能性和影响大小；②石油污染物产生负面影响的概率。所以，对典型石油开采区的生态风险评估是围绕着污染物可能产生的对人及其他至关重要的生命有机体的损害的程度、范围，旨在保证生态系统中的生物能正常栖息、活动和繁殖的环境，保证地区物理化学循环的正常运行。通常生态风险定义为在一个特定的生态系统中，一个或多个不良的生态影响发生或正在发生的概率及其严重后果（损失），典型石油开采区的生态风险函数可定量地表示为：

$$R = f(P, C) \tag{1-27}$$

式中，R 为典型石油开采区的风险值；P 为不良事件发生的概率；C 为不良事件可能造成的损失。

从典型陆地石油开采区的生态风险评估的学科特性来看，它是利用环境学、生态学、地理学、生物学等多学科的综合知识，采用数学、概率论等量化分析技术手段来预测、分析和评价具有不确定性的灾害或事件对生态系统及其组分可能造成的损伤，是一门多学科交叉应用的科学。生态风险的评估过程中包含了风险源、受体（不同层次）、生态效应（可能性及损失），属于典型的 PSR（压力—状态—响应）模式。实际上，生态风险评估的目的是为了风险管理与调控，应包括识别生态风险的特征（大小、可能性）、产生机制、受体特征（不同生物层次，如种群、生态系统等）等过程，还应在此基础上提出相应的管理对策。因此，生态风险评估的过程是一个典型的系统工程模式，应包括驱动力（D）—压力（P）—状态（S）—响应（R）—调控（C）等分析过程。根据生态风险评估的"驱动力—压力—状态—响应—调控"（D—P—S—R—C）系统工程框架，不同学者和机构提出了不同的生态风险评价体系或方法。在这些评价体系和方法中，以美国、欧洲和澳大利亚的框架或体系为代表。

典型陆地石油开采区作为一个区域，属于区域生态风险评估（Regional Ecological Risk Assessment）的范围。区域生态风险评估作为生态风险评价的一个分支，是在区域尺度上描述和评估环境污染、人为活动或自然灾害等因素对生态系统及其组分产生不利影响的可能性和大小的过程（许学工等，2001）。

自 20 世纪中叶以来，人类在改造自然方面取得了巨大的进步，但同时也引发了一些生态问题，如生态系统服务功能的下降、生物多样性的降低、地下水枯竭等。系统科学地对生态系统及其所面临的风险进行评价，并据此给出科学的决策，已成为生态学研究的一个热点和难点。一些研究者试图利用风险管理的理论和方法对生态系统面临的各种风险进行综合评估。目前，这一研究从关注人类本身扩展到生态系统，而且对环境整治、自然保护和生物多样性保护等都具有重要意义。

1.6.4　典型石油开采区生态风险评估类型的划分

典型石油开采区往往涉及的地理范围较广，由于生态系统具有多样性且石油开采的污染具有复杂性的特点，决定了进行石油开采风险评估的类型是多种多样的，具体有以下 4 种生态风险评估类型。

（1）回顾性生态风险评估

回顾性生态风险评估是石油生态风险事件已经发生或正在进行时的生态风险评估，它的特点是评价石油化学物毒理学试验数据必须与污染现场的生物学研究结果相结合，而且石油开采区现场数据有时对问题的形成和分析会起重要的作用。生态系统风险评估需要在时间和空间上综合毒性效应，并且评估的重点往往集中在石油开采区生态系统的耐性和恢复能力上，这与通用程序中毒理学效应分析有较大的不同。这类评估有两个特点：评估问题的范围已经由事件所确定；已经测定和研究了被污染的环境。这些特点决定了回顾性生态风险评估比纯粹的预测性评估具有更多的方法学和推理多样性。

依据回顾性风险评估的动机，可将评估分为 3 种形式（表 1-9）：源驱动评估、效应驱动评估和暴露驱动评估。

表 1-9 回顾性风险评估的类型

源驱动的评估		
	已知的风险源 → 未知暴露评估 → 未知的效应	
效应驱动的评估		
	现场已观察到的效应 → 未知的暴露 → 未知风险源	
暴露驱动的评估		
	未知风险源 ← 观察到异常的暴露 → 未知的效应	

源驱动的风险评估要求解释可能的效应，首先是追溯已发生的污染事件、有害的排放或还在污染的源头，如石油井喷点、含油污水排放点等。由此进行暴露评估和推导出相关的风险效应。效应驱动的风险评估与前者相反，从现场观察到的效应入手，如鱼类或鸟类死亡、种群萎缩或崩溃、生态系统状况改变（湖泊水生生物整体骤然减少），由此反推环境暴露而至风险源头，属溯源性的评估过程。暴露驱动的风险评估相对较少，往往在监视性的监测中发现问题，然后评估其效应，在确认效应的同时进行源头分析。

（2）多重压力的生态风险评估

由于石油污染物数量庞大，污染源种类繁多，不是某个单独作用的风险因子，而是一个风险因素超过一个且在一个大尺度范围内产生一组效应的风险组合，具有以下的特点：

①大的局部压力产生区域性的后果。如原油泄漏导致的大面积水域鱼类不能生存的"死区"等。

②多个可接受的压力在一个生态系统或地理区域内综合成为严重的环境问题，其原因或者是混合物的综合毒性效应，或者是众多独立的小压力在系统和区域尺度上形成了大的效应。

③系统或区域过程对污染物的传输、转化所起的作用，在局部范围内不能识别。

④具有系统或区域效应的排放在局部地区是没有效应的。

⑤有些系统或区域水平上的特定功能或特征必须保护。

因此，生态系统风险评估的任务是综合单项活动的效应，在系统或区域水平上评估生态风险，提出实施减轻或规避风险的调整和补救措施。

（3）监视性生态风险评估

监视性生态风险评估是通过对典型石油开采区生态环境关键部分的监视性监测，对生态质量趋势进行分析。这种类型的评估不仅涉及发现风险的能力，而且有助于风险防范。监视性生态风险评估针对的污染源绝对是正在发生的，严格意义上它不是一个独立的评估类型，而更像是回归性或预测性生态风险评估的"前奏曲"，一旦风险被发现，立即进行回归性（风险已产生明确的环境危害）或预测性（风险的环境效应还未确认）生态风险评估。

1）监测的目标和漏洞

环境监视性监测的目的一般有 4 个：①评估法律或法规的执行情况；②提供系统控制或管理的信息；③评估生态环境质量以确定是否有必要采取治理措施；④发现新的生态环境问题。

目前我国执行的监测计划大多是满足前 3 个目标的，对发现新的环境问题的能力很弱，就此目标而言，现行监测的有效性很低。由于不能确认和评估所有污染源、预测所有的环境迁移途径和转化过程及降解产物，不能预知所有物种对所有污染物的反应，新的环境问题必然会产生。目前新环境问题的发现更多地依赖于生态学科学研究数据、地方和主管部门的事故或环境异常报告。发展以风险为基础的监视性计划可以纠正此类错误。通过选择适宜的地点和指标，从重复性的数据中提取关键信息。

2）为风险评估服务的监视

监视性监测的目标不像系统控制和执行法规的监测那样明确，主要依靠明确的风险评估内容以及对各类数据的信息提取能力。

3）监视性监测的终点

①大部分监视性监测终点测定最直接的暴露来源，如：水体、空气、沉积物，或者最终的源头。

②监视性风险评估者首先要确定生态变量中哪些是最关键的，然后才能决定最适宜的终点、如何取样。

③在确定监测终点时要考虑几方面的因素：人类活动总有伴生的环境效应；某种程度的效应对人类和环境是可以接受或合理的；对特定的资源而言，由于人为因素，不可能效应为零。如果测定强度足够，就能发现时空尺度上的显著差异，如果在任何系统水平上未检出差异也不能否定差异的存在。所以评估者必须确定效应模型、效应水平、效应范围和效应必须被检出的时段。

④监视性计划大多是通过简化大量数据为几个数据、一两个指数或图形向公众和管理者报告环境质量。现在这种方法也在逐步影响着生态风险评估，如用简单的指数评估受到压力的生物群落的状况，当这些指数包含着重要的生态反应终点时，指数是有效的。但是，当监测性计划不仅用于表达趋势和模式，而且用于解释因果关系或预测生态结果时，则必须分解指数。

（4）生物安全性生态风险评估

生物安全性生态风险评估是生态风险评估中难度较大的部分，与评估有关的科学技术，如分子生态学、微生物生态学、生态系统功能变化的趋势预测、生态结构的多样性与系统稳定关系等，均属学科交叉和学科前沿的研究内容，发展和变化很快。确切地说，生物安全性评估是一项人们迫切需要的应用技术，但是，我们现在所依托的科学和技术基础却十分有限。

生物安全性风险评估在技术上与其他风险评估有许多不同。例如暴露模式，它与化学品或毒物的暴露模式最大的不同是生物体具有繁殖能力，它与环境要素相互作用的关系与化学品也有很大的区别，并且生物具有扩散、繁殖和生长的能力，以生命周期为循环再次扩散；生物个体的表型变异和种群进化能力使它们具有生存和生长的能力；由于生物进化，它们对自然系统的影响也会改变。这些特点决定了生物安全性风险评估的特殊性。

1.6.5　典型石油开采区生态风险评估方法

生态风险的评估方法很多，目前，学术界对生态风险评估划分为 3 种类型，结合典型石油开采区的特点，其评估方法大致有以下几种。

（1）商值法（RQ）

商值法是判定某一浓度化学污染物是否具有潜在有害影响的半定量生态风险评价方法，实质上为"常识性"方法，即依据已有文件或经验数据，设定需要受到保护的受体的化学污染物浓度标准，再将污染物在受体中的实测浓度与浓度标准进行比较获得商值，即：

$$商值 = \frac{环境估计浓度}{毒理学终点浓度}$$

当商值接近或超过 1 或更大，则说明环境中毒理终点的危险性出现；如商值小于 1 则说明危险较小。由商值得出有无风险的结论。当风险表征结果为无风险时，并非表明没有污染发生，而表示污染尚处于可以接受的程度。

由于其应用较为简单，当前大多数定量或半定量的生态风险评价是根据商值法来进行的，适应于单个化合物的毒理效应评估。它是将实际监测或由模型估算出的环境暴露浓度（EEC 或 PEC）与表征该物质危害程度的毒性数据（预测的无效应浓度 PNEC）相比较，从而计算得到风险商值的方法。比值大于 1 说明有风险，比值越大风险越大；比值小于 1 则安全，此时各种化学物的参考剂量和基准毒理值被广泛应用。

商值法通常在测定暴露量和选择毒性参考值时是比较保守的，它仅仅是对风险的粗略估计，其计算存在着很多的不确定性，例如化学参数测定的是总的化学品含量，假定总浓度是可被生物利用的，但事实也并非完全如此。而且，商值法没有考虑种群内各个个体的暴露差异、受暴露物种的慢性效应的不同、生态系统中物种的敏感性范围以及单个物种的生态功能，并且商值法的计算结果是个确定的值，不是一个风险概率的统计值，因而不能用风险术语来解释。商值法只能用于低水平的风险评价。

商值法的缺点是在小范围的研究结果很难推移到大尺度上，不能反映异质性区域景观整体情况。改进的商值法把污染物在受体中浓度的"有无风险"，改进为"多个风险等级"。即根据研究对象的特点，设定多个风险等级，将实测浓度与浓度标准进行比较获得的商值，用"多个风险等级"表示风险表征判断结果，包括以下几种方法。

1）等级动态模型（HPDP）

该模型由 Colnar 等在 2007 年提出，是在 RRM 模型基础上改进，用于物种入侵生态风险的评价（Colnar 和 Landis，2007）。HPDP 中的等级是指生态系统的不同范围，不是指控制因子空间尺度的推移。HPDP 中的斑块属性包括斑块的位置、分布和动态，斑块特征会影响物种分布、压力因子与风险受体的相互关系和环境变化影响等。斑块是有一定组成的，在自然界中是动态的，具有内稳定性。HPDP 是一个可以用于区域尺度风险评价的概念框架，它将时空联系有机结合起来。

2）生态等级风险评估（PETAR）

该模型由 Moraes 和 Molander 于 2004 年提出（Moraes 和 Molander，2004），为了满足发展中国家在数据有限和背景资料缺乏的情况下开展回顾性生态风险评价的需要。该方法可确保特定地点的可用资源在评估前直接用于问题形成阶段。通过定量分析与定性分析相结合的方法，在不同尺度下对多重压力和多重受体进行区域生态风险评价。该模型将风险评价分为 3 个阶段来进行：①初级评价，对现有的人为压力因子、风险来源和预期生态效应进行定性评价；②区域评价，属半定量评价，通过对整个区域内可能风险源、风险压力因子及可能受影响的区域进行计算，根据第一阶段危险度评价的结果，结合区域受体易损性进行风险大小的评价；③局地评价，此阶段为定量评价，主要回答受体损失大小这一问题，在更小的范围建立起风险源、风险因子与生态、社会相关的评价端点之间的数学关系，通过建立关于风险度以及受体生态社会经济指标的损失评估模型，评估区域不同位置风险损失的大小，并根据受体损失的高低划分区域风险等级。PETAR 法可在局地和区域两个尺度上分析风险因子和风险受体之间的因果关系，解决了因果分析的尺度问题，其缺陷在于未考虑时间的动态变化。

3）地质累积指数法

地质累积指数法是德国海德堡大学 Müller 等在 1969 年研究河底沉积物时提出的一种计算沉积物中重金属元素污染程度的方法，自然条件下或者人为活动影响下重金属在环境中的分布评价均可使用此方法。地质累积指数法通过测量环境样本浓度和背景浓度计算地质累积指数值 I_{geo}，以评价某种特定化学物造成的环境风险程度，计算公式如下：

$$I_{geo} = \log_2 \left(\frac{C_n}{k \times BE_n} \right) \tag{1-28}$$

式中，I_{geo} 为地质累积指数；C_n 为样品中元素 n 的浓度；BE_n 为环境背景浓度值；k 为修正指数，通常用来表征沉积特征、岩石地质以及其他影响。

4）潜在生态风险指数法

潜在生态风险指数法是瑞典 HaKanson 于 1980 年研究水污染控制时建立的一种计算水体中重金属等主要污染物的沉积学方法（Hakanson，1980）。通过计算潜在生态风险因子 E_r^i 与潜在生态风险指数 RI，可以对水体沉积物中的重金属的污染程度进行评价。计算公式如下：

$$C_f^i = \frac{C_D^i}{C_R^i}, \ C_d = \sum_{i=1}^{m} C_f^i, \ E_r^i = T_r^i \times C_f^i, \ RI = \sum_{i=1}^{m} E_r^i \tag{1-29}$$

式中，C_f^i 为金属 i 污染系数；C_D^i 为金属 i 实测浓度值；C_R^i 为现代工业化以前沉积物中第 i 种重金属的最高背景值；C_d 为多金属污染度；T_r^i 为金属 i 的生物毒性系数；E_r^i 为金属 i 的潜在生态风险因子，RI 为多金属潜在生态风险指数。RI 等级划分标准见表 1-10。

表 1-10　潜在生态风险因子、潜在生态风险指数分级与对应生态风险程度

生态风险程度	潜在生态风险因子 E_r^i	潜在生态风险指数 RI
极高	$E_r^i \geqslant 320$	
很高	$160 \leqslant E_r^i < 320$	$RI \geqslant 600$
高	$80 \leqslant E_r^i < 160$	$300 \leqslant RI < 600$
中等	$40 \leqslant E_r^i < 80$	$150 \leqslant RI < 300$
轻微	$E_r^i < 40$	$RI < 150$

由于分别计算 E_r^i 与 RI 的数值，因此潜在生态风险指数法的计算结果不仅能够反映单一重金属对环境造成的影响，还能够说明多种重金属并存时对周围环境造成的综合影响程度。更由于对 E_r^i 与 RI 的计算结果具有明确的划分等级标准，因而不同区域和时段的生态风险的评价结果之间也具有可比性。

5）评估因子法（Assessment Factor，AF）

当可获得的毒性数据较少时，PNEC 的评估通常是应用评估因子（AF）来进行的，就是由某个物种的急性毒性数据或慢性毒性数据（通常通过急性毒性数据和急、慢性毒性比值 ACR 获得）除以某个因子来得到 PNEC。其因子的确定主要是依赖对于最敏感的生物体来说可获得毒性数据的数量和质量，例如物种数目、测试终点、测试时间等，AF 的取值范围通常是 10～1 000。评估因子法较为简单，但在因子选择上存在着很大的不确定性。

总体来讲，商值法的数据和标准一般易于获得，且成本低、便于操作，因此在生态环境管理初期，可以通过设定合适物种的污染物标准浓度，以方便对生态风险进行管理。但商值法评价结果为半定量，属于一种低水平的风险评价，且由于不同物种对不同污染物之间敏感度的差异，对标准浓度的设定具有潜在的不准确性。改进的商值法在结果定量化上有很大进步，但仍有诸多不足，如无法反映污染物的浓度与被污染受体效应之间的关系；不能推论测度点之外的其他点上污染物浓度对受体的损伤效应；没有计算生态环境受到污染或损伤的范围等。

（2）概率法（Probabilistic ecological risk assessment，PERA）

概率风险评价是传统生态风险评价的外延，目前正被广泛应用，它把可能发生的风险依靠统计模型以概率的方式表达出来，这样更接近客观的实际情况。

概率风险评价方法是将每一个暴露浓度和毒性数据都作为独立的观测值，在此基础上考虑其概率统计意义。在概率生态风险评价中，暴露评价和效应评价是两个重要的评价内容。暴露评价试图通过概率技术来测量和预测研究的某种化学品的环境浓度或暴露浓度；效应评价是针对暴露在同样污染物中的物种，用物种敏感度分布（SSD）来估计一定比例 $x\%$ 的物种受影响时的化学浓度，即 $x\%$ 的危害浓度（hazardous concentration，HC_x）。暴露浓度和物种敏感度都被认做来自概率分布的随机变量，二者结合产生了风险概率。运用概率风险分析方法，考虑了环境暴露浓度和毒性值的不确定性和可变性，体现了一种更直观、合理和非保守的估计风险的方法。概率风险评价法包括安全浓度阈值法和概率曲线分布法。

1）安全阈值法（The margin of safety，MOS10）

既然传统商值法表征的风险是一个确定的值，而不是一个具有概率意义的统计值，因此用该方法表征的风险值不足以说明某种毒物的存在对生物群落或整个生态系统水平的危害程度及其风险大小。因此，需要选择代表食物链关系的不同物种来表示群落水平的生物效应，从而对污染物的生态安全进行评价。为保护生态系统内生物免受污染物的不利影响，通常利用外推法来预测污染物对于生物群落的安全阈值。通过比较污染物暴露浓度和生物群落的安全阈值，即可表征污染物的生态风险大小。

安全阈值是物种敏感度或毒性数据累积分布曲线上 10%处的浓度与环境暴露浓度累积分布曲线上 90%处的浓度之间的比值，其表征量化暴露分布和毒性分布的重叠程度。比值小于 1 揭示出对水生生物群落有潜在风险，大于 1 表明两分布无重叠、无风险，通过比较暴露分布曲线和物种敏感度分布曲线可以直观地估计某一化合物影响某一特定百分数水生生物的概率。

2）概率曲线分布法（probability distribution curve）

概率曲线分布法是通过分析暴露浓度与毒性数据的概率分布曲线，考察污染物对生物的毒害程度，从而确定污染物对于生态系统的风险。以毒性数据的累积函数和污染物暴露浓度的反累积函数作图，可以确定污染物的联合概率分布曲线。该曲线反映了各损害水平下暴露浓度超过相应临界浓度值的概率，体现了暴露状况和暴露风险之间的关系。概率曲线法是从物种子集得到的危害浓度来预测对生态系统的风险。一般用做最大环境许可浓度的值是 HC_5 或 EC_{20}。这样将风险评价的结论以连续分布曲线的形式得出，不仅使风险管理者可以根据受影响的物种比例来确定保护水平，而且也充分考虑了环境暴露浓度和毒性值的不确定性和可变性。

3）物种敏感度分布曲线法（species sensitivity distribution，SSD）

当可获得的毒性数据较多时，物种敏感度分布曲线（SSD）能用来计算 PNEC。它是假定在生态系统中不同物种可接受的效应水平跟随一个概率函数称为种群敏感度分布，并假定有限的生物物种是从整个生态系统中随机取样的，因此评估有限物种的可接受效应水平可认为是适合整个生态系统。物种敏感度分布曲线的斜率和置信区间揭示了风险估计的确定性。一般用作最大环境许可浓度阈值（HC_x，通常取值 HC_5），HC_5 表示该浓度下受到影响的物种不超过总物种数的 5%，或达到 95%物种保护水平时的浓度。虽然选择保护水平是任意的，但它反映了统计考虑（HC_x 太小，风险预测不可靠）和环境保护需求（HC_x 应尽可能小）数据的折中。

基于单物种测试的外推技术虽然在评估化合物的效应时起到了一个很好的预知作用，并且通过一定的假设能应用到对整个生态系统的风险评估。但外推法存在着很多不符合实际情况的假设，例如外推方法中没有考虑物种通过竞争和食物链相互作用而产生的间接效应。如果敏感的物种是关键的捕食者或是一个食物链的关键元素，那么这种间接作用的影响会非常显著，并且有可能导致基于单物种测试外推技术得到的风险水平与根据生态系统物种依存关系获得的生态风险评估结果之间存在较大偏差，甚至有人认为着重强调单物种测试在考虑一个生态系统水平意义上的评估是不可靠的。

概率模型是将针对生态风险的发生概率与不利生态影响相乘，然后利用权重求和，对各级各类生态风险进行线性计算。这种方法能够应用于不同类型的风险受体，较好地解决了区域生态系统的多重风险计算问题，但也存在一定的缺陷，不能考虑生态系统各个组成要素的非线性作用方式。

（3）暴露-反应法

暴露-反应法是依据受体在不同剂量化学污染物的暴露条件下产生的反应。建立暴露-反应曲线或模型，再根据暴露-反应曲线或模型估计受体处于某种暴露浓度下产生的效应，这些效应可能是物种的死亡率、产量的变化、再生潜力变化等的一种或数种。暴露-反应曲线或模型一般在危害评价过程中专门建立，并因污染物的种类、毒性、受体种类的不同而变化。目前有研究提出将物种敏感性分布引入对暴露在相同污染物中的不同物种的生态风险评价，对于克服暴露-反应法的这个缺点做出了有益探索。同时，建立暴露-反应曲线或模型，需要大量的污染物暴露与受体效应的数据，由于很难获得足够量的与实际情况更为接近的慢性毒理数据，因而研究者往往采用受控条件下的急性毒理数据。这种基于受控条件下急性毒理数据的研究，可能会将污染物在实际环境中出现的次生效应或因转化而引起的受体效应增强或减弱排除在外，从而引起不必要的误差。

该方法的不足是对于一些非化学性毒物因子，不能很好地做出暴露-反应曲线，不能准确估测其风险。

（4）多层次的风险评价法

随着生态风险评价的发展，逐渐形成了一种多层次的评价方法，即连续应用低层次的筛选到高层次的风险评价。它是把商值法和概率风险评价法进行综合，充分利用各种方法和手段进行从简单到复杂的风险评价。多层次评价过程的特征是以一个保守的假设开始，逐步过渡到更接近现实的估计。低层次的筛选水平评价可以快速地为以后的工作排出优先次序，其评价结果通常比较保守，预测的浓度往往高于实际环境中的浓度水平。如果筛选水平的评价结果显示有不可接受的高风险，那么就进入更高层次的评价。更高层次的评价需要更多的数据与资料信息，使用更复杂的评价方法或手段，目的是力图接近实际的环境条件，从而进一步确认筛选评价过程所预测的风险是否仍然存在及风险大小。它一般包括初步筛选风险、进一步确认风险、精确估计风险及其不确定性、进一步对风险进行有效性研究四个层次。目前已有学者对这方面进行尝试性研究，如 2005 年 Weeks 提出有关土壤污染物的生态风险"层叠式"评价框架，并为大多数环境学家所认同和接受（Weeks 和Comber，2005）。2007 年 Critto 等基于层叠式生态风险评价框架，发展了环境污染生态风险评价决策支持专家系统（Critto 等，2007）。

（5）复合风险源类生态风险评价方法

随着风险受体扩展到种群、群落、生态系统以及景观水平等更高层次，风险源也延伸为涉及化学、生物、物理多领域的复合风险源（污染物、物种入侵、自然灾害、生境破坏以及严重干扰生态系统的人为活动等）。由于复合风险源的影响一般是区域范围的，因而20 世纪末形成了研究区域范围内的复合风险源类生态风险评价方法。

1）$P \cdot D$ 模型生态风险评价方法

生态损失度指数法就是一种应用较为广泛的基于 $R = P \cdot D$ 模型的生态风险评价方法，其数学表达式是：

$$R = P \cdot D \qquad (1\text{-}30)$$

式中，R 为生态风险，P 为风险源发生的概率，D 为风险源可能造成的损失。在进行区域生态风险评价时，根据研究需要，运用适当的函数关系式把 $R = P \cdot D$ 模型具体化；选用模型具体化过程中形成的典型指标，计算风险源发生的概率 P 和风险源可能造成的损失 D。在进行区域生态风险评价时，对指标的选取要考虑到被评价对象的特点，即生态系统的稳定性、完整性、生态系统功能的可持续性以及空间异质性。

其中，$$D = \mathrm{YS}_i = E_i \cdot \mathrm{CR}_i$$

式中，YS_i 为生态损失度指数；E_i 为生态指数；CR_i 为生态脆弱度指数。

国内应用生态损失度指数法进行生态风险评价的研究，较多地集中在湿地、湖区、流域、岛屿等生态风险的评价。但是由于这些研究所选用的指标不尽一致，使得不同研究的结论之间缺乏可比性。蒙吉军等（2009）在研究区域生态风险评价的指标体系时，提出了建立统一指标体系的客观性、整体性、层次性、可比性原则，这些原则对于完善生态损失度指数法的指标体系，提高不同研究结论之间的可比性具有借鉴意义。此外，由于生态风险的数学内涵定义的不统一，以及生态风险具有模糊性、灰色性和不确定性等特点，还有学者在进行评价时采用模糊数学或灰色系统理论的方法来构建生态风险的数学表征公式（蒙吉军和赵春红，2009）。

2）生态梯度风险评价方法（Procedure for Ecological Tiered Assessment of Risks，PETAR）

Moraes 与 Molander（2004）设计了在背景资料、基本数据短缺情况下分步进行的生态梯度风险评价方法（Moraes 和 Molander，2004）。第一步，在生态功能区域内，通过定性评价，初步确定风险源、风险受体、风险源特点、风险源对风险受体可能造成的生态效应；第二步，在初步确定的风险源影响范围内，通过半定量评价，确定影响最大的风险源、面临风险最大的生境、最有可能遭受风险源影响的次级区域；第三步，在最有可能遭受风险源影响的次级区域，通过定量评价，验证定性评价确定的生态效应是否在特定次级区域及特定生境发生，并且将特定风险源与生态效应一一对应。生态梯度风险评价方法有 3 个特点：①在概念模型构建中加入了对压力的产生、传递、形成风险的因果分析；②采用综合方法进行暴露和危害分析；③将证据权重分析法运用于因果分析。

3）相对风险模型法（Relative RiskModel，RRM）

此方法是美国学者 Landis 与 Wiegers 1997 年在评价原油运输船压舱水处理站对 Valdez 港口 151.2 km^2 范围内 11 个次级区域内 8 类生境的生态风险时，构建的用于区域生态风险评价的方法（Landis 和 Wiegers，1997）。RRM 方法的基本程序是：①确定评价区域及评价区域的生态环境管理与利益目标；②由熟悉评价区域情况的利益相关者，根据生态环境管理和利益目标，选择、确定作为风险受体的生境与评价终点；③通过对评价区域生态环境资料的分析，识别区域内的风险源；④根据资料与实际测量数据等，分析每种可能风险源的产生地点、压力作用、强度及潜在影响；⑤分析每种可能风险源是通过何种压力作用使生境发生变化的，分析生境变化是通过何种压力作用改变评价终点的；⑥构建 RRM 概念模型；⑦对风险源、生境、暴露系数、危害系数进行评分；⑧根据 RRM 模型的计算公式分别计算风险源、生境、生态终点的相对风险值；⑨对相对风险值进行不确定性分析。相对风险模型法的计算公式为：

$$RS_{l,j,m} = \sum (S_j \times H_l \times X_{jkl} \times E_{lm}) \tag{1-31}$$

式中，RS 为各类相对风险得分（由下标决定是对于什么的相对风险）；S_j 为风险源得分；H_l 为生境得分；X_{jkl} 为各风险源-压力作用-生境组合的暴露系数得分；E_{lm} 为各生境-评价终点组合的危害系数得分；j 为风险源类型；k 为压力作用类型；l 为生境类型；m 为评价终点类型。

RRM 方法的一个重要创新点就是等级打分法（ranking method）的使用，通过设置等级使得多风险源、多压力以及多终点能够较好地结合在一起，同时概念模型中对风险源与栖息地、栖息地与评价终点之间暴露-效应"系数（Filter）"概念的引入也进一步推进了等级打分法的使用。RRM 方法进行风险表征时分别对风险源、生境、评价终点进行计算，有利于后续生态风险管理中有重点地对风险源、生境进行治理与修复。

第2章　典型石油开采区野外采样原则、方法及分析测试

2.1　典型石油开采区环境样品采集

2.1.1　研究区概况

（1）大庆油田

大庆油田是我国最大的石油生产基地，也是世界上为数不多的特大型砂岩油田之一，位于中国黑龙江省松辽盆地中央坳陷区北部中高纬度地区，东经 124°19′~125°12′，北纬 45°46′~46°55′。大庆油田所辖的勘探范围，包括黑龙江省全境和内蒙古自治区呼伦贝尔盟，由萨尔图、杏树岗、喇嘛甸等 48 个规模不等的油气田组成，区域面积共 72 万 km²。

石油开采和石油化工在大庆油田所辖范围内的国民经济中占主导地位，其产值占国民生产总值的 75% 以上。

截至 2010 年年底，累计生产原油 18.21 亿 t，占全国陆上油田原油总产量的 40% 以上，天然气 867 亿 m³，年产原油 4 000 万 t 以上，连续 34 年高产稳产，创造了世界同类油田开发史上的奇迹。大庆油田从 1959 年开始开发至今已有 50 多年的历史，目前每年新钻井 6 000 口，涵盖不同钻井方式、开采年限和开采方式，采油井遍布市区、近郊区、农田区和未开发的原始湿地、草原，符合本课题对典型石油开采区的要求。经过实地踏勘，最终选定大庆油田采油一厂一矿作为油井采样点，大庆钻探钻井二公司的两处泥浆池作为泥浆池采样点。

大庆油田采油区是典型的湿地生态类型，拥有湿地 120 万 hm²，占全国已知湿地总面积的 3.12%。

大庆油田属于北温带大陆性季风气候，年均降雨量 437.5 mm，较干旱。年均气温 4.9℃，全年日最低温低于 5℃ 的时间超过 200 d，而日最高温高于 20℃ 的只有 138 d，属于寒冷地区。

大庆油田的主体油田——长垣油田，处在松花江、嫩江冲积的一级阶地下。境内无山无岭，地势西南偏低，东北偏高，相对高差较小，海拔高度 126~135 m。地貌表现为波状起伏的低平原，相对高差为 10~39 m，稍高处多为平缓的漫岗，其上植被发育较差，平地上多为耕地、草原，中间有许多面积不大的盐碱小丘。

低处多为排水不畅的季节性积水洼地和低位沼泽，以及大大小小的碱水泡子。境内无天然河流，地下潜水位为 0.5~2 m，湖泡较多，天然湖泡和水库多达 207 个。地表水的主要来源是大气降水、嫩江引入水和生产、生活排放的废水。油田的地表土壤性质，西部多

为棕色沙壤土，沙性较大，是重要的放牧区；东部多为碳酸盐黑钙土，土壤质地较黏，养分丰富，水土保持适中，适宜各种作物生长。

大庆油田第一采油厂位于大庆长垣萨尔图油田中部，也称萨中油田，始建于 1960 年，所辖萨中油田开发区面积 161.25 km^2。管理油水井 11 656 口，有联合站（库）10 座、中转站 82 座、计量间 610 座、注水站 39 座、污水处理站 43 座，23 个矿（大队）级单位，265 个小队级单位。从 1960 年投入开发打第一口油井，到 1965 年开发萨尔图、葡萄花油层的一次井网全部投产，油区产量迅速达到 611 万 t，超过开发方案设计 590 万 t 的生产能力；20 世纪 70 年代，采取科学调整注水方案、提高油层压力、调整注水结构等措施，产量在 1974 年跃升到了 1 000 万 t；80 年代以后，全面转变开发方式，变自喷开采为机械开采，开发了高台子油层，使油田产量不断攀升，1991 年达到了 1 500 万 t 的历史高点，并实现了连续 8 年稳产；1996 年开始大规模实施三次采油，聚驱年产油在 300 万 t 以上。经过 51 年的开发建设，截至 2011 年年底累计生产原油 5.5 亿 t，创造了 1 000 万 t 以上高效开发 38 年的辉煌。

（2）胜利油田

胜利油田是我国东部重要的石油工业基地，是全国第二大油田，仅次于大庆油田。胜利油田地处东经 118°5′～119°15′，北纬 37°15′～38°15′，北临渤海，东依莱州湾，位于山东省北部渤海之滨的黄河三角地带。

胜利油田主要地貌类型有古河滩高地、河滩高地、微斜平地、浅平洼地、海滩地等。黄河三角洲的降水少量入渗补给地下水和被植被利用，绝大部分形成径流汇入排水河道排泄入海。

区内人少地多，土地广袤，土壤以滨海盐土和滨海潮土为主，土壤盐渍化严重，主要是氯化物盐土和氯化物潮化盐土，土壤组成以泥沙为主，养分含量低。地下水埋深一般 2～3 m，距海近者仅 0.5～1.5 m，受海水盐分和蒸发浓缩的影响，地下水矿化度高，一般为 10～40 g/L，高者达 200 g/L。受高矿化度地下水的影响，土壤极易返盐退化。区内野生动物资源比较丰富，但植物种类贫乏，野生植被以盐生植被为主，群落种类组成简单。

胜利油田主要分布在山东省东营、滨州、德州、济南、潍坊、淄博、聊城、烟台 8 个市的 28 个县（区）内，工作范围约 4.4×10^4 km^2，于 1961 年 4 月开始开采，是中国第二大油田。主体位于黄河下游的东营市，在山东省境内可供找油找气的勘探区域渤海湾盆地（主要有济阳、昌潍、胶莱、临清、鲁西南 5 个坳陷，总面积约 6.53 万 km^2），油田已取得探矿权面积 4.89 万 km^2，其中济阳坳陷和浅海地区是胜利油田勘探开发的主战场。经过 50 多年的开发建设，目前已进入高含水、高采出率及高含沙的"三高"开采时期。截至 2012 年 1 月 1 日，胜利油田取得探矿权勘探面积达 19.4 万 km^2，油、气资源总量分别为 145 亿 t、24 738.6 亿 m^3，累计原油产量突破 10 亿 t。

黄河三角洲是全国最为年轻的一块土地，主要由海水退潮和黄河冲积而成，其生态环境极为复杂，资源富集和生态脆弱是这一地区的基本特点。与其他三角洲相比，这里地广人稀，不仅具有丰富的土地、矿产与野生动植物资源，而且黄河三角洲湿地是世界上暖温带保存最完整、最广阔、最丰富、最年轻的湿地生态系统，著名的黄河三角洲国家级自然保护区被誉为"鸟类的天堂"，孕育着巨大的经济发展和旅游资源开发潜力，黄河三角洲地区的开发是由胜利油田的建立、发展而兴起的。

胜利油田作为一个石油工业基地，其主要支柱产业是油气开采业，属于资源型企业。

自 1961 年起，在黄河河口地区开始了油田勘探与开发建设，石油开采不仅大量占用了三角洲湿地，而且石油开采中发生的井喷、管线破裂、洗井、油罐跑冒滴漏等现象导致附近的环境遭受污染，严重破坏三角洲的生物生存条件。占地广，勘探、打井等作业对生态环境影响较大，势必影响到油田以及周边地区的生态环境；胜利油田开发建设所依赖的主要能源便是石油，而石油是不可再生能源、非绿色能源，以石油产业作为经济支柱，对胜利油田的可持续发展具有重要影响；同时，胜利油田所处的黄河三角洲湿地地区由于成陆时间较晚，土壤和水质盐碱化现象十分严重，整个生态环境十分脆弱。

2.1.2　典型石油开采区的土壤和水体样品采集

（1）大庆油田采样区

在大庆油田第一采油厂一矿共选定了 6 口油井，其中"水驱"和"聚合物驱"2 种开采方式按照开采年限（1～2 年、4～6 年、8～10 年）各选取 3 口；在大庆油田第八采油厂选定加密井杏 4-41-斜 E910 废弃泥浆池和大庆新发现的古龙油田一新钻探油井的泥浆池。各井场原始生境均为湿地，由于大庆油田已经进入三次采油阶段，井场密布，因此井场周边环境均受到了不同程度的扰动。选取的井场较周边其他井场受到的干扰相对较轻，井场环境较整洁，个别井场有少量落地油，井场外植被以井场周边的芦苇和低矮草类为主。土壤样品采集点基本信息见表 2-1。

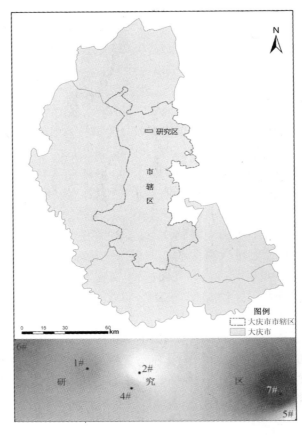

图 2-1　石油开采区土壤样品采集点位置

表 2-1 典型石油开采区土壤采样品采集点基本信息

采样井编号	1	2	4	5	6	7	N	M
采样日期	2009/7/18	2009/7/21	2009/7/25	2009/7/25	2009/7/26	2009/7/26	2009/7/23	2009/7/24
采样天气	晴	晴	晴	晴	多云转小雨	多云转小雨	阴	多云
采样方位	南 东	东南 东北	南 东	东 东南	东 南	北三转 东南	泥浆池往北	泥浆池往南
井号	101 队一北 1-J3-421	101 队一北 1-330-25	北 1-3-E39	北三队一北 1-41-P242	101 队一北 1-321-P15	北三队一北 1-2-P26	1 号泥浆池	2 号泥浆池
井口方位	北偏东 15°	东偏南 15°	东偏南	东	东	东		
井台大小(东西×南北)/泥浆池 (m×m)	12×5, 外围宽 2 m	13.6×6.3, 外围宽 2 m	4×12	13×7.5	15.6×7	15×8	15×5	泥浆池边界不明显
地理坐标 (井口)	46°40'19N 124°54'59E	46°40'15N 124°55'43E	46°40'01N 124°55'36E	46°39'31N 124°57'55E	46°40'46N 124°53'58E	46°39'55N 124°57'42E	46°24'07N 124°49'09E	46°10'38N 124°34'47E
海拔/m	142	142	144	145	144	144	144	144
驱采方式	水驱	水驱	水驱	聚合物驱	聚合物驱	聚合物驱	高分子乳化液	有机硅离子
投产日期	1995/6/19	2001/11/02	2009/6/24	2005/10/30	2002/12/11	1995/4/11	2007	2009
井深/m	1 236.1	1 234.7	1 156.6	1 186.6	1 223.8	1 152.32	坑深 2 m	坑深 2 m
落地油、泥浆池情况	井场有少量落地油、未发现泥浆池	井场有少量落地油	无落地油,但井台位被雨水包围	井台周边无落地油,但井 50 m 处有污染地带	井场有少量落地油	井场有少量落地油		
周边油井分布	200 m 范围内有 5 口油井	200 m 范围内有 6 口油井	南面 100 m 内无井	四周 100 m 内无井	北面 100 m 外有井			
植被分布	井场周边以芦苇和低矮草为主,南北两侧 50 m 以外有玉米地	井场周边以低矮草为主	低矮草为主	井场周边以芦苇和低矮草为主,周围 50 cm 以内有植被覆盖	井场周围以低矮草为主,周围 100 cm 以内有植被覆盖	井场周边植被茂盛	低矮草为主	周边植被茂盛
植被盖度/%	90 以上	90	80	75～90	75～90	85～90		
植被径高/cm	5～130	0～10	10～15	10～50	0～80	5～80		
原始土壤类型	黑土	黑土	黏土	沙土	沙土	黏土	泥浆坑外原土为沙质土	泥浆坑外原土为沙质土

注：3#由于不适合采样，没有在表中出现。

　　每口油井按照距井口的不同距离（0 m、3 m、6 m、10 m、30 m）和两个垂直方向共设置了 9 个采样点，并在距井口 50 m 外设置 2 个对照点，每个采样点设置 5 个采样深度（0～5 cm、10～15 cm、20～25 cm、30～35 cm、45～50 cm）。同样在距泥浆池边缘的不同距离设置了 5 个采样点，并在距泥浆池边缘 50 m 外设置 2 个对照点，每个采样点设置 5 个采样深度，分层按梅花法，自上而下用土钻逐层采集中部位置土壤，分层土壤混合均匀各取 500 g 样品，分层装袋记卡。共取土壤样品近 400 个，具体采样位置见图 2-1 和图 2-2。

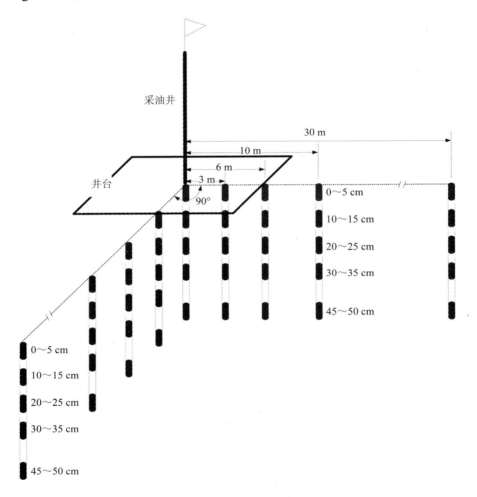

图 2-2　土壤样品采集示意

（2）胜利油田采样区

1）胜利油田土壤样品采集

　　胜利油田共采集土壤样品 160 个，水样 66 个，覆盖全胜利油田采油区域。其土壤采样如图 2-3 所示。

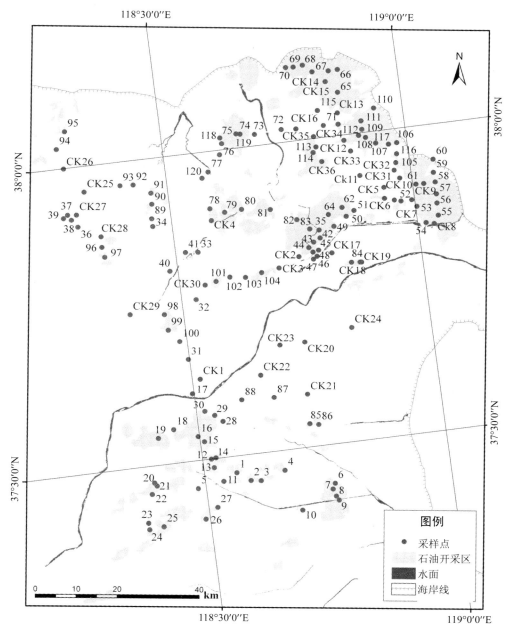

图 2-3 胜利油田土壤采样点

注：图中样点为油井旁采样，CK 为非油井区采样（距离油井 1 km 以外）。

2）胜利油田水体样品采集

胜利油田 38 个实验水样来自东营的主要河流如辛河、神仙沟、挑河、广蒲河、广利河、沾利河、黄河等（图 2-4）。样品采集参照美国环保局（USEPA，2002）水质标准与我国《地表水环境质量标准》（GB 3838—2002）的规范，水样除去外源生物外，立即测定常规指标，所有指标（除石油烃外）均采用 4-Star 便携式 pH 计/溶解氧/电导仪（美国 Thermo Orion）测定。水样加盐酸调到 pH<2，4℃保存。

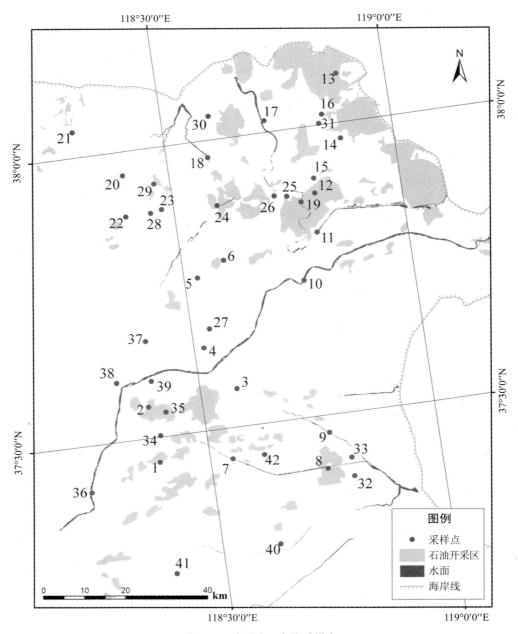

图 2-4　胜利油田水体采样点

2.2　典型陆地石油开采区的环境样品测试

2.2.1　典型陆地石油开采区的土壤样品测试

石油开采过程中产生的污染物主要包括石油类及重金属等，在这些物质中，以菲、蒽、芘等多环芳烃物质（Polycyclic Aromatic Hydrocarbons，PAHs）和苯、甲苯、乙苯等苯系物对人体的毒性最大。另外，根据优先污染物筛选原则和 EPA、API、ERCB 以及我国 "黑名单" 等多个石油开采相关文献资料、标准数据库推荐的石油污染物质，初步选定美国环保局 16 种多环芳烃、11 种重金属（铜 Cu、锌 Zn、铅 Pb、镉 Cd、铁 Fe、锰 Mn、钴 Co、镍 Ni、锑 Sb、铬 Cr、钡 Ba、银 Ag）以及 6 种苯系物作为石油开采区优先控制污染物。

土壤样品置于阴凉通风处风干，去除杂物后研磨过 120 目筛，避光保存。按照美国环保局、美国材料与试验协会（ASTM）以及国家相关标准方法测定了土壤样品中多环芳烃、重金属、苯系物等石油开采过程中可能产生的污染物。

（1）土壤中 PHs 和 PAHs 的测定

根据美国环保局 3550C、3630C 等测试方法，建立了适用于高浓度石油污染土壤中石油烃类（PHs）和芳烃类（PAHs）化合物同时萃取、净化分离的方法。该方法利用超声波萃取、硅胶层析柱净化分离及气相色谱/质谱联用分析测定等技术，实现高浓度石油污染土壤中石油烃类和多环芳烃类化合物的快速定性、定量分析。

1）土壤样品中 PHs 和 PAHs 的提取

根据美国环保局 3550C 方法，采用超声波萃取的方法提取土壤样品中的 PAHs。准确称取土壤样品 3.0 g，与 1.0~2.0 g 的无水硫酸钠在 100 mL 烧杯中均匀混合。移取二氯甲烷和丙酮（体积比为 1∶1）的混合液 50 mL 于烧杯中，在冰浴条件下进行超声波萃取 4 min，脉冲间隔为 4 s（上海生析超声波处理器，fs-450）。重复萃取 3 次，将每次萃取的提取液移入 500 mL 的平底烧瓶中，在 39℃条件下，利用旋转蒸发仪浓缩至 1~2 mL，然后加入 10 mL 的正己烷，再浓缩至 2 mL 左右，作为土壤中 PAHs 等石油烃的提取液。

2）土壤样品中 PHs 和 PAHs 的净化

参考美国环保局 3630C 方法对提取液进行净化浓缩。称取 15.0 g 硅胶（在 160℃下，放置 16 h 活化），用二氯甲烷溶解而形成浆体，转移至内径为 18 mm 的玻璃层析柱内，轻轻敲打层析柱壁，使硅胶填充密实。添加无水硫酸钠于硅胶层之上 2~3 cm。最后，用 30~50 mL 的正己烷淋洗层析柱。将浓缩后的提取液转移至层析柱内。首先，用 20 mL 的正己烷洗脱，弃洗脱液，继续用 30 mL 的正己烷洗脱，收集洗脱液于 30 mL K-D 浓缩瓶中（标记为 PHs）；然后用 15 mL 的二氯甲烷和正己烷的混合液（体积比为 1∶1）淋洗，弃洗脱液，继续用 25~30 mL 同样比例的二氯甲烷和正己烷混合液淋洗，收集洗脱液于另一个 30 mL 的 K-D 浓缩瓶中（标记为 PAHs）。收集于 K-D 浓缩瓶的洗脱液浓缩至 1 mL 后测试。

3）土壤样品中 PHs 和 PAHs 的测定

根据美国环保局 8270D、8275A 方法用气相色谱/质谱联用仪（美国，Agilent，GC7890A-MSD5975C）测试上述浓缩液中的 PHs 和 16 种 PAHs 的含量。

PAHs 色谱分析条件：色谱柱为 CP2Sil 24CB（30 m×0.25 mm×0.25 μm）；升温程序为 40℃，保持 4 min，以 10℃/min 速度由 40℃升至 270℃，保持 20 min；进样口温度设为 260℃；以氢气为载气，流量 1.0 mL/min；不分流。

（2）土壤中苯系物的测定

参照国内行业标准《展览会用地土壤环境质量评价标准（暂行）》（HJ 350—2007）、美国环保局 503 方法，对土壤样品中的苯系物进行了测定。

称取 3 g 风干的土壤样品，加入 10 mL 色谱纯甲醇，在超声波清洗仪中萃取 10 mL，重复萃取一次。过孔径为 0.45 μm 滤波后用甲醇定容至 25 mL，作为样品溶液。利用一定的二次水对样品溶液的比例（2 mL 样品溶液：42 mL 二次水）加入到专用的吹扫-捕集样品瓶中，在操作过程中，尽量避免产生气泡。

吹扫-捕集条件：吹扫时间 10 min，吹扫温度为室温，干吹时间 4 min，捕集管加热时间 2 min，捕集管加热温度 220℃，进样时间 3 min，进样温度 220℃，捕集管烘烤时间 15 min，捕集管烘烤温度 260℃。

苯系物色谱分析条件：升温程序为 38℃，保持 4 min，以 5℃/min 由 38℃升至 100℃，随后以 15℃/min 升至 200℃，在 200℃下保持 5 min；进样口温度设定为 200℃；氮气压力 172 367 Pa；分流比为 10：1。质谱条件：扫描范围 70～350 u，扫描速率为 3.15 u/s；四级杆温度为 150℃；离子源温度为 230℃；溶剂延迟 2 min；安捷伦气相色谱/质谱联用仪（型号：5975/7890C）配 DH-5MS 毛细管柱（30 m×0.25 mm，0.25 μm），电子能量 70 eV，载气为氦气。

（3）土壤中重金属的测定

按照美国环保局 3031 和 3050B 方法对土壤样品进行消解，按照 EPA 7000B 方法用 PE400 火焰原子吸收分光光度仪对消解液中的铜 Cu、锌 Zn、铅 Pb、镉 Cd、铁 Fe、锰 Mn、钴 Co、镍 Ni、铬 Cr、钡 Ba、银 Ag 等金属进行测定。

称取 1 g 风干土壤样品到烧杯中，加入 1：1 硝酸 10 mL 后加盖表面皿，加热到 95℃±5℃保持 10～15 min，冷却后加浓硝酸 5 mL，继续加热回流 30 min，重复上述步骤直至褐色烟气消失；冷却后再加入 2 mL H_2O 和 3 mL H_2O_2，加盖加热至没有气泡产生，继续加 H_2O_2（每次 1 mL 直至没有气泡产生）；带盖继续加热（95℃±5℃）直至残液体积为 5 mL 左右，冷却后加 10 mL HCl，继续带盖加热（95℃±5℃）15 min；降温后残液过滤到 50 mL 容量瓶中定容后测试。

（4）土壤中样品发光菌毒性测试

根据 ASTM（美国材料与实验协会）D 5660—96 和我国《水质急性毒性的测定发光细菌法》（GB/T 15441—1995）等标准，建立了适合批量土壤样品前处理特点的发光菌毒性测试方法。方法利用二次水作为浸提剂，经振荡后过滤，取滤液测试对发光菌的毒性，实现高浓度石油污染土壤中复合污染物对发光菌的综合毒性测试分析。所建方法前处理条件为土壤过 20 目筛、泥水比 1：10、室温（18～25℃）振荡 2 h，静置或离心后再过滤，土壤样品平行样测试结果的相对偏差为 0.5%～12.1%，比 D 5660-96 前处理方法减少了 14 h。采用上述快速前处理方法所测不同土壤生物毒性结果与 ASTM 方法所测结果无显著差异。

2.2.2 典型陆地石油开采区的水样品测试

（1）水样的前处理

使用棕色玻璃瓶采集水样（对于不同的水样，采集体积不同，对于地表水采集 10 L；对于污水采集 2L；对于非地表水采样要求大体积样品都采用 24 h 连续采样技术，间隔 1 h 采样 1 次，采完后混匀），注明采样时间、采样地点、样品编号、样品名称、采样人姓名等；加入 0.5% 的甲醇（抑制微生物活性，保持目标化合物溶解状态）；在自来水中加入 40 mg/L 的硫酸钠除氯；样品运回实验室后保存于冰箱（4℃）中，密封保存（注意避光），在存放样品时应尽量注意存放在没有有机气体干扰的区域，以免交叉污染。所采样品在 7 d 内前处理完毕，一个月内分析完毕。

过滤：将过滤后的水样准确量取 2L，加入回收率指示物，如果检测多氯联苯加四氯间二甲苯（TMX），如果检测多环芳烃加氘代菲（加入浓度根据当地污染程度确定，原则是与样品中目标污染物浓度相接近），充分摇匀备用。

富集：采用 500 mg 的 HLB/C18 固相萃取柱（SPE）用于水样的富集。先安装好真空抽滤装置及固相萃取装置，SPE 柱在使用前依次用二氯甲烷、甲醇、蒸馏水各 5 mL 清洗，各分 3 次，每次加液后保持 5 min，开真空泵抽取液体，应控制流速，使液体从萃取柱呈滴状滴出（在甲醇最后一次清洗时，放出试剂在柱填料的表面应保持一个液面，防止流干，蒸馏水的清洗方式同样）。处理完后小柱处于活化状态。调节好真空度[真空度<20 mmHg（1mmHg=1.333 22×10²Pa）]，使水样过柱的流速恒定在 8 mL/min。富集完毕后，将水抽干，用氮气吹干（或使用高速离心机甩干）。富集完后如不能马上洗脱，应将小柱用铝箔包好，放至冰箱保存，作好编号。

洗脱：吹干后的小柱，放在真空装置上，下面用 K-D 浓缩器承接，首先以 10 mL 二氯甲烷为洗脱剂，分 3 次淋洗（4 mL、3 mL、3 mL），再以 5 mL 正己烷/二氯甲烷（2∶1，体积比）为淋洗剂进行第二级洗脱，每次抽干前浸泡 5 min，抽干 30 min；洗脱液均收集于 K-D 浓缩器中。

浓缩：将洗脱液在旋转蒸发仪上（旋转过程中注意蒸发速度，温度 39℃，真空度 500）浓缩至约 2 mL，使用 10 mL 正己烷定量转移到 50 mL 鸡心瓶中，再次浓缩至 1 mL，完成溶剂替换。

待测样制备：正己烷洗脱液继续浓缩至 2 mL，加入内标六甲基苯，用柔和的氮气吹蒸定容至 1 mL，作为仪器分析多环芳烃的待测样；加入内标五氯硝基苯，用柔和的氮气吹蒸定容至 1 mL，作为仪器分析多氯联苯待测样。

（2）色谱条件

多氯联苯样品检测用 HP-5 石英毛细管柱（30 m×0.32 mm×0.25 μm）；进样口温度为 280℃；检测器温度为 300℃；载气为高纯氮气，恒流 2.5 mL/min；无分流进样 1 μL。

多氯联苯检测均在气相色谱/质谱联用仪 HP 6890-5973 MSD 上分析。升温程序为：始温 60℃保留 2 min，15℃/min 升至 180℃保留 10 min，再以 4℃/min 升至 250℃。

多环芳烃检测的所有样品均在气相色谱/质谱联用仪 HP6890-5973MSD 上分析。HP-5MS 石英毛细管色谱柱（0.25 mm×60 m×0.25μm），氦气为载气，流速恒定为 1 mL/min，线速度 26 cm/s；进样口 300℃，MSD 300℃，电子能量 70 eV；SIM 模式下程序升温：始温 50℃保留 2 min，20℃/min 升至 200℃保留 2 min，5℃/min 升至 240℃保留 2 min，3℃/min 升至 290℃保留 15 min；无分流进样 1μL。

（3）定性与定量

多氯联苯分析：目标化合物定性利用多氯联苯混合标样 6 次平行分析的平均保留时间对照各色谱峰保留时间对实际样品中的多氯联苯进行定量分析。

多环芳烃分析：通过检索 NIST 质谱谱库和色谱峰保留时间进行定性分析，并采用外标峰面积法、6 点校正曲线进行定量分析。

2.3　典型石油开采区土壤样品的测试结果

2.3.1　大庆油田土壤的测试结果

根据美国环保局 3550C、3630C、3031 和 3050B 方法等相关标准、方法完成近 400 个土壤样品的总石油烃、多环芳烃（美国环保局优先控制的 16 种多环芳烃）以及重金属（铜 Cu、锌 Zn、铅 Pb、镉 Cd、铁 Fe、锰 Mn、钴 Co、镍 Ni、铬 Cr、钡 Ba、银 Ag 11 种）含量的测试，完成大庆油田 60 个采样点苯系物（BTEX）含量测定，共获得有效数据 10 000 多个。

（1）部分土壤样品 BTEX 测试结果

根据上述选定的方法对大庆油田 I 号水驱井采集的土壤中苯系物（BTEX）含量进行测定，以 6 种苯系物混标样（美国 AccuStandard 公司）进行标定，完成 47 个样品的测试，获得数据近 300 个，具体测试结果及含量分布见表 2-2。

表 2-2　典型石油开采区土壤中（*n*=47）苯系物含量分布

苯系物	最低值/（ng/g）	最高值/（ng/g）	均值/（ng/g）	RSD/%	检出率/%
苯	0.75	96.54	6.21	242.36	100
甲苯	2.36	174.67	14.45	190.91	100
乙苯	3.23	112.82	12.18	160.77	100
间、对二甲苯	12.94	171.79	36.04	115.17	100
邻二甲苯	4.00	63.14	11.64	120.21	100
苯系物总量	23.28	618.96	80.52		

注：*n* 为测试样品的数量；RSD 为相对标准偏差。下同。

由表 2-2 可以看出测试的 6 种苯系物：苯、甲苯、乙苯、邻二甲苯以及间、对二甲苯均有检出，所测试的 47 个样品中检出率均为 100%。

（2）土壤中重金属及多环芳烃含量测试结果

按照美国环保局 3050B、7061A 等标准方法对所采集的土壤样品中重金属（铜 Cu、锌 Zn、铅 Pb、镉 Cd、铁 Fe、锰 Mn、钴 Co、镍 Ni、铬 Cr、钡 Ba、银 Ag 等）进行分析测试，获得数据 3 000 多个，具体测试结果及分布情况见表 2-3。

表 2-3　典型石油开采区土壤中（*n*=262）重金属含量分布

重金属	最低值/（mg/kg）	最高值/（mg/kg）	均值/（mg/kg）	RSD/%	检出率/%
铅	0.50	90.90	17.97	53	100
镉	0.06	4.70	1.33	70	72
铜	0.09	146.20	27.75	85	100
锌	11.80	78.40	31.58	29	100
镍	4.60	34.20	19.83	41	100
铬	0.10	33.50	14.88	54	81
钴	2.30	30.90	13.17	43	84
铁	470.00	65 840.00	16 088.49	59	100
锰	117.00	634.00	304.20	34	83

由表 2-3 可以看出大庆油田油井附近土壤中铜 Cu、锌 Zn、铅 Pb、镉 Cd、铁 Fe、锰 Mn、钴 Co、镍 Ni、铬 Cr 均有检出，检出率均在 80%以上（镉除外），重金属银 Ag 和钡 Ba 含量较低，基本上均低于检出限（未列出）。

（3）土壤中多环芳烃和石油烃含量测试结果

根据所建立的土壤石油烃和多环芳烃的测试方法，分析测定了采集的土壤样品中石油烃和多环芳烃的含量，分别以 $C_8 \sim C_{40}$ 石油烃标样（美国 AccuStandard 公司）和 EPA 16 种多环芳烃混标样（美国 AccuStandard 公司）进行标定，共获得数据近万个，具体测试结果及分布情况见表 2-4。

表 2-4　典型石油开采区土壤（n=262）中多环芳烃含量分布特征

多环芳烃	缩写	最低值/ （mg/kg）	最高值/ （mg/kg）	均值/ （mg/kg）	RSD/%	检出率/%
萘	NAP	0.01	220.28	5.45	296	100
苊烯	ANY	0.08	0.63	0.16	56	100
苊	ANA	0.07	1.29	0.30	86	100
芴	FLU	0.09	3.69	0.66	95	100
菲	PHE	0.09	46.89	1.42	227	100
蒽	ANT	0.12	96.28	0.69	863	100
荧蒽	FLT	0.12	5.83	0.96	156	100
芘	PYR	0.08	16.36	0.87	197	100
苯并[a]蒽	BaA	0.16	4.96	0.50	145	99
䓛	CHR	0.15	48.04	1.01	450	99
苯并[b]荧蒽	BbF	0.08	2.61	0.42	126	68
苯并[k]荧蒽	BKF	0.19	0.38	0.23	23	78
苯并[a]芘	BaP	0.15	2.39	0.39	102	92
茚苯[1,2,3-c,d]芘	IPY	0.07	1.30	0.34	98	71
苯并[a,h]蒽	DBA	0.01	4.52	0.48	123	55
苯并[g,h,i]苝	BPE	0.04	2.84	0.35	93	70
总 PAH	∑PAHs	1.87	222.98	14.19		
石油烃		11.82	919.7	48.59	215	100

由表 2-4 可以看出大庆油田油井附近土壤中美国环保局优先控制的 16 种多环芳烃均有检出，其中 11 种多环芳烃检出率在 90%以上，其余 5 种在 70%左右。$C_8 \sim C_{40}$ 石油烃测试结果显示所有土壤样品中均有石油烃检出，检出率为 100%。

（4）土壤生物毒性测试结果

根据 ASTM（美国材料与试验协会）D 5660—96 和我国《水质急性毒性的测定发光细菌法》（GB/T 15441—1995）等标准，完成样品的生物毒性测试，根据中科院南京土壤所推荐的百分数等级分级标准对测试的毒性结果进行分级，如表 2-5、表 2-6 所示。大部分（69%）土壤生物毒性为低毒，测试的 262 个样品中只有 5%左右为重毒，仅有 1%左右的样品毒性达到高毒。

表 2-5 典型石油开采区土壤毒性特征

毒性级别		毒性样品比例/%						
		1 号井	2 号井	4 号井	5 号井	6 号井	7 号井	总计
		n=42	n=42	n=45	n=45	n=45	n=43	n=262
I	低毒	40%	48%	64%	96%	98%	65%	69%
II	中毒	43%	35%	36%	4%	2%	30%	25%
III	重毒	17%	12%	0	0	0	5%	5%
IV	高毒	0	5%	0	0	0	0	1%
V	剧毒	0	0	0	0	0	0	0

表 2-6 中科院南京土壤所推荐的百分数等级分级标准

毒性级别	相对发光率（T）/%	等当量的 $HgCl_2$ 溶液浓度（C）/（mg/L）
I 低毒	$T>70$	$C_{Hg}<0.07$
II 中毒	$50<T\leqslant70$	$0.07\leqslant C_{Hg}<0.09$
III 重毒	$30<T\leqslant50$	$0.09\leqslant C_{Hg}<0.12$
IV 高毒	$0<T\leqslant30$	$0.12\leqslant C_{Hg}<0.16$
V 剧毒	$T=0$	$C_{Hg}\geqslant0.16$

（5）质量控制

为掌握所建立测定方法的准确性、精确性和灵敏度，进行了方法的质量控制研究，内容包括方法检出限、重现性、溶剂空白等。

检出限：通过空白样品加标，按 3 倍信噪比计算得出各目标物的检出限，详见表 2-7。除 NAP 外，其他组分检出限均低于 2 ng/g，基本满足环境样品中痕量多环芳烃的分析要求。

表 2-7 16 种多环芳烃检出限 单位：ng/g

检出限							
ANA	ANT	ANY	BaA	BaP	BbF	BKF	BPE
0.78	1.63	0.09	0.95	0.34	0.03	0.04	0.02
检出限							
CHR	DBA	FLT	FLU	IPY	NAP	PHE	PYR
0.14	0.40	0.14	0.96	0.14	16.80	1.29	0.30

重现性：对同一土壤样品，平行样品测定结果表明，本方法测定 16 种 PAHs 具有较好的重现性，偏差小于 20%。根据《土壤环境监测技术规范》（HJ/T 166—2004）的要求："每批样品每个项目分析时均须做 20%的平行样品；当 5 个样品以下时，平行样品不少于 1 个"，在本研究中对超过 20%的土壤样品进行了平行样品测定。

溶剂空白：在分析样品之前，评估所使用的溶剂和玻璃器物是否受到目标组分（PAHs）的污染。每次更换溶剂都对溶剂是否受 PAHs 污染进行评估。

根据课题要求，在大庆油田一厂一矿选定了 6 口油井作为采样地点，共采集土壤样品近 400 个。按照相关标准方法等完成近 400 个土壤样品的 C_8～C_{40} 石油烃、多环芳烃（美国环保局优先控制的 16 种多环芳烃）以及重金属（铜 Cu、锌 Zn、铅 Pb、镉 Cd、铁 Fe、锰 Mn、钴 Co、镍 Ni、铬 Cr、钡 Ba、银 Ag 11 种）含量的测试，完成大庆油田 60 个采样点苯系物（BTEX）含量的测定，完成了近 400 个土壤样品的发光菌毒性测试，共获得有效数据 10 000 多个。

对数据进行了初步的统计分析发现，选定的 33 种污染物中除了重金属银 Ag 和钡 Ba 未检出，其他 31 种污染物均有检出。其中 Pb、Cu、Zn、Ni、Fe 5 种重金属和 NAP、ANY、ANA、FLU、PHE、ANT、FLT、PYR 8 种多环芳烃、6 种苯系物以及 $C_8 \sim C_{40}$ 石油烃 20 种/类污染物检出率为 100%，另有多环芳烃 BaA 和 CHR 检出率为 99%，除了多环芳烃 DBA 和 BbF 检出率为 55% 和 68%，其余 8 种污染物检出率为 70%～92%。土壤生物毒性测试结果显示大部分（69%）土壤生物毒性为低毒，测试的 262 个样品中只有 5% 左右为重毒，仅有 1% 左右的样品毒性达到高毒。

上述数据为典型石油开采和钻井过程生态风险污染物的筛选以及典型生态风险污染物优先顺序名录的建立和典型石油开采区污染诊断及等级判别技术等研究提供了定性、定量化学分析数据。

2.3.2　胜利油田土壤的测试结果

（1）多氯联苯的定量检测结果

1）14 种 PCB（多氯联苯）单体标准曲线

单体的标准曲线，R^2 均大于 0.99，可以用于多氯联苯的定量分析。

2）土样多氯联苯的实验结果

①土样中 14 种单体检出率结果分析。在东营土样 121 个样品中，PCB 28 检出的样品有 48 个，检出率为 39.67%；PCB 52 检出的样品有 67 个，检出率为 55.37%；PCB 41 检出的样品有 84 个，检出率为 69.4%；PCB 99 检出的样品数为 63 个，检出率为 52.07%；PCB 87 的检出数为 38 个，检出率为 31.41%；PCB 149 检出数为 44 个，检出率为 36.36%；PCB 118 检出数为 39 个，检出率为 32.23%；PCB 138 检出数为 8 个，检出率为 6.61%；PCB 187 检出数为 9 个，检出率为 7.44%；PCB 156 检出数为 56 个，检出率为 46.28%；PCB 180 检出数为 82 个，检出率为 67.77%；PCB 169 检出数为 41 个，检出率为 33.88%；PCB 205 检出数为 39 个，检出率为 32.23%；PCB 209 检出数为 24 个，检出率为 19.83%。实验结果表明样品中不同单体的检出率差别很大，从检出率最低的 PCB 138 的 6.61% 到检出率最高的 PCB 41 的 69.4%，样品中多氯联苯污染物的单体种类差异比较大。

②14 种 PCB 的定量检测结果显示，每种 PCB 单体浓度占总浓度（∑PCBs）的比率由高到低分别是 PCB41，19.67%；PCB28，11.36%；PCB87，10.78%；PCB149，9.16%；PCB99，8.53%；PCB52，8.02%；PCB169，7.77%；PCB180，5.82%；PCB205，5.02%；PCB209，4.53%；PCB118，4.22%；PCB156，2.78%；PCB187，1.32%；PCB138，1.02%。由此可见，14 种单体的浓度在总浓度中所占比率差别比较大。每个样品的总 PCB 浓度范围为 1.32～656.84 ng/g，平均浓度为 59.40 ng/g，浓度最高和最低的样品分别是样品 83 的 656.84 ng/g 和 CK19 的 1.32 ng/g，其中，121 个样品中，总 PCB 浓度在平均值上的占 20.66%，低于平均值的占 79.34%。可见不同样品的 PCBs 浓度差别很大，这表明不同样品的污染程度不同。

3）水样实验结果与分析

对东营 37 个水样进行了多氯联苯的化学分析，结果显示：

①14 种 PCB 单体在 37 个样品中 PCB28、PCB52、PCB41、PCB99、PCB87、PCB149、PCB118、PCB138、PCB187、PCB156、PCB180、PCB169、PCB205、PCB209 的检出率分别是 75.68%、40.54%、40.54%、70.27%、43.24%、43.24%、59.46%、59.46%、59.46%、54.05%、37.84%、45.95%、29.73%、29.73%，检出率最高的是 PCB28，检出率最低的是 PCB205、PCB209。

②14 种 PCB 单体浓度占∑PCBs 浓度的比率由高到低依次是 PCB118、PCB149、PCB99、PCB28、PCB87、PCB138、PCB52、PCB187、PCB41、PCB156、PCB169、PCB205、PCB180、PCB209，其比率分别为 18.04%、14.44%、13.87%、12.06%、11.91%、8.61%、4.54%、3.66%、3.36%、2.84%、2.73%、2.41%、0.86%、0.66%。在 37 个样品中，14 种 PCB 单体的浓度与每个样品的浓度范围见表 2-8。单个样品总浓度范围为 0～1 216 ng/L，平均浓度为 427.10 ng/L。所有样品中 PCB 单体 PCB28、PCB52、PCB41、PCB99、PCB87、PCB149、PCB118、PCB138、PCB187、PCB156、PCB180、PCB169、PCB205、PCB209 总浓度范围分别为 0～565.97 ng/L、0～236.91 ng/L、0～135.19 ng/L、0～333.61 ng/L、0～711.36 ng/L、0～745.96 ng/L、0～401.47 ng/L、0～104.40 ng/L、0～68.21 ng/L、0～20.88 ng/L、0～157.74 ng/L、0～258.47 ng/L、0～19.10 ng/L、0～1 216.63 ng/L。

表 2-8　东营水样 PCB 检测结果　　　　　　单位：ng/L

	总 PCB	平均浓度	浓度范围
PCB28	1 906.03	68.07	0～565.97
PCB52	717.13	47.81	0～236.91
PCB41	531.18	35.41	0～135.19
PCB99	2 192.42	84.32	0～333.61
PCB87	1 882.42	117.6	0～711.36
PCB149	2 281.67	142.6	0～1 319.89
PCB118	2 850.95	129.5	0～745.96
PCB138	1 361.28	61.88	0～401.47
PCB187	577.85	26.27	0～104.40
PCB156	448.56	22.43	0～68.21
PCB180	104.65	7.47	0～20.88
PCB169	432.1	25.42	0～157.74
PCB205	380.75	34.61	0～258.47
PCB209	135.76	12.34	0～19.10
总 PCBs	15 802.74	427.1	0～1 216.63

（2）多环芳烃的定量检测结果

1）标准曲线确定

进标样，确定 18 种物质的出峰时间和峰面积，据此设定检测物质的出峰时间并作出标准曲线。

2）土样的检测结果与分析

东营采样点 129 个样品的 16 种多环芳烃的化学分析结果如下：

①在 129 个样品中，16 种多环芳烃 NAP、ACY、ANA、FLU、PHE、ANT、FLT、PYR、BaA、CHR、BbF、BkF、BaP、IPY、DBA、BPE 的检出率分别为 61.24%、3.10%、8.53%、100%、98.45%、85.27%、82.17%、78.29%、46.51%、72.87%、58.91%、34.11%、30.23%、11.63%、30.23%、26.36%，如图 2-5 所示。其中，检出率最高的是 FLU（芴）和（PHE）菲分别为 100%、98.45%，检出率最低的是 ANY，仅为 3.10%。美国环保局提出的 7 种强致癌的同系物（car-PAHs），苯并[a]蒽、苯并[b]荧蒽、苯并[k]荧蒽、苯并[a]芘、䓛、二苯并[a,h]蒽、茚苯[1,2,3-c,d]芘均有检出（图 2-5），该区域的土壤应该引起相应的关注。

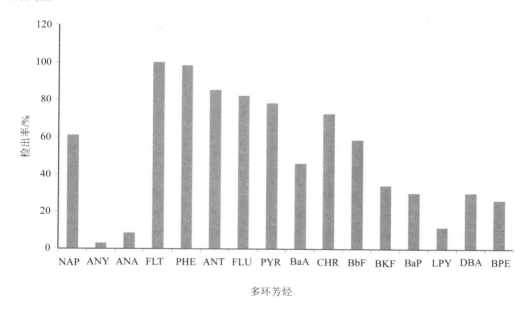

图 2-5　129 个土样中 16 种多环芳烃的检出率

②在 129 个样品中，16 种多环芳烃总浓度含量（∑PAHs）范围为 0.8～77 153.9 ng/g，均值为 2 360.9 ng/g，因此，样品间的浓度差异很大。其中，超过均值的样品有 28 个，占总数的 21.71%，低于均值的样品有 101，占总数的 78.29%。根据 Maliszewska Kordybach 对 PAHs 的污染程度的界定，当土壤中∑PAHs 的浓度小于 200 ng/g 时，表示该土壤未受到污染；浓度为 200～600 ng/g，表示轻度污染；浓度为 600～1 000 ng/g，表示土壤受到中度污染；土壤中∑PAHs 的浓度大于 1 000 ng/g 时，表明该土壤已经受到严重污染。据此，所有样品中浓度低于 200 ng/g 的有 8 个，仅占 6.2%；浓度范围为 200～600 ng/g 的样品有 21 个，占总数的 16.27%；浓度为 600～1 000 ng/g 的样品数量为 27 个，占总数的 20.93%；浓度大于 1 000 ng/g 的样品数为 73 个，占总数的 56.59%。上述实验结果说明，该取样区的土壤污染比较严重，有半数以上的样品污染达到严重污染程度，因此，需要继续对该地域进一步的取样检测，取得更多的信息，依此采取相应的措施进行修复和治理。

③16 种单体多环芳烃占∑PAHs 的比例，从高到低依次为 FLT、PHE、ANT、NAP、CHR、PYR、BaA、FLU、BaP、BbF、BPE、BKF、ANA、IPY、ANY、DBA。有强致癌性的物质苯并[a]蒽（BaA）、䓛（CHR）、苯并[b]荧蒽（BbF）、苯并[k]荧蒽（BkF）、

苯并[a]芘（BaP）、茚苯[1,2,3-c,d]芘（IPY）、二苯并[a,h]蒽（DBA），浓度含量均比较低，这 7 种单体总浓度仅占 ΣPAHs 的 3.46%。不同环数的单体浓度占ΣPAHs 的比率如图 2-6 所示，2 环占的比率最多，5、6 环的单体浓度所占比率较少。

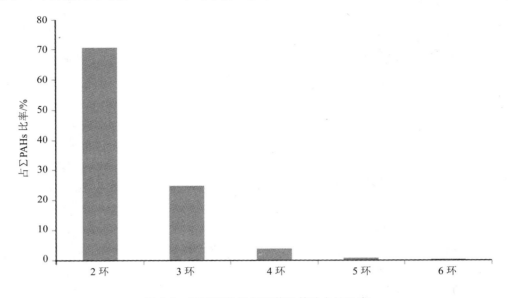

图 2-6　不同环数的多环芳烃单体占的比率

④运用不同的指标分析多环芳烃的来源。a. 运用蒽/（蒽+菲）系数，样品中蒽/（蒽+菲）=0.447 2，其比值大于 0.1，说明多环芳烃的来源主要由燃烧产生；b. 运用荧蒽/（荧蒽+芘）系数，样品中荧蒽/（荧蒽+芘）=0.385 2，其比值小于 0.4，说明多环芳烃的来源主要由石油污染产生；c. 运用苯并[a]蒽/（䓛+苯并[a]蒽）系数，样品中苯并[a]蒽/（䓛+苯并[a]蒽）=0.362 8，其比值大于 0.35，说明多环芳烃的来源主要由燃烧产生；d. 运用菲/蒽系数，样品中菲/蒽=1.236，比值小于 10，说明多环芳烃的来源主要由燃烧产生；e. 荧蒽/芘系数，样品中荧蒽/芘=0.626 7，比值小于 1，表明样品中多环芳烃的主要来源是石油排放。用 5 种不同标准分析多环芳烃的来源，发现样品中多环芳烃的主要来源有 2 种途径，一是石油排放和石油污染，二是燃烧产生。这两种途径是多环芳烃的主要来源，不排除在自然环境中还有其他的来源，可能在不同的采样点多环芳烃的来源也是不同的。

3）水样的检测结果与分析

检测了 41 个东营水样的 16 种多环芳烃，其化学分析结果如下：

①41 个样品中 16 种多环芳烃的检出率如图 2-7 所示，由高到低分别是 PHE、NAP、ANT、FLT、PYR、FLU、BaA、CHR、ANA、BbF、BaP、ANY、BkF、LPY、DBA、BEP，其最高比率为 97.56%，最低比率为 0，样品中含 PAHs 污染物的差别很大。

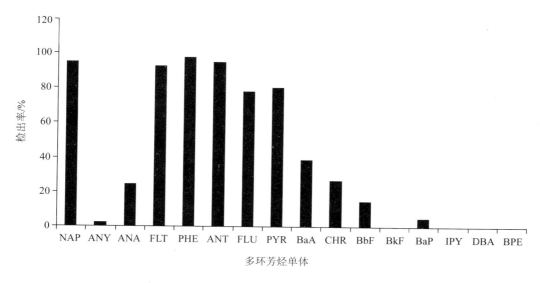

图 2-7　东营水样 16 种多环芳烃单体的检出率

②在 41 个样品中，16 种多环芳烃单体的浓度分析结果显示：NAP、ANY、ANA、FLT、PHE、ANT、FLU、PYR、BaA、CHR、BbF、BkF、BaP、IPY、DBA、BPE 单体的浓度占总浓度的比率如图 2-8 所示，最大的是 NaP，占 57.6%，最低的有 BKF、IPY、DBA、BPE，均为 0。样品多环芳烃的总浓度范围为 0～24 014.99 ng/g，平均浓度为 585.73 ng/g，浓度超过均值的样品数为 14，低于均值的样品数为 27，其中样品 12 没有多环芳烃类物质检出。结果说明不同样品间浓度差别很大，即样品间的污染程度差异明显。

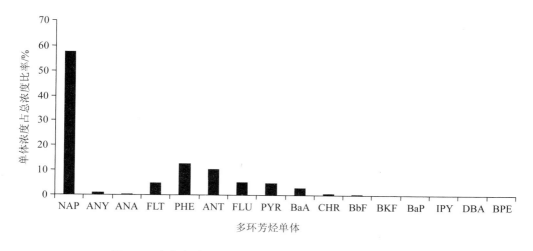

图 2-8　东营水样 16 种多环芳烃单体浓度占总浓度的比率

③不同环多环芳烃所占比率，其中浓度最高的是含 2 环芳烃达 63.60%，其次为 3 环芳烃，达 27.98%，4 环芳烃，占总浓度的 8.42%，在 41 个样品中没有检测到 5～6 环芳烃存在。

2.3.3 土壤的石油污染

不同油田区石油污染土壤含油量的分析结果见表 2-9。图 2-9 表示各油田区不同土样含油量的分析结果。

表 2-9   大庆和胜利油田采样区土壤含油量

油田	背景值/（mg/kg）	实测值/（mg/kg）
大庆	48.36	500～68 100
胜利	23.64～35.19	2000～230 000

注：含油量背景值由中国石油天然气股份有限公司环境监测总站提供。

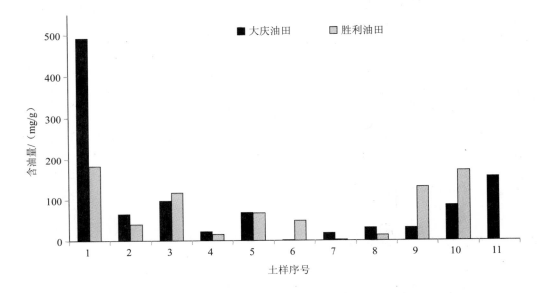

图 2-9   不同油田土样含油量

调查油田区的土壤受到了不同程度的石油污染，含量最高可达 23×10^4 mg/kg，超过环境背景值的 500～1 000 倍。胜利油田土壤含油量相对较高。

现场调查结果表明，油田区土壤含油量随时间和空间分布呈现出一定的规律性。对不同采样深度的土壤含油量的测定结果表明，各油田区表层土壤含油量均比下层土壤高，最高可达 10 倍；油田采油井周围土壤含油量有从井口向外递减的辐射趋势，在胜利油田中，采油井口土样的含油量达 2.1×10^4 mg/kg，距井口 1 m 的土样含油量降到了 1.13×10^4 mg/kg，距井口 15 m 的土壤含油量则为 1.07×10^4 mg/kg，分别为井口样品的 53.81%和 50.95%。

以柱层析对不同油田土壤中提取的石油烃组分含量进行测定，取各油田平均值作图，结果如图 2-10 所示。

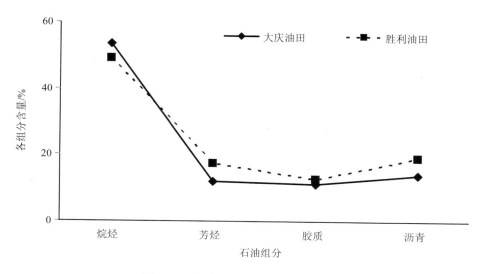

图 2-10 各油田土壤石油烃组分含量

油田区石油污染土壤石油组成以烷烃、芳烃等轻质组分为主,占柱层析分析总物质含量的 50%以上,其中以烷烃比例较大。大庆油田土壤中的烷烃含量超过 50%,胶质和沥青等非烃类物质的含量则较低。

表 2-10 为大庆和胜利油田污染土壤中石油组成柱层析分析结果。

表 2-10 部分油田土壤中石油组成柱层析分析结果   单位:%

	烷烃	芳烃	胶质+沥青
大庆油田	42.60~58.21	14.44~15.14	27.34~42.22
胜利油田	50.10~55.80	17.09	22.19

与相应油田原油各组分相比,土壤中烷烃和芳烃相对含量降低,其中烷烃降低最多,达 10%~20%,胶质和沥青质含量增加。其原因在于石油在土壤中的残留过程中,由于长期的淋滤、挥发、生物降解等物化和生物作用,造成低分子的烷烃和芳香烃类物质或挥发,或经雨水冲刷流失,或下渗进入地下水含水层,具有生物利用性的石油组分被微生物降解,残存在表层土壤中的石油组分,大多为不易挥发和水溶性较差的大分子烷烃和芳烃以及难降解的胶质及沥青,因此,其相对含量增加。

大庆油田污染土壤石油组分的 GC-MS 分析结果可知,调查油田区石油组分主要是 C_{15}~C_{36} 的烷烃,分子量大部分在 200 以上。一些低吸收峰组分主要为支链烷烃、烯烃、酯类等,所占比例较小。

第 3 章　典型石油开采过程生态风险污染物
筛选及其识别技术的研究

在污染物的控制工作中，为增大效益，在实际工作中需要针对一定的环境介质相应地筛选出一部分检出频率高、毒性效应大、环境持久性强和监测条件完善（包括具有相应的采样、分析方法，具备分析仪器等）的污染物质进行优先监测。

为实现对环境效应较大的部分污染物有原则地优先监测，本研究通过调研石油开采及钻井过程相关行业标准中要求控制的污染物名单，并借鉴已有筛选程序得出优先控制污染物名单，参考相关数据库，从中获取毒性、持久性及累积性等在优先监测中重点考虑的理化指标，结合事故风险频率（即检出频率）及污染物对暴露在其中人群的致癌及非致癌风险等数据，参考文献后按一定原则将各指标值量化赋分，并根据分值将筛选出的污染物按优先控制的顺序排列。

3.1　典型石油开采和钻井过程生态风险的污染物清单

国外大规模的油田开发比较早，相关技术标准和法律法规也较为规范和完整，早在 20 世纪 70 年代，美国、日本、苏联、加拿大和联邦德国等就已经开始了石油开采污染方面的研究。美国是第一个提出优先控制污染物的国家，作为世界范围内环境研究先驱的美国环境保护局（USEPA）于 20 世纪 70 年代中期公布的 129 种优先污染物名单至今仍是全球范围内优先控制污染物的权威标准之一。

美国石油协会（American Petroleum Institute，API）是石油和天然气工业的主要交易组织，是全世界范围内最早、最成功地制定标准的商业协会之一，也是世界石油工业活动的重要组成部分。API 的重要职能之一是负责石油和天然气工业的标准化工作，以确保开发的安全可靠，此外，API 还是美国国家标准学会（American National Standards Institute，ANSI）认可的标准制定机构，还与美国材料试验学会（ASTM）联合制定标准，同时还积极参加国际标准化组织（ISO）标准的制定工作。从 1924 年至今，API 已发布了 500 多个标准，在世界范围内应用广泛，被 ISO、国际法制计量组织（Organisation Internationale de Metrologie Legale，OIML）和 100 多个国家的运输、国防、安全、环保、海关等部门所引用。API 正越来越多地成为世界石油工业活动的重要组成部分。同时，出于安全和环保方面的职责，API 还对开发中的环境和毒理学效应进行研究，其制定出的相应标准和产业要求，也在世界范围内得到普遍的认可。

加拿大阿尔伯塔省拥有世界上最多的油气资源，该省对油气资源的开发利用创造出巨大的财富。为保障油气的有效开发和能源与环境的安全，加拿大阿尔伯塔省能源和公共事业管理局（Alberta Energy and Utility Board，EUB）应运而生。加拿大阿尔伯塔省能源管理局（ERCB）是原 EUB 能源开发部分独立后更名成立的机构，是一个以安全、有效开发利用石油、天然气以及煤等资源为职责的政府机构。与 API 相似，ERCB 在协调政府机制和能源开发的同时，也制定相关法规并对相关行业实行规范管理，其成果在世界范围内得到广泛的借鉴和引用，为全球油气资源管理体系作出重大贡献。另外，ERCB 还与加拿大政府的环保部门密切结合，其成果可作为油气开发方面环境工作中的重要参考。

化学品安全数据库（Material Safety Data Sheet，MSDS）是化学品生产或销售部门依法向客户提供的有关化学品特征的综合性文件，它提供了化学物质有关安全、健康和环境保护等方面的相关信息，包括理化参数、燃爆性能、危害效应等，同时还提供有关化学品的基本知识、防护措施和应急行动等方面的资料。广泛、高效地将化学产品最关键的安全数据信息传递给用户，特别是面临紧急情况的对象，以避免他们受到化学产品的各种危害是 MSDS 的根本目标。MSDS 化学产品安全数据信息包括 16 个方面：化学品及企业标识、成分/组成信息、危险性概述、急救措施、消防措施、泄漏应急处理、操作处置与储存、解除控制/个体防护、理化特性、稳定性和反应性、毒理学资料、生态学资料、废弃处置、运输信息、法规信息以及其他信息。本研究着重讨论化学品的环境特征，主要涉及其在土壤介质中的生物累积性、环境持久性、毒性等性质，因此主要从相应化学品 MSDS 中采集各物质毒理性和生态学等的相关信息。

USEPA、API 和 ERCB 等相关机构在石油污染方面做了大量的研究，这些组织制定的石油污染规范、石油开采的行业安全和环保标准等得到广泛认可。本研究选择 USEPA 对总石油烃的监测和控制组分为最初筛选目标，考察各污染物 MSDS 中的毒性数据，并以 API、ERCB 对石油开采区污染物控制要求和标准以及 EPA 优先控制污染物名单为参考，筛选出典型石油开采区需要优先控制的包括多环芳烃、苯系物及重金属在内的典型污染物，得到优先控制名单，作为后文优先排序的对象。

我国于 1989 年提出水中优先控制污染物"黑名单"（周文敏等，1990），其筛选方法是参考国外研究成果，从初筛得到的 2 347 种污染物的名单中精选出 249 种污染物，再经专家评估提出最终黑名单上的 68 种。到目前为止我国已开展了大量优先污染物方面的研究，但绝大多数均集中在松花江和长江等水介质，而对土壤等其他环境介质的研究尚少。本研究参考 USEPA（2002）、API、ERCB 以及我国"黑名单"（周文敏等，1991）等多个石油开采相关文献资料、标准数据库，根据我国"黑名单"的筛选程序，对石油开采过程中可能产生的相关污染物进行筛选，得出陆地石油开采区污染物名单（表 3-1），并考察这些物质的 MSDS 毒性特征，其结果如表 3-2 所示。

表 3-1　典型陆地石油开采和钻井过程土壤污染物名单

序号	名称	USEPA 要求监测石油烃	优先控制			
			USEPA	API	ERCB	中国"黑名单"
1	萘	√	√	√	√	√
2	苊烯	√		√		√
3	苊	√	√	√		√
4	芴	√		√		√
5	菲	√		√		
6	蒽	√		√		
7	荧蒽	√	√	√	√	√

序号	名称	USEPA 要求监测石油烃	优先控制			
			USEPA	API	ERCB	中国"黑名单"
8	芘	√	√	√	√	
9	苯并[a]蒽	√	√	√	√	
10	蒀	√	√	√	√	
11	苯并[b]荧蒽	√	√	√	√	√
12	苯并[k]荧蒽	√	√	√	√	
13	苯并[a]芘	√	√	√	√	
14	茚苯[1,2,3-c,d]芘	√	√	√	√	
15	苯并[a,h]蒽	√	√	√	√	
16	苯并[g,h,i]苝	√	√		√	√
17	苯并[j]荧蒽	√				
18	二苯并[a,e]芘	√				
19	二苯并[a,h]芘	√				
20	二苯蒽	√				
21	二苯并[a,h]氮蒽	√				
22	二苯并[a,i]芘	√				
23	7,12-二甲基苯并蒽	√				
24	1-甲（基）胆蒽	√				
25	2-甲基萘	√				
26	铅		√		√	√
27	镉		√		√	√
28	铜		√		√	√
29	锌		√		√	
30	镍		√		√	
31	铬		√		√	
32	锰		√	√		
33	银		√			√
34	锑		√	√		
35	铁				√	√
36	钡			√		
37	钴		√	√		
38	苯	√	√			√
39	甲苯	√	√			√
40	乙苯	√	√			√
41	间二甲苯	√	√			√
42	对二甲苯	√	√			√
43	邻二甲苯	√	√			√
44	1,2,4-三甲苯	√				
45	1,3,5-三甲苯	√				
46	丙基苯	√				
47	二苯并[a,j]丫啶	√				
48	7 h-二苯并咔唑	√				
49	甲基叔丁基醚	√				
50	苯乙烯	√				
51	苯酚*					
52	对甲酚*					
53	间甲酚*					
54	邻甲酚*					

*：酚类是钻井过程中产生的污染物。

表 3-2　典型陆地石油开采和钻井过程初选土壤污染物毒性特征

序号	名称	毒性分级	毒性特征		生态效应	
			动物	植物	BCF	半衰期/d
1	萘	高毒	口服，大鼠 LD_{50}：490 mg/kg 口服，小鼠 LD_{50}：316 mg/kg	莴笋 EC_{50}：13 mg/kg	70	75
2	苊烯	中毒	腹腔，大鼠 LD_{50}：1 700 mg/kg		180	30
3	苊	中毒	腹腔，大鼠 LD_{50}：600 mg/kg	莴笋 EC_{50}：25 mg/kg	180	75
4	芴			苜蓿 EC_{50}：360 mg/kg	270	30
5	菲		口服，大鼠 LD_{50}：1 800～2 000 mg/kg 口服，小鼠 LD_{50}：700 mg/kg		1 900	120
6	蒽	中毒	口服，大鼠 LD_{50}：>17 000 mg/kg 腹腔，小鼠 LD_{50}：430 mg/kg	黄瓜 EC_{50}：720 mg/kg	400	120
7	荧蒽	中毒	口服，大鼠 LD_{50}：2000 mg/kg	芥菜 EC_{50}：>1 000 mg/kg	1 200	120
8	芘		口服，大鼠 LD_{50}：2 750 mg/kg 口服，小鼠 LD_{50}：800 mg/kg 吸入，大鼠 LC_{50}：170 mg/m³		770	120
9	苯并[a]蒽	高毒	静脉，小鼠 LDL_0：10 mg/kg		2 900	120
10	䓛			白杨 NOEL：10 mg/kg	3 200	120
11	苯并[b]荧蒽				3 000	120
12	苯并[k]荧蒽				5 000	120
13	苯并[a]芘	高毒	皮下，大鼠 LD_{50}：50 mg/kg 腹腔，小鼠 LDL_0：500 mg/kg	洋葱 EC_{50}：8.5 mg/L	5 100	120
14	茚苯[1,2,3-c,d]芘				12 000	120
15	苯并[a,h]蒽				9 600	120
16	苯并[g,h,i]苝				11 000	120
17	苯并[j]荧蒽	中毒	腹腔，大鼠 LDL_0：1 000 mg/kg		5 000	120
18	二苯并[a,e]芘				6 000	360
19	二苯并[a,h]芘				9 600	360
20	二苯蒽					
21	二苯并[a,h]氮蒽					
22	二苯并[a,i]芘				9 600	360
23	7,12-二甲基苯并蒽		口服，小鼠 LD_{50}：340 mg/kg		3 100	360
24	1-甲（基）胆蒽					
25	2-甲基萘	高毒	口服，大鼠 LD_{50}：163 mg/kg 腹腔，小鼠 LDL_0：1 000 mg/kg		160	30
26	铅	高毒	口服，大鼠 LD_{50}：225 mg/kg 口服，小鼠 LD_{50}：890 mg/kg	芥菜 EC_{50}：263.03 mg/L		
27	镉	高毒	腹腔，小鼠 LD_{50}：0.07 mg/kg	芥菜 EC_{50}：47.86 mg/L		
28	铜	高毒	吸入，人 TCL_0：124 mg/m³/50 min	小麦 EC_{50}：5.5 mg/kg		
29	锌			水稻 NOEL：7.5 g/L		
30	镍	高毒	大鼠 LD_{50}：27.5 mg/kg			
31	铬	低毒	口服，大鼠 LD_{50}：9 000 mg/kg	芥菜 EC_{50}：5.01 mg/L		
32	锰	低毒	口服，小鼠 LD_{50}：>10 000 mg/kg			
33	银	高毒	腹腔，大鼠 LD_{50}：100 mg/kg 腹腔，小鼠 LD_{50}：80 mg/kg			

序号	名称	毒性分级	毒性特征		生态效应	
			动物	植物	BCF	半衰期/d
34	锑					
35	铁	剧毒	口服，狗 LDL_0：1 mg/kg	水稻 NOEL：20 g/L		
36	钡	中毒	口服，大鼠 LD_{50}：6 171 mg/kg 腹腔，小鼠 LDL_0：100 mg/kg			
37	钴	中毒	口服，大鼠 LD_{50}：930 mg/kg 口服，小鼠 LD_{50}：4 700 mg/kg （溶剂苯）	白松 EC_{25}：49 mg/kg		
38	苯	中毒	口服，大鼠 LD_{50}：636 mg/kg 吸入，小鼠 LC_{50}：40 mg/（kg·24 h）	烟草 EC_{50}：36.5 mg/kg	12	75
39	甲苯	中毒	口服，大鼠 LD_{50}：3 500 mg/kg 腹腔，小鼠 LD_{50}：2 272 mg/kg	莴笋 EC_{50}：1 000 mg/kg	29	30
40	乙苯	中毒	口服，大鼠 LD_{50}：5 000 mg/kg		56	30
41	间二甲苯	中毒	口服，大鼠 LD_{50}：5 000 mg/kg		60	30
42	对二甲苯	中毒	口服，大鼠 LD_{50}：5 000 mg/kg 腹注，小鼠 LD_{50}：2 110 mg/kg		56	30
43	邻二甲苯	中毒	口服，大鼠 LDL_0：5 000 mg/kg 腹注，小鼠 LD_{50}：1 364 mg/kg		53	30
44	1,2,4-三甲苯	低毒	吸入，大鼠 LC_{50}：24 000 mg/m³/4 h		120	75
45	1,3,5-三甲苯				84	75
46	丙基苯	低毒	口服，大鼠 LD_{50}：6 040 mg/kg	芥菜 EC_{50}：850 mg/kg	130	30
47	二苯并[a,j]丫啶				2 800	120
48	7h-二苯并咔唑				7 800	120
49	甲基叔丁基醚	中毒	口服，大鼠 LD_{50}：4 000 mg/kg 吸入，小鼠 LC_{50}：141 g/m³/15 min		3.2	30
50	苯乙烯	中毒	口服，大鼠 LD_{50}：2 650 mg/kg 口服，小鼠 LD_{50}：316 mg/kg	莴笋 EC_{50}：320 mg/kg	41	30
51	苯酚	高毒	口服，大鼠 LD_{50}：317 mg/kg 口服，小鼠 LD_{50}：270 mg/kg	莴笋 EC_{50}：96 mg/kg	4.3	30
52	对甲酚	高毒	口服，大鼠 LD_{50}：207 mg/kg 口服，小鼠 LD_{50}：344 mg/kg	莴笋 EC_{50}：110 mg/kg	8.8	30
53	间甲酚	高毒	口服，大鼠 LD_{50}：242 mg/kg 口服，小鼠 LD_{50}：828 mg/kg	莴笋 EC_{50}：69 mg/kg	9.1	30
54	邻甲酚	高毒	口服，大鼠 LD_{50}：121 mg/kg 口服，小鼠 LD_{50}：344 mg/kg	莴笋 EC_{50}：67 mg/kg	9	30

注：LD_{50} 表示半数致死剂量（Median Lethal Dose）；

　　LC_{50} 表示半数致死浓度（Median Lethal Concentration）；

　　LDL_0 表示最低致死剂量（Lowest Dose Causing Lethality）；

　　EC_{50} 表示半数有效剂量（Median Effective Concentration）；

　　BCF 表示生物富集因子（Bioconcentration Factors）；

　　EC_{25} 表示影响 25% 的有效剂量（effective Concentration 25）；

　　NOEL 表示未观察到效应剂量（no observed effect level）。

石油开采产生的污染成分复杂，在污染物的控制工作中，为增大效益，在实际工作中需要针对一定的环境介质相应地筛选出一部分检出频率高、毒性效应大、生物累积性和环境持久性强、在国内外其他优先控制名单中出现频率较高以及监测条件完善（包括具有相应的采样、分析方法，具备分析仪器等）的污染物质进行优先监测。

依据上述筛选原则，由于初选名单中物质的毒性效应和环境持久性分布较为均匀，没有明显的程度高低之分，本研究将初选名单中生物累积性较小（BCF<10）的酚类物质和甲基叔丁基醚筛选排除，并选择包含 EPA、API、ERCB 以及我国"黑名单"等多个石油开采相关文献资料、标准数据库推荐的石油污染物质，最终得到包括 16 种多环芳烃、11 种重金属以及 6 种苯系物的优先控制污染物名单（表 3-3）。

表 3-3 典型陆地石油开采和钻井过程优先控制土壤污染物

序号	CAS	中文名	英文名	分类
1	91-20-3	萘	Naphthalene	多环芳烃
2	208-96-8	苊烯	Acenaphthylene	
3	83-32-9	苊	Acenaphthene	
4	86-73-7	芴	Fluorene	
5	85-01-8	菲	Phenanthrene	
6	120-12-7	蒽	Anthracene	
7	206-44-0	荧蒽	Fluoranthene	
8	129-00-0	芘	Pyrene	
9	56-55-3	苯并[a]蒽	Benzo（a）anthracene	
10	218-01-9	䓛	Chrysene	
11	205-99-2	苯并[b]荧蒽	Benzo（k）fluoranthene	
12	207-08-9	苯并[k]荧蒽	Benzo（b）fluoranthene	
13	50-32-8	苯并[a]芘	Benzo（a）pyrene	
14	193-39-5	茚苯[1,2,3-c,d]芘	Indeno（1,2,3-c,d）pyrene	
15	53-70-3	苯并[a,h]蒽	Dibenzo（a,h）anthracene	
16	191-24-2	苯并[g,h,i]芘	Benzo（g,h,i）perylene	
17	7439-92-1	铅	Lead	重金属
18	7440-43-9	镉	Cadmium	
19	7440-50-8	铜	Copper	
20	7440-66-6	锌	Zinc	
21	7440-02-0	镍	Nickel	
22	7440-47-3	铬	Chromium	
23	7439-89-6	铁	Iron	
24	7440-39-3	钡	Barium	
25	7439-96-5	锰	Magnesium	
26	7440-22-4	银	Silver	
27	7440-48-4	钴	Cobalt	
28	71-43-2	苯	Benzene	苯系物
29	108-88-3	甲苯	Toluene	
30	100-41-4	乙苯	Ethylbenzene	
31	108-38-3	间二甲苯	m-Xylene	
32	106-42-3	对二甲苯	p-Xylene	
33	95-47-6	邻二甲苯	o-Xylene	

3.2 典型石油开采和钻井过程生态风险污染物优先排序方法的确定

根据相关标准和文献，从陆地石油开采过程可能产生的污染物中初步筛选出 33 种优先控制污染物，主要包括 16 种多环芳烃、11 种重金属以及 6 种苯系物。根据优先污染物的筛选原则，本研究对该 33 种污染物进行优先序排列。

目前筛选优先控制污染物的方法主要有 Hasse 图解法、暴露风险评价法以及综合评分法等。Hasse 图解法能直观描述复杂的信息，不仅能对化合物危害性进行排序，还能将某些因指标不同而不能直接进行比较的化合物间的矛盾展现在图中。但 Hasse 图法也有不足之处：它不能对处于同一层次上的物质进行比较，因此需要借助于其他方法；除此以外，Hasse 图解法没有涉及污染物对人的暴露量，使得某些毒性较小但暴露性较大的污染物，相对于毒性大但暴露量小的污染物，虽然存在着潜在较大危害的可能性，但是在 Hasse 图解法中受到忽视。针对以上问题，需要寻找其他更卓有成效的方法来对污染物进行评估排序。

针对土壤介质的人类暴露风险评估模型有荷兰的 CSOIL 模型、丹麦的 CETO 模型、英国的 CLEA 模型、意大利的 ROME 模型以及比利时的 Vlier 模型等（Swartjes，2001）。由于目前国内尚无相关标准，本研究以我国环境保护部的《污染场地风险评估技术导则（征求意见稿）》为依据，并采用其他方法对其进行补充或改进。

综合评分法主要考察污染物的排放量、检出率、生物降解性、生物累积性、急/慢性毒性以及"三致"性等指标，是目前应用最为广泛的评分系统。污染物优先排序工作中常用的综合评分法有由美国密歇根自然资源处（MDNR）创建的危险物质登记（the Critical Materials Register，CMR），该方法主要记录在持久性、累积性或毒性方面分值较高的化学物质，并用于识别那些产量、用途和排放数据都需要明确记录的化学品等。Foran 和 Glenn 危险化学物质识别模型主要通过考察物质在毒性、持久性、生物累积性以及物质的产量和排放量等方面的因素，识别应该被禁止或被淘汰的化学品（Foran 和 Glenn，1993），其鉴别的原则是：当某化学品在其毒性指标和产量、排放量等指标中同时被予以高分，或当其在毒性、持久性和生物累积性等理化指标中均得分较高时，该化学品即被该模型识别为目标对象。

加拿大安大略环境能源部（MOEE）评分系统可用于识别优先控制的污染物，以便这些物质能在污染物排放监测及其他环境监测和研究中得到更多的重视、得到优先权，并在相关政策和制度（如禁止或减少使用量和排放量以及产品淘汰等）的建立中被优先考虑。

USEPA "废物最小化优先工具"（WMPT）是一种筛选水平上的、基于风险的化学品赋分算法。该算法通过考察物质对人类和生态系统中其他生物的毒性与物质的实际暴露风险（包括持久性和生物累积性）及其可能性等指标，得出的总分值反映了化学品对人类健康或生态系统的潜在危害。

SCRAM 评分排序模式（The Scoring and Ranking Assessment Model）属于半定量的综合评分系统，也是一种使用较多的评分排序方法。该模式的优点是可通过使用不确定性赋分系统对空白指标进行赋分来保证数据项缺乏时评分排序工作的顺利进行，因此与其他完全定量方式相比，其对数据的完整性要求较低，即使某项或多项指标数据不完整也不会影响化学品评分值的获取（Mitchell 等，2002）。SCRAM 评分排序模式考察了污染物的生物累积性、环境持久性、毒性及检出频率等指标，可以从一定程度上反映出污染物产生的环境效应并可以此为依据识别出污染物控制的优先排序，具有一定的客观、全面性。

仅通过 SCRAM 评分排序模式并不能得到既体现污染物物理化学性质，又与实际情况相一致的污染物优先排序，因此需要引入另一种模型作为补充，以便得到更为客观、可靠的排序结果，而健康风险评价中的暴露风险评价恰恰可以弥补 SCRAM 评分排序模式中以上两个方面的不足，将 SCRAM 评分排序模式不确定性的理念加入到暴露风险评估的过程中，又可以解决其由于数据不足而产生的评估困难。

通过使用 SCRAM 评分排序模式对优先控制名单中各化学物质的生物累积性、环境持久性、生物毒性、检出频率以及暴露风险等指标进行评价，本研究提供了一种有效识别污染物实际和潜在危害大小并将各污染物按危害程度排序的方法，为典型石油开采场地的污染物优先控制提供了一种快速、现实的定量依据，对典型石油开采区污染物对环境及人类与其他生物的危害进行了全面反映，也为环境监测和控制的实施做了充分的前期工作。

3.3　基于暴露风险的典型石油开采和钻井过程生态风险污染物的优先排序方法

在进行污染物的暴露风险评价时，通常将其分为致癌效应和非致癌效应两类分别评价，并忽略两者之间的协同和拮抗作用，仅以两种风险值的加和作为该物质的暴露风险。事实上，致癌污染物同样具有非致癌危害效应，在本研究中，通过参考 USEPA 和世界卫生组织（WHO）的致癌水平，对一定水平以上的物质优先考虑其致癌风险值，而对低于一定水平的物质优先考虑非致癌风险值。

英国、加拿大和澳大利亚等国家在制定保护人体健康土壤限制的相关规定中，对不同土地利用类型下的一般性暴露途径进行了相应的设置，其中工业用地土壤中污染物直接暴露于人类的途径主要是直接经口摄入、呼吸吸入及皮肤接触等。

本研究采用的暴露风险评估模型来自我国环境保护部的《污染场地风险评估技术导则（征求意见稿）》，相关参数（包括参考剂量、致癌斜率因子等）取自《工业企业土壤环境质量风险评价基准》及美国能源部建立的风险评估信息系统。

（1）经口摄入土壤途径

石油开采区工作人员可能会通过黏附有土壤的食物经口摄入土壤，由于是工业场地，仅考虑成人的暴露风险，对于暴露风险中的致癌风险，土壤的暴露量采用公式（3-1）计算，土壤中污染物的暴露风险采用公式（3-2）计算：

$$\text{OISER}_{ca} = \frac{\text{OSIR} \cdot \text{ED} \cdot \text{EF} \cdot \text{ABS}_o}{\text{BW} \cdot \text{AT}_{ca}} \times 10^{-6} \qquad (3\text{-}1)$$

式中，OISER_{ca}——经口摄入土壤暴露量（致癌效应），kg（土壤）/[kg（体重）·d]；

OSIR——成人每日摄入土壤量，mg/d，取值为 50；

ED——成人暴露周期，a，取值为 40；

EF——成人暴露频率，d/a，取值为 85；

ABS_o——成人经口摄入吸收效率因子，量纲为 1；

BW——成人体重，kg，取值为 55.9；

AT_{ca}——成人致癌效应的平均时间，d，取值为 25 550。

$$CR_{OIS} = OISER_{ca} \times C_{sur} \times SF_o \tag{3-2}$$

式中，CR_{OIS}——污染土壤经口摄入致癌风险系数；

　　　C_{sur}——表层土壤中污染物浓度，mg/kg，根据场地调查获得参数值；

　　　SF_o——经口摄入致癌斜率因子，kg 土壤/（kg 体重·d）。

对于暴露风险中的非致癌风险，土壤暴露量及其中污染物的暴露风险分别采用公式（3-3）和公式（3-4）计算：

$$OISER_{nc} = \frac{OSIR \cdot ED \cdot EF \cdot ABS_o}{BW \cdot AT_{nc}} \times 10^{-6} \tag{3-3}$$

式中，$OISER_{nc}$——经口摄入土壤暴露量（非致癌效应），kg（土壤）/[kg（体重）·d]；

　　　AT_{nc}——成人非致癌效应的平均时间，d，取值为 14 600；

　　　其他参数含义见公式（3-1）。

$$HQ_{OIS} = \frac{OISER_{nc} \cdot C_{sur}}{RfD_o} \tag{3-4}$$

式中，HQ_{OIS}——污染土壤经口摄入非致癌风险；

　　　RfD_o——经口摄入参考剂量，mg 污染物/（kg 体重·d）。

（2）吸入土壤颗粒物

石油开采区污染物会通过人类呼吸途径进入工作人员体内，吸入室内外空气中来自土壤的颗粒物，就成为另一种暴露土壤污染物的途径。对于暴露风险中的致癌风险，其暴露量及暴露风险通过公式（3-5）、式（3-6）计算得出。

$$PISER_{ca} = \frac{TSP \cdot DAIR \cdot ED \cdot PIAF \cdot (fspo \cdot EFO \cdot fspi \cdot EFI)}{BW \cdot AT_{ca}} \times 10^{-6} \tag{3-5}$$

式中，$PISER_{ca}$——吸入土壤颗粒物土壤暴露量（致癌效应），kg 土壤/（kg 体重·d）；

　　　TSP——空气中总悬浮颗粒物的含量，mg/m³，取值为 0.3；

　　　DAIR——成人每日吸入空气量，m³/d，取值为 15；

　　　PIAF——吸入土壤颗粒物在体内滞留比例，量纲为 1，取值为 0.75；

　　　fspi——室内空气中来自土壤的颗粒物所占比例，量纲为 1，取值为 0.8；

　　　fspo——室外空气中来自土壤的颗粒物所占比例，量纲为 1，取值为 0.5；

　　　EFI——成人的室内暴露频率，d/a，取值为 104；

　　　EFO——成人的室外暴露频率，d/a，取值为 42；

　　　其他参数含义见公式（3-1）。

$$CR_{PIS} = OISER_{ca} \times C_{sur} \times SF_i \tag{3-6}$$

式中，CR_{PIS}——吸入土壤颗粒物的致癌风险；

　　　SF_i——吸入颗粒物致癌斜率因子，kg 土壤/（kg 体重·d）。

对于非致癌风险，吸入土壤颗粒物途径的土壤暴露量采用公式（3-7）计算，暴露风险通过公式（3-8）计算。

$$PISER_{nc} = \frac{TSP \cdot DAIR \cdot ED \cdot PIAF \cdot (fspo \cdot EFO + fspi \cdot EFI)}{BW \cdot AT_{nc}} \times 10^{-6} \tag{3-7}$$

式中，$PISER_{nc}$ 为吸入土壤颗粒物土壤暴露量（非致癌效应），kg 土壤/（kg 体重·d）；BW 和 ED 的含义见公式（3-1），AT_{nc} 的含义见公式（3-3），其余参数含义见公式（3-5）。

$$HQ_{PIS} = \frac{PISER_{nc} \times C_{sur}}{RfD_i} \tag{3-8}$$

式中，HQ_{PIS}——吸入污染土壤颗粒物非致癌风险，量纲为 1；

RfD_i——吸入颗粒物参考剂量，mg 污染物/（kg 体重·d）；

C_{sur} 含义见公式（3-2）。

（3）皮肤接触土壤途径

石油开采区工作人员会因体表皮肤直接接触、尘土附着等途径暴露于污染物中，产生致癌或非致癌效应。对于致癌风险，土壤的暴露量及其中污染物的暴露风险分别采用公式（3-9）和式（3-10）计算：

$$DCSER_{ca} = \frac{SAE \cdot SSAR \cdot EF \cdot ED \cdot E_v \cdot ABS_d}{BW \cdot AT_{ca}} \times 10^{-6} \tag{3-9}$$

式中，$DCSER_{ca}$——皮肤接触土壤暴露量（致癌效应），kg 土壤/（kg 体重·d）；

SAE——成人暴露皮肤表面积，cm^2，取值为 2 550；

SSAR——成人皮肤表面土壤黏附系数，mg/cm^2，取值为 0.09；

E_v——每日皮肤接触时间频率，次/d，取值为 1；

ABS_d——皮肤接触吸收效率因子，量纲为 1（挥发性有机物为 10%，其他化合物为 1%）；

其他参数含义见公式（3-1）。

$$CR_{DCS} = DCSER_{ca} \times C_{sur} \times SF_d \tag{3-10}$$

式中，CR_{DCS}——皮肤接触污染土壤的致癌风险；

SF_d——皮肤接触致癌斜率因子，kg 土壤/（kg 体重·d）。

对于非致癌风险采用公式（3-11）和式（3-12）计算：

$$DCSER_{nc} = \frac{SAE \cdot SSAR \cdot EF \cdot ED \cdot E_v \cdot ABS_d}{BW \cdot AT_{nc}} \times 10^{-6} \tag{3-11}$$

式中，$DCSER_{ca}$ 为皮肤接触土壤暴露量（致癌效应），kg 土壤/（kg 体重·d）；

EF、ED、BW 含义见公式（3-1），C_{sur} 含义见公式（3-2），AT_{nc} 含义见公式（3-3），SAE、SSAR、E_v 和 ABS_d 含义见公式（3-9）。

$$HQ_{DCS} = \frac{DCSER_{nc} \cdot C_{sur}}{RfD_d} \tag{3-12}$$

式中，HQ_{DCS}——污染土壤皮肤接触非致癌风险，量纲为 1；

RfD_d——皮肤接触参考剂量，mg 污染物/（kg 体重·d）；

C_{sur} 含义见公式（3-2）。

单一污染物的暴露风险值为 3 种暴露途径下致癌与非致癌风险值之和，如式（3-13）和式（3-14）所示。

$$CR = CR_{OIS} + CR_{PIS} + CR_{DCS} \tag{3-13}$$

$$HQ = HQ_{OIS} + HQ_{PIS} + HQ_{DCS} \tag{3-14}$$

大多数污染物同时具有致癌和非致癌危害效应，忽略两者之间的协同和拮抗作用，仅以两种风险值的加和作为该物质的暴露风险，评价结果如表 3-4 所示。

表 3-4　典型石油开采区特征土壤污染物暴露风险

序号	中文名	经口暴露风险		吸入暴露风险		皮肤接触暴露风险		总暴露风险值
		致癌	非致癌	致癌	非致癌	致癌	非致癌	
1	苯并[a,h]蒽	8.83×10^{-7}	8.79×10^{-2}	6.41×10^{-9}	9.35×10^{-8}	4.62×10^{-8}	3.37×10^{-5}	1.76×10^{-1}
2	苯并[a]芘	6.69×10^{-7}	6.67×10^{-2}	1.80×10^{-9}	2.52×10^{-7}	—	3.63×10^{-6}	1.33×10^{-1}
3	钴	—	4.70×10^{-2}	—	3.41×10^{-8}	—	3.23×10^{-7}	9.39×10^{-2}
4	镍	1.77×10^{-7}	1.34×10^{-2}	—	3.70×10^{-7}	—	8.60×10^{-6}	2.67×10^{-2}
5	苯并[a]蒽	9.92×10^{-8}	9.88×10^{-3}	—	4.59×10^{-7}	—	1.07×10^{-5}	1.98×10^{-2}
6	铬	—	9.88×10^{-3}	1.48×10^{-9}	9.48×10^{-3}	6.43×10^{-8}	—	2.92×10^{-2}
7	苯并[b]荧蒽	5.22×10^{-8}	7.70×10^{-3}	3.45×10^{-10}	2.21×10^{-4}	1.50×10^{-9}	—	1.56×10^{-2}
8	茚苯[c,d]芘	6.83×10^{-8}	5.59×10^{-3}	—	7.70×10^{-3}	5.22×10^{-8}	—	1.89×10^{-2}
9	铁	—	4.79×10^{-3}	—	2.63×10^{-4}	1.78×10^{-9}	—	9.84×10^{-3}
10	镉	6.04×10^{-8}	4.27×10^{-4}	9.98×10^{-9}	6.40×10^{-2}	4.34×10^{-7}	—	6.48×10^{-2}
11	苯并[k]荧蒽	1.78×10^{-9}	2.63×10^{-4}	8.37×10^{-10}	5.36×10^{-3}	3.64×10^{-8}	—	5.89×10^{-3}
12	䓛	2.62×10^{-9}	2.30×10^{-4}	1.38×10^{-8}	8.43×10^{-2}	5.72×10^{-7}	—	8.48×10^{-2}
13	铜	—	1.44×10^{-4}	—	2.29×10^{-5}	2.76×10^{-10}	1.27×10^{-4}	4.38×10^{-4}
14	萘	1.30×10^{-7}	9.03×10^{-5}	—	—	—	—	1.81×10^{-4}
15	锌	—	2.42×10^{-5}	—	1.81×10^{-6}	—	5.03×10^{-7}	5.08×10^{-5}
16	芘	—	1.67×10^{-5}	1.76×10^{-7}	1.31×10^{-2}	—	3.51×10^{-6}	1.32×10^{-2}
17	荧蒽	—	1.34×10^{-5}	—	8.84×10^{-3}	—	9.48×10^{-9}	8.87×10^{-3}
18	芴	1.80×10^{-9}	6.92×10^{-6}	—	3.78×10^{-2}	—	—	3.78×10^{-2}
19	苊	—	2.48×10^{-6}	—	4.81×10^{-2}	—	4.67×10^{-3}	5.28×10^{-2}
20	蒽	—	7.70×10^{-7}	—	—	—	—	1.54×10^{-6}
21	苯	4.42×10^{-8}	3.42×10^{-7}	—	—	—	—	7.27×10^{-7}
22	甲苯	—	3.94×10^{-8}	—	—	—	—	7.88×10^{-8}
23	间二甲苯	—	3.84×10^{-8}	1.67×10^{-9}	3.57×10^{-9}	1.92×10^{-9}	1.48×10^{-8}	9.88×10^{-8}
24	对二甲苯	—	3.84×10^{-8}	—	4.98×10^{-11}	—	1.73×10^{-9}	7.86×10^{-8}
25	乙苯	—	2.67×10^{-8}	—	2.10×10^{-10}	—	1.16×10^{-9}	5.49×10^{-8}
26	邻二甲苯	—	1.24×10^{-8}	—	8.87×10^{-10}	—	—	2.57×10^{-8}
27	银	—	—	—	8.87×10^{-10}	—	—	8.87×10^{-10}
28	钡	—	—	—	2.87×10^{-10}	—	—	2.87×10^{-10}
29	锰	—	—	—	—	—	—	—
30	铅	—	—	—	—	—	—	—
31	苯并[g,h,i]苝	—	—	—	—	—	—	—
32	苊烯	—	—	—	—	—	—	—
33	菲	—	—	—	—	—	—	—

　　暴露风险评估结果显示，锰、铅等重金属以及苯并[g,h,i]芘、苊烯等多环芳烃物质缺乏暴露风险评估的各项参数，导致该评估方法对这些物质无效，评估结果不能覆盖名单中所有物质，导致评估结果不全面、不客观；除此以外，钴等重金属和荧蒽、苊等多环芳烃以及甲苯等苯系物暴露风险数据不全，不能满足评估对数据的要求，也使得评分排序工作无法正常进行，可见需要其他方法来补充、完善。

3.4　基于 SCRAM 的典型石油开采和钻井过程生态风险污染物的优先排序方法

　　SCRAM 评分排序系统就是一种半定量的综合评分模式，通过单一污染物自身的化学、生物学和生物毒性等性质来对污染物进行评分排序。为了更加全面地反映污染物对环境及其中生物的危害性，本研究在 SCRAM 评分排序模型关注化学污染物的生物累积性、环境持久性及生物毒性 3 种特性的基础上，引用了李丽和（李丽和，2007）添加的检出频率评价指标，并将其得分值加入到 SCRAM 得分中综合考虑。

3.4.1　SCRAM 评分排序标准

　　在各指标赋分的基础上，按公式（3-15）和（3-16）分别计算化学性质得分和不确定性得分：

$$F_{\text{chem}} = B_{\text{chem}} \cdot P_{\text{chem}} \times 1.5 + CT_{\text{chem}} + CH_{\text{chem}} + E_{\text{chem}} \qquad (3\text{-}15)$$

$$F_{\text{unc}} = B_{\text{unc}} \cdot P_{\text{unc}} \times 1.5 + CT_{\text{unc}} + CH_{\text{unc}} + E_{\text{unc}} \qquad (3\text{-}16)$$

　　式中，B 为生物累积性分值；P 为环境持久性分值；CT 为亚慢性/慢性陆生生物毒性分值；CH 为亚慢性/慢性人类毒性分值；E 为暴露风险分值；下角标 chem 为物质的化学性质得分，下角标 unc 为物质的不确定性得分。

　　赋分过程中可能由于数据缺乏导致公式（3-15）中 B_{chem} 或 P_{chem} 得分为 0，也可能在数据确定性较高时使得公式（5-16）中 B_{unc} 或 P_{unc} 得分为 0，为了不导致与之相乘的另一项指标分值被清零，当出现得分为 0 的情况时将 0 修正为 1。

　　通过计算公式（3-17）得到每种污染物的总分值 F_{comp}。

$$F_{\text{comp}} = F_{\text{chem}} + F_{\text{unc}} \qquad (3\text{-}17)$$

　　（1）生物累积性赋分标准

　　生物累积性通常通过生物累积因子（Bioaccumulation Factors，简称 BAF）、生物富集因子（Bioconcentration Factors，简称 BCF）或辛醇/水分配系数（K_{ow}）3 个数据类型之一来评价，其优先序为 BAF 测量值＞BCF 测量值＞K_{ow}＞BAF 估计值＞BCF 估计值，得分值区间为[1，5]；根据数据类型不同，在[0，5]区间内对不确定性赋分。生物累积性及其不确定性赋分原则如表 3-5 和表 3-6 所示。

表 3-5　生物累积性赋分原则

BAF，BCF，K_{ow}	>100 000	10 000～100 000	1 000～10 000	100～1 000	≤100
B_{chem}	5	4	3	2	1

表 3-6　生物累积性不确定性赋分原则

数据类型	BAF 测量值	BCF 测量值	K_{ow}	BAF 估计值	BCF 估计值
B_{unc}	0	1	2	4	5

（2）环境持久性赋分标准

加拿大政府于 2000 年颁布的 P&B 规范将环境持久性明确定义为物质在环境中停留的时间长度，通常用半衰期来衡量。而所谓半衰期，即在特定的环境介质中物质削减至其最初含量一半所需要的时间。化学污染物在环境中的持久性通常通过该物质在生物体、空气、土壤、沉积物及水体 5 种介质中的半衰期来衡量。SCRAM 评分系统取化学物质在 5 种介质中半衰期的最大值赋分，作为环境持久性的得分 P_{chem}，得分区间为[1，5]，具体如表 3-7 所示。同样，根据数据获取情况及数据类型的不同，可在区间[0，10]对该指标下的不确定性进行赋分，其基本原则为：每一种介质中，可获取的数据为估计值时赋 1 分，数据缺乏时赋 2 分，否则不得分，该指标下不确定性得分 P_{unc} 为 5 种介质中得分的加和。

表 3-7　环境持久性赋分原则

生物质	空气	土壤	水	沉积物	得分
>100 d	>100 d	>100 d	>100 d	>100 d	5
50～100 d	50～100 d	50～100 d	50～100 d	50～100 d	4
20～50 d	20～50 d	20～50 d	20～50 d	20～50 d	3
4～20 d	4～20 d	4～20 d	4～20 d	4～20 d	2
<4 d	<4 d	<4 d	<4 d	<4 d	1

在环境持久性赋分环节中，当得分 $P_{chem} \geq 3$ 时，用亚慢性/慢性生物毒性作为污染物的毒性指标，$P_{chem} < 3$ 时则采用急性毒性指标。石油开采场地经筛选的 33 种化学污染物的 P_{chem} 均大于等于 3，因而在生物毒性评价环节中，应采用污染物的亚慢性/慢性生物毒性作为毒性指标进行赋分。由于本研究中筛选的污染物不直接涉及水环境，可忽略对水生生物的毒性，仅对亚慢性/慢性陆生生物毒性（CT）和亚慢性/慢性人类毒性（CH）作出评价。

评价亚慢性/慢性陆生生物毒性的常用数据类型包括无可见（不利）效应水平[NO（A）EL]和最小可见（不利）效应水平[LO（A）EL]。亚慢性/慢性陆生生物毒性赋分原则如表 3-8 所示，对每个生物种类赋分结束后选择其中得分最大值作为亚慢性/慢性陆生生物毒性的分值 CT_{chem}，得分区间为[1，5]。不确定性得分 CT_{unc} 的区间为[0，5]，赋分原则为：每一子类下，数据缺乏时赋 1 分，否则赋 0 分；CT_{unc} 值为对 5 种生物种类得分的加和。

表 3-8　亚慢性/慢性陆生生物毒性赋分原则

哺乳动物		爬行动物		得分
	≥90 d		≥90 d	
LO（A）EL/ [mg/（kg·d）]	NO（A）EL/ [mg/（kg·d）]	LO（A）EL/ [mg/（kg·d）]	NO（A）EL/ [mg/（kg·d）]	
≤10	≤1	≤10	≤1	5
10～100	1～10	10～100	1～10	4
100～1 000	10～100	100～1 000	10～100	3
1 000～5 000	100～1 000	1 000～5 000	100～1 000	2
＞5 000	＞1 000	＞5 000	＞1 000	1
植物	鸟类		无脊椎动物	得分
LO（A）EL or NO（A）EL/ （kg/hm²）	≥90 d		≥90 d	
	LO（A）EL/ [mg/（kg·d）]	NO（A）EL/ [mg/（kg·d）]	NO（A）EL/ [mg/（kg·d）]	
≤0.1	≤10	≤1	≤10	5
0.1～1	10～100	1～10	10～100	4
1～10	100～1 000	10～100	100～1 000	3
10～100	1 000～5 000	100～1 000	1 000～5 000	2
＞100	＞5 000	＞1 000	＞5 000	1

注：a. 在同一研究中，如果两种数据均可获取，优先选择 NO（A）EL；在不同的研究中，当 LO（A）
　　　EL 值小于 NO（A）EL 的最小值时，则选用 LO（A）EL；

　　b. 如果选用 LO（A）EL，当该化学物质产生严重生物效应时须乘以修正系数 0.1，当产生一般效应时乘以修正系数 0.3，
　　　用修正过的 LO（A）EL 值进行赋分；

　　c. 一般选用≥90 d 的研究数据，如果无法获取，则选用≥28 d 的数据，对于此类数据，如果研究中未证明已达到平衡或
　　　在小于 90 d 的暴露期中已得到期望的临界效应，则需将数据减去安全修正因子 3。

　　亚慢性/慢性人类毒性包括一般毒性、生殖毒性、成长毒性、致癌毒性和其他毒性 5
类。衡量致癌毒性的标准除了 NO（A）EL 和 LO（A）EL 外，还包括 10%效应产生时化
学物质的浓度（ED_{10}）。5 个毒性分类中得分最大值为亚慢性/慢性人类毒性的得分值 CH_{chem}，
得分区间为[1，5]，其具体赋分原则如表 3-9 和表 3-10 所示。同样的，每当 5 个毒性分类
中有一类缺乏数据时，不确定值得分加 1，由于"其他毒性"本身即作为总体毒性值的修
正方案，该子类型下数据缺乏时不确定值不加分，因此不确定值的得分范围为[0，4]。

表 3-9　亚慢性/慢性人类毒性赋分原则

一般毒性		生殖毒性		得分
LO（A）EL/ [mg/（kg·d）]	NO（A）EL/ [mg/（kg·d）]	LO（A）EL/ [mg/（kg·d）]	NO（A）EL/ [mg/（kg·d）]	
≤10	≤1	≤10	1≤	5
10～100	1～10	10～100	110	4
100～1 000	10～100	100～1 000	0～100	3
1 000～5 000	100～1 000	1 000～5 000	100～1 000	2
＞5 000	＞1 000	＞5 000	＞1 000	1

成长毒性		致癌毒性	其他毒性	
LO（A）EL/ [mg/（kg·d）]	NO（A）EL/ [mg/（kg·d）]	ED_{10}		得分
≤10	≤1	≥45		5
10～100	1～10	15～45		4
100～1 000	10～100	5～15	见表3-10	3
1 000～5 000	100～1 000	1.5～5		2
>5 000	>1 000	≤1.5		1

注：a. 致癌毒性数据 ED_{10} 需与权重相乘：当该化学物质为"已知的人类致癌物"时权重为3；为"可能的人类致癌物"时权重为2；为"建议为人类致癌物"或"矛盾数据"时权重为1。使用修正过的数据进行评分；

b. 当人类毒性数据不可获取时可采用哺乳动物毒性数据；

c. 亚慢性/慢性人类毒性数据选择及修正原则与表3-8标注a、b、c一致。

表3-10　亚慢性/慢性人类毒性之其他毒性赋分原则

诱变性	行为效应	免疫系统效应	内分泌效应	得分
阳性胚迹	严重、不可逆	严重、不可逆	—	5
疑似胚迹	严重、可逆或 温和、不可逆	严重、可逆或 温和、不可逆	—	4
阳性体细胞胚迹	温和、可逆	温和、可逆	高潜在效应	3
疑似体细胞胚迹	轻微效应	轻微效应	中等潜在效应	2
无已知诱导效应	无已知效应	无已知效应	低潜在效应	1

（3）检出频率赋分标准

在生物累积性、环境持久性和生物毒性相当的情况下，检出频率较高的化学物质应该受到更多关注，其赋分原则如表3-11所示。

表3-11　检出频率与不确定性赋分原则

检出频率/%	80～100	60～80	40～60	20～40	0～20	无数据
D_{chem}	5	4	3	2	1	3
D_{unc}	0	1	1	1	1	2

3.4.2　典型陆地石油开采区污染物 SCRAM 评分排序结果

在考察 EPA、API、ERCB 及我国"黑名单"优先控制污染物的基础上，筛选出 33 种典型石油开采和钻井过程优先控制污染物；根据基于检出频率的 SCRAM 评分排序模式对目标污染物的考察和评分结果，得到 33 种污染物按其对土壤环境及其中生物的危害及潜在危害程度的排序，评分排序结果如表 3-12 所示。

表 3-12　基于 SCRAM 的典型石油开采和钻井过程生态风险污染物优先序

序号	CAS	中文名称	英文名称	F_{chem}	F_{unc}	F_{comp}
1	53-70-3	二苯并[a,h]蒽	Dibenzo (a,h) anthracene	38	10.5	48.5
2	193-39-5	茚苯[1,2,3-c,d]芘	Indeno (1,2,3-c,d) pyrene	37	10.5	47.5
3	191-24-2	苯并[g,h,i]苝	Benzo (g,h,i) perylene	34	11.5	45.5
4	7440-66-6	锌	Zinc	37.5	7	44.5
5	7440-43-9	镉	Cadmium	35.5	8	43.5
6	129-00-0	芘	Pyrene	37.5	5.5	43
7	7440-48-4	钴	Cobalt	20.5	21	41.5
8	7440-02-0	镍	Nickel	32.5	9	41.5
9	7439-96-5	锰	Magnesium	17.5	23	40.5
10	7440-22-4	银	Silver	28.5	12	40.5
11	207-08-9	苯并[k]荧蒽	Benzo (k) fluoranthene	29.5	10.5	40
12	7440-47-3	铬	Chromium	18.5	20	38.5
13	7440-50-8	铜	Copper	30.5	8	38.5
14	50-32-8	苯并[a]芘	Benzo (a) pyrene	27.5	10.5	38
15	56-55-3	苯并[a]蒽	Benzo (a) anthracene	27.5	10.5	38
16	205-99-2	苯并[b]荧蒽	Benzo (b) fluoranthene	26.5	11.5	38
17	218-01-9	䓛	Chrysene	30.5	7.5	38
18	7440-39-3	钡	Barium	13.5	24	37.5
19	7439-92-1	铅	Lead	29	8	37
20	206-44-0	荧蒽	Fluoranthene	30.5	6.5	37
21	7439-89-6	铁	Iron	12.5	24	36.5
22	120-12-7	蒽	Anthracene	27	5.5	32.5
23	$85-01-8	菲	Phenanthrene	25	6.5	31.5
24	83-32-9	苊	Acenaphthene	25	6.5	31.5
25	208-96-8	苊烯	Acenaphthylene	18	9.5	27.5
26	86-73-7	芴	Fluorene	21	5.5	26.5
27	100-41-4	乙苯	ethylbenzene	18	7.5	25.5
28	95-47-6	邻二甲苯	o-Xylene	16.5	7.5	24
29	106-42-3	对二甲苯	p-Xylene	13.5	9.5	23
30	108-38-3	间二甲苯	m-Xylene	13.5	8.5	22
31	108-88-3	甲苯	Toluene	12.5	9.5	22
32	91-20-3	萘	Naphthalene	17	4.5	21.5
33	71-43-2	苯	Benzene	11	10.5	21.5

　　根据排序结果可见，得分较高即优先程度较高的污染物主要是多环芳烃和重金属，苯系物在名单中的优先程度相对较低；在多环芳烃中，环数较高的物质在评分排序结果中排名较为靠前，优先序位于前 19 位物质中的多环芳烃物质中，环数均大于等于 4，特别是排名前 5 位中的多环芳烃，均为 5 环以上。造成这类物质优先序较高的原因主要是其较高的环境持久性和生物累积性，而这两类指标由于赋予了 1.5 倍的权重，且为相乘关系，因而在很大程度上影响着评分和排序结果；优先序较高的重金属锌、镉、镍等是由于其环境持久性和毒性指标得分较高，而重金属如钴、锰等则是由于现有研究较少而导致不确定性得

分较高，引起优先序提高。

3.5　基于暴露风险和 SCRAM 联合方法的典型石油开采过程生态风险污染物优先排序

环境中污染物种类繁多，相互作用以及与环境作用的形式多样，致使各污染物的环境行为较为复杂，致害行为隐蔽性较强即具有一定的潜伏期，所以绝大多数环境危害后果的产生属于污染物长期累积的结果，导致污染物的危害特征与后果之间存在时间差，造成传统意义上需要严密证明的污染物-效应因果关系认定容易出现偏差。因果关系本来指特定事实导致特定结果发生的关系，并不是必须通过缜密的自然科学方法证明因果的关系，而只要举证必要程度的因果间的或然性就足够了。

在污染物对生态的危害性特征和实际效应之间存在时间差的情况下，不再采取传统法所采用的因果关系确定原则，而只要有相关文献证实了某污染物的环境特征对环境有潜在危害时，即达到大致证明的程度，因果关系就应被推定，即可将潜在危害视为其危害性的确凿证据，并将该污染物归入优先控制的最终名单中予以特别重视。

从对 SCRAM 模式的描述中得知，SCRAM 评分模式虽然考虑了化学物质的多个环境特性，但仍存在一些不足。首先，尽管在 SCRAM 评分排序系统中已经对污染物的人类毒性进行了评估，但人类毒性数据较少，从而不得不用哺乳动物毒性数据来代替。在考察化学物质中，仅有一半数量的化学物质（包括萘、苊、芴、蒽、芘 5 种多环芳烃，铅、镉、锌、钴、锰、银、钡 7 种重金属以及苯、甲苯、乙苯、间二甲苯、邻二甲苯 5 种苯系物）可获取人类毒性数据，而其他污染物的人类毒性数据需用其他哺乳动物相关数据来代替，而这些毒性数据和真实数据之间不可避免地存在着差异，因此必然影响到评估结果的针对性和准确性。

其次，SCRAM 评分排序系统仅通过考察化学物质自身的理化性质及其对生态环境本身的危害对污染物进行分级和排序，并没有将实际浓度值和污染物对于生态环境中受体的危害性质的强度考虑在内，因而一方面会导致排序结果与现实情况的脱节，造成部分自身毒性较低但在土壤中浓度较高的物质由于得分值较低而不受足够的重视，而这类物质又由于其较高的浓度产生累积性危害，是危害人类健康及生态环境的重要源头，其对环境产生的实际作用往往不可忽视；同时也忽略了受体在生态环境评价中的重要性，使排序不具有客观意义。

以上分析说明，仅通过 SCRAM 评分排序模式并不能得到既体现污染物物理化学性质又与实际情况相一致、既考虑生态环境本身又考虑其中受体的污染物的优先序，因此需要引入另一种模型作为补充，以便得到更为客观、可靠的排序结果，健康风险评价中的暴露风险评价恰恰可以弥补 SCRAM 评分排序模式中以上两个方面的不足。

在对污染物暴露风险的评估过程中，对参数的需求量较大，即使查阅参考多个数据库及文献，仍有部分污染物的少量参数值不可获取，进而影响评估的顺利进行。将 SCRAM 评分排序模式不确定性的理念加入到暴露风险评估的过程中，则可以解决其由于数据不足而产生的评估困难。

综上所述，仅使用一种评分模式无法获得客观的优先排序依据，考虑到 SCRAM 评分排序模式和暴露风险评估模型的优缺点，可将二者优势互补、结合使用以获取更加可靠的评估结果。因此，为更加直接地反映环境中污染物对人类健康的危害程度、更紧密地结合实际情况，在进行 SCRAM 对污染物的生物累积性、环境持久性、生物毒性和检出频率进行综合评分排序的同时，还需要对已筛选出的优先控制污染物进行暴露风险评估，并将不确定性及分级赋分的模式引入暴露风险评估中以减小数据缺乏对评估结果完整性产生的影响，将两种评估结果相结合，用作典型石油开采和钻井过程生态风险污染物优先控制的最终定量依据，考察指标如图 3-1 所示。

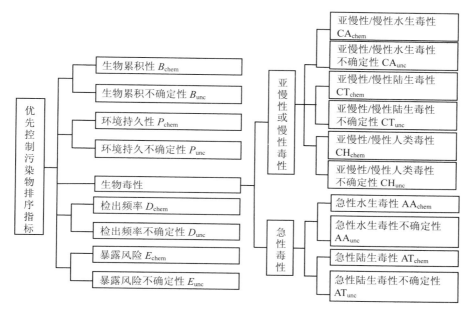

图 3-1　典型石油开采和钻井过程生态风险污染物评分排序模式

本研究借鉴 SCRAM 评分排序模式对数据缺乏项的不确定性评分，利用模糊聚类分析的原理，通过使用 SPSS 中系统聚类法对 33 种污染物的暴露风险值进行聚类分析并将其分为 15 级（表 3-13），使暴露风险得分作为 SCRAM 评分排序模式的评分定量依据之一，可对污染物进行更为客观的优先排序。

表 3-13　暴露风险值分级原则

暴露风险值	级别	暴露风险值	级别	暴露风险值	级别
$\geqslant 0.087$	15	$0.009\sim0.013$	10	$0.000\,2\sim0.000\,4$	5
$0.073\sim0.087$	14	$0.007\sim0.009$	9	$0.000\,1\sim0.000\,2$	4
$0.066\sim0.073$	13	$0.005\sim0.007$	8	$9\times10^{-5}\sim10^{-4}$	3
$0.046\sim0.066$	12	$0.004\sim0.005$	7	$(1\sim9)\times10^{-5}$	2
$0.013\sim0.046$	11	$0.000\,4\sim0.004$	6	$\leqslant10^{-5}$	1

级别乘以 1/3 后在区间[1，5]中对各种污染物的暴露风险值进行精确到小数点后一位的评分，其分值记为 E_{chem}；为了在暴露风险参数不完整的情况下完成暴露风险评估，对污染物进行了不确定性评分，通过参考 USEPA 和 WHO 的致癌水平，对一定水平以上的物

质优先考虑其致癌风险值,而对低于一定水平的物质优先考虑其非致癌风险值,本研究对每种暴露途径下不确定性赋分的原则如表 3-14 所示,总不确定得分 E_{unc} 为 3 种暴露途径不确定性得分值之和。

表 3-14 暴露风险不确定性评分原则

参数情况	致癌水平				
	A^a 或 1^b	B^a 或 $2A^b$	C^a 或 $2B^b$	D^a 或 3^b	缺乏致癌水平参数
仅致癌风险系数参数完整	0.5	0.5	0.5	1	1
仅非致癌风险系数参数完整	1	1	0.5	0.5	1
致癌、非致癌风险系数参数均完整	0.5	0.5	0.5	0.5	0.5
致癌、非致癌风险系数参数均不完整	1	1	1	1	1

注: a. 致癌水平优先选用 USEPA 分类标准,其中 A 表示对人类有致癌作用,B 表示对人类可能有致癌作用,C 表示不确定是否对人类有致癌作用,D 表示不归作人类致癌物;

b. 当 USEPA 数据不可获取时,可使用 WHO 的分类标准对致癌水平进行分类,其中 1 表示对人类有致癌作用,2A 表示对人类可能有致癌作用,2B 表示不确定是否对人类有致癌作用,3 表示不归作人类致癌物。

根据公式(3-18)、式(3-19)计算加入暴露风险得分后的化学物质得分,并依据得分值进行排序,结果如表 3-15 所示。

$$F_{chem} = B_{chem} \cdot P_{chem} \times 1.5 + CT_{chem} + CH_{chem} + D_{chem} + E_{chem} \tag{3-18}$$

$$F_{unc} = B_{unc} \cdot P_{unc} \times 1.5 + CT_{unc} + CH_{unc} + D_{unc} + E_{unc} \tag{3-19}$$

表 3-15 典型石油开采和钻井过程生态风险污染物优先序

序号	CAS	中文名称	英文名称	F_{chem}	F_{unc}	F_{comp}
1	53-70-3	二苯并[a,h]蒽	Dibenzo(a,h)anthracene	43.0	11.0	54.0
2	193-39-5	茚苯[1,2,3-c,d]芘	Indeno(1,2,3-c,d)pyrene	39.7	11.0	50.7
3	191-24-2	苯并[g,h,i]芘	Benzo(g,h,i)perylene	34.3	14.5	48.8
4	7440-48-4	钴	Cobalt	24.5	24.0	48.5
5	7440-43-9	镉	Cadmium	37.5	9.0	46.5
6	7440-02-0	镍	Nickel	36.2	10.0	46.2
7	7440-66-6	锌	Zinc	38.2	8.0	46.2
8	129-00-0	芘	Pyrene	38.2	7.0	45.2
9	7439-96-5	锰	Magnesium	17.8	26.0	43.8
10	7440-22-4	银	Silver	28.8	14.5	43.3
11	50-32-8	苯并[a]芘	Benzo(a)pyrene	31.8	11.0	42.8
12	7440-47-3	铬	Chromium	21.8	21.0	42.8
13	7440-50-8	铜	Copper	31.8	11.0	42.8
14	207-08-9	苯并[k]荧蒽	Benzo(k)fluoranthene	31.2	11.0	42.2
15	7439-89-6	铁	Iron	14.8	27.0	41.8
16	56-55-3	苯并[a]蒽	Benzo(a)anthracene	30.8	11.0	41.8
17	205-99-2	苯并[b]荧蒽	Benzo(b)fluoranthene	29.5	12.0	41.5
18	218-01-9	䓛	Chrysene	32.2	8.5	40.7

序号	CAS	中文名称	英文名称	F_{chem}	F_{unc}	F_{comp}
19	7440-39-3	钡	Barium	13.8	26.5	40.3
20	7439-92-1	铅	Lead	29.3	11.0	40.3
21	206-44-0	荧蒽	Fluoranthene	31.2	8.0	39.2
22	85-01-8	菲	Phenanthrene	25.3	9.5	34.8
23	120-12-7	蒽	Anthracene	27.3	7.0	34.3
24	83-32-9	苊	Acenaphthene	25.3	8.0	33.3
25	208-96-8	苊烯	Acenaphthylene	18.3	12.5	30.8
26	100-41-4	乙苯	Ethylbenzene	18.3	10.5	28.8
27	86-73-7	芴	Fluorene	21.3	7.0	28.3
28	95-47-6	邻二甲苯	o-Xylene，	16.8	9.5	26.3
29	106-42-3	对二甲苯	p-Xylene	13.8	11.5	25.3
30	108-38-3	间二甲苯	m-Xylene	13.8	10.5	24.3
31	108-88-3	甲苯	Toluene	12.8	11.0	23.8
32	91-20-3	萘	Naphthalene	18.0	5.0	23.0
33	71-43-2	苯	Benzene	11.3	11.0	22.3

评分排序结果显示，考察典型石油开采区优先控制污染物生物累积性、环境持久性、生物毒性以及与实际情况相联系的检出频率和暴露风险等指标，所得总分最高的 3 种物质（二苯并[a,h]蒽、茚苯[1,2,3-c,d]芘和苯并[g,h,i]苝）为五环以上多环芳烃，其中优先序最高的污染物二苯并[a,h]蒽在实际检测中发现浓度较大，同时具有较高的致癌斜率因子 SF 和较低的参考剂量 RfD，说明二苯并[a,h]蒽的致癌性较强，相关标准对其的限制也较高，导致了该物质的暴露风险值较高，加强了它在名单中的优先地位；同时，在排序中，随着芳烃环数的减小，优先序呈现出递减的趋势；重金属得分也较高，主要由于在 SCRAM 评分排序模式重点考察的生物累积性以及生物毒性等指标下，重金属的相关数据缺乏情况较为严重，因此导致其在不确定分值中得分较高，加之其浓度较大导致暴露风险得分也较高，提高了重金属在名单中的优先序。分析 PAHs 以及苯系物总得分与各指标下得分值的联系发现，相比不确定性得分总值 F_{unc}，理化性质得分总值 F_{chem} 的趋势与总分值 F_{comp} 的相关性更明显，这说明对这两类物质的 SCRAM 评分模型中，化学物质理化性质的不同仍然是决定优先序的主要因素；同样针对这两类物质，在评分系统中讨论的 5 项指标中，化学物质的生物累积性与其优先序相关性最大，该指标下得分较高的污染物在评分结果中的优先程度也较高，这是由于在 SCRAM 评分排序系统中，生物累积性因其代表着污染物在环境中的走向而受到更多的重视，在评分结果中出现的不仅是其与环境持久性的乘积，而且还赋予了 1.5 倍的权值，而评分的高低之所以没有因环境持久性的不同而分出优先程度高低的层次，是由于石油开采区优先控制污染物名单中的化学物质环境持久性都较强，最大差异也在 2 分以内，因此差异较大的生物累积性就在很大程度上影响着物质在名单中的优先序。

另外，暴露风险评估的赋分结果单独显示，除二苯并[a,h]蒽外，排名较高的 4 种物质中钴和铁为重金属，造成该结果的主要原因之一是重金属在暴露风险评估中数据缺乏情况较为严重，导致其不确定性得分较高（均为不确定得分区间上限 3）；除此以外，在实际检测中发现，被测土壤中重金属的平均浓度除镉以外均大于 10 mg/kg，其中铁平均浓度高达

10 000 mg/kg 以上，而多环芳烃平均浓度均较低，除萘和菲以外其他 14 种物质平均浓度均低于 1 mg/kg，往往低于重金属平均浓度 2～3 个数量级，而暴露风险得分与浓度成正比导致重金属物质暴露风险值本身高于多环芳烃。而这样的排序使得毒性较高的多环芳烃，尤其是环数较高的多环芳烃等物质优先程度降低，与实际情况不符，也与相关文献的研究结果相差较大，容易造成这些自身毒性较大的物质在优先监测和控制工作中受到忽略。因此，这个结果再次验证了，仅使用暴露风险评估并不能得到客观、合理的结果，因此需要与其他方法相结合，将暴露风险未能考虑的持久性、累积性以及检出频率的特征考虑在内，为此，本研究选用半定量综合评分法中的 SCRAM 评分排序模式对其进行改进和加强。

3.6 小结

为实现对生态风险较高的部分污染物有原则的优先监测，本研究通过调研石油开采和钻井过程国际认可的相关行业标准，并借鉴国际通用的筛选程序识别出典型石油开采和钻井过程生态风险污染物清单，参考相关数据库，从中获取污染物毒性、持久性及累积性等指标，并结合事故概率（即检出频率）及污染物对暴露在其中人群的致癌与非致癌风险等数据，按国际承认的法则将各指标值量化赋分、排序，提供了典型石油开采与钻井过程生态风险污染物优先序，为该背景条件下污染物的识别提供了定量依据，也对该类型污染物对生态环境及其中人类与其他生物的危害进行了较为全面的反映，为环境监测和控制的实施做了充分的前期工作。

在对各方法的调研中发现，暴露风险评估主要是针对受污染环境中的受体，而 SCRAM 评分排序模式主要考察的是污染物在生态环境中的特征，同时考察受体对于不同污染物的敏感程度和污染物自身的生态环境特征，本研究将两种方法有机结合，对陆地石油开采和钻井过程污染物进行优先序确定。

评分排序结果显示，考察典型石油开采和钻井过程优先控制污染物生物累积性、环境持久性、生物毒性以及与实际情况相联系的事故概率（检出频率）和暴露风险等指标，所得总分最高的 3 种物质（二苯并[a,h]蒽、茚苯[1,2,3-c,d]芘和苯并[g,h,i]芘）均为五环以上多环芳烃，其中浓度较大、致癌斜率因子 SF 较高和参考剂量 RfD 较低的二苯并[a,h]蒽优先序最高；排序中，随着芳烃环数的减小，优先序呈现出递减的趋势；重金属由于其生物累积性和生物毒性等指标的不确定性较大而得分较高；相比不确定性得分总值 F_{unc}，理化性质得分总值 F_{chem} 的趋势与总分值 F_{comp} 的相关性更明显，说明该模式下化学物质生态环境效应的不同仍然是决定优先序的主要因素，方法具有一定的可行性。

第4章 典型石油开采区污染诊断与等级判别技术指标的研究

4.1 土壤污染诊断方法

土壤污染诊断是指通过对污染场地的环境状况进行调查、分析及危害识别，从化学或者生态毒理学等角度对环境的整体质量特征进行判断，并以此对环境质量进行评价，主要包括化学分析污染诊断和生态毒理污染诊断。

化学分析污染诊断具有即时性、直观性等特点，但不能从生态学和毒理学的角度对土壤污染状况进行诊断。1992年，北大西洋公约组织高科技讨论会提出："对于环境污染的监测，仅用化学方法是没有意义的，应该将化学方法和生物方法兼而并用。"因此本研究将采用化学分析污染诊断与生态毒理污染诊断相结合的诊断方法，其中化学分析污染诊断将与土壤的污染等级判别结合起来，而生态毒理污染诊断采用明亮发光杆菌 T3（*Photobacterium phosphoreum*）对典型石油开采区的土壤进行生态毒理污染诊断。

4.1.1 化学分析污染诊断

化学分析污染诊断总是与污染等级判别相结合，采用化学分析方法定量地分析污染场地中主要污染物的质量浓度，从而对污染场地的环境质量进行直观的评价。化学分析污染诊断研究较早，已经广泛地应用于污染场地的土壤、水体和大气的污染诊断。目前常用的化学分析污染诊断方法有地累积指数法（Müller 和 Suess，1979）、内梅罗指数法（Bokar，2004）、BP 神经网络法（Ibarra-Berastegi 等，2008）等。虽然化学分析污染诊断能直观、定量地对污染场地进行环境质量评价，但却难以全面地反映各种有毒物质对环境的综合影响，也不可能鉴定土壤中所有污染物的潜在毒性效应和复合污染效应，此外化学法难以区别和提取不同暴露路径（如空隙水、土壤空气、食物的吸收、不可提取性残渣或键合到某些物质）中的污染物质，因此，污染物的有效毒性往往被低估（孙铁珩和宋玉芳，2002）。

4.1.2 生态毒理污染诊断

为了弥补化学分析污染诊断的不足，自 20 世纪 80 年代以来，生态毒理污染诊断研究得到广泛的开展。生态毒理污染诊断是采用易受环境影响的生物作为污染指示物，依据生物在毒性作用条件下产生的不良生理、生化反应，建立污染物-生物反应关系，以此反映一个生态系统中所有污染物对生态系统产生的整体效应，从而对整体环境质量状况作出判断。

生态毒理污染诊断集合了生态系统中不同食物链生物对化学品的整体毒性效应，提供环境污染的全部信息。通过选择敏感代表者作为毒性诊断指标，对环境污染诊断具有重要补充作用。目前已经形成了多种生态毒理污染诊断方法。

（1）植物法

以植物为研究对象，对环境（主要用于土壤）污染毒性进行生态毒理诊断，主要采用急性毒性实验方法，包括高等植物毒性试验和种子发芽与根生长抑制法等。国外开展了大量利用植物法研究环境污染毒性的工作，但这种以植物为研究对象对土壤毒性进行评价的方法，尚存在许多问题。由于植物的生长周期比较长，而且易受外界因素的干扰等原因，不适合于土壤污染的快速诊断，同时一些生理、生化指标的测定需要复杂的仪器与操作技术，更加限制了其应用范围。

（2）动物法

通过观察动物在生态环境系统中的生化、生理和死亡等指标，进行污染毒性研究。主要包括蚯蚓毒性试验、土壤原生动物试验、陆生无脊椎动物实验、鱼类毒性试验、虾类毒性试验。此方法在国外已经有较长的研究历史。在对大量动、植物进行比较试验后证明，多数情况下动物确实比植物敏感。因此动物法在生态环境污染诊断中有着较为广泛的应用，但作为研究对象的指示型动物比较难确定，且在数量上，动物法对试验材料及试验场地要求都比较高。

（3）微核实验

这是根据在细胞质内产生额外核小体的现象来检测某些理化因素诱导染色体损伤作用的一种简便、快速的遗传毒理学方法。主要有紫露草细胞微核技术和蚕豆根尖细胞微核技术。

蚕豆根尖微核试验（Vicia-micronucleus test，Vicia-MCN）是由 Te-Hsiu Ma 和 Francesca 建立于 1982 年，其优点是较为稳定、简便、可靠。通过土壤微核率与土壤污染的相关分析可揭示污染的生态毒性效应。蚕豆根尖微核率（MCNF）和染色体畸变率（CAF）与农药、抗菌素、生物碱、辐射的毒性具有较好的相关性，但与土壤重金属毒性的相关性较弱，对生物修复土壤诊断，实验结果较为复杂，土壤微核率与土壤污染程度的相关性不是很好。

（4）微生物法

微生物法是环境污染毒性研究的一种常用方法，主要包括转基因工程微生物试验、遗传工程土壤细菌、发光菌试验等。

转基因工程微生物试验是将转基因工程微生物作为一种新型生物指示物，检测环境毒性作用或致突变化合物，其方法原理是利用基因密码表达自然细菌群落中不存在的细菌和容易检测到的信息（如生物发光），检测致突变物质的暴露效应。

遗传工程土壤细菌以遗传工程细菌作为生物指示物，检测污染环境中的遗传毒性化合物。试验选择 3 类指示物：指示物 1 不能完成 RecA 传递的同系物重组 RecA，显示出对 DNA 损伤的敏感增强作用；指示物 2 携带聚集在 RecA 基因上的无促进作用指示基因，诱导致突变化合物，并通过指示基因表达；指示物 3 携带两个非活性抗生物质抵抗性基因复制品。任何对 RecA 传递同系物重组的刺激，都由两个非活性抗生物质抵抗性基因复制品转录成一个活性复制品的频度来指示。

发光菌试验是用明亮发光细菌（*Photobacterium phosphoreum*）在正常生活状态下，体内荧光素在有氧参与时，经荧光酶的作用会释放出肉眼可见的蓝绿色荧光，以此作诊断指标。当受到外界影响时发光过程受到干扰，引起发光菌的发光强度减弱与污染物浓度或毒性作用强度呈剂量—反应线性相关关系。此方法可作为评价污染物毒性的指标，成套方法一般称之为 Microtox 检验（Ritchie 等，2001）。发光菌试验可对土壤淋溶液毒性进行诊断。

4.1.3　典型石油开采区土壤生态毒理污染诊断方法的确定

植物法虽然能准确检测出土壤中有毒物质对植物体引发的毒性效应，但由于植物的生长周期比较长，而且易受外界因素的干扰等原因，因此并不适合用于土壤污染的快速诊断。动物法受到动物本身的影响而费用昂贵，且费时较多，不能准确反映出土壤重金属污染的毒性。传统的微生物法利用细菌的生长状况或死亡率作为测定环境中有毒物质的指标也需要较长的时间。

发光菌法能很好地检测出土壤中重金属的生物有效毒性，且有毒物质仅干扰发光细菌的发光系统，具有快速、简便、灵敏、成本低、检测下限低等优点，所以利用发光细菌的发光强度作为指标来监测有毒物质，在国内外越来越受到重视，我国于 1995 年将这一方法列为环境毒性检测的标准方法（GB/T 15441—1995）。综合考虑上述方法的优缺点，并结合开采区污染现状，本次研究采用发光菌法对开采区土壤进行生态毒理污染诊断。

4.1.4　典型石油开采区土壤生物毒理污染诊断结果分析

（1）发光菌法

直接用发光菌的相对发光强度表达，该数值越大毒性越小，公式如下（$HgCl_2$ 为参比毒物表达生物毒性）：

$$相对发光强度（\%）= \frac{样品光强度}{对照光强度} \times 100\%$$

根据 ASTM（美国材料与试验协会）D 5660—96 和我国《水质急性毒性的测定发光细菌法》等标准，对典型石油开采区 262 个采样点的样品进行生物毒性测试。根据中科院南京土壤所推荐的百分数等级分级标准对测试的毒性结果进行分级（见表 2-6）。

（2）典型石油开采区土壤生物毒理污染诊断及评价

从典型石油开采区 262 个采样点的样品发光菌毒性测试结果（表 2-5、图 4-1 和图 4-2）可以看出，各采样点样品均对发光菌呈现不同的毒性效应。其中 69% 的采样点土壤级别为Ⅰ级，毒性级别属于低毒，25% 的采样点土壤级别为Ⅱ级，毒性级别属于中毒，5% 的采样点土壤级别为Ⅲ级，毒性级别属于重毒，1% 的采样点土壤级别为Ⅳ级，毒性级别属于高毒，在所检测的各采样点中，未出现处于剧毒水平的土壤。

在所监测的 6 个井中，均未出现土壤级别处于剧毒水平的采样点。4、5、6 号井的各采样点的土壤级别均未超过中毒水平。2 号井有 5% 的采样点的土壤级别处于高毒水平，12% 的采样点的土壤级别处重毒水平，1、7 号井各有 17%、5% 的采样点的土壤级别处重毒水平。从监测结果来看，5、6 号井的土壤质量较好，大多数采样点的级别处于低毒水平，分别为 96%、98%；2 号井的土壤质量较差，52% 的采样点的土壤级别超过低毒水平。

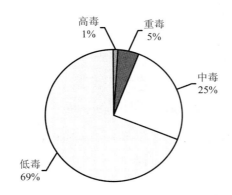

图 4-1   典型石油开采区总体生物毒理污染诊断结果级别分布

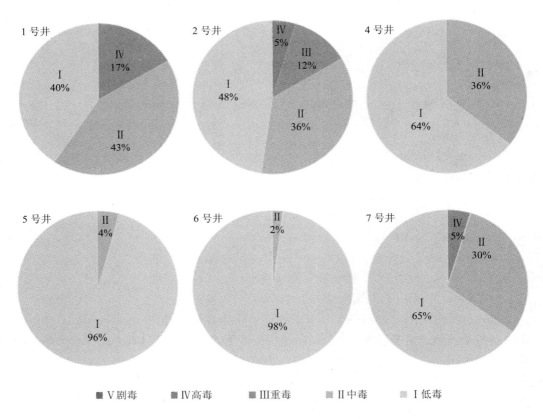

图 4-2   典型石油开采区各井土壤生物毒理污染诊断结果级别分布

4.2   土壤污染等级判别方法

土壤污染等级划分是对一种或多种污染物浓度超过土壤危害临界值（也就是土壤污染临界值），土壤发生质变后受危害程度的性状描述、等级划分与指标确定，也就是构建一整套关于土壤中各种污染物在一定时间和空间范围内的容许含量值范围，以防止土壤污染，保护生态系统，维护人体健康。

鉴于石油开采中产生的石油污染物所带来的严重危害，对典型石油开采区的土壤进行土壤环境质量评价，从而掌握土壤环境质量现状是十分必要的。通过对典型石油开采区的土壤进行污染等级划分，人们可以根据土壤污染等级对土壤环境状况进行直观的了解，准确地掌握土壤污染状况和程度，在第一时间采取应对措施，进而减少源头污染，实现清洁生产，还可以为土壤资源利用和保护以及石油开采的合理规划和管理提供科学依据。

目前用于土壤污染等级判别的方法主要有地累积指数法、单因子指数法、内梅罗综合指数法、模糊数学综合评判法、灰色聚类法、T 值分级法等。其中地累积指数法、单因子指数法、内梅罗综合指数法是比较传统、应用比较广泛的土壤污染等级判别方法，也是原国家环保总局制定土壤环境监测技术规范推荐的方法。随着现代数学的发展以及在环境领域的应用，新的评价方法也不断涌现，如模糊数学综合评判法、灰色聚类法等，下文将对上述方法逐一介绍。

4.2.1 地累积指数法

1969 年，德国海德堡大学沉积物研究所的科学家 Muller（1969）提出了地累积指数法。用来研究沉积物中重金属污染程度的定量指标，特别是在现代沉积物的重金属污染评价中得到了广泛的应用，在我国部分学者也将其用于土壤中重金属的污染评价。地累积指数可分为几个级别，如 Forstner 等（1990）将其分为 7 级，0～5 级表示污染程度由无至极强，最高一级（6 级）的元素含量可能是背景值的几百倍。地累积指数因其意义明确、计算方便，得到了广泛的应用，但只能给出各采样点某种重金属的污染指数，无法给出各采样点的多种重金属污染综合指数和某种重金属的地区综合指数。

4.2.2 单因子指数法

单因子指数法是对每一种参与评价的污染物都进行评价，选取最差指标所属的类别来确定最后的综合指标。单因子指数法最大的优点是便于对比、计算简单，可以明确看出各种污染物在土壤中的污染情况，但该方法仅考虑了最突出的因子，即污染状况最严重的评价因子对整个评价结果的影响，充分显示超标最严重的评价因子对整个评价结果的决定性作用，其他因子的作用则被弱化。由于各单项指标的评判结果往往是不相容的或独立的，直接利用单个指标进行评价常常遗漏一些有用的信息，甚至得到错误结果，这种一票否决式的评价方法在评价工作日趋完善和严谨的今天显然是十分不合理的，因此相继提出了综合指数法、模糊评判法、灰色聚类法和人工神经网络法等。

4.2.3 综合指数法

综合指数法是国内外较常采用的一种水质评价方法，综合性和可比性强。此法先根据实测值和评价标准求取污染分指数，然后由分指数计算综合指数，以 C_i 代表污染物实测值，S1、S2、S3、S4、S5 代表第 1、2、3、4、5 级评价标准，P_i 代表分指数。在侯克复编著的《环境系统工程》中，详细介绍了目前国内外关于环境质量综合指数的计算方法，主要有以下几种：简单叠加法、算术平均值法、加权平均法、平方和的平方根法、内梅罗综合指数法、混合加权模式法、向量分析法、余分指数法等。

（1）简单叠加型指数

该法认为环境质量由其中各要素共同决定，当不清楚这些要素相对作用的大小或已知作用相当，或各分指数相差不大时，仍然可以由各分指数的简单叠加，直接作为综合指数。公式为：

$$PN=\sum_{i=1}^{n}\frac{C_i}{C_{oi}} \tag{4-1}$$

式中，PN 为综合指数；C_i 为指标 i 实测值；C_{oi} 为相应国家标准值或限值；n 为评价指标数目。

这是一种较早提出的方法，其不足在于：首先，综合指数值与人选指标的种类和数量有很大关系，缺乏可比性；此外，当分指数较多时，会掩盖最大分指数或超标分指数的作用，目前仅在上述严格条件下使用。

（2）算术平均值型指数

该法与简单叠加法原理类似，但增加了一定的可比性。这种方法为了克服简单叠加法的缺点，即为了消除选用评价参数的项数对结果的影响，便于在用不同项数进行计算的情况下比较要素之间的污染程度，将分指数和除以评价参数的项数 n，即：

$$PN=\frac{1}{n}\sum_{i=1}^{n}\frac{C_i}{C_{oi}} \tag{4-2}$$

可以看出，由于没有考虑个别参数会出现浓度较高的情况，当其中有一个参数的分指数很高而其余均不高时，其综合结果可能偏低从而掩盖了高浓度那个参数的影响，也就是掩盖了或者说是削弱了最大值的污染作用。

（3）加权平均型指数

该法依据各评价指标的相对重要程度，对各分指数赋以不同的权值 w_i，通过加权值的引入，有针对性地突出了某些污染物的作用，因此这种先分类、后评价的方式很值得借鉴，可以使评价更加合理，其计算式为：

$$PN=\sum_{i=1}^{n}w_i\frac{C_i}{C_{oi}} \tag{4-3}$$

但综合指数值会不可避免地低于最大分指数，特别是当超标指标数较多或超标倍数较大时，掩盖污染的问题可能会愈发严重；另外，一个准确而客观的权重值通常是不易获取的，因而，建议仅在评价指标不多时使用此法。

（4）平方和的平方根法

该法通过分指数的平方，突出了超标分指数的影响，具有一定的合理性，其计算式为：

$$PN=\sqrt{\sum_{i=1}^{n}\left(\frac{C_i}{C_{oi}}\right)^2} \tag{4-4}$$

显然，大于 1 的分指数其平方愈大，小于 1 的分指数其平方愈小，因此突出了最高分指数，而且也提高了其他大于 1 的分指数的影响，但是，当超标的指数较多、最高分指数较大时，会导致得到的综合指数明显高于最高分指数，因此缺乏可比性。

（5）内梅罗综合指数法

为了克服平均值方法存在的问题，计算综合指数时，在计算公式中加入了最大值的分指数项，从而突出了浓度最大的污染物的作用。用这种方法求出的综合指数肯定小于最重污染物的分指数，现在有很多种计算公式，目前流行最广的就是内梅罗综合指数法。内梅罗指数评价方法计算简单、物理概念清晰，对于一个评价区，只要计算出它的综合指数，再对照相应的分级标准，便可知道该评价区某环境要素的综合环境质量状况，便于决策者作出综合决策。但是该法仍具有如下缺点：仅仅考虑了最高分指数，未充分考虑在有若干个大值的情况下，次大值的作用；综合指数值仍然低于最大分指数，无法完全避免掩盖污染物的危险性；分指数最大，未必危害性最大，因而该法没有考虑到参评指标对人体健康和环境质量的相对影响。

（6）混合加权模式法

这种方法的计算公式为：

$$PN=\sum_1 W_{i1}I_i+\sum_2 W_{i2}I_i \tag{4-5}$$

式中，I_i 为分指数，$\sum_1$ 为所有 $I_i>1$ 求和，$\sum_2$ 为全部 I_i 求和。$W_{i1}=I_i/\sum I_i$，$I_i>1$；$W_{i2}=I_i/\sum I_i$，一切 I_i；并且 $\sum_1 W_{i1}=\sum_2 W_{i2}=1$，$W_{i1}$、$W_{i2}$ 为权系数。

当各污染物的浓度都不超过允许标准时，由该公式计算而来的综合指数一定不超过允许标准；当有一个浓度超过允许标准时，则其综合指数也一定超过允许标准。这就克服了上述几种常用的计算方法所共有的缺陷，即有一个污染物浓度远超过标准，算出的综合指数不一定高；所有的浓度都很高，但均未超过其标准而其综合指数反而可能很高，从而保证了该法用计算的综合指数来表示各种环境质量的可靠性。另外，该法对各种环境质量有较灵敏的分辨率，也就是用一些方法无法区别出好坏的环境质量，而用该法能较好地区别出来。但该法并未从生物学和毒理学的角度把污染物的危害考虑进来。

（7）向量分析法

这种方法根据"希伯尔空间"理论，把每种污染物作为一个分量，因而，N 种污染物就构成一个 N 维空间。由此，把 N 种污染物造成的环境污染状态看作是由 N 种污染物构成 N 维空间中的一个向量 A，而每种污染物是一个分量 A_i，其综合指数就是向量 A 的"模"值，即：

$$PN=|A|=\sqrt{|A_1|^2+|A_2|^2+\cdots+|A_n|^2} \tag{4-6}$$

式中，$|A_i|=C_i/L_i$，$i=1, 2, \cdots, n$，为第 i 种污染物的分指数；L_i 为某种用途下的第 i 种污染物的最高允许浓度值。

（8）余分指数合成法

李祚泳以综合指数法为基础，通过研究，提出一种全新的综合指数法——余分指数合成法。该法首次提出将污染指数分级，即根据 $K\leq I_i\leq K+1$ 将 I_i 分为 K 级，再从 $K=1$ 级开始，将不同级别的污染分指数进行计算整合，直到算到最高级别为止，最后的合成结果就是最终的综合指数。

可以看出，余分指数合成法在强调大于 1 的分指数的同时，还突出了最大分指数的作用，这样的结果显然是更加科学合理的。但是该法在所有分指数均不大于 1 时，计算出的 PI 虽然小于 1，却会大于最大分指数，无谓地夸大污染；随着指数的增多，手工计算也颇为不便，这些都是该法的不足之处。

综上所述，我们可以看出综合指数法具有以下优点：①它能用一个简单的数学公式整合海量的环境特征性信息，并以一个简单的数值来反映环境质量的总体水平；②便于对比，既能指出各点的污染级别，又能对各点的污染程度进行排序，便于提供切合实际的污染治理建议；③只要选择并固定了合适的评价方法和评价指标，就可以对区域环境质量进行时空上的比较，而且这种比较是依据数值大小、结论明确的计算结果来进行的；④综合指数法形式简单，计算简便；⑤其指数的表达方式符合中国人的习惯。

但是，综合指数法也有一些不足之处：①综合指数法将环境质量硬性分级，没有考虑环境系统客观存在的模糊性。环境本身存在大量不确定因素，级别划分与标准确定都具有模糊性。评价值间较窄的距离可能分属不同的级别，而较大的距离不一定分属不同的级别。②在对各分指数进行综合时，往往就是进行简单的均值或累加计算，这样就掩盖了某些污染因子质的飞跃特征，从而使评价结果不够科学。③综合指数法没有考虑环境系统客观存在的灰色性。通常，我们在有限的时空范围内搜集到的环境信息是不完全和不确定的，因而评定结果是不全面的。④综合污染指数评价方法的基本点是环境浓度值与标准值的比较，也就是只要污染物超标倍数相同，不论是何种污染物，则认为环境污染效果是一样的，这显然使环境污染问题简单化了。⑤选择不同的计算方法得到的综合指数不一定相同，受人为因素影响颇大。

4.2.4　其他方法

（1）模糊数学综合评判法

模糊数学综合评判法（简称模糊法），是用模糊综合评判的数学方法，来描述土壤质量评价的模糊性及评选等级的模糊性两者的关系，通过模糊变换综合所得到的模糊信息，作出土壤环境质量评价。此法是利用土壤质量分级差异中间过渡的模糊性，将土壤污染问题按照不同分级标准，通过建立隶属函数在闭区间[0, 1]内连续取值来进行评价的方法。主要步骤有：对单项污染指标分别建立隶属函数，求出隶属度；建立模糊关系矩阵；计算各污染因子的权重；进行模糊聚类、综合评判，取聚类系数最大者为该监测点土壤质量所属的污染级别。

此法注意到了土壤质量分级差异中间过渡的模糊性，避免了评价结果是一个平均值或简单累加情况的出现，但却有如下不足：就每个监测值分别对其相邻两个级别质量标准建立多个隶属函数的过程繁琐，不易掌握；其复合运算的基本方法是取大取小只强调极值的作用，因此丢失信息的现象较重，其评价结果往往受控于个别因素而出现误判。

（2）灰色聚类法

灰色聚类法是在模糊数学综合评判法上建立和发展起来的新的聚类方法，它已广泛用于社会、经济系统的各个领域，在实际应用中显示了其独特的优越性。现在已有多种灰色聚类法应用在土壤环境质量评价上，诸如传统的灰色聚类法、等斜率灰色聚类法和宽域灰色聚类法。

1）传统灰色聚类法

传统灰色聚类法由 5 个部分组成，根据评价标准构造白化函数；由样本的各指标值及其对应的白化函数获得白化函数值；根据评价标准构造标准权；求聚类系数，构造聚类向量；确定向量中值最大的为其对应之级别。

土壤环境系统既包含许多已知的确定信息，又包含一些未知的非确定信息，因此其本身就是一个典型的灰色系统。由于影响土壤环境的变化因素比较多，且不断变化，因此使用灰色聚类法可以体现土壤环境的不确定性，使人们能够通过有限的信息，更为客观、真实地认识外部世界，但过程繁琐，不易掌握。白化函数包含的污染范围较窄，一般在 $i-1$ 级到 $i+1$ 级标准值之间，当污染物监测值超出这一范围时，相应的白化函数值就会为零，这样仍有丢失信息的可能。

2）等斜率灰色聚类法

等斜率灰色聚类法（简称等斜率法），是在灰色法的基础上作了一些改进的评价方法。其原理与灰色法大致相同，只不过是以等斜率方式构造白化函数，并以修正系数代替灰色法中的聚类权值而对白化函数进行修正。在评价中要经过求白化函数的阈值、构造白化函数、求修正系数、计算聚类系数等步骤，污染级别仍取聚类系数中的最大者。

此法对于监测数据采用正向贡献（向上一级别的贡献）大于反向贡献（向下一级别的贡献）的处理方法，集系统的模糊性与随机性为一体，提高了分析方法的灵敏度，使评价结果更加符合实际环境质量状况，是对灰色聚类分析法的一种较合理的改进。

3）宽域灰色聚类法

宽域灰色聚类法（简称宽域法），也是一种改进了的灰色法，原理与等斜率法大致相同，以宽域式结构确定白化函数。评价中，同样经过求白化函数的阈值、构造白化函数、求修正系数、计算聚类系数等步骤，但增加了确定污染物权重一步。判断方法与等斜率法一样。宽域灰色聚类法既考虑了污染级别之间的灰色性，又较大地拓宽了污染范围，提高了分辨率和信息利用率，充分利用已知的监测结果信息，提高了多因子的综合评价精度；评价过程中引入修正系数对白化函数值进行修正，使相邻级别的边界值问题解决得较好，评价结果在边界值附近不致发生误判现象；确定污染物权重时，既注意到各级别标准值的影响，又注意到实测值的影响；强调了主要污染物的危害，又未过分突出其影响，较为客观合理。但宽域法与灰色法一样，仍不能避免建立白化函数的繁琐，如果可以应用软件进行计算，该法不失为一种较好的环境评价方法。

4.2.5　土壤污染等级判别方法的确定

模糊数学综合评判法、灰色聚类法由于建立其隶属函数较为困难，不适合在评价因子较多的时候使用；单因子指数法便于对比、计算简单，可以明确看出各种污染物在土壤中的污染情况，但仅考虑了污染最严重的因子的作用；内梅罗指数评价方法计算简单、物理概念清晰，但是没有考虑环境的模糊性；地累积指数法意义明确、计算方便，可以给出某种重金属的污染状况，但只能用于重金属的评价中，且无法给出多种重金属污染综合指数和某种重金属的地区综合指数。

参考原国家环保总局制定的土壤环境监测技术规范，并综合考虑上述方法的优缺点，结合开采区现状，为了更科学、合理地反映典型石油开采区的污染现状，本研究分别采用地累积指数法、单因子污染指数法、内梅罗污染指数法对开采区土壤进行污染等级判别。其中，对开采区土壤重金属污染进行评价时，采用地累积指数法以及单因子指数法与内梅罗指数法相结合的评价方法；对开采区土壤多环芳烃污染进行评价时，采用单因子指数法与内梅罗指数法相结合的评价方法。

4.3 典型石油开采区土壤污染等级的判别技术

土壤污染等级判别涉及评价因子、评价标准和评价模式。评价因子数量与项目类型取决于监测的目的和现实的经济和技术条件。评价标准常采用国家土壤环境质量标准、区域土壤背景值或部门（专业）土壤质量标准，对于标准中没有列出的物质则利用相关模型建立标准，或通过查阅国内外相关文献来获取所需标准。评价模式常用污染指数法或者与其有关的评价方法。土壤污染等级判别结果的可靠程度一方面取决于监测数据的准确性，另一方面依赖于评价方法的科学性。目前国内用于土壤污染等级判别的方法主要有单因子指数评价法、地累积指数评价法、内梅罗综合指数评价法。

根据监测的目的和现实的经济和技术条件，以及前文关于石油开采区特征污染物清单，选取 9 种重金属和 16 种多环芳烃（PAHs）两类主要污染物作为指标因子，包括铜、锌、铅、镉、铬、铁、锰、镍、钴、苯并[g,h,i]芘、苯并[a]蒽、二苯并[a,h]蒽、苯并[k]荧蒽、䓛、苯并[b]荧蒽、蒽、茚苯[1,2,3-c,d]芘、荧蒽、二氢苊、芴、菲、苊、苊、苯并[a]芘、萘，这 25 个指标因子反映了典型石油开采区石油污染物对该区土壤的污染情况。前文典型石油开采区特征污染物清单中共有 33 种污染物，除了包括上述 25 种外，还有银、钡 2 种重金属和苯、甲苯、乙苯、间二甲苯、对二甲苯、邻二甲苯 6 种苯系物，其中银和钡因为含量较低，而苯系物因为挥发性太强，不利于大范围监测，不适合作为评价指标因子。

4.3.1 典型石油开采区土壤污染评价标准的制定

土壤环境质量标准是国家为防止土壤污染、保护生态系统、维护人体健康所制定的土壤中污染物在一定的时间和空间范围内的允许含量值。土壤污染的生态危害及其风险大小，取决于污染物生物毒性、土壤中污染物浓度、土壤理化性质，以及地形地貌条件、水文条件影响下的活化迁移方式、人体暴露途径（土壤或扬降尘接触、饮水、农产品食物链摄入、皮肤吸收）等因素，经由食物、饮水摄入是土壤污染危害人体健康的重要方式。由于土壤中有害物毒性受诸多环境因素的影响，土壤污染作用于生物、人体途径的复杂性，制定土壤环境质量标准的技术难度远大于水、大气。

在制定土壤环境质量标准时，要通过土壤污染物对不同受体的剂量-反应关系，得出各项土壤环境质量基准值，取其中最低者为土壤标准值。制定标准值时需结合考虑社会、经济、技术等诸因素。

由于采用不同的评价基准，会得到不同的污染指数，进而使得到的评价结果存在明显差异。因此，在对两个或多个区域的土壤环境质量状况进行综合评价与比较时，必须选择统一、科学的评价基准，否则会使评价结果的客观真实性受到影响，甚至得出错误的结论。

现在制定土壤的环境质量标准，大体上有两种方法：地球化学法和生态环境效应法。地球化学法主要是应用统计学方法，根据土壤中元素地球化学含量状况、分布特征来推断土壤环境质量标准的方法；生态环境效应法是将土壤-植物体系、土壤-微生物体系、土壤-水体系所研究得出的各体系土壤环境质量基准，经综合考虑选择最低值的体系作为限制因素，制定出土壤环境质量标准值。

目前，各国制定土壤标准的原则基本相同，都是以污染物对动植物和人体健康的环境基准值为基础来制定的，但是在标准值的制定方法、标准的应用目标以及所考虑的土地利用类型上有所不同，各有侧重。

美国环境保护局（USEPA）在 1996 年颁布了污染场地筛选导则，详细阐述了制定特定场地土壤污染筛选值（Soil Screening Levels，SSLs）的方法。美国各州环保部门也根据该导则制定各自的土壤筛选值、清洁值、土壤清洁目标值以及保护地下水土壤浓度、居住区（敏感用地或非限制性用地）和非居住区（非敏感用地或限制性用地）土壤的修复目标值。英国环境署（Environment Agency，EA）与环境、食品和农村事务部（Department of Environment，Food and Rural Affairs，DEFRA）于 2002 年 10 月制定了土壤质量指导值，该值按照土地利用类型，综合考虑了人体健康的影响和对植物的影响，设定了保护人体健康的土壤污染物浓度，也可以看作是土壤污染"起始浓度"，但未给出进行土壤修复所需的"行动触发值"。

鉴于公众对环境和人体健康问题的日益关注，加拿大环境部长委员会（Canadian Council of Ministers of the Environment，CCME）在考虑保护生态物种安全和人体健康风险的基础上，分别制定了保护生态的土壤质量指导值和保护人体健康的土壤质量指导值，取两者中的最低值作为最终的综合性土壤质量指导值。

丹麦则制定了土壤质量基准、生态毒理学基准、土壤污染标准的三位一体的土壤质量标准；新西兰则根据土地服务功能，如农业用地、居住或公用场地（如公园）、商业用地、工业用地、木材加工场地等特殊环境，分别规定了质量评价标准，以保护植物生长、人体健康和动物（蚯蚓）的安全；法国制定了对污染场地进行简单风险评估的固定效应值和污染源的判定值；日本则以保护地下水为涵养功能和水质净化作为目标，制定土壤质量标准，因此较为严格；在荷兰住宅、空间计划及环境部（Ministry of Housing，Spatial Planning and Environment，VROM）制定的土壤环境标准中，将标准划分为目标值、行动值以及部分污染物造成土壤研究污染的指示值；澳大利亚国家环境保护委员会（National Environmental Protection Council，NEPC）将土地按照使用类型分为标准居住用地、永久性覆盖用地、公园和娱乐开发用地、商业和工业用地，并分别制定了基于人体健康的调研值和基于生态的调研值。表 4-1 列出了部分欧美国家一些污染物的土壤环境质量标准。

从表 4-2 看出，除法国和美国纽约州外，其余国家和地区都是将场地按照使用用途进行划分，然后制定出相对应的指导值。划分不同的土地利用方式，结合健康暴露风险评估与生态毒理学数据，从而得出土壤指导值，这是目前发达国家普遍采用的方法。

表4-1　国际上 PAHs 土壤质量指导值标准值

单位：mg/kg

区域	类别	BaA	BaP	BbF	BKF	DBA	IPY	CHR	PHE	FLU	PYR	ANA	ANT	NAP	FLT	ANY	BPE
加拿大	A	1	1	1	1	1	5		5		10			5			
	B	10	10	10	10	10	50		50		100			50			
	C	0.1	0.1	0.1	0.1	0.1	0.1		0.1		0.1			0.1			
法国	A	13.9	7		900		16.1										
	B	252	25		2 520		252							23	3 050		
	C	7	3.5		450		8							46	6 100		
美国新墨西哥州	A	4.81	0.481	4.81	48.1	0.481	4.81	481	1 830	2 290	1 720	3 440	17 200	45	2 290		
	B	23.4	2.34	23.4	234	2.34	23.4	2 340	20 500	24 400	18 300	36 700	183 000	252	24 400		
	C	213	21.3	213	2 060	21.3	213	20 600	7 150	8 910	6 680	18 600	66 800	702	8 910		
美国威斯康星州	A	0.088	0.008 8	0.088	0.88	0.008 8	0.088	0.088	8.8	18	600	500	900	5 000	20	600	18
	B	3.9	0.39	3.9	39	0.39	3.9	3.9	390	390	40 000	30 000	60 000	300 000	110	40 000	360
	C	17	48	360	870	38	680	680	37	1.8	100	8 000	38	3 000	0.4	500	0.7
美国堪萨斯州	A₁	12	1.2	12	10	1.2	0.76	6.4		270	140	300	13	104	220		
	A₂	10	16	19	10	3.1	0.76	6.4		200	140	190	13	1.05	220		
	B₁	26	2.6	19	10	2.6	0.76	6.4		270	140	300	13	325	220		
	B₂	35	16	19	10	11	0.76	6.4		270	140	300	13	3.52	220		
美国新泽西州	A	0.9	0.66	0.9	0.9	0.66	0.9	9		2 300	1 700	3 400	10 000	230	2 300		
	B	4	0.66	4	4	0.66	4	40		10 000	10 000	10 000	10 000	4 200	10 000		
	C	500	100	50	500	100	500	500		100	100	100	100	100	100		

区域	类别	BaA	BaP	BbF	BKF	DBA	IPY	CHR	PHE	FLU	PYR	ANA	ANT	NAP	FLT	ANY	BPE
美国佛罗里达州	A		0.1						2 200	2 600	2 400	2 400	21 000	55	3 200	1 800	2 500
	B		0.7						3 600	33 000	45 000	20 000	300 000	300	59 000	20 000	52 000
	C₁	0.8	8	2.4	24	0.7	6.6	77	250	160	880	2.1	2 500	1.2	1 200	27	32 000
	C₂									17	1.3	0.3	0.4	2.2	1.3		
	C₃									17	1.3	0.3	0.4	2.2	1.3		
	C₄	8	80	24	240	7	66	770	2 500	1 600	8 800	21	250 000	12	12 000	270	320 000
美国马里兰州	A	0.22	0.022 2	0.22	0.22	0.022	0.22	22	2 300	310	230	470	2 300	160	310	470	230
	B	3.9	0.39	3.9	39	0.39	3.9	390	31 000	4 100	3 100	6 100	31 000	2 000	4 100	6 100	3 100
	C	0.48	0.12	1.5	15	0.46	4.2	48	470	140	680	100	470	0.15	6 300	100	680
美国纽约州	A	0.03	0.11	0.011	0.011	1 650	0.032	0.004	2.2	3.5	6.65	0.9	7	0.13	19	0.41	8
	B	3	11	1.1	1.1	165 000	3.2	0.4	220	350	665	90	700	13	1 900	41	800
	C	0.224	0.061	1.1	1.1	0.014	3.2	0.4	50	50	50	50	50	13	50	41	50
美国密西西比州	A	0.875	0.087 5	0.875	8.75	0.087 5	0.875	87.5	2 350	3 130	2 350	4 690	23 500	194	3 130	4 690	2 350
	B	7.84	0.784	7.84	78.4	0.784	7.84	784	61 300	81 700	61 300	123 000	613 000	247	81 700	123 000	61 300
美国康涅狄格州	A	1	1	1	8.4					1 000	1 000		1 000	1 000	1 000	1 000	
	B	7.8	1	7.8	78					2 500	2 500		2 500	2 500	2 500	2 500	

表 4-2　土壤质量指导值的类型

国家或地区	类别	名称或土地使用方式	功能或用途
加拿大	A	居住/公园用地	污染土壤的修复值
	B	商业/工业用地	
	C	农业用地	
法国	A	敏感用地的固定效应值	判识土壤是否受到污染
	B	非敏感用地的固定效应值	污染场地的初始调研和简单风险评估
	C	污染源的判定值	
美国新墨西哥州	A	居住用地	污染场地/土壤识别和筛选的一般性基准值
	B	工业/职业用地	
	C	建筑用地	
美国威斯康星州	A	非工业用地	无接触暴露风险土壤浓度
	B	工业用地	
	C	保护地下水安全浓度	保护地下水不受污染
美国堪萨斯州	A_1	居住用地	暴露风险可接受的土壤浓度
	A_2	居住用地	保护地下水水质的土壤浓度
	B_1	非居住用地	暴露风险可接受的土壤浓度
	B_2	非居住用地	保护地下水水质的土壤浓度
美国新泽西州	A	居住区清洁目标值	无直接接触暴露风险的土壤浓度
	B	非居住区清洁目标值	
	C	保护地下水清洁目标值	无地下水污染风险的土壤浓度
美国佛罗里达州	A	居住用地	无直接接触暴露风险的土壤清洁目标值
	B	商业/工业用地	
	C_1	基于淋溶的目标值	保护地下水质量不受淋溶影响
	C_2	基于淋溶的目标值	保护地表水体水质不受淋溶影响
	C_3	基于淋溶的目标值	保护海洋水体水质不受淋溶影响
	C_4	基于淋溶的目标值	淋溶影响少量地下水或地下水质量变差
美国马里兰州	A	居住区土壤标准值	指示土壤的清洁程度
	B	非居住区土壤标准值	
	C	保护地下水土壤标准值	保护地下水不受污染
美国纽约州	A	允许土壤浓度	基于地下水水质标准的土壤浓度值
	B	土壤目标值	保护地下水不受污染的修复目标值
	C	土壤筛选值	基于土壤筛选导则保护人体健康的土壤浓度
美国密西西比州	A	限制性用地	无土壤摄入风险的修复目标值
	B	非限制性用地	
美国康涅狄格州	A	居住用地	修复标准—土壤直接接触标准值
	B	工业/商业用地	

　　土壤污染物从进入土壤到作用于受体，主要受两个因素的影响：一是土壤因素（有机质百分含量、总孔隙率、空气透过率、干土密度等），也就是说同一种污染物在不同的土壤中的活性是有差异的，对受体造成的影响也不同；二是受体（动物、植物、微生物、地下水、空气、人体等），同一种污染物对不同的受体所造成的影响是不同的。

正是基于这种土壤性质和考虑不同受体的差异，各个国家或地区划分的土壤质量标准级别不同，质量标准值也有很大差异。大部分国家或地区都是将土地使用方式划分为 3 个级别，即居住用地、工业/商业用地、保护地下水安全；加拿大给出了农业用地的标准；美国新墨西哥州给出了建筑用地的标准。

在英国环境、食品和农村事务部（DEFRA）发布的标准中介绍，在导出土壤指导值时，之所以土地使用类别被称作土地使用"标准"，就是为了强调这个类别是指同一类型场地条件。因此，本研究将非居住地、限制性用地、商业/工业用地等土地使用方式归为一类。

我国遵照 GB 15618—1995 标准，将土壤按应用功能和保护目标，划分为 3 类：Ⅰ类为主要适用于国家规定的自然保护区（原有背景值中重金属含量高的除外）、集中式生活饮用水水源地、茶园、牧场和其他保护地区的土壤，土壤质量基本上保持自然背景水平；Ⅱ类主要适用于一般农田、蔬菜地、茶园果园、牧场等的土壤，土壤质量基本上对植物和环境不造成危害和污染；Ⅲ类主要适用于林地土壤及污染物容量较大的、高背景值土壤和矿产附近等地的农田土壤（蔬菜地除外），土壤质量基本上对植物和环境不造成危害和污染。在此标准中给出了部分重金属的土壤环境质量标准值。

2007 年，国家环境保护局和国家质量监督检验检疫总局联合颁布了《展览会用地土壤环境质量评价标准（暂行）》，并制定了不同土地利用类型中土壤污染物的评价标准限值。该标准根据不同的土地开发用途对土壤中污染物的含量控制要求，将土地利用类型分为两类：Ⅰ类主要为土壤直接暴露于人体，可能对人体健康存在潜在威胁的土地利用类型；Ⅱ类主要为除Ⅰ类以外的其他土地利用类型，如场馆用地、绿化用地、商业用地、公共市政用地等。将土壤环境质量评价标准分为 A、B 两级：A 级标准为土壤环境质量目标值，代表土壤未受污染的环境水平，符合 A 级标准的土壤可适用于各类土地利用类型；B 级标准为土壤修复行动值，当某场地土壤污染物监测值超过 B 级标准限值时，该场地必须实施土壤修复工程，使之符合 A 级标准。符合 B 级标准但超过 A 级标准的土壤可适用于Ⅱ类土地利用类型。

从调研结果可以看出，不同国家和地区的土壤污染物的标准值存在明显差异。加拿大、法国虽然有国家统一制定的部分污染物的土壤环境质量指导值，但无论是土地使用方式的划分还是标准值的大小，都存在着很大不同；澳大利亚、丹麦只给出了多环芳烃污染物总量的指导限值；同一国家不同地区的标准值也存在巨大差异，如美国的新墨西哥州和堪萨斯州，同为 ANT 的居住用地土壤质量标准，两者相差 1 300 多倍。对于多环芳烃，美国 9 个州的土壤环境质量指导值的标准差也较大。

我国目前还没有完善的土壤环境质量标准。不同国家和地区在制定土壤环境质量评价标准限值时，划分的土地使用类型不同，所选取的土壤参数、物理化学参数、建筑物参数、场地参数、暴露参数、受体参数也存在明显差异，这导致了标准限值差异较大。结合石油开采区的环境现状，本研究将《工业企业土壤环境质量风险评价基准（暂行）》中所制定的土壤基准值、《展览会用地土壤环境质量评价标准（暂行）》中所制定的 B 类土壤环境质量评价标准限值、加拿大商业/工业用地标准、法国非敏感用地的固定效应值以及美国新墨西哥州工业/职业用地标准、堪萨斯州非居住用地标准、新泽西州非居住区清洁目标值、佛罗里达州商业/工业用地标准、威斯康星州工业用地标准、马里兰州非居住区土壤标准值、密西西比州非限制性用地标准、康涅狄格州工业/商业用地标准进行对比，选取最小值作为本次研究的评价标准，详见表 4-3。

表 4-3　PAHs 及重金属标准值

名称	标准值/（mg/kg）	名称	标准值/（mg/kg）
NAP	50	BaA	3.9
ANY	2 500	CHR	3.9
ANA	300	BbF	3.9
FLU	270	BKF	4
PHE	50	BaP	0.39
ANT	13	IPY	0.078
FLT	110	DBA	0.39
PYR	100	BPE	360
Pb	500	Cr	100
Cd	22	Co	1 200
Cu	600	Sb	41
Zn	1 500	Fe	61 300
Ni	2 400	Mn	2 000

4.3.2　典型石油开采区土壤污染等级的判别方法

考虑到所要评价的污染指标因子较多，为了更科学、合理地反映典型石油开采区的污染现状，本研究分别采用单因子污染指数法、地累积指数法、内梅罗污染指数法对开采区土壤污染等级进行判别。其中，对开采区土壤重金属污染进行评价时，采用地累积指数法以及单因子指数法与内梅罗指数法相结合的评价方法；对开采区土壤多环芳烃污染进行评价时，采用单因子指数法与内梅罗指数法相结合的评价方法。

（1）单因子污染指数法评价

采用单因子污染指数法对土壤质量进行评价，计算公式为：

$$P_i = C_i / S_i \qquad\qquad (4\text{-}7)$$

式中，P_i——土壤中污染物 i 的污染指数；

$\quad\quad C_i$——土壤中污染物 i 的实测浓度，mg/kg；

$\quad\quad S_i$——土壤污染物 i 的评价标准值，mg/kg。

分级标准：$P_i \leqslant 1$，非污染；$1 < P_i \leqslant 2$，轻污染；$2 < P_i \leqslant 3$，中污染；$P_i > 3$，重污染。单因子污染指数评价中，指数小污染轻，指数大污染则重。

（2）地累积指数法评价

地累积指数法计算公式为：

$$I_{\text{geo}} = \log_2 C_n / (kB_n) \qquad\qquad (4\text{-}8)$$

式中，C_n——元素 n 在沉积物中的浓度；

B_n——沉积物中该元素的地球化学背景值；

k——考虑各地岩石差异可能会引起背景值的变动而取的系数（一般取值为 1.5）。

本研究在评价中所采用的地球化学背景值为全国背景值，见表 4-4。

表 4-4　全国土壤重金属背景值

名称	背景值/（mg/kg）	名称	背景值/（mg/kg）
Pb	23.6	Cr	53.9
Cd	0.33	Co	11.2
Cu	20	Fe	29 400
Zn	67.7	Mn	482
Ni	23.4		

地累积指数共分 7 级，具体的分级标准见表 4-5。

表 4-5　地累积指数与污染分级标准

I_{geo}	<0	0～1	1～2	2～3	3～4	4～5	>5
分级	0	1	2	3	4	5	6
污染程度	无	无-中	中	中-强	强	强-极强	极强

（3）内梅罗污染指数法评价

采用内梅罗污染指数法对土壤进行评价，计算公式为：

$$PN = \left\{ [(P_{均}^2) + (P_{最大}^2)]/2 \right\}^{1/2} \tag{4-9}$$

采用《土壤环境监测技术规范》（HJ/T 166—2004）中的分级标准对内梅罗指数进行分级，见表 4-6。

表 4-6　内梅罗指数与土壤级别对应关系

等级划分	I	II	III	IV	V
内梅罗指数（PN）	PN≤0.7	0.7<PN≤1.0	1.0<PN≤2.0	2.0<PN≤3.0	PN>3.0
污染水平	清洁	尚清洁	轻污染	中污染	重污染

4.4　典型石油开采区土壤污染等级的判别

4.4.1　重金属污染物的地累积指数法评价

根据土壤重金属浓度，利用地累积指数公式计算各采样点重金属地累积指数分级，并参照表 4-5 所给出的土壤级别划分标准，确定待评价的采样点土壤级别，分析结果见图 4-3。

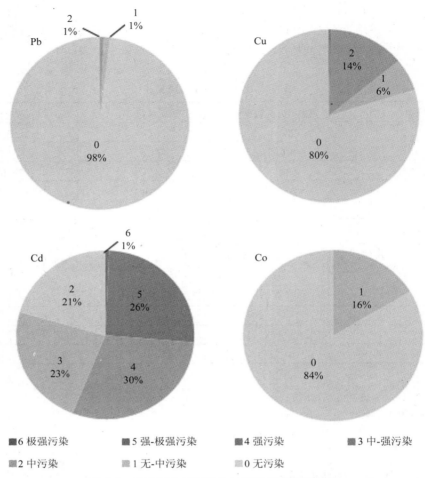

图 4-3　部分重金属污染物地累积指数级别分布

利用地累积指数法对石油开采区的 262 个采样点进行土壤环境质量评价：Zn、Cr、Mn 的地累积分级指数都是 0，基本无污染；Ni、Fe 的地累积分级指数绝大多数为 0，仅 1号井的 8 号采样点处 Ni 的地累积分级指数以及 6 号井的 21、30 号采样点处 Fe 的地累积分级指数为 1，属于无-中污染，其余各采样点均为无污染；16%的采样点 Co 的地累积分级指数为 1，属于无-中污染，其余采样点均为 0，属于无污染；1%的采样点 Pb 的地累积分级指数为 1，属于无-中污染，1%的采样点 Pb 的地累积分级指数为 2，属于中污染，其余采样点均为 0，属于无污染；6%的采样点 Cu 的地累积分级指数为 1，属于无-中污染，14%的采样点 Cu 的地累积分级指数为 2，属于中污染，0.5%的采样点 Cu 的地累积分级指数为 3，属于中-强污染，其余采样点均为 0，属于无污染；27%的采样点 Cd 的地累积分级指数超过了 2，达到了中、中-强、强污染，未出现强-极强、极强程度的污染，总体上所占比例分别为 21%、23%、30%、26%、1%。

地累积指数法是建立在该地区土壤背景值基础上的，本研究选择的土壤背景值为全国平均背景值（未检索到该地区土壤背景值），因为中国幅员辽阔，全国各个地区背景值差距较大，因此不建议使用该方法进行石油污染土壤等级判别。

4.4.2　重金属污染物的单因子指数法评价

根据实测的重金属浓度，计算其与表 4-5 中所对应标准的比值，得到各重金属的单因子污染指数。从结果可以看出，除 0.4% 的采样点 Fe 浓度达到了轻污染级别，其余各污染物在各采样点的浓度均处于无污染级别（见图 4-4）。

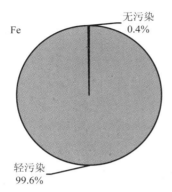

图 4-4　重金属污染物单因子指数级别分布

4.4.3　重金属污染物的内梅罗指数法评价

利用内梅罗指数法计算 PN，并参照表 4-6 给出的土壤级别划分标准，确定各采样的土壤级别。在所评价的 262 个采样点中，1% 的采样点土壤级别为Ⅱ级，属于尚清洁水平，其余各采样点土壤级别均为Ⅰ级，属于清洁水平（见图 4-5）。

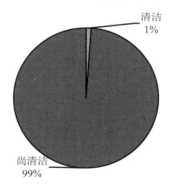

图 4-5　重金属污染物内梅罗指数级别分布

4.4.4　PAHs 污染物的单因子指数法评价

根据实测的 PAHs 浓度，计算其与表 4-5 中所对应标准的比值，得到各 PAHs 的单因子污染指数，从分析结果可以看出，ANY、ANA、FLU、PHE、ANT、FLT、PYR、BbF、BKF 这 9 种 PAHs 的单因子指数均小于 1，属于无污染；1% 的采样点的土壤 NAP 浓度处于轻污染水平，其余均处于无污染水平；1% 的采样点的土壤 CHR 浓度处于中污染水平，1% 的采样点的土壤 CHR 浓度处于重污染水平，其余均处于无污染水平；15% 的采样点的土壤 IPY 浓度处于轻污染水平，其余均处于无污染水平；2%的采样点的土壤 BaP 浓度处于轻污染水平，5%的采样点的土壤 BaP 浓度处于中污染水平，10%的采样点的土壤 BaP浓度处于重污染水平，其余均处于无污染水平；6%的采样点的土壤 DBA 浓度处于轻污染水平，1%的采样点的土壤 DBA 浓度处于中污染水平，15%的采样点的土壤 DBA 浓度处于重污染水平，其余均处于无污染水平（见图4-6）。

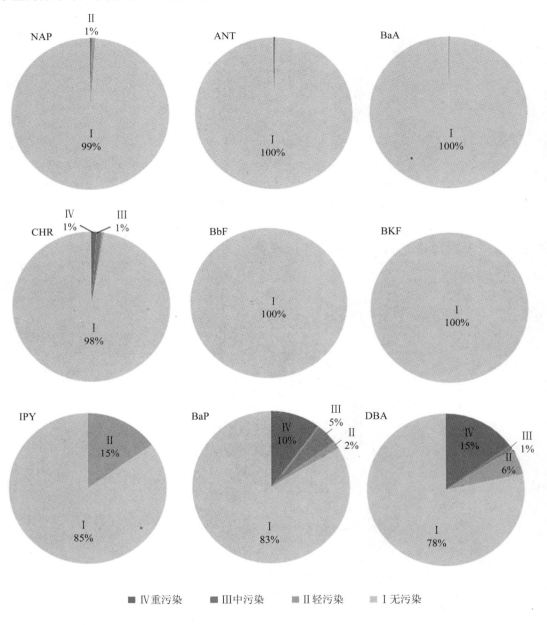

图 4-6　PAHs 单因子指数级别分布

4.4.5　PAHs 污染物的内梅罗指数法评价

利用内梅罗指数法计算 PN，并参照表 4-8 土壤级别划分标准，确定各采样的土壤级别。在所评价的 262 个采样点中，土壤级别处于Ⅰ级的采样点有 198 个，占采样点总数的 76%，属于清洁水平；土壤级别处于Ⅱ级的采样有 8 个，占采样点总数的 3%，属于尚清洁水平；土壤级别处于Ⅲ级的采样点有 13 个，占采样点总数的 5%，属于轻污染水平；土壤级别处于Ⅳ级的采样点有 19 个，占采样点总数的 7%，属于中污染水平；土壤级别处于Ⅴ级的采样点有 24 个，占采样点总数的 9%，属于重污染水平（见图 4-7）。

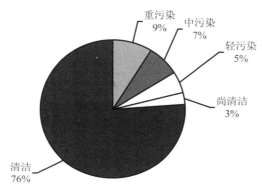

图 4-7　PAHs 污染物内梅罗指数级别分布

4.4.6　污染物的内梅罗指数法评价

利用内梅罗指数法计算 PN，并参照表 4-8 给出的土壤级别划分标准，确定各采样的土壤级别。在所评价的 262 个采样点中，土壤级别处于Ⅰ级的采样点有 186 个，占采样点总数的 71%，属于清洁水平；土壤级别处于Ⅱ级的采样点有 20 个，占采样点总数的 8%，属于尚清洁水平；土壤级别处于Ⅲ级的采样点有 13 个，占采样点总数的 5%，属于轻污染水平；土壤级别处于Ⅳ级的采样点有 20 个，占采样点总数的 8%，属于中污染水平；土壤级别处于Ⅴ级的采样点有 23 个，占采样点总数的 9%，属于重污染水平。

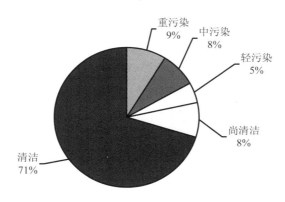

图 4-8　石油开采区污染物的内梅罗指数级别分布

4.5 小结

在本研究中，结合了典型石油开采区现状，分别利用典型特征污染物的物理化学性质，以及易受石油开采区环境影响的微生物群落，建立起化学分析污染诊断与生态毒理污染诊断相结合的方法对典型石油开采区的土壤环境进行污染诊断。此外，采用单因子指数法、内梅罗指数法和地质累积指数法从不同角度对特征污染物的污染状况进行评价并分析其影响因素，确定了适用于典型石油开采区的污染等级判别技术。

①通过对各国家和地区的标准值进行调研比较，确立了适用于典型石油开采区的土壤标准值。对比各评价方法的优缺点，确定了单因子污染指数法、内梅罗污染指数法相结合的方法，对石油开采区土壤进行污染化学诊断及等级判别。

②为弥补化学分析污染诊断的不足，本研究采用明亮发光杆菌 T3（*Photobacterium phosphoreum*）毒性测试对典型石油开采区的土壤进行生态毒理污染诊断。测试结果表明，69%的采样点土壤级别为 I 级，毒性级别属于低毒；25%为 II 级，属于中毒；5%为 III 级，属于重毒；1%为 IV 级，属于高毒。在所检测的各采样点中，未出现处于剧毒水平的土壤。

③对石油开采区土壤重金属污染进行评价时，采用地累积指数法以及单因子指数法与内梅罗指数法相结合的评价方法。从地累积指数法评价结果可以看出（参考全国平均背景值），典型石油开采区中除 Cd 外，其余监测的 8 种重金属基本未超标；从单因子指数法评价结果可以看出，在所监测的 9 种重金属中，除个别采样点 Fe 含量超标外，其余 8 种重金属均未超标；从内梅罗指数法评价结果可以看出，石油开采区的土壤中未受到重金属的污染。

④对石油开采区土壤 PAHs 污染进行评价时，采用单因子指数法与内梅罗指数法相结合的评价方法。从单因子指数法评价结果可以看出，BaP、DBA 均有部分采样点含量超过标准值，其余 14 种污染物的超标情况较轻；从内梅罗指数法评价结果可以看出，部分采样点的土壤均受到不同程度的 PAHs 的污染。

⑤对石油开采区土壤污染物进行总体的内梅罗指数评价时，在所评价的 262 个采样点中，土壤级别处于 I 级的采样点有 186 个，占采样点总数的 71%，属于清洁水平；土壤级别处于 II 级的采样点有 20 个，占采样点总数的 8%，属于尚清洁水平；土壤级别处于 III 级的采样点有 13 个，占采样点总数的 5%，属于轻污染水平；土壤级别处于 IV 级的采样点有 20 个，占采样点总数的 8%，属于中污染水平；土壤级别处于 V 级的采样点有 23 个，占采样点总数的 9%，属于重污染水平。

第5章　典型石油开采区特征污染物的扩散途径与分级管理

5.1　典型石油开采区特征污染物的扩散途径研究

5.1.1　典型石油开采区特征污染物的空间分布研究

（1）地理信息系统支持下的石油污染物空间分布研究

地统计学以区域化变量理论为基础，研究那些分布于空间中并呈现出一定结构性和随机性的自然现象。当一个变量呈空间分布时，称为区域化变量，这种变量常反映某种空间现象的特征。本研究中石油开采污染物在空间区域上表现出的结构性和随机性是它在数学或统计学意义上的一般特征，在研究过程中，能够发现石油开采污染物分布特征在空间上明显的空间分布几何域，即在利用逸度模型对石油开采污染物的研究过程中，反映污染物分布特征的因素在空间域上变化的区域化随机变量被限定在一定的空间范围内，该空间范围就是逸度模型中所划分的环境相与环境子相。另外，区域化随机变量如果在各个方向上的性质变化相同，称各向同性，否则是各向异性。石油开采污染物在各环境介质间的扩散规律中，不同方向的变异性不可能是完全相同的，因而其区域化随机变量的各向同性是相对的，而各向异性是绝对的。

（2）地理信息系统在土壤污染评价研究中的应用与发展

地理信息系统（GIS）是以测绘测量为基础，以数据库作为数据储存和使用的数据源，以计算机编程为平台的全球空间分析即时技术，具有空间数据的获取、存储、显示、编辑、处理、分析、输出和应用等功能，在环境与资源研究中具有独特的重要作用。GIS 已基本能够运用于任何领域，如土地利用与规划、植被覆盖与管理、地质灾害模拟与预警、污染物空间变异规律研究等。GIS 围绕计算机技术的研究、开发与应用，形成一门交叉性、边缘性学科，是管理、研究空间数据的技术系统，起源于传统地图学，随着计算机技术的不断发展，呈现出广阔的应用前景。地统计学与 GIS 的结合克服了应用经典的地统计学方法在研究土壤性质空间变异性规律方面的不足，同时也大大推动了区域土壤污染的研究，并逐渐成为一个热门的研究方向。

White 等（1997）对美国土壤中 Zn 的分布进行半方差分析，虽然模型的拟合度不高，空间自相关距离为 470 m，但仍可用克里格插值得到美国土壤中 Zn 的分布图。Steiger 等（1996）对瑞士东北部土壤中的 Cu、Zn 和 Pb 进行了研究，利用离散克里格法绘制了其在土壤中的分布图，发现 Cu、Zn、Pb 等重金属在土壤中的分布规律十分相似，且可能具有相同的来源（Von Steiger 等，1996）。Imperato 等在 1999 年对意大利 Naples 市的表层土壤中重金属 Cu、Zn、Pb 等的含量及形态进行了研究,利用克里格插值法绘制描述了 Cu、Zn、Pb 在表层土壤中的空间分布特征。

国内学者在土壤污染地统计学方面也做了大量的工作。研究表明,将地统计学与 GIS 相结合模拟和评价土壤污染,进而绘制出土壤环境质量图,直观反映土壤污染物空间变异特征,在国内外已经得到了广泛的应用。

(3)ArcGIS 在石油污染物空间分布研究中的应用

GIS 的发展已历经 30 余年,与地统计学模型集成并应用于土壤重金属等污染物空间变异研究也已有 20 多年,使土壤污染的空间分布预测研究更加精确与便捷。GIS 强大的空间分析功能在可视化的环境下对土壤中污染物浓度等污染数据进行实时监测及分析,进而快速精确地对重金属污染作出分布规律分析与预测。

本研究利用 ArcGIS 的地质分析软件(Geostatistical Analysis)中克里格系列插值方法对 Pb、Cd、Cu 等 9 种重金属元以及 BaP、IPY、DBA 等 16 种有机污染物进行插值预测分析,具体操作步骤如下:

①筛选、整理 GIS 中记录的数据,将其制作成文本文件格式,分别用 X、Y 表示经度和纬度。

②将测试出的样品中的目标元素浓度值用 Z 表示。本次研究中,采样区域跨越经度约 4′,折合实际距离 7.4 km 左右,纬度跨越 1′15″,折合实际距离约 2.314 km,相对于此,采样间距可以忽略不计,因此取相同深度中同一采样井处 9 个采样点的平均值作为插值浓度 Z,既能反映浓度分布整体趋势,不影响插值精度,又可避免点位过密带来的干扰。

将获取的浓度 Z 值与相应的 X、Y 值相匹配,X、Y、Z 之间可以用 Tab 键或逗号分隔,剔除文本间多余的空格,以免在作图中出现空白数据影响制图的准确性。

③将整理好的文本文件导入 ArcGIS 软件平台(图 5-1),再利用空间分析模块下插值子模块中的克里格插值法进行污染物浓度的空间分布模拟,克里格法网格化模型绘制的地球化学图效果较好,数据极差较小。由此得到石油污染物空间分布草图。

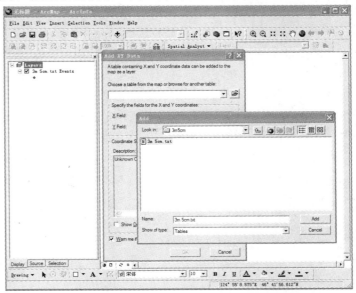

图 5-1 　ArcGIS 平台下石油污染物数据导入示意

④点击操作界面下方的"▣"键，切换至 ArcGIS 图件输出制作界面，调整上一步骤中制作的草图，在此基础上依次插入指北针、比例尺、图例等，图件的颜色选择根据 ArcGIS 软件系统着色。

⑤点击"File→Export Map"进行图件输出，制作完成的图件。

5.1.2　石油污染物的空间分布研究

基于 ArcGIS 在土壤污染应用方面的理论与技术研究，得到石油污染物在土壤中的空间分布图。

（1）相同土壤深度下不同污染物浓度的分布规律

在 5 cm 土壤深度，Mn、ANY、ANA 和 FLU 浓度分布特点较为相似，最大浓度均出现于 1#井，其次为 7#井，6#井亦有分布，其他井浓度较低，最低浓度出现在 2#井；Cr 与 Ni 分布特点相似，最大浓度出现在 4#井，除 5#和 7#井浓度较低外，各井处浓度均较高；Zn 最大浓度出现在 4#井，1#井浓度其次，其他井处浓度分布较低；Fe 最大浓度出现在 4#井，除 5#和 2#井处浓度较低外，其他井号处浓度均较高；Co 最高浓度出现在 4#和 6#井处；Cu 的最大浓度出现在 5#井，其他地点浓度均较低；Cd 在 6#和 7#井处浓度较高，其次为 4#井，1#和 5#井浓度较低；FLT、PYR、BaA、CHR、BbF、BKF、BaP、IPY、DBA 和 BPE 均集中于 7#井，其他地点浓度均较低；NAP、PHE、ANT 除 7#井浓度较高外，6#井处浓度亦较高；Pb 分布范围较大，除 2#和 5#井处浓度相对较低外，其他各点均浓度较高，如图 5-2 所示。

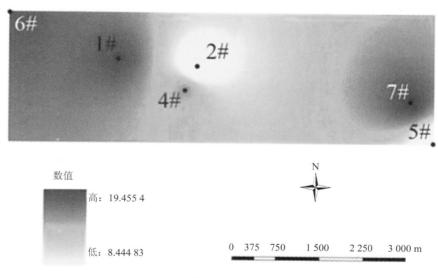

（a）土壤深度 5 cm 的 Pb 浓度

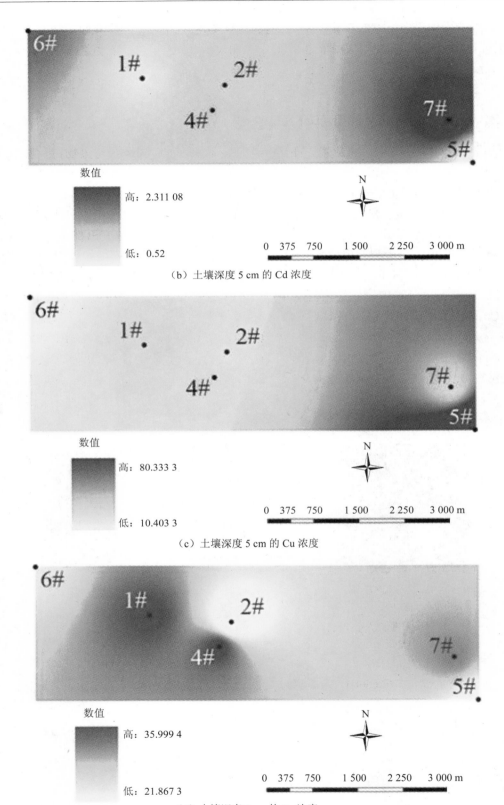

数值

高：2.311 08

低：0.52

（b）土壤深度 5 cm 的 Cd 浓度

数值

高：80.333 3

低：10.403 3

（c）土壤深度 5 cm 的 Cu 浓度

数值

高：35.999 4

低：21.867 3

（d）土壤深度 5 cm 的 Zn 浓度

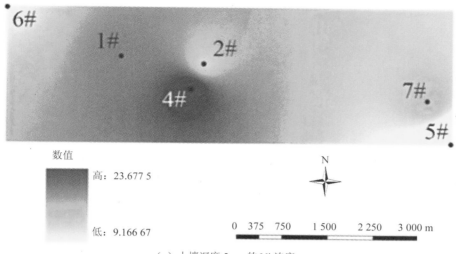

（e）土壤深度 5 cm 的 Ni 浓度

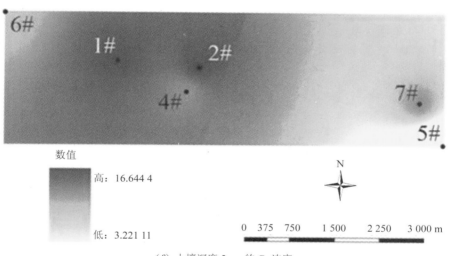

（f）土壤深度 5 cm 的 Cr 浓度

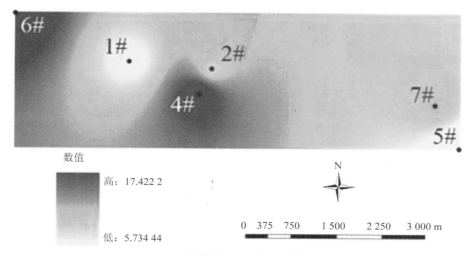

（g）土壤深度 5 cm 的 Co 浓度

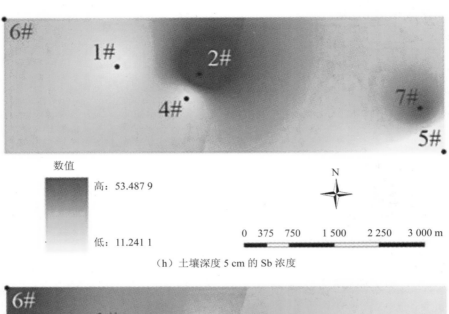

（h）土壤深度 5 cm 的 Sb 浓度

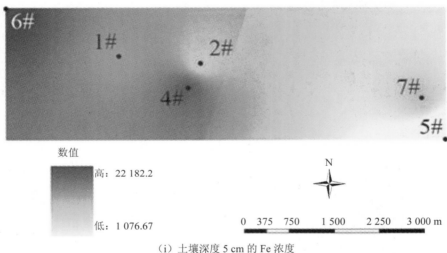

（i）土壤深度 5 cm 的 Fe 浓度

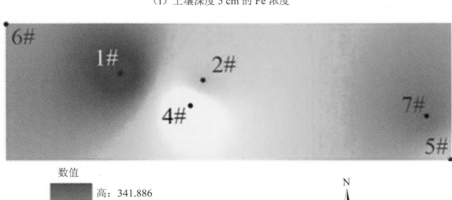

（j）土壤深度 5 cm 的 Mn 浓度

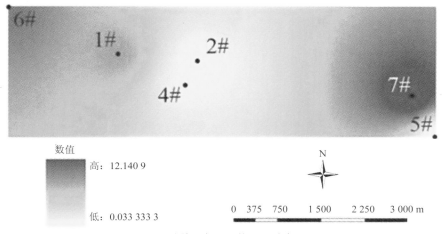

（k）土壤深度 5 cm 的 NAP 浓度

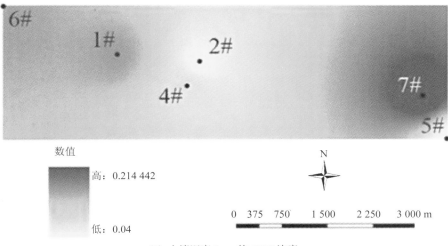

（l）土壤深度 5 cm 的 ANY 浓度

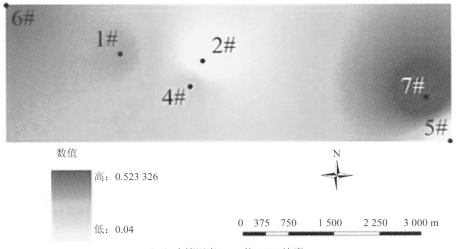

（m）土壤深度 5 cm 的 ANA 浓度

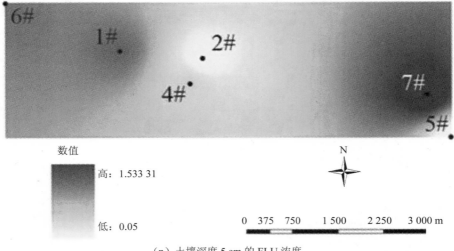

（n）土壤深度 5 cm 的 FLU 浓度

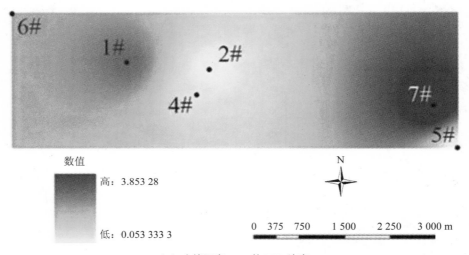

（o）土壤深度 5 cm 的 PHE 浓度

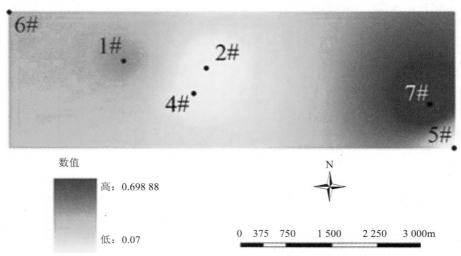

（p）土壤深度 5 cm 的 ANT 浓度

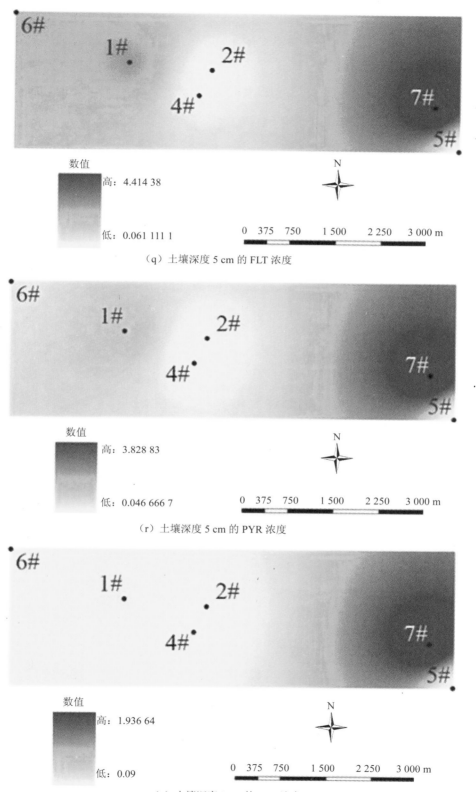

（q）土壤深度 5 cm 的 FLT 浓度

（r）土壤深度 5 cm 的 PYR 浓度

（s）土壤深度 5 cm 的 BaA 浓度

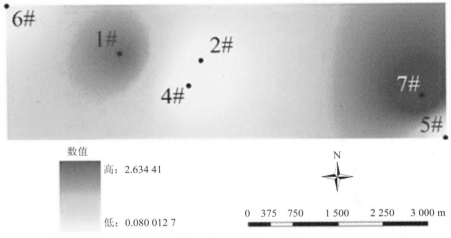

（t）土壤深度 5 cm 的 CHR 浓度

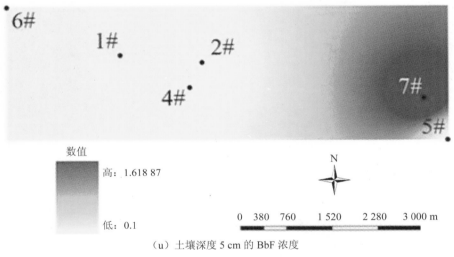

（u）土壤深度 5 cm 的 BbF 浓度

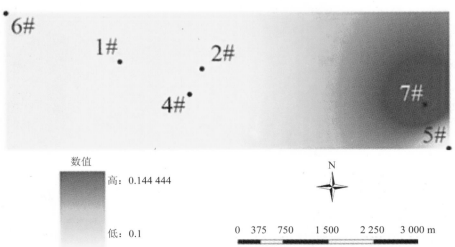

（v）土壤深度 5 cm 的 BKF 浓度

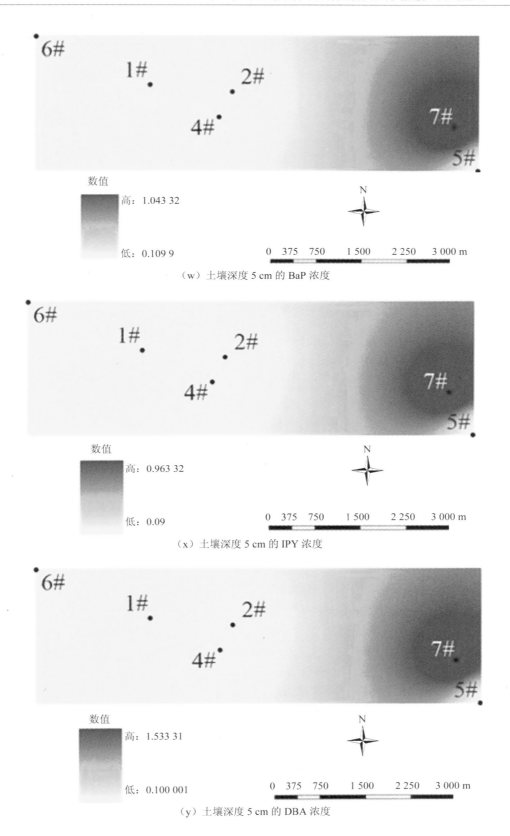

（w）土壤深度 5 cm 的 BaP 浓度

（x）土壤深度 5 cm 的 IPY 浓度

（y）土壤深度 5 cm 的 DBA 浓度

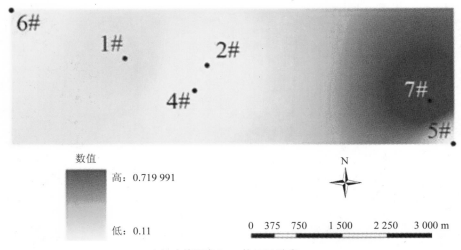

（z）土壤深度 5 cm 的 BPE 浓度

图 5-2   5 cm 土壤深度中不同污染物浓度分布（浓度单位：mg/kg）

除 Pb、Zn 和 NAP 浓度分布波动较大，ANA 和 FLU 最大浓度出现位置有所变化之外，其他污染物浓度分布规律在不同土壤深度中与 5 cm 土壤深度基本相似，在此不再赘述。

（2）各种污染物不同土壤深度下浓度分布变化规律

Pb 的浓度及分布规律变化较大，随土壤深度的变化，最大浓度在 1#、5#、6# 和 7# 井处均有出现，1# 井浓度整体呈现降低趋势，2# 和 4# 井浓度保持相对较低状态。Cd 的浓度较为稳定，不同土壤深度中最大浓度均出现在 7# 井，且浓度值变化不大，1# 和 5# 井浓度值保持相对较低状态，6# 井浓度在土壤深度 5～15 cm 中迅速降低，其后随深度变化不大。Cu 的浓度变化相对稳定，最大值均出现在 5# 井处，6# 和 7# 井浓度保持较低状态，1# 和 2# 井处浓度有所波动，4# 井处浓度随深度有所降低。Zn 在 2#、5# 和 6# 井处浓度保持较低状态，并不随深度而变化，最大浓度在 1# 和 4# 井交替出现，在 45 cm 土壤深度中出现于 7# 井。Ni 的浓度最小值位于 5# 井处并保持不变，其次为 6# 井，且浓度随土壤深度增加而降低，最大浓度值在 1# 和 4# 井交替出现，2# 和 7# 井浓度居中，并随土壤深度有所增加。Cr 最小浓度出现在 5# 和 6# 井，并随土壤深度增加而降低，其次为 7# 和 4# 井浓度，随土壤深度增加而增加，1# 和 2# 井浓度较高，在土壤深度 5～25 cm 不断增加，且 1# 井浓度逐渐增加至最高，在 35～45 cm 间降低，最终 2# 井处浓度值最大。Co 最小浓度出现在 5# 井，并在土壤深度变化下浓度持续最低，最大浓度出现在 4# 井，虽然在 25 cm 土壤深度中浓度影响范围有所减小，但相对浓度保持最大，1#、2# 和 7# 井浓度较低，其中 1# 井处浓度在 25 cm 处有所增加，但在 35 cm 深度再次下降，6# 井浓度随土壤深度增加而降低。Fe 最大浓度出现在 4# 井，且随土壤深度增加浓度值降低，其次为 1#、2# 和 7# 井，其中 7# 井处浓度基本保持不变，2# 井在土壤深度 5～10 cm 有所增加，其后保持不变，1# 井在 25 cm 土壤深度下浓度有所增加，之后有所降低，5# 和 6# 井处浓度值较低，其中 6# 井在 5～10 cm 土壤深度降低后保持不变，5# 井处浓度持续较低。Mn 最大浓度出现在 1# 井，在土壤深度 5～10 cm 浓度增加，其后基本不变，浓度影响范围有所减少，最低浓度出现在 4# 井，5# 和 6# 井其次，在土壤深度 5～10 cm 有所降低，2# 和 7# 井浓度居中且变化不大。

有机物方面，NAP 最大浓度出现位置变化较大，5～25 cm 土壤深度间最大浓度出现在 7#井，但浓度有所降低且影响范围缩小，35～45 cm 土壤深度间，最大浓度出现在 4#井，其他采样点浓度值均较小，最小值持续出现在 5#井，其次为 1#和 2#井，6#井浓度变化亦较大。ANY 最大浓度持续出现在 7#井，1#和 6#井处浓度变化较不规律，其他各采样点浓度保持较低。ANA 最大浓度在 1#和 7#井交替出现，5 cm 土壤深处浓度最大值出现在 1#井，在 15～35 cm 土壤深度间 7#井浓度不断增大，浓度最高，而 1#井浓度有所降低，土壤深度为 45 cm 时最大浓度再次出现在 1#井，7#井浓度次之，5#和 2#井浓度保持较低，1#和 6#井浓度变化较为波动。FLU 最大浓度出现位置有所波动，土壤深度为 5 cm 和 45 cm 处，1#井处浓度最大，浓度变化波动较大，15～35 cm 土壤深度间 7#井浓度最大，呈现先增加再降低的趋势，2#、5#和 4#井处浓度保持较低，其中 4#井处略有波动，6#井处浓度变化不规律。PHE 最大浓度持续出现于 7#井处，2#、4#和 5#井浓度保持较低，1#和 6#井浓度略有波动，但变化不大。ANT 最大浓度持续出现于 7#井处，1#、2#、4#和 5#井处浓度保持较低，6#井处在 5 cm 土壤深度浓度较高，从 10 cm 深度开始保持较低。FLT 浓度分布及变化较为稳定，最大浓度出现在 7#井处，其他采样点浓度保持较低。PYR 浓度分布相对稳定，最大浓度持续出现在 7#井处，其中在 15 cm 土壤深度中浓度值有突增，1#、2#、4#和 5#井处浓度较低，6#井处浓度虽亦较低，但在土壤深度 35 cm 中有突增。CHR 浓度分布相对稳定，最大浓度出现在 7#井处，其中 15 cm 处浓度有突增，除 6#井在土壤深度为 35 cm 时浓度值突增外，其他井浓度保持较低。BaA、BbF、BKF、BaP、IPY、DBA 和 BPE 浓度分布及变化较为稳定，最大浓度出现在 7#井处，其他井处浓度值均较低且变化较小。

（3）典型污染物浓度最值及影响范围分析

根据地累积指数和单因子指数评价结果，Pb、Cu、Cd 等重金属以及 IPY、BaP 和 DBA 等 PAHs 污染较为严重，所以选择上述污染物作为典型污染物进行最值和影响范围分析。

Pb 的最大浓度为 19.455 4 mg/kg，出现在 7#井，影响范围最小半径约为 247 m，下降至较低浓度值的最小半径约为 400 m；Cd 最大浓度出现在 7#井，为 2.311 mg/kg，大约在 2.623 km 深处浓度才开始降低，最近影响范围约为 247.2 m。Cu 在 5#井处浓度最大，约 8.033 mg/kg，高浓度最深至 1.669 km 左右才有降低的趋势，影响范围最近在 556.2 m 左右；距其最近的 7#井浓度较低，但受 5#井处高浓度限制，低浓度值影响范围较小，影响半径为 300 m 左右。

典型有机污染物如 IPY、BaP 和 DBA 的分布规律较为相似，最大值均出现在 7#井，影响半径最大值均在 2.78 km 左右，最小影响半径分别为 0.309 km、0.278 km 和 0.309 km，影响范围较广（图 5-3）。

（4）典型污染物污染等级分析

由于不同污染物浓度对土壤造成的污染程度不同，仅利用污染物浓度分布图不足以直观、精确地表现出各种污染物对研究区土壤的污染程度及范围，因此，依据等级标准绘制出研究区石油污染物污染等级图（以土壤深度 5 cm 为例），如图 5-4 所示。

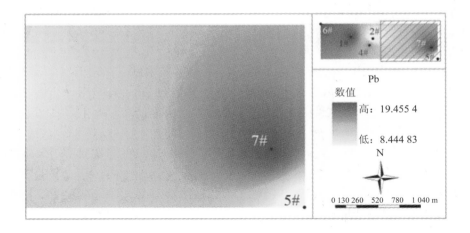

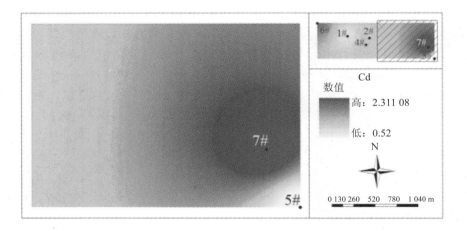

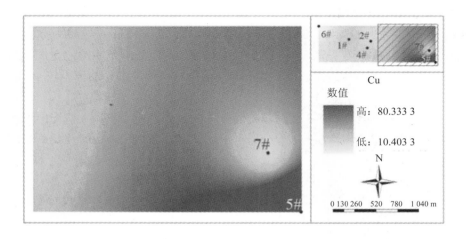

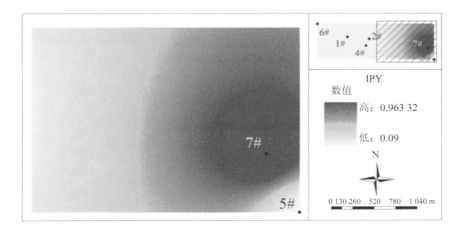

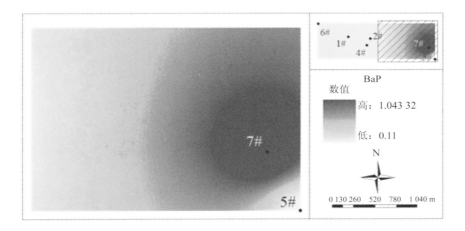

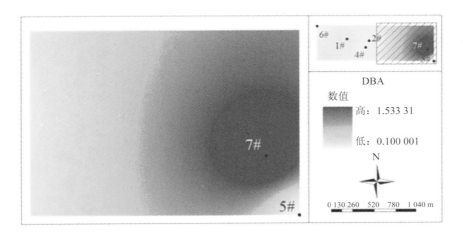

图5-3　典型污染物浓度最大值及影响范围分析（浓度单位：mg/kg）

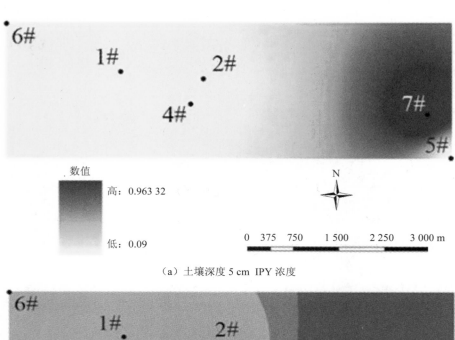

（a）土壤深度 5 cm IPY 浓度

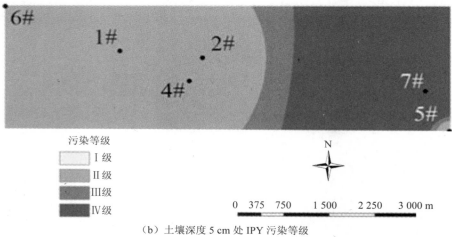

（b）土壤深度 5 cm 处 IPY 污染等级

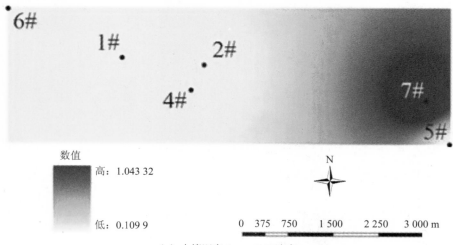

（c）土壤深度 5 cm BaP 浓度

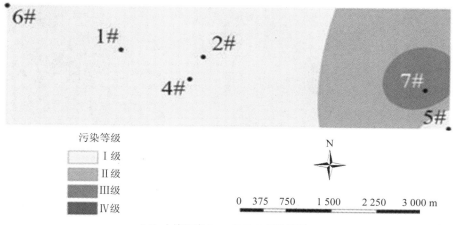

（d）土壤深度 5 cm 处 BaP 污染等级

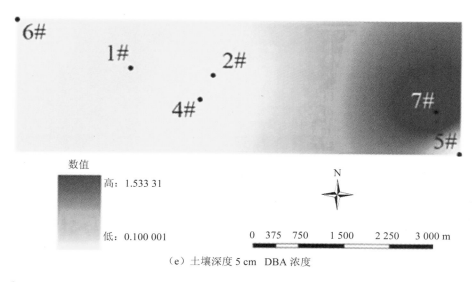

（e）土壤深度 5 cm　DBA 浓度

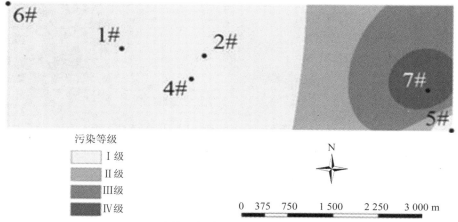

（f）土壤深度 5 cm 处 DBA 污染等级

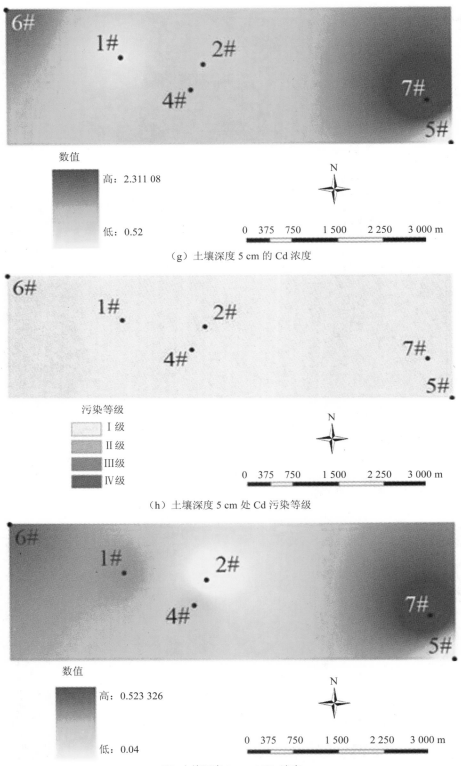

（g）土壤深度 5 cm 的 Cd 浓度

（h）土壤深度 5 cm 处 Cd 污染等级

（i）土壤深度 5 cm　ANA 浓度

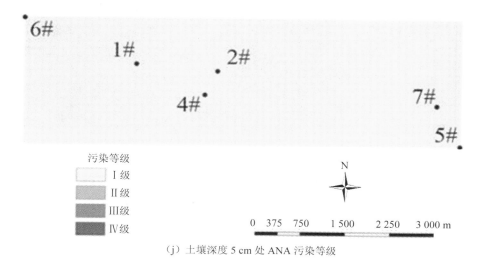

（j）土壤深度 5 cm 处 ANA 污染等级

图 5-4　典型污染物污染浓度与污染等级对比（浓度单位：mg/kg）

由于除 IPY、BaP 和 DBA 外，其他污染物的浓度均未达到 I 级污染以上水平，例如图中 Cd 和 ANA，因此，对于污染物在不同土壤深度中污染等级的分析以 IPY、BaP 和 DBA 3 种污染物为主进行说明。

1）IPY 污染等级随土壤深度变化趋势

IPY 污染等级的分布趋势整体上较为一致：II 级污染占主体，主要覆盖 1#、2#、4#、6#以及 5#井；IV 级污染的影响范围亦较大，分布于 5#和 2#井之间，主要受 7#井高浓度的影响；II 级和 IV 级污染之间出现宽度约 432 m 的带状III级污染区，影响范围相对较小；无 I 级污染出现。IPY 污染等级的分布规律在土壤深度 5～45 cm 基本没有变化，但随土壤深度的增加，II 级污染的范围略有增大，IV 级污染的范围略有减小，III级污染的带状分布区略向东移动（图 5-5）。

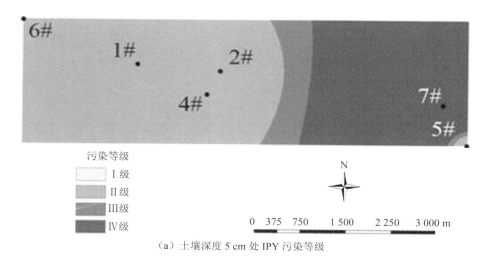

（a）土壤深度 5 cm 处 IPY 污染等级

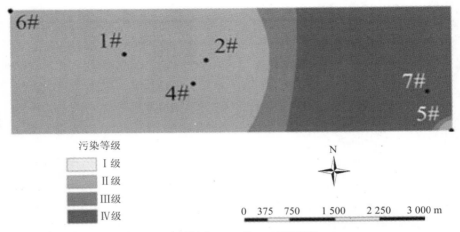

（b）土壤深度 15 cm 处 IPY 污染等级

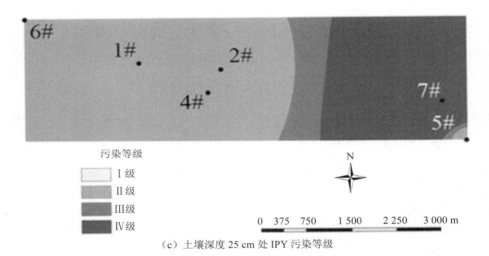

（c）土壤深度 25 cm 处 IPY 污染等级

（d）土壤深度 35 cm 处 IPY 污染等级

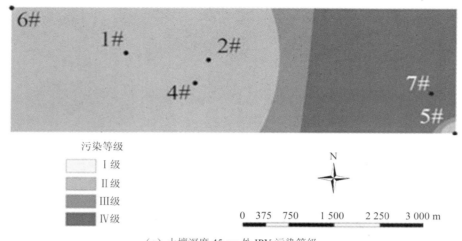

（e）土壤深度 45 cm 处 IPY 污染等级

图 5-5　IPY 污染等级随土壤深度变化趋势

2）BaP 污染等级随土壤深度变化趋势

BaP 污染等级在整体上变化不大：I 级污染比重最大，主要覆盖 1#、2#、4#、6#以及 5#井，在 5～15 cm 土壤深度间略呈缩小趋势，从 25 cm 开始有所扩大；II 级污染的范围较为稳定；III 级污染集中在 7#井，在 5～25 cm 土壤深度之间影响范围由 649 m 增至 865 m 左右，但是在 35 cm 土壤深度中，III 级污染影响范围骤减，半径约为 371 m，45 cm 深度处分布规律与 35 cm 深度处基本一致；无Ⅳ级污染出现（图 5-6）。

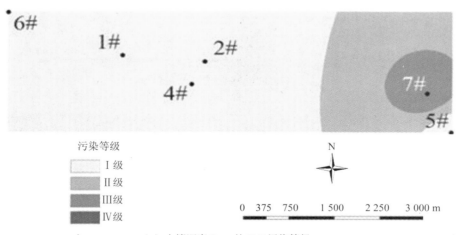

（a）土壤深度 5 cm 处 BaP 污染等级

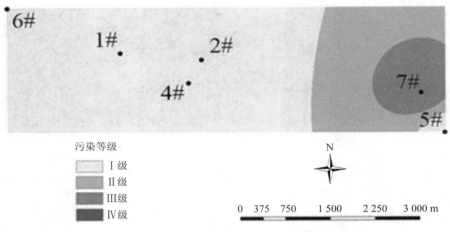

（b）土壤深度 15 cm 处 BaP 污染等级

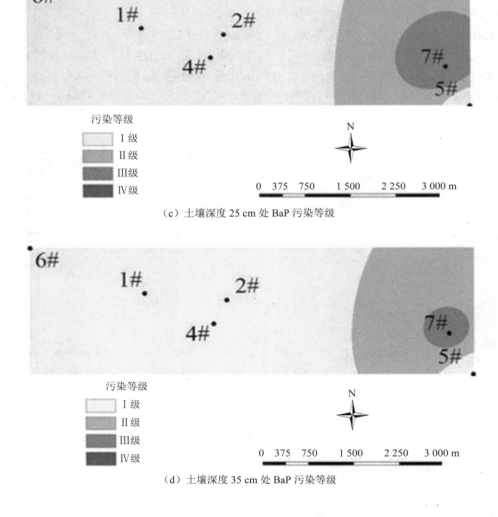

（c）土壤深度 25 cm 处 BaP 污染等级

（d）土壤深度 35 cm 处 BaP 污染等级

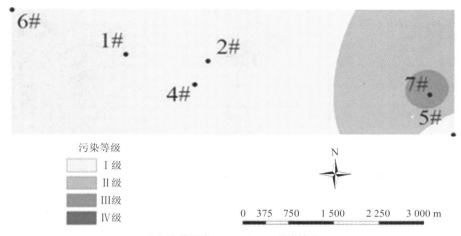

（e）土壤深度 45 cm 处 BaP 污染等级

图 5-6　BaP 元素污染等级随土壤深度变化趋势

3）DBA 污染等级随土壤深度变化趋势

DBA 污染等级在不同土壤深度中分布较为一致：Ⅰ级污染覆盖范围较大，1#、2#、4#、6#以及 5#井均分布在Ⅰ级污染范围内；受 7#井高浓度的影响，出现Ⅳ级污染，随距离的增加向Ⅰ级污染方向依次降低至Ⅲ级和Ⅱ级污染。虽然在 5～45 cm 深度中污染等级分布较为相似，但各污染等级的影响范围随深度不同而有所波动：5 cm 土壤深度中，Ⅳ级污染的影响半径约为 618 m，至 15 cm 深度时骤减至 340 m 左右，同时Ⅱ级和Ⅲ级污染的范围亦有所减小；至 25 cm 土壤深度时，Ⅳ级污染范围回升至 803 m，Ⅲ级污染范围随之增大，Ⅱ级污染的范围略有减小；35 cm 土壤深度中，Ⅲ级和Ⅳ级污染与在 15 cm 土层深度中的影响范围相近，但Ⅱ级污染范围继续减小，因而Ⅰ级污染范围增大；45 cm 土壤深度中Ⅳ级污染半径减小至 185 m 左右，Ⅱ级和Ⅲ级污染范围也进一步缩小，Ⅰ级污染范围不断向西扩大。虽然不同深度土壤中 DBA 的不同污染等级在影响范围上有所变化，但整体而言，污染呈下降趋势（图 5-7）。

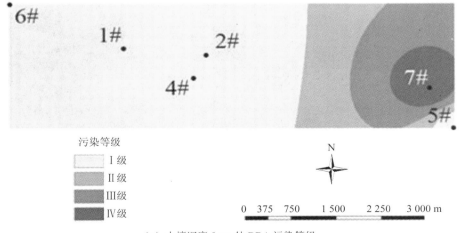

（a）土壤深度 5 cm 处 DBA 污染等级

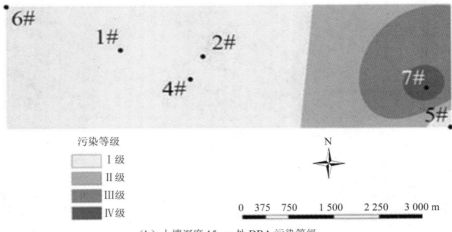

（b）土壤深度 15 cm 处 DBA 污染等级

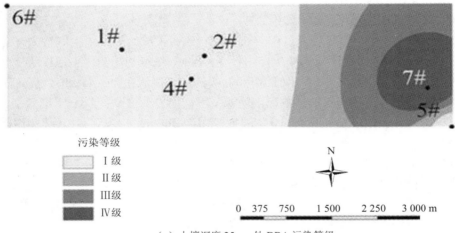

（c）土壤深度 25 cm 处 DBA 污染等级

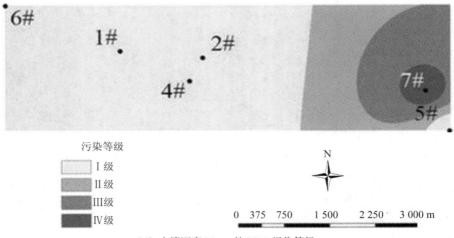

（d）土壤深度 35 cm 处 DBA 污染等级

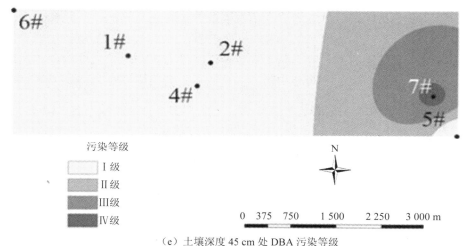

（e）土壤深度 45 cm 处 DBA 污染等级

图 5-7　DBA 元素污染等级随土壤深度变化趋势

5.1.3　小结

以地统计学理论为基础，对应 GPS 获得的采样井地理坐标和采样浓度值，运用 GIS 软件地统计学模块中的克里格插值法，对 9 种重金属和 16 种有机物进行空间插值，在 ArcGIS 软件平台下制作出各种石油污染物在不同采样井处浓度的空间分布变化趋势图和污染等级图。结合图件分析得出以下结论：

①相同土壤深度中不同污染物的空间分布规律有所不同，但整体而言 7#井出现高浓度的频率较高，特别是有机污染物，如 ANT、FLT、PYR、BaA、CHR、BbF、BKF、BaP、IPY、DBA 和 BPE 等，最高浓度均出现在 7#井，且浓度的空间分布规律较为相似；重金属浓度分布规律并不明显，相对而言 4#和 7#井出现高浓度的频率较高。由于不同石油污染物在土壤中分布规律不同，在多种污染物共存的情况下，土壤受到复合污染，呈现出极大的复杂性和多样性。

②相同污染物在不同土壤深度的浓度变化趋势并不一致，多数污染物的浓度随土壤深度增加呈现降低趋势，少数污染物的浓度随土壤深度增加而增大，部分污染物浓度最大值的出现位置有所转移。从不同深度土壤中污染物的浓度分布来看，石油污染物对土壤的污染具有极强的持久性，自身很难降解，也不易被微生物降解，因而一旦污染便由表层土壤不断向深层土壤渗透，从而长期存在于土壤中，很难得到恢复。

③从典型污染物的空间分布来看，高浓度值的污染影响范围较大，高浓度出现降低的最小半径约为 250 m，部分污染物在上千米外高的浓度才开始出现降低的趋势。这表明，石油污染物的扩散能力极强，且影响强度不易受空间变化的制约，影响范围广泛。

④由污染等级图可知，不同污染物导致的土壤污染程度不尽相同。BaP 和 DBA 在不同土壤深度中污染等级分布规律较为一致，其中 BaP 在土壤中无Ⅳ级污染出现，Ⅰ级污染占主要分布，且Ⅲ级污染的影响范围随土壤深度的增加而不断减小；DBA 在土壤中Ⅰ～Ⅳ级污染均有出现，但程度较高的污染等级影响范围较小，Ⅰ级污染占主要分布，Ⅳ级污染的范围随土壤深度增加明显缩小。IPY 污染等级相对较高，无Ⅰ级污染出现，

Ⅱ级和Ⅳ级污染分布较广，虽然随着土壤深度的增加Ⅳ级污染的范围略有减少，但相对其他污染物而言，IPY 对土壤的污染程度依然较高。由此可见，虽然在土壤中有机物浓度较低，但其对土壤的污染程度远高于重金属，说明有机物污染强度较高；从污染等级来看，随着土壤深度的增加，污染物的影响范围可能会出现减小趋势，但污染等级却很难降低。

5.2　典型石油开采区污染分级管理技术的研究

在本研究对于典型石油开采区特征污染物识别、扩散途径、污染分级及监测方法等污染分级技术研究成果的基础上，研究组针对石油开采污染场地的特点，进行了《典型陆域石油开采区优先污染物污染诊断技术规范》和《典型陆域石油开采区污染分级管理规范（草案）》两项技术规范的编制，这两项标准有助于企业和环保部门在对石油开采区污染识别和进行相应的分级管理方面作出决策。

5.2.1　确定任务

为保障人民群众的身体健康和城市的环境安全，防止场地环境污染事故发生，2004年 6 月国家环保总局颁布了《关于切实做好企业搬迁过程中环境污染防治工作的通知》（环办[2004]47 号）。该通知规定了所有产生危险废物的工业企业、实验室和生产经营危险废物的单位，在结束原有生产经营活动，改变原土地使用性质时，必须经具有省级以上质量认证资格的环境监测部门对原址土地进行监测分析，报送省级以上环境保护部门审查，并依据监测评价报告确定土壤功能修复实施方案。对于已经开发和正在开发的外迁工业区域，要尽快制定土壤环境状况调查、勘探、监测方案，对施工范围内的污染源进行调查，确定清理工作计划和土壤功能恢复实施方案，尽快消除土壤环境污染。

为进一步削减和控制污染场地的环境风险，2005 年 12 月国务院发布的《关于落实科学发展观加强环境保护的决定》（国发[2005]39 号）中再次强调为配合《中华人民共和国环境保护法》的全面实施，应抓紧制定有关土壤污染防治的法律法规及相关标准。

为规范典型陆域石油开采区优先污染物污染诊断指标体系及计算方法，制定《典型陆域石油开采区优先污染物污染诊断技术规范（草案）》。《典型陆域石油开采区优先污染物污染诊断技术规范（草案）》在第四章"污染诊断与等级判别技术指标研究"中对各种污染诊断方法对比分析的基础上，推荐了两种污染诊断方法，主要用于判断石油开采区土壤中优先污染物的浓度是否构成了污染。

为了对典型石油开采区土壤污染状况进行分级管理，编制了《典型陆域石油开采区污染分级管理规范（草案）》。《典型陆域石油开采区污染分级管理规范（草案）》在典型石油开采区特征污染物识别、扩散途径、监测方法及《典型陆域石油开采区优先污染物污染诊断技术规范（草案）》基础上编制而成，对石油开采区土壤污染程度如何进行分级提供了技术路线和标准，确定了典型石油开采区土壤污染的调查范围与采样点设置原则，规定了检测项目及其控制值，以及不同污染级别土壤的管理原则。

5.2.2　典型陆域石油开采区优先污染物污染诊断技术规范的编制要点说明

（1）术语和定义说明

1）土壤

连续覆被于地球陆地表面具有肥力的疏松物质，是随着气候、生物、母质、地形和时间因素变化而变化的历史自然体。

2）优先污染物

由于化学污染物种类繁多，筛选出一些毒性强、难降解、残留时间长、在环境中分布广的污染物优先进行控制，称为优先污染物。环境化学中将其定义为众多污染物中筛选出的潜在危险较大、应作为优先研究和控制对象的污染物。

3）单因子污染指数

单种污染物的实测值与标准值的比值，用于反映污染物的超标状况。

（2）关于土壤样品采集与制备的说明

土壤样品采集、制备与保存方法均参考《土壤环境监测技术规范》（HJ/T 166—2004）。根据国内外研究资料，石油开采土壤污染一般不超过距离井口 30 m 范围。本研究对于扩散途径的研究，由于地表扰动过大等原因，未发现明确的从井口开始、污染物浓度逐渐降低的规律，尚不能完全支持污染范围在距井口 30 m 范围内的结论，其有待进一步研究。为保守起见，污染研究范围暂定为 100 m。

（3）关于石油开采区土壤样品优先污染物的说明

本规范选择的石油开采区优先污染物，是根据综合国内外研究资料所做的基于暴露风险和 SCRAM 的石油开采和钻井过程生态风险污染物优先序排序的结果，为便于管理，选定 15 种主要污染物作为检测项目。本规范确定的典型陆域石油开采区优先污染物中主要污染物包括 11 种多环芳烃和 4 种重金属。11 种多环芳烃有菲、荧蒽、芘、苯并[a]蒽、䓛、苯并[b]荧蒽、苯并[k]荧蒽、苯并[a]芘、茚苯[1,2,3-c,d]芘、苯并[a,h]蒽和苯并[g,h,i]芘，4 种重金属有 Cd、Zn、Ni、Co；相关测试方法参照国家标准或者行业标准以及其他可替代标准执行。

（4）关于石油开采区土壤污染诊断的说明

根据国家《土壤环境监测技术规范》（HJ/T 166—2004），单因子指数法可以将土壤污染分为 4 级，本规范中规定单因子指数大于 1 时，即诊断为有污染。

（5）关于石油开采区土壤优先污染物诊断标准的说明

在本规范的石油开采区土壤优先污染物诊断标准中，将《工业企业土壤环境质量风险评价基准（暂行）》中所制定的土壤基准值、《展览会用地土壤质量评价标准（暂行）》中所制定的 B 类土壤环境质量评价标准限值、加拿大商业/工业用地标准、法国非敏感用地的固定效应值，以及美国新墨西哥州工业/职业用地标准、堪萨斯州非居住用地标准、新泽西州非居住区清洁目标值、佛罗里达州商业/工业用地标准、威斯康星州工业用地标准、马里兰州非居住区土壤标准、密西西比州非限制性用地标准、康涅狄格州工业/商业用地标准进行对比，选取最小值作为本规范优先污染物的诊断标准。

5.2.3   典型陆域石油开采区污染分级管理规范编制要点说明

（1）术语和定义说明

土壤污染的概念与《展览会用地土壤环境质量标准（暂行）》（HJ 350—2007）相一致。油田化学剂和钻井液概念引自《石油天然气开采业清洁生产审核技术指南》。

（2）关于资料收集和调查范围的相关解释

油田化学剂与生产原油的理化性质：油田化学剂主要包括通用化学剂、钻井用化学剂、油气开采用化学剂。其中可能对土壤产生污染的主要是钻井作业过程中废弃的钻井液。钻井液按分散介质（连续相）可分为水基钻井液、油基钻井液、气体型钻井流体等，主要由液相、固相和化学处理剂组成。液相可以是水（淡水、盐水）、油（原油、柴油）或乳状液（混油乳化液和反相乳化液）。固相包括有用固相（膨润土、加重材料）和无用固相（岩石）。化学处理剂包括无机、有机及高分子化合物。其中，原油、柴油、有机化合物等的使用可能对土壤造成污染。其他资料收集清单内容参照《土壤环境监测技术规范》（HJ/T 166—2004）要求。

根据国内外研究资料，石油开采土壤污染一般不超过距离井口 30 m 范围。本研究对于扩散途径的研究，由于地表扰动过大等原因，未发现明确的从井口开始污染物浓度逐渐降低的规律，尚不能完全支持污染范围在距井口 30 m 范围内的结论，其有待进一步研究。为保守起见，暂定污染研究范围为 100 m。

（3）关于检测项目与控制值的规定

本规范选择的检测项目，是根据综合国内外研究资料所做的基于暴露风险和 SCRAM 的石油开采和钻井过程生态风险污染物优先序排序的结果，为便于管理，选定 15 种主要污染物作为检测项目。控制值的选择由土壤评价标准制定。

（4）关于土壤分级方法的规定

内梅罗综合指数法是目前使用最广的指数法，其在计算综合指数时，在计算公式中加入了最大值的分指数项，从而突出了浓度最大的污染物的作用。内梅罗指数评价方法计算简单、物理概念清晰，对于一个评价区，只要计算出它的综合指数，再对照相应的分级标准，便可知道该评价区某环境要素的综合环境质量状况，便于决策者作出综合决策。

根据《土壤环境监测技术规范》（HJ/T 166—2004），污染水平被划分为 5 级，为便于管理，本规范在此基础上分为 3 级，对应关系见表 5-1。

表 5-1   分级管理技术规范与土壤环境监测技术规范对应关系

等级划分		I	II	III	IV	V
内梅罗指数（PN）		PN≤0.7	0.7<PN≤1.0	1.0<PN≤2.0	2.0<PN≤3.0	PN>3.0
污染水平	土壤环境监测技术规范	清洁	尚清洁	轻污染	中污染	重污染
	本规范	清洁区		中污染区		重污染区

（5）关于用地方式的有关规定

根据《展览会用地土壤环境质量标准》关于不同土地开发用途对土壤中污染物的含量控制要求，将土地利用类型分为两类：I 类主要为土壤直接暴露于人体，可能对人体健康存在潜在威胁的土地利用类型；II 类用于场馆、绿化、商业、公共市政建设用地。

（6）关于污染场地风险评估的规定

国家环保局于 2004 年 6 月 1 日印发了《关于切实做好企业搬迁过程中环境污染防治工作的通知》（环办[2004]47 号），要求关闭或破产企业在结束原有生产经营活动，改变原土地使用性质时，必须对原址土地进行调查监测，报环保部门审查，并制定土壤功能修复实施方案。对于已经开发和正在开发的外迁工业区域，要对施工范围内的污染源进行调查，确定清理工作计划和土壤功能恢复实施方案，尽快消除土壤环境污染。2008 年环境保护部印发了《加强土壤污染防治工作意见》（环发[2008]8 号），突出强调污染场地土壤环境保护监督管理是土壤污染防治的重点工作之一。

污染场地风险评估分为人体健康风险评估和生态风险评估。污染场地健康风险评估是指针对特定土地利用方式下的场地条件，评价场地上一种或多种污染物质对人体健康产生危害可能性的技术方法；污染场地生态风险评估是评价场地污染物对植物、动物和特定区域的生态系统影响的可能性及影响大小。场地受到污染后，通常需要采取一定的措施，以削减土地利用过程中的人群健康风险和生态风险。

污染场地风险评估工作程序包括危害识别、暴露评估、毒性评估、风险表征和土壤修复建议修复目标值的确定等。

（7）关于土壤修复

污染场地修复的目的是采用场地修复技术转移、吸收、降解或转化场地中的污染物，或阻断污染物对受体的暴露途径，使场地对暴露人群的健康风险控制在可接受水平，从而恢复场地使用功能，保证场地二次开发利用的安全性。

污染场地修复的可行性研究工作程序包括评估预修复目标、筛选和评价修复技术、制定修复技术方案和编制可行性研究报告 4 个部分。

5.3　典型陆域石油开采区优先污染物污染诊断技术规范（草案）

5.3.1　土壤样品采集、制备与测试

土壤样品采集、制备与保存方法均参考《土壤环境监测技术规范》（HJ/T 166—2004）。本规范确定的典型陆域石油开采区优先污染物中主要污染物包括 11 种多环芳烃和 4 种重金属。11 种多环芳烃有菲、荧蒽、芘、苯并[a]蒽、䓛、苯并[b]荧蒽、苯并[k]荧蒽、苯并[a]芘、茚苯[1,2,3-c,d]芘、二苯并[a,h]蒽和苯并[g,h,i]芘，4 种重金属有 Cd、Zn、Ni、Co。相关测试方法参照表 5-2 的标准。

表 5-2　典型陆域石油开采区优先污染物检测分析方法

监测项目	监测仪器	监测方法	方法来源
镉	原子吸收光谱仪	石墨炉原子吸收分光光度法	GB/T 17141—1997
	原子吸收光谱仪	KI-MIBK 萃取原子吸收分光光度法	GB/T 17140—1997
锌	原子吸收光谱仪	火焰原子吸收分光光度法	GB/T 17138—1997
镍	原子吸收光谱仪	火焰原子吸收分光光度法	GB/T 17139—1997
钴	分光光度计	5-氯-2-（吡啶偶氮）-1,3-二氨基苯分光光度法	HJ/T 166—2004 HJ/T 550—2009
多环芳烃	气相色谱/质谱联用仪	气相色谱/质谱联用法	HJ/T 350—2007

5.3.2   土壤污染诊断指标及计算方法

单因子污染指数法

当优先污染物土壤背景值无法获取时，采用单因子污染指数法对土壤质量进行评价，计算公式为：

$$P_i = C_i / S_i \tag{5-1}$$

式中，P_i——土壤中污染物 i 的污染指数；

C_i——土壤中污染物 i 的实测浓度，mg/kg；

S_i——污染物 i 的评价标准值，mg/kg。

评价中所采用的标准值见表 5-3。

表 5-3   优先污染物标准值

中文名称	名称	标准值/（mg/kg）	中文名称	名称	标准值/（mg/kg）
茚苯[1,2,3-c,d]芘	IPY	0.76	苯并[a]蒽	BaA	3.9
二苯并[a,h]蒽	DBA	0.39	䓛	CHR	3.9
苯并[g,h,i]芘	BPE	360	苯并[b]荧蒽	BbF	3.9
荧蒽	FLT	110	苯并[k]荧蒽	BKF	4
菲	PHE	50	苯并[a]芘	BaP	0.39
芘	PYR	100	镍	Ni	2 400
镉	Cd	22	钴	Co	1 200
锌	Zn	1 500			

诊断标准：当单因子指数大于 1 时，即诊断为有污染。

5.4   典型陆域石油开采区污染分级管理规范（草案）

5.4.1   土壤污染现状调查

（1）资料收集

1）收集调查区域石油开采历史与现状资料，包括油井及废弃钻井液贮池分布、开采年限、驱油方式、生产事故及处理情况等资料。

2）收集所产原油和钻井、采油、井下作业等主要作业过程所使用的油田化学剂化学组分与性质等资料。

3）收集调查区域土地利用历史与现状资料，包括土地历史和现状利用类型、土壤扰动情况及土类、成土母质等土壤信息资料；工农业生产及排污、污灌、化肥农药施用情况资料。

4）收集场地（所在地）气候、水文、地质特征信息和数据，如地表年平均风速等。

（2）调查范围

1）石油开采区土壤环境污染状况监测选择开采年限在 1 年以上的油井和完成地表恢

复 1 年以上的废弃钻井液贮池的周边土壤。

2）对单井或丛式井、废弃钻井液贮池周边土壤污染状况进行调查时，应以井口（废弃钻井液贮池）为圆心，在半径 100 m 以内布设采样点；根据具体地表扰动情况，调查半径至少为 30 m。

3）开展对 1 km² 以上开采区域土壤污染状况进行调查时，每平方公里内调查油井不少于 10 口，所选油井应在调查区域内均匀分布。

（3）采样布点原则

1）选定调查区域内一般布点方法按照《土壤环境监测技术规范》（HJ/T 166—2004）执行。

2）采样点尽可能选择地表扰动较小、地形相对平坦、稳定、植被良好的地点，采样点离铁路、公路至少 300 m 以上，不在水土流失严重或表土被破坏处设采样点；选定区域内如有农田，尽量不作为采样点。

3）以井口（废弃钻井液贮池）为中心的划定范围内，按照《土壤环境监测技术规范》（HJ/T 166—2004）规定的布点方法，设置不少于 10 个采样点，每个采样点设置 5 个采样深度（0～5 cm、10～15 cm、20～25 cm、30～35 cm、45～50 cm）。

4）以井口（废弃钻井液贮池）为中心的划定范围外，设置 2 个对照点。

（4）样品采集方法与保存

1）采样方法为分层按梅花法，自上而下用土钻逐层采集中部位置土壤，分层土壤混合均匀各取 500 g 样品，分层装袋记卡。

2）样品保存、流转过程中注意事项按照《土壤环境监测技术规范》（HJ/T 166—2004）执行。

5.4.2 石油开采的特征污染物检测

（1）检测项目与控制标准

根据对石油开采作业过程中特征污染物的生物累积性、环境持久性、生物毒性、检出频率的分析，本规范确定的石油开采作业过程中的主要污染物包括 11 种多环芳烃和 4 种重金属（表 5-4）。

表 5-4 石油开采作业过程中的主要污染物及控制值

中文名称	名称	标准值/（mg/kg）	中文名称	名称	标准值/（mg/kg）
茚苯[1,2,3-*c,d*]芘	IPY	0.76	苯并[*a*]蒽	BaA	3.9
二苯并[*a,h*]蒽	DBA	0.39	䓛	CHR	3.9
苯并[*g,h,i*]芘	BPE	360	苯并[*b*]荧蒽	BbF	3.9
荧蒽	FLT	110	苯并[*k*]荧蒽	BKF	4
菲	PHE	50	苯并[*a*]芘	BaP	0.39
芘	PYR	100	镍	Ni	2 400
镉	Cd	22	钴	Co	1 200
锌	Zn	1 500			

（2）分析测定

样品处理、分析记录、监测报告、采样制样质量控制和实验室质量控制等过程按照《土壤环境监测技术规范》（HJ/T 166—2004）执行。

（3）分析方法

石油开采主要污染物检测分析方法见表 5-5。

表 5-5　石油开采主要污染物检测分析方法

监测项目	监测仪器	监测方法	方法来源
铬	原子吸收光谱仪	火焰原子吸收分光光度法	HJ 491—2009
锌	原子吸收光谱仪	火焰原子吸收分光光度法	GB/T 17138—1997
镍	原子吸收光谱仪	火焰原子吸收分光光度法	GB/T 17139—1997
钴	分光光度计	5-氯-2-（吡啶偶氮)-1,3-二氨基苯分光光度法	HJ/T 166—2004 HJ/T 550—2009
多环芳烃	气相色谱/质谱联用仪	气相色谱/质谱联用法	HJ/T 350—2007

5.4.3　土壤污染分级方法

（1）污染指数评价

采用内梅罗指数法对采样点污染情况进行评价，计算公式为：

$$PN = \left\{ \left[(P_{i均}{}^2) + (P_{i最大}{}^2) \right] / 2 \right\}^{1/2} \tag{5-2}$$

$$P_i = C_{i均} / S_i \tag{5-3}$$

式中，P_i——土壤中污染物 i 的污染指数；

　　　$C_{i均}$——评价区域内各采样点土壤中污染物 i 的实测浓度平均值，mg/kg；

　　　S_i——污染物 i 的评价标准值，mg/kg。

（2）土壤污染分级

根据土壤污染内梅罗指数，将石油开采典型区土壤污染情况区分为 3 级，见表 5-6。

表 5-6　内梅罗指数与土壤级别对应关系

等级划分	重污染区	中轻污染区	清洁区
内梅罗指数（PN）	PN>3.0	1.0<PN≤3.0	0<PN≤1.0

5.4.4　土壤污染分级管理原则

（1）重污染区

1）确定为重污染的区域后，宜再进行一次补充监测，加密采样布点；根据水文地质情况，酌情补充地下水监测，进一步明确污染边界。

2）对于点状重污染区，应在所属企业环保管理部门建立档案记录，通过设立警示标志或其他告知方式，使相关单位和居民知晓污染风险。

3）对于面积较大的重污染区，应开展污染场地风险评估工作，分析暴露情景和健康效应，编制风险评估报告，判断风险是否可接受。

4）对于面积较大的重污染区，建议开展土壤修复可行性研究，实施土壤修复工程；如污染区域较小，建议实施土壤置换。

5）在实施土壤修复或置换前，应建立重污染区的巡视制度，加强管理。区域内严禁种植农作物、放牧、大量采土等行为。若用于建设居住房屋场馆、绿化、商业、公共市政建设等，需事先进行场地污染风险评估。

6）应制定针对重污染区的土壤监测计划。原则上至少每 3 年进行一次监测，跟踪土壤污染变化情况。在油井退役或报废后、开采区土地移交前应进行一次污染监测。

（2）中轻污染区

1）确定为中轻污染的区域，应在所属企业环保管理部门建立档案记录；制作污染区域图，非定期进行巡视。

2）中轻污染区内，应禁止可能对人体健康造成威胁的土地利用方式，如农作物种植、放牧和大量采土等行为。如用于场馆、绿化、商业、公共市政建设，应告知存在的污染风险。

3）中轻污染区内，鼓励石油开采企业因地制宜实施土壤植物修复。

4）油气井退役或报废后，在开采区土地移交前，宜进行一次污染监测，评估土地利用价值。

（3）清洁区

1）对于清洁区，宜通过风险识别，确定可能会受到污染的区域，如具备条件，可开展不定期的原位快速监测，掌握土壤污染变化情况。

2）清洁区内，应尽可能避免新建石油开采、储运设施。确实需要的，要加强施工作业过程中的环境保护措施，严格执行相关规定，避免落地油、废弃钻井液等污染土壤。

3）建立对清洁区内现有开采、储运设施的例行巡检制度，防止发生跑、冒、滴、漏等污染事故。发生污染事故后，应在第一时间清理全部被污染土壤。

第6章　典型石油开采区生态风险受体选择和概念模型构建技术的研究

6.1　受体的特征与类型

6.1.1　生态受体的特征

选择的受体具备以下特征：

①对污染物反应敏感；

②有着"预警"的功能；

③具有代表性的常见种或群落中的优势种；

④对污染物的反应在个体间的差异小、重现性高。

6.1.2　生态受体类型

①生物个体作为生态受体，实验可控性、重复性高，实验结果变异性小，可以应用生态毒理学实验方法。

②以生物种群作为生态受体，实验可控性、重复性，选择在细菌、微藻等微型生物为优势种、指示种的生态系统。

③以生物种群、生态系统水平上的生态受体，采用定性的判断污染物对生态系统是否造成损害。

受体分析就是为了确定生态风险评价的代表受体以及评价终点。

6.2　土壤介质中受体的选择

针对不同的风险因子，选取那些对风险因子的作用较为敏感的生态系统或在生态过程中具有重要作用的生态系统，作为生态风险因子作用的受体，用受体的风险来推断、分析或代替整个区域的生态风险。

选取风险受体，既可以在最大程度上反映整个区域的生态风险状况，又可达到简化分析和计算、便于理解和把握的目的。

6.2.1　指示性植物的筛选

（1）指示性受体植物的筛选原则

植物受体筛选的原则如下：

　　1）尽量选择乡土种：结合当地的气候特征和植被分布来选择最适宜的植物。本地物种对当地的气候条件适应程度较高，具有一定的生存优势，是首选物种。

　　2）具有一定抗逆性：要求指标性植物即使在恶劣的环境下也能基本正常生长。

　　3）对污染具有敏感性：结合国内外已有的相关研究成果，将植物的株高、叶片数、叶绿素含量、根系活力和植物体内游离脯氨酸含量纳入植物生理生态学调查的指标体系。指标性植物在受到石油污染时，相关指标应当出现显著性变化。

　　调查油田开采区的陆生植被中优势种群以及受落地油的影响最明显的物种。

　　敏感种的特点表现如下：

　　①表现为在石油污染不严重时能使其地上部分死亡，而且落地油还能包裹植物种子使其失去萌发力；②受落地油污染的草原植被，长势弱，高度低，群落层次简单、不明显；③当落地油对草原植被污染很重时，可使全部植物种类死亡。

　　选择生理生化指标包括：

　　①体内的叶绿素含量与土壤含油量之间的相关性；②游离脯氨酸含量与土壤含油量之间的相关性；③植被的活力，植被的光合能力和生产力状况与石油污染影响的相关性；④叶片的水分利用效率，叶片宽度和长度与土壤总石油烃含量的相关性；⑤丙二醛含量。

　　（2）典型石油开采区受体植物调查

　　调查了胜利油田开采区的河流底栖生物、浮游植物和浮游动物；调查了埕东采油厂油田土壤线虫区系和植物分布，整理了胜利油田开采区植物名录。

　　1）大庆油田植物群落特点

　　大庆地区植物组成较为丰富，占松嫩草原植物种类的 57%。其中草本植物占绝对优势，木本植物数量很少，仅占本地植物的 6%。在 429 种植物中，菊科植物种类最多（78 种），其次是禾本科（45 种）、豆科（31 种），天然牧草有羊草、野古草、水稗草、星星草等 12 种，其中以羊草为主。

　　影响本区植物生长与分布的生态因子很多，其中最主要的是水分条件和土壤盐分状况。从统计数字看，大庆地区植被的生活型以地面芽占优势，达 53%，其次是地下芽和种子越冬植物，高位芽和地上芽植物较少，合计仅占 7.2%，这体现了本区地带性植被是草原植被的基本特征。直根型植物、根茎植物、丛生型植物在本区占优势，鳞茎植物也占有较大比重。比较喜湿的羊草、野古草和拂子茅群落以根茎植物占优势。而干旱环境中的贝加尔针茅和线叶菊群落，则以适应旱生构造的丛生型、直根型植物占优势，根茎植物占相当大的比重，刷状根植物很少，匍匐生根植物很少见到。

　　大庆地区的泡沼之中，存在很多水生植被，主要有以下几种类型：

　　沉水型草塘：该类水生植被主要分布于研究区内的静水水体或缓流的水体之中，组成植物以北温带和世界广布种为主。研究区内的沉水型草塘主要为穗状狐尾藻-龙须眼子菜草塘（群系）。该类草塘多分布于中营养型水体，在中性和碱性水体中均可生长，是主要的水生植被类型。穗状狐尾藻和龙须眼子菜为生长良好的建群种。该类草塘植物种类组成丰富，常见的植物约 20 种。

　　浮叶型草塘：该类草塘在研究区内多分布于开阔、静水水体中，水深多在 1 m 以上，在研究区内常见的只有 1 个群系，即耳菱-荇菜草塘。此类草塘的植物种类组成可达 20 种左右，其优势层片为浮叶型植物，建群种为荇菜，亚建群种为耳菱，其他常见的植物还有两栖蓼、睡莲和小慈姑等。

漂浮型草塘：该类草塘主要分布在研究区内的静水湖沼中，尤其是在中营养至富营养的水体中能大量分布，生物生产力较高，该类型在研究区中常见的只有 1 个群系，即槐叶萍-浮萍草塘。该类草塘多分布在 1～3 m 的水体中，漂浮植物为优势种，使浮叶植物在竞争中处于劣势，种类少。同时，漂浮植物覆盖水面，沉水植物接受光照减少而生长差，种类也少。该类草塘植物种类组成简单，常见的植物种不足 20 种。

挺水型草塘：该类型草塘在中深和富营养化的水体中生长良好。在本区内常见的有狭叶香蒲-芦苇草塘和菰-香蒲草塘 2 个群系。狭叶香蒲-芦苇草塘（群系）分布于研究区内的河流阶地上，水深 70～120 cm，水体呈中性和弱碱性。本草塘植物种类组成丰富，共有植物 26～27 种，芦苇为该类型植被的建群种，其次为狭叶香蒲。菰-香蒲草塘（群系）分布于研究区内的开阔静水水体中，水质为中营养型，pH 为 6～8.5，水深 100～200 cm。该类草塘植物种类组成为 20 余种，建群种为菰和香蒲。

2）胜利油田植物群落特点

东营地区属暖温带落叶阔叶林区。区内无地带性植被类型，植被的分布主要受水分、土壤含盐量、潜水水位与矿化度和地貌类型的制约及人类活动影响。木本植物很少，以草甸景观为主体。

植物区系的特点是植被类型少、结构简单、组成单纯。在天然植被中，以滨海盐生植被为主，占天然植被的 56.5%，沼生和水生植被占天然植被的 21%，灌木柽柳等占天然植被的 21%，阔叶林仅占天然植被的 1.5%左右。植物群落分布为：①黄须菜群丛，占土壤面积的 10.6%；②柽柳-黄须菜群丛，占土壤面积的 2.2%；③马绊草群丛，占土壤面积的 4.99%；④芦苇群丛，占土壤面积的 5.38%；⑤一年生禾本科群丛，占土壤面积的 3.59%；⑥白茅-芦苇群丛，占土壤面积的 1.75%。

共有种子植物 189 种，隶属 120 属 40 科，另外，蕨类植物 3 科 3 属 4 种。该区植被具以下 4 个特点：①种类组成单调，并以禾本科和菊科成分为主，分别包含 40 种与 23 种，两科包含了全区种子植物总数的 33.3%，而建群种更少，主要有柽柳科的柽柳（*Tamarix chinensis*），杨柳科的柳树（*Salix matsudana*）、杞柳（*Salix integra*），禾本科的芦苇（*Phragmites australis*）、獐毛（*Aeluropus* spp.），白花丹科的中华补血草（*Limonium sinensis*）和藜科的碱蓬（*Suaeda glauca*）等 10 余种。②世界广布种和温带成分占优势，植被组成以草本植物为主，木本植物所占比例很小。植被的物种组成比较单调，而且结构单一，功能低下，抵御自然灾害的能力不高，容易受各种人为干扰和自然力的破坏。③湿生植物和盐生植物是构成黄河三角洲植被的主要建群种和优势种。全区 193 种植物中，计有湿生、水生植物 92 种，占总种数的 47.7%；盐生植物 73 种，占总种数的 37.8%。④植被形成时间较短，群落稳定性差。植物群落发生快速演替，其种类组成及结构发生明显变化，表现出极不稳定的特性。

根据各群丛样方的建群种、优势种对地貌，地表和土壤水、盐条件的生态适应特征，将东营地区自然湿地植被分为盐生植被和湿生植被。

A. 盐生植被

主要分布于年高潮线内侧，常和湿生植被呈复区分布。盐生植被物种组成为 70 余种，但建群植物仅 10 余种。由盐生植物为建群种构成的群落主要有柽柳群落、碱蓬群落、獐毛群落、中华补血草群落等类型。

a. 柽柳群落主要分布于潮上带以上，与碱蓬群落、芦苇群落呈复区分布或交错分布，土壤多为滨海盐土。群落种类组成也有很大差异，少则 2～3 种，多者达 10 余种，一般不超过 10 种，主要有柽柳、碱蓬、芦苇、羊角草、鹅绒藤、狗尾草、蒿、獐毛、中华补血草等。群落高度一般在 110 cm 以上。

b. 碱蓬群落是淤泥质潮滩和重盐碱地段的先锋植物，向陆可与柽柳群落呈复区分布，生境一般比较低洼。土壤多为滨海盐土或盐土母质，土壤盐分较重。群落总盖度因土壤含盐量和地下水埋深的变化而有很大差异，在滩涂和轻度盐渍土环境常零星分布，群落盖度不足 5%；而在盐分含量较高的环境中则常常形成碱蓬纯群落，盖度可达 100%。群落种类组成比较单调，一般仅有 2～3 种，主要是柽柳和芦苇，群落高度 15～50 cm。

c. 獐毛群落分布较零散，生境土壤比较疏松，土壤含盐量较低，是盐渍土脱盐得到初步改良的指示植物群落。獐毛纯群落面积一般都较小，常见的是獐毛与柽柳形成的獐毛-柽柳双种优势植物群落，群落盖度较高，多在 80% 以上，伴生种主要有中华补血草、柽柳、茵陈蒿等。

d. 中华补血草群落常零散分布于柽柳灌丛分布区内，土壤比较湿润，群落盖度常在 80% 以上，高约 50 cm，群落种类组成主要有中华补血草、芦苇、柽柳、碱蓬、茵陈蒿、羊角草等。

B. 湿生植被

湿生植被是东营天然植被的主要类型，集中分布于黄河入海口附近以及区内各积水洼地，主要由一些耐水湿、耐盐碱植物等建群种构成，包括沼生芦苇群落、杞柳群落、扁秆草群落和大米草群落几个主要类型。

a. 沼生芦苇群落的生态适应幅度极广，在黄河三角洲有沼生芦苇群落和盐生芦苇群落。沼生芦苇群落广泛分布于河口湿洼地和滨海沼泽地，群落生境都有季节性积水现象。芦苇高 120～150 cm，盖度 85%～98%，为芦苇纯群落，伴生种类很少，主要有碱蓬、补血草和柽柳。在短期积水的重度盐渍土环境或干涸的盐渍化低洼地，芦苇常与柽柳、补血草、碱蓬等形成低矮的盐生芦苇群落，芦苇高 50～100 cm，盖度 60%～90%，伴生獐毛、补血草等。

b. 杞柳群落主要分布于内陆湖滨、黄河两岸及沾化、广饶、寿光等滨海轻度盐碱地。

c. 扁秆草群落带状分布于河口两侧及有淡水注入的沿海沼泽，沾化、寿光、无棣的稻田中有分布，盖度 40%～70%。

d. 大米草群落分布于小潮高潮线以上，于河北交界处的大口河河口附近、淄脉沟口东侧。群落高 30～50 cm，最初为人工引种。

3）指标性陆生植物的筛选

对大庆当地植物群落统计分析结果显示，在 4 种主要的草本植物群落中，羊草群落为大庆油田区最具优势的草本植物群落。羊草作为优良牧草，在大庆油田区分布最广，面积最大，为优势群落中的优势种。羊草为多年生根茎植物，其根系多集中在 5～30 cm 土层中，这是原油渗透最为集中的层次。

研究对胜利油田区进行了植物调查。植物调查方法为，在每个采样点设置 1 m×1 m 的样方，采集植物和叶片样品。检测指标有植物种类、数量、高度。20 个采样点中共出现

19 种植物，每一种植物的名称及出现的频率见图 6-1 所示。

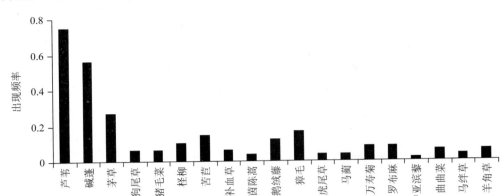

图 6-1　植物种类及植物出现频率

调查研究表明，草本植物在大庆油田和胜利油田地区的陆生植被中占绝对优势。其中，一、二年生植物，如虎尾草、碱蓬、碱地肤、狗尾草和碱蒿等受落地油的影响最明显。在石油污染不太严重时就能使其地上部分死亡，而且落地油还能包裹植物种子使其失去萌发力；受落地油污染的草原植被，长势弱，高度低，群落层次简单、不明显；当落地油对草原植被污染很重时，可使全部植物种类死亡。随落地油的挥发、分解及风化，一、二年生植物会首先侵入，成为先锋植物。可见，一、二年生植物对于石油污染表现出很好的敏感性。

碱蓬和芦苇在研究区分布较广泛，数量较多。

芦苇是多年水生或湿生的草本植物，地下有匍匐的根茎，可以在适合的地区迅速地铺展繁殖，一年可以平铺延伸 5 m 以上。地上茎高达 2～6 m，茎为中空，丛生，叶长达 20～50 cm，多生于低湿地或浅水中，是胜利油田内的优势物种，对石油污染具有一定的抗逆性。

碱蓬为一年生藜科碱蓬属草本植物，性喜盐湿，要求土壤有较好的水分条件，但由于茎叶肉质，叶内贮有大量的水分，故能忍受暂时的干旱。碱蓬种子的休眠期很短，遇上适宜的条件便能迅速发芽出苗生长。在碱湖周围和在盐碱斑上多星散或群集生长，可形成纯群落，也是其他盐生植物群落的伴生种。另外，碱蓬具有耐寒、耐涝、耐盐碱、适应性强等特性，在大庆油田和胜利油田地区分布广泛。因此，选择碱蓬作为生态暴露评价的指标性植物。

另外，前期研究表明，同样在大庆地区分布广泛的羊草，其体内的叶绿素、游离脯氨酸含量与土壤含油量之间有较好的相关性，如表 6-1 所示。

表 6-1　羊草生理生态学指标与土壤含油量的相关性分析

项目	株高	单株叶片数	叶绿素含量	脯氨酸含量	根系活力
含油量	−0.497	−0.154	−0.706	0.780	−0.397

　　土壤石油污染对羊草叶绿素、脯氨酸含量的影响如图 6-2、图 6-3 所示。由图 6-2 可见，总体上羊草叶绿素含量随土壤含油量的增加呈一定的下降趋势。将各采样点叶绿素含量测定值分别与对照点（DQ5）测定值进行差异显著性检验，结果显示除 DQ10 和 DQ11 两点外，其余各点的叶绿素含量均显著低于对照点（显著性水平为 0.05），说明石油污染会使羊草体内的叶绿素含量下降。

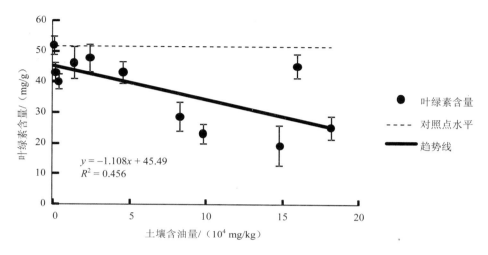

图 6-2　羊草叶绿素含量与土壤含油量关系

　　叶绿素作为植物进行光合作用的主要色素，含量的高低能够反映光合作用水平的强弱。植物在逆境如重金属污染、低温、盐害等条件下，体内会产生过量的对细胞膜结构和功能起破坏作用的活性氧自由基，使细胞内含物外渗，代谢紊乱，导致一系列有害的生理变化。目前尚无石油烃污染对植物体内叶绿素含量的影响机理的相关研究。

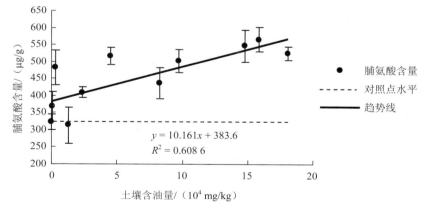

图 6-3　羊草脯氨酸含量与土壤含油量关系

　　由图 6-3 可见，随着土壤含油量的增加，羊草体内游离脯氨酸含量呈现一定的上升趋势。将各采样点脯氨酸含量测定值分别与对照点（DQ5）测定值进行差异显著性检验，结果显示除 DQ3 和 DQ10 两点外，其余各点的脯氨酸含量均显著高于对照点（显著性水平为 0.05），这说明石油污染会使羊草体内的游离脯氨酸含量增加。

综上所述，受到石油污染的采样点处，羊草叶绿素含量显著低于对照点，脯氨酸含量显著高于对照点，且随着石油污染的加重，叶绿素含量呈一定的降低趋势，脯氨酸含量呈一定的上升趋势。

结合上述分析，选择羊草作为大庆油田生态风险暴露评价的指标性植物。

6.2.2　指示性土壤中动物的筛选

（1）胜利油田土壤线虫调查

研究共采集土壤样品 90 个，鉴定出土壤线虫 22 科 43 属。食细菌线虫涉及 26 属；食真菌线虫 2 属；植物寄生线虫 9 属；杂食/捕食线虫 6 属。其中优势类群为盆咽属（*Panagrolaimus*）、头叶属（*Cephalobus*）、真头叶属（*Eucephalobus*），分别占总数的 12%、11.5% 和 11.6%。常见类群包括 29 个属，占总数的 60.1%。数量少于 1% 的稀有类群有 21 个属，个体数占总数的 4.36%，其中数量少于总数的 0.2% 的属有杆咽属（*Rhabdolaimus*）、绕线属（*Plectus*）、畸头属（*Teratocephalus*）、鹿角唇属（*Cervidellus*）、钮钩属（*Plectonchus*）、原杆属（*Protorhabditis*）、单齿属（*Mononchus*）、板唇属（*Chiloplacus*）和托布利属（*Tobrilus*）。

（2）大庆油田土壤线虫调查

在大庆油田选择 6 口样井（N46°39′30″—N46°41′0″；E124°53′30″—E124°58′30″）研究，该区域海拔为 140 m，油井远离村镇，生态环境较为一致，主要植被为芦苇。油井开采时间相对一致，其中 3 口为水驱油井，Ⅰ（北-1-J3-421），Ⅱ（北 1-330-25），Ⅲ（北 1-3-E39）；另外 3 口为聚合物驱油井，Ⅳ（北 1-41-P242），Ⅴ（北 1-321-P15），Ⅵ（北 1-2-P26），土质为黏土和沙土，井场周边以芦苇和低矮草为主，植被盖度为 75%～90%。在附近没有油井的地方，选择与油井周围环境一致的 3 个点作为对照。

共鉴定出土壤线虫 18 科 15 属。食细菌线虫涉及 15 属；食真菌线虫 4 属；植物寄生线虫 9 属；杂食/捕食线虫 2 属。其中优势类群为丝尾垫刃属（*Filenchus*）和头叶属（*Cephalobus*），分别占总数的 10.7% 和 31.8%。常见类群包括 13 个属，占总数的 51.7%。数量少于 1% 的稀有类群有 15 个属，个体数占总数的 6.34%，其中数量少于总数的 0.2% 的属有异皮属（*Heterodera*）、三唇属（*Trilabiatus*）、畸头属（*Teratocephalus*）、棱咽属（*Prismatolaimus*）、无咽属（*Alaimus*）。各属线虫丰富度、功能类群及 c-p 值详见表 6-2。

表 6-2　大庆和胜利油田土壤线虫科属组成、营养类型及 c-p 值

线虫科	线虫属	营养类型*	c-p 值**
盆咽线虫科 Panagrolaimidae	盆咽属 *Panagrolaimus*	B	1
	三唇属 *Trilabiatus*	B	1
	浅腔属 *Panagrellus*	B	1
	微线属 *Micronema*	B	1
	钮钩属 *Plectonchus*	B	1
小杆线虫科 Rhabditidae	小杆属 *Rhabditis*	B	1
	同杆属 *Rhabditella*	B	1
	原杆属 *Protorhabditis*	B	1
	广杆属 *Caenorhabditis*	B	1
	钩唇属 *Diploscapter*	B	1
	三等齿属 *Pelodera*	B	1

线虫科	线虫属	营养类型*	c-p 值**
头叶线虫科 Cephalobidae	头叶属 Cephalobus	B	2
	真头叶属 Eucephalobus	B	2
	拟丽突属 Acrobeloides	B	2
	丽突属 Acrobeles	B	2
	假丽突属 Nothacrobeles	B	2
	鹿角唇属 Cervidellus	B	2
	板唇属 Chiloplacus	B	2
单宫线虫科 Monhysteridae	单宫属 Monhystera	B	1
	真单宫属 Eumonhystera	B	1
	棱咽属 Prismatolaimus	B	3
短腔线虫科 Brevibuccidae	短腔属 Brevibucca	B	2
畸头线虫科 Teratocephalidae	畸头属 Teratocephalus	B	3
无咽线虫科 Alaimidae	无咽属 Alaimus	B	4
绕线虫科 Plectidae	绕线属 Plectus	B	2
双胃线虫科 Diplogsteridae	双胃属 Diplogaster	B	1
细咽线虫科 Leptolaimidae	杆咽属 Rhabdolaimus	B	1
无咽线虫科 Alaimidae	无咽属 Alaimus	B	4
伪垫刃科 Nothotylenchinae	伪垫刃属 Nothotylenchus	Fu	2
垫咽 Tylencholaimidae	垫咽属 Tylencholaimus	Fu	4
拟滑刃线虫科 Aphelenchoididae	拟滑刃属 Aphelenchoides	Fu	2
滑刃线虫科 Aphelenchidae	滑刃属 Aphelenchus	Fu	2
垫刃线虫科 Tylenchidae	垫刃属 Tylenchus	P	2
	丝尾垫刃属 Filenchus	P	2
异皮科 Heteroderidae	异皮属 Heterodera	P	3
刺线虫科 Belonolaimidae	头垫刃属 Tetylenchus	P	3
	针属 Paratylenchus	P	2
矮化线虫科 Tylenchorhynchidae	矮化属 Tylenchorhynchus	P	3
短体线虫科 Pratylenchidae	短体属 Pratylenchus	P	3
纽带线虫科 Hoplolaimidae	盘旋属 Rotylenchus	P	3
	螺旋属 Helicotylenchus	P	3
长尾滑刃线虫科 Seinuridae	长尾滑刃属 Seinura	O	3
三孔线虫科 Tripylidae	托布利属 Tobrilus	O	3
矛线线虫科 Dorylaimoidae	矛线属 Dorylaimus	O	4
	中矛线属 Mesodorylaimus	O	4
	真矛线属 Eudorylaimus	O	4
单齿线虫科 Mononchidae	单齿属 Mononchus	O	4
丝尾线虫科 Oxydiridae	丝尾属 Oxydirus	O	4
圣城线虫科 Discolaimus	盘咽属 Qudsianematidae	O	4

* B：食细菌类（Bacterivores）、Fu 食真菌类（Fungivores）、O 杂食/捕食类（Omnivores-predators）

** c-p：colonizer persister。

（3）土壤动物受体筛查

调查油田开采区土壤动物的优势种，发现土壤线虫对石油开采比较敏感。

植食性线虫在 5 m 和 10 m 处都较少，而杂食/捕食类线虫所占比例较多，主要是因为 20 m 内大部分是裸地，植物分布很少。相关性分析表明头叶属（*Cephalobus*）（$r^2=0.879$，$p=0.05$）与原杆属（*Protorhabditis*）（$r^2=0.950$，$p=0.013$）数量与土壤石油烃含量呈显著正相关，而矛线属（*Dorylaimus*）与土壤石油烃含量呈显著负相关（$r^2=-0.881$，$p=0.048$），表明矛线属对石油烃比较敏感。

距井基不同距离土壤线虫数量增加，而总石油烃含量逐渐减少，相关性分析表明土壤线虫数量与土壤总石油烃含量呈明显负相关（$r^2=-0.940$，$p=0.017$），石油烃含量影响土壤线虫数量。

选择的指标包括：C_p 比例，不同食性线虫比例（植食性线虫、食细菌类线虫、食真菌类线虫和杂食捕食类线虫），土壤线虫数量、丰富度，Shannon-Wiener 多样性指数和均匀度指数等群落生态学指数。线虫群落指数包括自由生活线虫成熟度指数（MI），植物寄生线虫成熟度指数（PPI），总成熟度指数（$\sum$MI，MI25，$\sum$MI25，PPI/MI），瓦斯乐斯卡指数（Wasilewska index），线虫通路比值（Nematode Channel Ratio，NCR），富集指数（Enrichment index，EI），结构指数（Structure index，SI）等。

综上所述，选择土壤线虫作为土壤生态风险受体，其中矛线属（*Dorylaimus*）对污染更为敏感。评价指标包括：C_p 比例、土壤线虫丰富度、Shannon-Wiener 多样性指数和均匀度指数、成熟度指数 MI、植物寄生线虫成熟度指数（PPI）、瓦斯乐斯卡指数、线虫通路比值、富集指数、结构指数等。

6.2.3 土壤微生物受体指标的选择

（1）微生物作为受体的特点

①种类繁多、数量巨大、结构简单，随环境变化微生物数量、活性及生物群落变化；

②以石油烃作为唯一碳源的微生物群落；

③微生物群落结构和代谢功能在石油污染的胁迫下会发生改变，特定的酶受到诱导或抑制，基因的改变导致新的代谢能力；

④土壤微生物群落结构，包括微生物群落多样性等。

（2）微生物受体作评价指标体系

①微生物作为受体的评价方法，利用 PCR-DGGE 技术方法，对石油开采区的土壤微生物种群多样性进行研究。不同样品污染程度、含水率、营养水平和 pH 等的差异也存在保守种群和特殊种群的差异和分布。

②以香农-威纳指数对各油田土样 DGGE 图谱表现的微生物种群多样性进行分析。

③利用 PCR-DGGE 技术和功能基因芯片技术，对不同地理气候区油田土壤微生物群落分布进行研究，包括污染土壤微生物种群数、功能基因数量及多样性研究。

④利用功能基因芯片技术对油田区土壤微生物功能基因与石油污染水平响应关系的研究。

⑤对微生物参与碳、氮循环和有机物降解相关功能基因和石油污染水平进行分析，很多编码碳降解、碳固定的 *cellulase*、*laccase*、*rbcL* 基因和编码氮循环的 *urease*、*nasA*、*norB*、 *nosZ*、*narG*、*nirS* 基因都在污染水平下显著降低。

6.3　油田开采水体中生物受体的筛选

6.3.1　胜利油田底栖生物群落调查

本研究已经采集了胜利油田开采区 38 个点的河流底栖生物、浮游动物和浮游植物，包括广蒲河、溢洪河、黄河、黄河故道、神仙沟、草桥沟、挑河、沾利河等主要河道，并测定了采集点的总氮、氨氮、硝氮、TP、高锰盐酸指数、BOD_5、挥发酚、石油类、pH、溶解氧、电导率和盐度等指标，将确定和建立山东东营地区对石油污染敏感的生态系统及其识别指标，建立基于水生生物的山东东营地区对石油污染敏感的水生态系统健康评价指标体系。

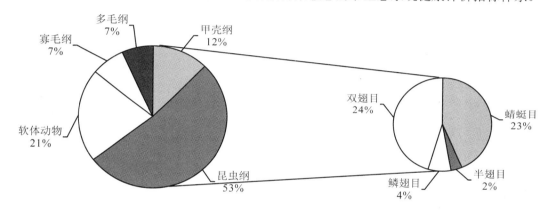

图 6-4　大型底栖无脊椎动物分类单元所占比例

底栖动物群落组成与结构

调查共获得 84 个大型底栖无脊椎动物分类单元，隶属于 3 门 6 纲 12 目 41 科 70 属。其中软体动物 7 科 8 属 18 种，主要由腹足纲软体动物构成；环节动物寡毛纲 1 科 4 属 6 种，多毛纲 6 种；甲壳纲 9 科 10 属；双翅目 5 科 20 属；蜻蜓目 10 科 19 属。

昆虫纲分类单元数占总分类单元数的 52.5%，软体动物占总分类单元数的 21.4%，多毛纲和寡毛纲分别占总分类单元数的 7.1%，甲壳纲占总分类单元数的 12%（图 6-4）。摇蚊属和雕翅摇蚊属为优势种（优势度分别为 0.031 5 和 0.052 2）。

表 6-3　东营底栖动物名录

序号	拉丁名	中文名
1	*Bithynia fuchsiana*	赤豆螺
2	*Parafossarulus striatulus*	纹沼螺
3	*Radix acuminata*	尖萝卜螺
4	*Radix swinhoei*	椭圆萝卜螺
5	*Gyraulus albus*	白旋螺
6	*Gyraulus compressus*	扁旋螺
7	*Gyraulus convexiusculus*	凸旋螺
8	*Hippeutis cantori*	尖口圆扁螺

序号	拉丁名	中文名
9	*Hippeutis umbilicalis*	大脐圆扁螺
10	*Stenothyra glabra*	光滑狭口螺
11	*Bellamya aeruginosa*	铜锈环棱螺
12	*Bellamya purificata*	梨形环棱螺
13	*Bellamya quadrata*	方形环棱螺
14	*Corbicula fluminea*	河蚬
15	*Aulodrilus Bretscher*	管水蚓属
16	*Limnodrilus claparedeianus*	克拉伯水丝蚓
17	*Limnodrilus hoffmeisteri*	霍甫水丝蚓
18	*Limnodrilus udekemianus*	奥特开水丝蚓
19	颤蚓科 sp.	
20	*Nephthys* sp.	齿吻沙蚕
21	*Nereis japonica*	日本沙蚕
22	*Tylorrhynchus heterochaeta*	疣吻沙蚕
23	多毛纲 sp1	
24	多毛纲 sp2	
25	多毛纲 sp3	
26	*Corophium*	蜾蠃蜚属
27	*Gammaridae*	钩虾科
28	*Caridina*	米虾属
29	*Exopalaemon*	白虾属
30	*Palaemon*	长臂虾属
31	游泳亚目 sp.	
32	*Ilyoplax*	泥蟹属
33	爬行亚目 sp1	
34	爬行亚目 sp2	
35	*Chironomus*	摇蚊属
36	*Crytochironomus*	隐摇蚊属
37	*Dicrotendipes*	二叉摇蚊属
38	*Glyptotendipes*	雕翅摇蚊属
39	*Polypedilum*	多足摇蚊属
40	*Saetheria*	萨特摇蚊属
41	*Cricotopus*	环足摇蚊属
42	*Eukierfferiella*	真开式摇蚊属
43	*Tanypus*	长足摇蚊属
44	*Empididae*	舞虻科
45	*Tabanidae*	虻科
46	*Ilyocoris*	潜蝽属
47	*Parapoynx*	
48	*Gynacantha*	长尾蜓属
49	*Agrionemis*	
50	*Cercion*	
51	*Mortonagrion*	
52	*Chlorolestidae*	
53	*Copera*	
54	*Platycnemis*	
55	*Sympeca*	
56	均翅亚目 sp.	

6.3.2　底栖生物受体的筛选指标

推荐使用 BI 指数和 Shannon-Wiener 多样性指数评价水质。

（1）BI 指数

$$BI=\sum n_i \cdot t_i / N \tag{6-1}$$

式中，n_i 为第 i 个分类单元的个体数；t_i 为第 i 个分类单元的耐污值（Tolerance Value）；N 为样品中所有物种的总个体数。底栖动物耐污值和水质生物评价参照王备新的标准：BI 值，<5.5，清洁；5.5～6.6，轻污染；6.61～7.7，中污染；7.71～8.8，重污染；>8.8，严重污染。

（2）Shannon-Wiener 多样性指数

$$H' = -\sum (n_i/N) \log_2 (n_i/N) \tag{6-2}$$

式中，N 为样品中所有物种的总个体数；n_i 为第 i 个分类单元的个体数。参照黄玉瑶等提出的群落多样性水质评价标准：$H' = 0$（无大型底栖无脊椎动物，以区别于只有 1 种动物）为严重污染；$H' = 0\sim1$ 为重污染；$H' = 1\sim2$ 为中度污染；$H' = 2\sim3$ 为轻度污染；$H'>3$ 为清洁。

评价群落结构组成和环境变量的关系推荐使用典范对应分析（CCA）和物种组成与环境变量的最适环境变量组合分析（BEST）进行研究。

6.3.3　指标性底栖生物的筛选

对已有数据的分析表明，参照样点的底栖动物群落组成以淡水软体动物门的螺和昆虫纲的蜻蜓目为主。受石油污染样点的底栖动物则以寡毛纲和摇蚊为主。代表性的种类如下（将来可从中确定能指示水生态健康状况的指示物种）：①赤豆螺（*Bithynia fuchsiana*）；②纹沼螺（*Parafossarulus striatulus*）；③新叶春蜓（*Sinictinogomphus* sp.）；④黄翅蜻（*Brachythemis*）；⑤红小蜻（*Nannophya* sp.）；⑥赤蜻（*Sympetrum* sp.）。

6.3.4　指标性水生植物的筛选

脯氨酸广泛存在于各种植物中且在植物受环境胁迫时含量发生异常变化。脯氨酸可能是伸展蛋白的前体，而伸展蛋白的合成对初生壁结构完整性和细胞壁中其他多聚体的装配极其重要，具有防御和抗病抗逆功能。植物为适应外界变化可在一定环境胁迫范围内自我调节。因此，将脯氨酸含量作为水生植物对环境胁迫敏感性的评价指标。在前期调研的基础上，选取紫鸢尾、千屈菜、黄花鸢尾、香蒲、水葱、海寿 6 植物进行研究。

从图 6-5 中可以看出，紫鸢尾叶片和根系对脯氨酸的积累量最大，而其长势较差，受环境胁迫最大，因而选择紫鸢尾作为生态风险暴露评价的指标性植物，沉水植物作为备试指标植物。

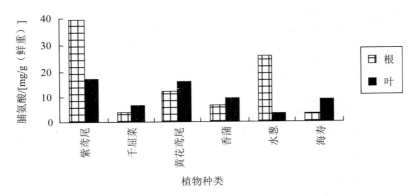

图 6-5   各植物根、叶脯氨酸含量

6.4   概念模型的建立

油田区石油污染场地是一个包括土壤、水体、大气和生物的多介质复合体系。根据石油污染物迁移转化途径的分析可知，石油在污染场地的土壤中滞留、积累，并通过径流、渗滤进入地表水体，以及通过挥发扩散进入大气，大气中污染物又通过沉降进入土壤和地表水介质中。由于石油污染物的迁移和富集，油田区的动植物受到一定程度的影响，土壤、水体和大气中的污染物通过呼吸作用和生物吸收作用进入动植物体内，破坏其正常的生理机能。石油污染物在生物体表面的附着和对环境介质的改变也影响着生物体的生命活动。

根据环境—生态之间的作用关系，构建的陆地生态系统中主要的暴露途径如图 6-6 所示。

植物主要通过 3 条途径来吸收污染物，包括从根部被动和主动的吸收，气态和颗粒态在地上部分的沉积以及土壤和植物组织的直接接触。

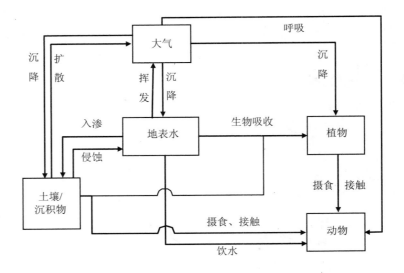

图 6-6   陆地生态系统主要的暴露途径

第7章 典型石油开采区污染暴露评价

在国内外文献调研和现场调查的基础上，研究典型石油开采区土壤的理化特性和污染程度，以及生态系统的组成、结构和功能，确定复合介质中污染物的赋存状态，揭示典型石油开采区石油污染物在生态环境中的迁移转化过程，从而确定风险受体潜在暴露途径。在受体筛选和识别的基础上，通过模型计算和被动采集技术，研究石油污染物的生物有效性，通过植物根箱试验，从微观角度探讨受体的暴露方式和暴露机制。通过生物筛选和基因工程技术，定量化地表征污染物在受体体内的暴露及其初步影响，初步建立石油污染场地生态风险的暴露评价体系。

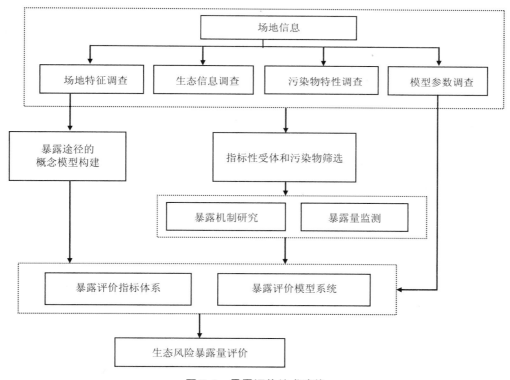

图 7-1 暴露评价技术路线

7.1　生态风险暴露评价研究的现状分析

7.1.1　暴露评价的含义

暴露评价是研究各风险源在评价区域中的分布、流动及其与风险受体之间的接触暴露关系。其主要研究方面有：

①暴露对象，如植物、动物等；

②暴露途径，如空气、地表水、进食等；

③暴露量；

④暴露频率以及暴露持续时间。

目前研究最多的是有毒有害物质（包括化学品和放射性核素）的暴露评价，主要研究有害物质在生态环境中的时空分布规律，重点研究有害物质的环境过程，即如何从源到受体的过程。污染物的迁移、转化和归趋受各种环境因素的影响，其暴露计算主要通过各种数学模拟方法，开发适用于各种不同条件的数学模型。

暴露评价模型的发展大致经历了 4 个阶段：

20 世纪 70 年代前出现了较简单的一维模型。较有代表性的是 BOD/DO 模型，此暴露模型适用面广，主要讨论有机物在水体中的降解过程，数据基础简单，但不能反映生态毒理问题。

20 世纪 70—80 年代二维以上模型得到迅速发展。这些模型可研究更多的污染物在水体任何一段的质量平衡，解法也不限于有限元方法，主要将水动力要素作为污染物行为研究的主要影响因子。

20 世纪 80 年代前期暴露模型从单项污染物逐步发展到含多项污染物的综合模型，包括的参数可由十几项到数十项，如 USEPA 的 WASP 模型。这些模型不仅包括了物理、化学过程，而且有相当多的生物参数进入模型，如藻类生长率、死亡率、叶绿素 a、大肠杆菌等。

20 世纪 80 年代中期至今生态模型发展了起来，使污染物在水体中的行为研究向更系统综合的方向发展。生态模型不再满足于表述污染物的时空分布，而是试图将这些物质引起的生态危害（或称生物学效应），综合到数学模型中去。如 Jrgersen 所建立的湖泊富营养化生态模型包括了 17 个状态方程，均可用于预测湖泊富营养化。

生态风险评价中的暴露评价，相对于人体健康风险的暴露评价而言特别困难。因为生态风险涉及的受体有不同层次和不同种类，它们所处的环境差异很大，如水生环境、陆生环境和其他特定环境等。由于暴露系统的复杂性，目前还没有一个暴露描述能适用所有的生态风险评价。根据广义生态风险评价的定义，风险源不仅是化学污染物，还包括其他各种生物和物理因素。如何对这些非化学类风险源进行暴露评价，目前相关的研究还不多见。

7.1.2　生态风险暴露评价技术规范体系分析

国际上相关研究已经证实，石油开采引起的化学污染和物理干扰会对生态环境产生不同程度的生态负效应。针对这个问题，各政府机构或组织开展了大量研究，并取得了一系列成果。壳牌集团在其提出的 EP 55000-勘探和开发（E&P）安全手册中，提供了一些石油开采过程中环境危害评价方面的特定方法与技术。国家石油开采与生产管理部门为了规范石油开采和循环发展，会同石油企业编制发布和实施了石油开采生产安全与主要污染物环境排放标准。

生态暴露评价是在环境风险评价的基础上发展而来的。研究方法一般用数学或物理学模型。近年来欧盟和美国投入了大量的人力、物力进行模型的开发研究，有许多模型已日趋成熟，还有一些新的模型正在改进与完善。表 7-1 和表 7-2 分别是美国和欧盟暴露评价中常用的模型。

表 7-1　USEPA 暴露评价常用模型

类别	模型
地下水	地下水筛选水平浓度预测模型（SCI-GROW）
	第 1 层风险预测模型——地下水（Tier 1 Eco-Risk Calculator）
	农药根际区带模型（PRZM3）
	渗流区流动转运模型（VADOFT）
地表水	暴露浓度一般估计模型（GENEEC）
	暴露分析模拟系统（EXAMS）
	农药根际区带——地表水暴露分析模型（PRZM-EXAMS）
	PRZM-EXAMS 暴露模拟外壳（EXPRESS）
水生生物	第 1 层风险预测模型——水生生物（Tier 1 Eco-Risk Calculator）
	生物富集及水生系统模型（BASS）
	水生效应风险评价模型（PRA）
	有毒物质食物链模型（FGETS）
陆生生物	陆生残留暴露模型（T-REX）
	第 1 层风险预测模型——陆生生物（Tier 1 Eco-Risk Calculator）
	陆生调查模型（TM）

表 7-2　欧盟暴露评价常用模型

类别	模型
地下水	区域尺度的农药迁移评估模型（PEARL）
	土壤大孔隙中水流和溶质的移动模拟模型（MACRO）
	农药根际区带——地下水暴露分析模型（PRZM-GW）
	农药在土壤中垂直移动模拟模型（PELMO）
地表水	农药根际区带——地表水暴露分析模型（PRZM-SW）
	地表水有毒物质模拟模型（TOXSWA）
	漂移量计算模型（DRIFT CALCULATOR）
	外壳程序（SWASH），内含许多单独工具与模型

生态暴露评价比人体暴露评价复杂，必须考虑多种类型的风险源与生态受体、风险源与环境之间的相互作用、相互影响，需要针对众多的风险源和受体类型，深入研究风险源

与环境、压力与受体之间的相互作用、相互影响。建立合适的指标体系描述不同风险源的暴露特征，开发相应的概念模型和数学模型定量化暴露评价结果。目前相关研究多集中于对石油污染土壤的健康风险评价方面，专门针对石油开采区污染物暴露区生态风险分析的研究与探索并不多见，缺乏石油污染生态暴露的综合评价方法。

目前，在生态风险暴露评价技术规范、标准方面主要以发达国家制定的标准为主。美国环保局 1998 年颁布的《生态风险评价指南》中明确了生态暴露评价的内容和任务，WHO 也指出了生态暴露评价的基本任务，并给出了污染物的循环过程和主要的暴露途径。美国环保局 1992 年颁布的《暴露评价指南》详细介绍了单一污染物对人体暴露评价的方法和指标体系，但是并不适用于多风险源、多压力因子、多风险影响的评价要求（USEPA，1992b）。

生态暴露评价尚无明确的标准可循，目前比较多的国家和机构的标准只针对健康风险评价。2002 年，美国环保局发布了《制定超级基金场地土壤筛选值的补充导则》，对 1996 年颁布的《土壤筛选导则》（USEPA，1996b）的部分内容进行了更新，规定了不同土地利用方式下的主要暴露途径及评估模型。加拿大环境委员会 2006 年发布的《保护环境和人体健康的土壤质量制定方法》采用风险评估方法制定了保护人体健康土壤指导值。

我国针对石油开采区污染暴露区污染生态风险评价研究尚处于起步阶段，目前仅开展了一些以土壤动物与微生物为受体的生态风险暴露途径的初步评价研究，尚未建立和形成适合我国国情的石油污染暴露途径的综合评价技术框架体系、标准评价方法和暴露评估技术规范性文件。

因此，目前国内外有关石油开采污染生态环境风险的评价指标体系与评价技术规范、标准尚处于探讨或初步研究阶段，尚未形成系统的规范和标准，难以支撑石油开采中的生态环境保护、监测与管理工作。

7.2　指标性污染物选择

油田区污染物组分与污染过程十分复杂，难以对所有污染物与生态系统之间的作用关系与生态暴露过程给予描述与分析，由此，需要结合陆地石油开采区污染物的构成与性质特征，以及可能的生态环境效应分析，选取指标性污染物，以此评估生态风险暴露。

（1）陆地植物生态系统暴露过程与效应分析

石油污染物对植物的危害主要来自于两个方面，一方面，石油排入土壤后，影响土壤的通透性。因石油类物质的水溶性一般很小，土壤颗粒吸附石油类物质后不易被水浸润，形不成有效的导水通路，透水性降低，透水量下降。能积聚在土壤中的石油烃，大部分是高分子组分，它们黏着在植物根系上形成一层黏膜，阻碍根系的呼吸与吸收功能，甚至引起根系的腐烂。为了评价石油通过改变土壤性质而对植物生命活动造成的影响，选取土壤中石油的含量作为一个指标性污染物。

另一方面，低分子烃能穿透到植物的组织内部，破坏正常的生理机能。根据石油组分调查的结果，油田区污染土壤石油中轻质组分主要是烷烃和芳香烃等，目前对于土壤中石油烃的植物毒性研究主要集中于芳香烃。早期的细胞毒性实验表明多环芳烃会导致细胞基本组分如细胞膜破坏或 DNA 损伤，同时引起细胞自由基激活，最终导致细胞死亡。

研究表明，苯和萘、菲、苯并芘等多环芳烃均表现出一定的生物毒性，这些污染物的衰减特征和迁移性如表 7-3 所示，可以看出，萘在自然环境中很容易衰减，而苯并芘则表现出很差的迁移性。

表 7-3　研究区指标性目标污染物性质

主要污染物	衰减特征		迁移性
	自然降解率/d^{-1}	半衰期/d	油水分配系数/（L/kg）
苯	$7.0×10^{-2}$	10	78
萘	$7×10^{-1}$	1	2 000
菲	$2.2×10^{-2}$	32	23 000
苯并芘	$6.1×10^{-3}$	114	891 251

（2）指标性污染物的选取

指标性污染物的选取原则：

①在油田区环境中含量较高，不易自然衰减。

②迁移能力强，在生态系统中分布广泛。

③对物质的结构、性质比较清楚，便于开展研究。

④毒性大，对动植物的生长和繁殖具有较大危害。

结合中国科学院植物所之前对油田井场周边采集的 168 个样品所进行的 UMU 毒性测试，其中 17 个样品有毒性效应。因此，将 17 个采样点作为在胜利油田生态暴露评价的采样点，同时增加了 5 个背景值的采样点，根据分析结果，采样点石油类污染物主要为萘、2-甲基萘和菲。由于 2-甲基萘不是常见的石油区污染物，根据指标性污染物的选择原则，选取萘和菲作为生态暴露评价的指标性污染物。

7.3　典型石油开采区生态风险暴露途径的识别与评估模型选择

7.3.1　生态风险暴露评价技术框架的构建

为保证生态风险暴露途径的分析与评价的系统性，评价程序的规范性和完整性，全面地把握评价过程与相应的技术要求，突出评价的层次性，构建石油污染场地生态风险暴露评价技术框架，参见图 7-1。

生态风险暴露评估技术框架涵盖石油污染场地生态风险暴露评价的场地信息调查——场地基本特征、生态系统组成与结构、污染物的组成与分布等；暴露途径分析——指标性污染物和受体选择、指标性污染物与受体暴露机制、暴露量构成要素识别；暴露评价指标体系和暴露评价模型构建；生态风险暴露量评价模型与参数。

7.3.2　生态风险暴露途径的调查

通过开展研究区生态风险暴露途径调查，确定研究区生态系统的主要暴露生物类型和群落结构，了解生物同环境介质间的接触关系，初步确定在各介质体内的污染物种类和暴露量，为生态风险暴露途径的研究奠定基础。

在收集资料、污染源和范围识别的基础上，制订详细的调查计划，布设调查网点，然后进行现场场地调查和样品采集，对样品进行污染物指标分析测试。最后进行数据整理分析，以此为基础确定生态暴露评价指标性污染物和受体，分析暴露途径。具体技术路线如图 7-2 所示。

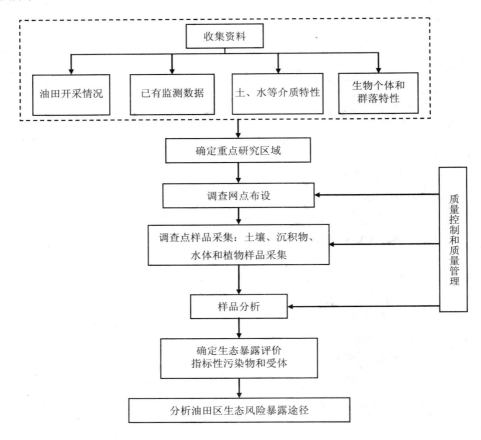

图 7-2   生态风险暴露途径调查技术路线

7.3.3   生态风险暴露途径的分析

（1）石油污染物在环境中的迁移转化

石油污染物的迁移转化过程复杂，暴露途径多样。陆地石油开采污染场地中的石油类物质，在复合介质中通过物理、化学和生物作用，吸附、扩散、挥发、生物降解与植物吸收，构成石油烃类物质的主要迁移方式，造成在土壤和地下水环境中的迁移与转化。

石油类在土-水-气-生系统内的主要迁移转化途径包括吸附或截留于土壤中、渗滤至地下水中、随地表径流迁移至地表水中、生物降解和非生物降解、挥发和随土壤微粒进入大气以及被植物吸收降解。上述过程往往同时发生，相互作用，有时难以区分，并受到多种因素的影响。这些因素可以分为污染物的特性（包括化学活性、水溶解度、蒸气压、吸附特性、光稳定性、生物可降解性等），土壤特性（包括土壤类型、有机质含量、含水量、土壤结构、pH、微生物种群、氧化还原能力、离子交换能力等）和环境条件（包括温度、日照、降雨、空气流动、灌溉和耕作方式等）。

（2）石油污染物在植物中的暴露途径

已有的研究表明，陆生植物对有机物的暴露途径大致可以分为 4 个部分，包括植物从根部对污染物被动和主动地吸收、气态污染物通过茎叶与大气的气体交换进入植物体内、颗粒态污染物在植物表面的沉积和土壤中的污染物由于悬浮或挥发等作用在植物表面沉积。吸收方式如表 7-4 所示。

表 7-4 有机物对植物的暴露途径

受体	暴露途径	暴露点
陆生植物	叶面沉积（雨滴溅落）	雨滴溅落，将表层土壤（约 1 cm）溅起落在植物上，在植物表面附着
	根部接触	植物的根与土壤接触（深约 1 m）
		植物的根与土壤溶液接触（地表水或地下水）
		从与土壤接触的根部转移到地上部分
	叶片吸收（气态）	茎叶吸收大气中的污染物
		大气悬浮物或者土壤挥发物被植物体的茎叶吸收
	叶片吸收（固态）	颗粒状污染物在植物表面（叶和茎）的沉积

植物主要通过 3 条途径来吸收污染物，包括从根部被动和主动地吸收，气态和颗粒态在地上部分的沉积，以及土壤和植物组织的直接接触，如图 7-3 所示。

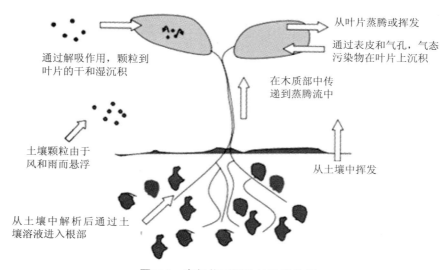

图 7-3 有机物对植物的暴露途径

7.3.4 石油开采区陆生植物暴露评价模型的选择

（1）模型比较与筛选

目前已出现许多对于生态暴露评价的模型，均可预测植物对有机污染物的吸收、运移和降解等。这方面的模型形式多样，有简单的、确定性的风险评价工具，也有比较复杂、涉及物理、化学和生物过程的模型。

　　基于已有成果的调研，结合有机物的吸收、运移过程以及主要的影响因素分析。经过文献调研，初步选择出了 11 个常用的植物吸收有机物模型，包括 Briggs 等（1982，1983），Topp 等（1986），Ryan 等（1988），Travis 和 Arms（1988），Trapp 和 Matthies（1995），Hung 和 Mackay（1997），Chiou 等（2001），Trapp（2002），Samsoe-Peterson 等（2002），Trapp 等（2003）以及 Collins 等（2009）。

　　对于以上 11 个模型，首先开展初步筛选。筛选原则如下：

　　①模型中的暴露途径包含本研究区中已有的暴露途径；

　　②模型适用的植物种类与本研究区中植物种类相符，且模型适用的污染物也应与本研究区中的污染物相一致。

　　③模型有一定的实际应用，或者在多篇植物吸收有机物的模型综述性文章中出现。

　　Trapp（2002）和 Trapp 等（2003）模型适用的污染物是弱电解质，Samsoe-Peterson 等（2003）模型适用的植物种类是农作物，不适用于研究区的植被与污染物的分布特性。Collins 等（2009）模型是对 Trapp 和 Matthies（1995）模型的改进，但模型模拟出的植物体内污染物浓度值并不如 Trapp 和 Matthies（1995）模拟的污染物浓度值精确。因此，以上 4 个模型不适合用于本次的研究。

　　对于剩下的 7 个模型进行进一步分析。基于对每个模型的优缺点以及应用情况的分析，列出了常用植物吸收有机物模型优点、缺点和模型应用的比较，如表 7-5 所示。

表 7-5　常用的植物吸收有机物模型

模型名称	模型优点	模型缺点	模型应用
Briggs 等（1982，1983）	模型结构简单，参数少，较易获取	植物吸收污染物的过程考虑不完整	CSOIL 模型（荷兰）、USES（物质评价统一系统）、UMS 模型（德国）、CLEA 模型（英国）
Topp 等（1986）	模型结构简单，参数少，较易获取，考虑植物根部和叶部的吸收	对植物根部与土壤中污染物的浓度不能很好地模拟	
Ryan 等（1988）	模型结构简单，参数少，较易获取	假设根部吸收主要是被动吸收，无其他可能的吸收方式，如根部主动吸收、土壤直接接触、颗粒沉积或者叶片与空气的交换。模型所适用的是 $\log K_{ow}$ 从 0 到 4 的不能电离的化学物质	
Travis 和 Arms（1988）	模型结构简单，参数少，较易获取，且模型适用性较强，对植物叶片污染物浓度能较好地模拟	植物吸收污染物的过程考虑不完整	
Trapp 和 Matthies（1995）	模型、参数复杂程度适中，模拟植物对污染物吸收过程较全面、完整	有一些参数较难获取，如植物脂/辛醇修正系数 b	EUSES（欧洲物质评价统一系统），CSOIL 模型（荷兰）、UMS 模型（德国）可能将原来使用的 Briggs 等模型改为此模型
Hung 和 Mackay（1997）	模拟植物对污染物吸收过程描述非常完整	模型、参数复杂，参数获取难度较大	CalTOX（加利福尼亚环保局研制）
Chiou 等（2001）	模型结构简单，参数少，较易获取	模型考虑的植物吸收有机物的途径不全面，且模型对有些参数非常敏感，如标准平衡常数 α_{pt}	

根据模型的优缺点以及应用情况，从复杂程度、参数获取难易程度、暴露途径完整性等 6 个方面进行比较。对于"模型结构复杂程度"和"模型参数获取难度"，用-、0、+分别表示较大、适中、较小。对于模型模拟暴露途径的完整性、模型应用广泛程度、对植物根部污染物浓度模拟效果和对植物苗期污染物浓度模拟效果 4 个方面，−、0、+分别表示较差、适中、较好。比较结果如表 7-6 所示。

表 7-6　植物吸收有机物模型的比较

比较内容	模型名称						
	Briggs 等（1982，1983）	Topp 等（1986）	Ryan 等（1988）	Travis 和 Arms（1988）	Trapp 和 Matthies（1995）	Hung 和 Mackay（1997）	Chiou 等（2001）
模型结构复杂程度	+	+	+	+	0	−	+
模型参数获取难度	+	+	+	+	0	−	+
模型模拟暴露途径的完整性	−	−	−	−	0	+	−
模型应用广泛程度	+	−	−	−	+	0	−
对植物根部污染物浓度模拟	0	−	0	+	+	0	0
对植物苗期污染物浓度模拟	+	0	+	0	0	0	0

7 个模型中，模型结构最复杂、模型参数获取难度最大的是 Hung 和 Mackay（1997）模型，其次是 Trapp 和 Matthies（1995）模型，剩下 5 个模型结构、参数都不复杂，参数也较容易获取。对于暴露途径的模拟，Hung 和 Mackay（1997）、Trapp 和 Matthies（1995）模型完整性比其余 5 个好，因为它们将植物分为叶、茎、根 3 个部分分别考虑。Briggs 等（1982，1983）、Trapp 和 Matthies（1995）模型应用均较广泛，已被一些国家正规机构采纳作为考察土壤污染危害的模型工具。英国环境署（2006）、Rikkens 等（2001）、Versluijs 等（1998）均通过大量实验得出，对植物根部污染物浓度的模拟 Trapp 和 Matthies（1995）模型及 Travis 和 Arms（1988）最适用，而对植物芽部污染物浓度模拟 Briggs 等（1982，1983）、Ryan 等（1988）模型最适用。

综合来看，Briggs 等（1982，1983）与 Trapp 和 Matthies（1995）模型与其他模型相比各方面评价较好。不过从模型中对所有暴露途径的模拟来看，由于 Trapp 和 Matthies（1995）模型描述了一系列与植物吸收有机物有关的过程和参数，包括污染物的亲脂性和挥发性，而 Briggs 等（1982，1983）并没有考虑这么全面。因此，最终选择 Trapp 和 Matthies（1995）模型作为陆生植物的暴露评价模型。

（2）模型模块结构与适用条件

Trapp 和 Matthies 模型描述了植物吸收有机物的 4 个途径，分别为植物对有机物从土壤到根部的吸收、有机物跟随植物蒸腾流在植物体内的迁移、有机物通过植物叶片与大气的交流进入植物和植物的生长 4 个模块。

1）有机物从土壤到植物根部模块

$$K_{\text{plant}-\text{water}} = F_{\text{water}} + F_{\text{fat}} \cdot K_{\text{ow}}^{b} \tag{7-1}$$

式中，$K_{\text{plant}-\text{water}}$——污染物植物-水分配系数，[kg/m³（植物）]/[kg/m³（水）]；

　　　F_{water}——植物体内水分含量，m³ 水/m³ 植物；

　　　F_{fat}——植物体内脂质含量，m³ 脂质/m³ 植物；

　　　K_{ow}——辛醇-水分配系数，mL 水/m³ 植物；

　　　b——植物脂/辛醇修正系数。

则，植物根际污染物浓度为：

$$C_{\text{root}} = \frac{K_{\text{plant}-\text{water}} \cdot C_{\text{w}}}{\rho_{\text{plant}}} \tag{7-2}$$

式中，C_{root}——植物根除污染物浓度，kg/kg 根；

　　　$K_{\text{plant}-\text{water}}$——污染物植物-水分配系数，[kg/m³（植物）]/[kg/m³（水）]；

　　　ρ_{plant}——植物密度，kg/m³；

　　　C_{w}——土壤孔隙水中污染物浓度，kg/m³。

2）植物体内的污染物传输模块

从土壤孔隙水中通过植物木质部传输的污染物量为：

$$N_{xy} = C_{\text{w}} \cdot \text{TSCF} \cdot Q \text{，kg/d} \tag{7-3}$$

式中，C_{w}——土壤孔隙水中污染物浓度，kg/m³；

　　　TSCF——蒸腾流浓度因子；

　　　Q——蒸腾量，m³/d。

TSCF 的计算方式：

$$\begin{aligned} \text{TSCF} &= 0.784 \cdot \exp\left[\frac{-(\log K_{\text{ow}} - 1.78)^2}{2.44}\right] \\ \text{TSCF} &= 0.7 \cdot \exp\left[\frac{-(\log K_{\text{ow}} - 3.07)^2}{2.78}\right] \end{aligned} \tag{7-4}$$

选取二者中的较大值作为 TSCF。

3）空气中污染物与植物叶片的交换量模块

污染物在叶片与空气的分配系数为：

$$K_{\text{leaf}-\text{air}} = \frac{K_{\text{plant}-\text{water}}}{K_{\text{air}-\text{water}}} + F_{\text{air}} \tag{7-5}$$

式中，$K_{\text{plant-water}}$——污染物植物-空气分配系数，kg/m^3 植物：kg/m^3 水；

$\qquad K_{\text{air-water}}$—— 污染物的气-水分配系数；

$\qquad F_{\text{air}}$——植物体内气体质量分数，m^3/m^3（可忽略）。

则叶片-空气净流量：

$$N_A = Ag\left[C_A - C_L / K_{\text{leaf-air}}\right]，\text{ kg/s} \tag{7-6}$$

式中，A——叶片面积，m^2；

$\qquad g$——电导率，m/s；

$\qquad C_A$——大气中污染物浓度，kg/m^3；

$\qquad C_L$——叶片中污染物浓度，kg/m^3；

$\qquad K_{\text{leaf-air}}$——污染物叶片-空气分配系数，m^3/m^3。

4）植物体内的污染物质量平衡模块

植物体内的污染物质量平衡可以表示为：

植物地上部分体内污染物的变化量 = 污染物在植物体内迁移流量±

与气体交换的量 − 光降解量 − 代谢量

即：

$$\mathrm{d}m_L / \mathrm{d}t = \mathrm{d}(C_L V_L) / \mathrm{d}t = Q \cdot TSCF \cdot C_w + Ag(C_A - C_L / K_{\text{LA}}) - \lambda_E m_L \tag{7-7}$$

式中，m_L——叶片中污染物的质量，kg；

$\qquad C_L$——叶片中污染物浓度，kg/m^3；

$\qquad V_L$——叶片体积，m^3；

$\qquad TSCF$——蒸腾流浓度因子；

$\qquad Q$——蒸腾量，m^3/d；

$\qquad C_w$——土壤孔隙水中污染物浓度，kg/m^3；

$\qquad A$——叶片面积，m^2；

$\qquad g$——电导率，m/s；

$\qquad C_A$——大气中污染物浓度，kg/m^3；

$\qquad K_{\text{LA}}$——污染物叶片-空气分配系数，m^3/m^3；

$\qquad \lambda_E$——降解系数，d^{-1}。

当呈指数增长，即 A/V_L 和 Q/V_L 都是常数时，

$$\mathrm{d}C_L / \mathrm{d}t = -\left[Ag / (K_{\text{LA}} V_L) + \lambda_E + \lambda_G\right]C_L + C_w \text{TSCF}(Q/V_L) + C_A g\left(A/V_L\right) \tag{7-8}$$

模型可整理为：

$$\mathrm{d}C_L / \mathrm{d}t = -aC_L + b \tag{7-9}$$

$$a = \frac{A \cdot g}{K_{\text{leaf-air}} V_{\text{leaf}}} + \lambda_E + \lambda_G \tag{7-10}$$

$$b = C_{\mathrm{W}} \mathrm{TSCF}(Q/V_{\mathrm{L}}) + C_{\mathrm{A}} g(A/V_{\mathrm{L}}) \qquad (7\text{-}11)$$

式中，V_{leaf}——叶片体积，m^3；

　　　　λ_{E}——降解系数，d^{-1}，且 $\lambda_{\mathrm{E}} = \lambda_{\mathrm{M}} + \lambda_{\mathrm{P}}$；

　　　　λ_{M}——光合作用常数，d^{-1}；

　　　　λ_{P}——光解率常数，d^{-1}；

　　　　λ_{G}——生长常数，d^{-1}。

若已知 $C_{\mathrm{L}}(0)$，则公式的解析解为：

$$C_{\mathrm{L}}(t) = C_{\mathrm{L}}(0)\mathrm{e}^{-at} + b/a(1 - \mathrm{e}^{-at}) \qquad (7\text{-}12)$$

则稳态时（$t \to \infty, \mathrm{d}C_{\mathrm{L}}/\mathrm{d}t \to 0$），污染物浓度为：

$$C_{\mathrm{L}}(\infty) = b/a \qquad (7\text{-}13)$$

达到稳态（95%）的时间是：

$$t_{95} = -\ln 0.05/a \qquad (7\text{-}14)$$

Trapp 和 Matthies（1995）在提出模型结构的同时也介绍了模型的适用条件以及前提。模型假设植物内部各部分分配均匀，即有机物在植物各部分的浓度没有差别。模型只适用于不能水解的有机污染物，且此模型假设植物呈持续性的指数增长，即植物处于生长最旺盛的时期。

（3）模型参数体系

基于对模型的分析，得出模型参数包括三大类，15 个参数。表 7-7 总结了 Trapp 和 Matthies 模型（1995）所有的参数以及获取方式。

表 7-7　Trapp 和 Matthies 模型参数及获取方式

模型参数	获取途径	备注
Ⅰ　植物特性参数		
植物中含水量 F_{water}	实验测定	称量植物烘干前后的质量即可计算出植物中含水率
植物中脂质含量 F_{lipid}	实验测定	将脂质从植物中提取并称量
植物密度 ρ_{plant}	实验测定	在实验室中测定植物质量与体积，即可算得植物密度
叶片面积 A/m^2	现场测定	现场用 Yanxin1 241 叶面积仪测定
植物电导率 $g/(\mathrm{m/d})$	查阅文献	
叶片体积 $V_{\mathrm{L}}/\mathrm{m}^3$	实验测定	排水法
植物脂/辛醇修正系数 b	查阅文献	
Ⅱ　植物生长参数		
新陈代谢常数 $\lambda_{\mathrm{M}}/\mathrm{d}^{-1}$	实验测定	需要同位素标记植物体内的污染物
光降解常数 $\lambda_{\mathrm{P}}/\mathrm{d}^{-1}$	实验测定	需要同位素标记植物体内的污染物
生长率常数 $\lambda_{\mathrm{G}}/\mathrm{d}^{-1}$	实验测定	通过对一段时间内植物生物量的变化计算

模型参数	获取途径	备注
蒸腾流量 Q /（m³/s）	实验测定	测定植物在单位时间内的吸水率
III 污染物化学特性参数		
辛醇-水分配系数 K_{ow}	查阅文献	
空气-水分配系数 K_{aw}	查阅文献	
土壤溶液中污染物浓度 C_W /（kg/m³）	实验测定	先算干土壤水中污染物浓度，再计算土壤水中污染物浓度
大气中污染物浓度 C_A /（kg/m³）	实验测定	采样后用 GC-MS 分析

7.4　生态风险暴露评价模型的参数及敏感性分析

7.4.1　模型所需参数的选取与分析方法

（1）植物特性参数

植物特性参数含有 7 个参数，分别为：植物含水量 F_{water}、植物脂质含量 F_{lipid}、植物密度 ρ_{plant}、叶片面积 A（m²）、植物电导率 g（m/d）、叶片体积 V_L（m³）、植物脂/辛醇修正系数 b。其中，植物电导率 g 和脂/辛醇修正系数 b 可查文献得到，剩余的 5 个参数均通过实验获得。

1）植物含水量 F_{water}

采用烘干法测定植物中的含水量。将洗净的两个称量瓶编号，放在 105℃恒温烘箱中，2 h 后用坩埚钳取出放入干燥器中冷却至室温，在分析天平上称重，如此重复 2 次（2 次称重的误差不得超过 0.002 g），求得平均值为 W_1，将称量瓶放入干燥器中待用。

将待测植物材料（如叶子等）从植株上取下后迅速剪成小块，装入已知重量的称量瓶中盖好，在分析天平上准确称取重量，得瓶与鲜样品总重量为 W_2，然后于 105℃烘箱中干燥 4～6 h（要打开称量瓶盖子）。取出称量瓶，待温度降至 60～70℃后用坩埚钳将称量瓶盖子盖上，放在干燥器中冷却至室温，再用分析天平称重，然后放到烘箱中烘 2 h，在干燥器中冷却至室温，再称重，这样重复几次，直至恒重为止。称得重量是瓶与干样品总重量，为 W_3。烘时注意防止植物材料焦化。如是幼嫩组织可先用 100～105℃杀死组织后，再在 80℃烘至恒重。

$$样品鲜重 \ W_f = W_2 - W_1$$
$$样品干重 \ W_d = W_3 - W_1$$
$$含水量\%（占鲜重\%）= \frac{W_f - W_d}{W_f} \times 100\% \tag{7-15}$$

2）植物中脂质含量

根据植物样品中含有的油脂易溶于有机溶剂的特点，用石油醚从植物样品中将油脂抽提出来，从而测得油脂的含量。

①先称取植物样品的质量 W_P，在称量瓶中，放入植物样品，将称量瓶的盖子打开，于 105～110℃的电热烘箱中干燥 4 h，然后将称量瓶盖好，自烘箱中取出，放在干燥器中冷却 20 min，再在分析天平上称重。然后放到烘箱中烘 2 h，在干燥器中冷却至室温，再称重，这样重复几次，直至恒重。

②将植物样品放入粉碎机粉碎，并过 20 目筛。称不超过 4 g 的过筛样品，将过筛的样品与硅藻土混合，装入快速溶剂萃取池。将快速溶剂萃取池装入快速溶剂萃取仪，溶剂为石油醚，用仪器萃取脂质。

③萃取完成后，将萃取后的液体通过棉花和无水硫酸钠干燥剂干燥。称取一个圆底烧瓶的质量 W_1，将干燥后的萃取液体装入圆底烧瓶，并将圆底烧瓶装入旋转蒸发仪。运行旋转蒸发仪，直至圆底烧瓶中不再有液体存在。

④将圆底烧瓶取出，放入烘箱中，在 102℃±1℃ 情况下烘 1 h，取出圆底烧瓶，称取圆底烧瓶和提取出的脂质的总质量 W_2。

$$植物的脂质含量 = \frac{W_2 - W_1}{W_P} \tag{7-16}$$

3）植物密度

①将烧杯洗净、烘干，在天平上称量烧杯的质量 W_1。将植物样品洗净、擦干，放入烧杯，称量植物和烧杯的总重量 W_2。

$$植物质量 W_P = W_2 - W_1 \tag{7-17}$$

②选用排水法测定植物体积：将植物洗净、擦干，修剪并装入 100 mL 比色管中，测量出比色管与植物的总质量 m_1。取一个 100 mL 容量瓶，先测容量瓶质量 m_2，再向容量瓶中加水至刻度，测此时容量瓶与水的重量 m_3。向比色管中加水至刻度，称量此时比色管和容量瓶的重量，分别记为 m_4、m_5。

$$植物体积 V_P = m_3 - m_2 - \frac{m_3 - m_5 - (m_4 - m_1)}{2} \tag{7-18}$$

$$植物密度 \rho_{plant} = \frac{W_P}{V_P} \tag{7-19}$$

4）叶片面积

叶片面积的测定选用 Yaxin-1241 叶面积仪。

将叶面积仪放在光照均匀的位置，将植物叶片夹入有机玻璃与透明塑料膜片之间，然后插入透光窗，即可从表头上读得所测叶片的面积。每测一次应随时调整零点。

5）叶片体积

芦苇叶片体积实验测定方法与芦苇整株植物体积测定方法类似，都是利用排水法。而碱蓬叶片由于体积非常小，在实验中加水时易浮于水面，因此用 10 mL 的量筒代替 100 mL 比色管测定。

（2）植物生长参数

植物生长参数有 4 个，包含新陈代谢常数 λ_M（d^{-1}）、光降解速率常数 λ_P（d^{-1}）、生长速率常数 λ_G（d^{-1}）和蒸腾流量 Q（m^3/s），4 个参数均需要通过实验获得。新陈代谢和光降解速率常数选用文献中的参数值。

1）生长速率常数

生物量的测定方法为：

洗净一个烧杯，烘干，冷却至室温后测定烧杯的重量 W_1。将植物样品取出，数出每种植物株数为 n，洗净，放入烧杯，然后于 105℃烘箱中干燥 4～6 h。取出烧杯，待温度降至室温，再用分析天平称重，然后放到烘箱中烘 2 h，在干燥器中冷却至室温，再称重，这样重复几次，直至恒重为止。称得重量是瓶与干样品总重量，为 W_2。烘时为了防止植物焦化，可先用 100~105℃杀死组织后，再在 80℃烘至恒重。

$$每株植物的生物量 M = \frac{W_1 - W_2}{n} \tag{7-20}$$

$$生长速率常数 \lambda_G = \ln(M_{end}/M_0)/t \tag{7-21}$$

式中，M_0 和 M_{end}——实验开始和结束时的生物量，g；

　　　t——实验开始和结束阶段的时间间隔。

2）植物蒸腾量

采用钴纸测定植物的蒸腾量。

①氯化钴纸的制备：选取优质滤纸，剪成 0.8 cm 宽、20 cm 长的滤纸条，浸入 5%氯化钴溶液中，待浸透后取出，用吸水纸吸取多余的溶液，将其平铺在干洁的玻璃板上，然后置于 60~80℃烘箱中烘干，选取颜色均一的钴纸条，小心而精确地切成 0.8 cm 的小方块，再行烘干，取出贮于有塞纸管中，再放入氯化钙干燥器中备用。

②钴纸标准化：使用前，先将钴纸标准化。测出每一钴纸小方块由蓝色转变为粉色需要吸收多少水量。取 1~2 个钴纸小方块，置于扭力天平上称重，记下开始称重的时间，并每隔 1 分钟记 1 次重量，当钴纸蓝色全部变为粉红色时，要立即准确地记下重量和时间，如此重复数次，计算出钴纸小方块由蓝色变为粉红色时平均吸收多少水分，以 mg 表示，作为钴纸吸水量。

③测定：取两片玻片，薄橡皮一小块，在其中央开 1 cm² 的小孔，用胶水将它固定在玻片当中，另准备一只弹簧夹。用镊子从干燥器中取出钴纸小块，放在玻片上的橡皮小孔中，立即置于待测作物叶子的背面（或正面），将另一玻片在叶子的正面（或背面）的相应位置上，用夹子夹紧，同时记下时间，注意观察钴纸的颜色变化，待钴纸全部变为粉红色时，记下时间。以时间的长短作相对比较，可用钴纸小方块的标准吸水量或小方块由蓝色变为粉红色所需时间来计算，即为该叶片表面蒸腾的强度。用 mg/（cm²·min）表示。每一处理最少要测 10 次左右，然后求其平均值。

（3）污染物化学特性参数

污染物化学特性参数有 4 个，即污染物辛醇-水分配系数 K_{OW}、污染物空气-水分配系数 K_{AW}（亨利常数）、土壤溶液中污染物浓度 C_W、大气中污染物浓度 C_A。其中，K_{OW} 和 K_{AW} 均可通过文献查阅。C_W 由澳实分析检测（上海）有限公司检测，而大气中污染物浓度也从文献中选取。

7.4.2 暴露评价模型的参数分析

（1）植物特性参数

选择芦苇、碱蓬各 10 株，对含水率、脂质含量、密度、叶片面积和叶片体积进行了实验测定，测定结果如图 7-4 所示。

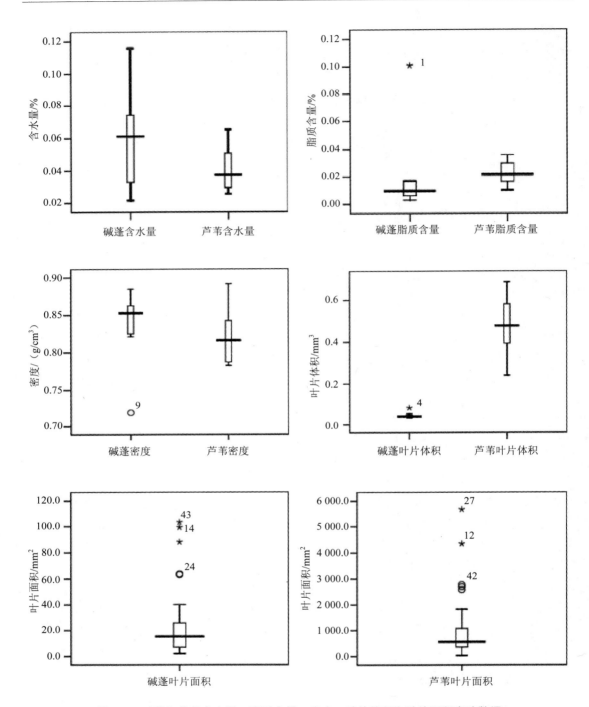

图 7-4　碱蓬和芦苇含水量、脂质含量、密度、叶片体积和叶片面积实验数据

同时查阅了文献，得到植物电导率 g 和脂/辛醇修正系数 b 的数值。综上所述可得植物特性参数的数值，如表 7-8 所示。

表 7-8　植物特性参数数值汇总

植物种类	含水量/%	脂质含量/%	密度/(g/cm³)	叶片面积/mm²	叶片体积/mm³	植物电导率/(m/s)	脂/辛醇修正系数
碱蓬	5.95	2.11	0.85	19.70	0.04	10^{-3}	0.95
芦苇	4.02	2.27	0.82	799.00	0.48	10^{-3}	0.95

（2）植物生长参数

1）生长速率常数

在 20 个采样点中，选择样点 5、6、7、8、16 五个采样点作为计算生长速率常数的采样点。为了测定植物的生长速率常数，进行了 2 次胜利油田现场采样，2 次采样之间隔 25 d 左右。2 次采样后将植物样品烘干，测量质量。当所有植物 2 次生物量数据测定完整后，分别利用植物生物量和生长速率长速公式计算出每株植物的生长速率常数，最后分别算出芦苇和碱蓬的平均生长速率常数。计算结果如表 7-9 所示。

表 7-9　碱蓬和芦苇平均生长速率常数

植物	采样点	初始时每株植物生物量 M_0/g	结束时每株植物生物量 M_{end}/g	时间/d	生长速率常数/d⁻¹	平均生长速率常数/d⁻¹
芦苇	5	0.436 2	3.642 8	26	0.081 6	0.055 4
	6	1.642 5	4.197 9	26	0.036 1	
	7	1.333 0	4.689 3	26	0.048 4	
碱蓬	5	1.394 4	7.329 2	26	0.063 8	0.053 6
	6	0.149 8	0.739 6	26	0.061 4	
	8	0.752 4	2.093 2	25	0.040 9	
	16	2.088 2	6.642 9	24	0.048 2	

2）植物蒸腾量

采用钻纸法，分别测定了 5 株碱蓬和芦苇叶片蒸腾量的值。钻纸法在所有找到的方法中是最容易实现的方法，而且不需要将植物离体，准确性较高。结果如表 7-10 所示。

表 7-10　碱蓬和芦苇的蒸腾量　　　　　　　　　　　　　　单位：m³/s

植物	蒸腾量 1	蒸腾量 2	蒸腾量 3	蒸腾量 4	蒸腾量 5	平均蒸腾量
碱蓬	1.80×10^{-12}	1.46×10^{-12}	1.07×10^{-12}	7.8×10^{-13}	8.01×10^{-13}	1.18×10^{-12}
芦苇	1.44×10^{-10}	2.03×10^{-10}	1.58×10^{-10}	1.23×10^{-10}	1.62×10^{-10}	1.58×10^{-10}

经过查阅文献得到新陈代谢常数 λ_M（d⁻¹）、光降解常数 λ_P（d⁻¹）的值。因此，植物特性类参数的数值如表 7-11 所示。

表 7-11　研究区植物特性参数的数值

植物	生长速率常数	植物蒸腾量/（m³/s）	新陈代谢常数/d⁻¹	光降解常数/d⁻¹
碱蓬	0.055 4	1.18×10^{-12}	0.385	0.374 4
芦苇	0.053 6	1.58×10^{-10}	0.385	0.374 4

（3）污染物化学特性参数

澳实分析检测（上海）有限公司的检测结果显示，对于干土壤中污染物浓度，30 个土壤样品中只有 2 个样品有菲、萘的检出，且这两个样品属于一个采样点的两个分层。因此，对于同一种污染物，只取数值较大的土壤浓度作为本研究中参数的取值。浓度如表 7-12 所示。

表 7-12　土壤样品 012、013 中污染物浓度　　　　　　　单位：mg/kg

污染物	样品 012 浓度	样品 013 浓度	干土壤中污染物浓度取值
萘	2.4	1.4	2.4
菲	2.3	1.2	2.3

同时澳实公司检测了 30 个土壤样品中总有机碳的含量，检测结果如图 7-5 所示。

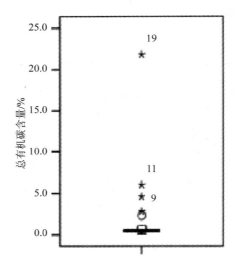

图 7-5　油田区土壤总有机碳含量

在 95%的置信区间内，土壤总有机碳含量的平均值为 $f_{OC}=0.94\%$

则对于萘：$\log K_d = 0.72 \log K_{OW} + \log f_{OC} + 0.49$
$$= 0.72 \times 3.3 + \log 0.01 + 0.49 = 0.84$$

式中，K_d 为土壤中污染物的水分系数；K_{OW} 为污染物辛醇-水分的系数。

$$K_d = 10^{0.87} = 6.90 \qquad (7\text{-}22)$$

对于菲：$\log K_d = 0.72 \log K_{OW} + \log f_{OC} + 0.49$
$$= 0.72 \times 4.57 + \log 0.01 + 0.49 = 1.75$$

$$K_d = 10^{1.78} = 56.69 \qquad (7\text{-}23)$$

根据公式 $C_w \approx C_B / K_d$，其中，C_w 为土壤溶液中污染物浓度，mg/kg，C_B 为有机物在干土中的浓度，K_d 为土壤-水分配系数。

可得土壤水中萘的浓度为 0.35 mg/kg，菲的浓度为 0.04 mg/kg。

结合文献调研，可以得出污染物化学特性参数数值，如表 7-13 所示。

表 7-13　研究区污染物化学特性参数数值

污染物	污染物辛醇-水分配系数 $\log K_{OW}$	污染物空气-水分配系数	土壤溶液中污染物浓度/（mg/kg）	大气中污染物浓度/（mg/kg）
菲	4.57	0.001 465	0.04	0
萘	3.30	0.019 130	0.35	0

通过对胜利油田的现场调查以及文献调研，获得了模型所有参数的数值，具体数值如表 7-14 所示。

表 7-14　模型参数数值

	碱蓬	芦苇	菲	萘
含水量/%	5.95	4.02		
脂质含量/%	2.11	2.27		
密度/（g/cm³）	0.851 1	0.823 1		
叶片面积/mm²	19.696	798.993 1		
叶片体积/（g/cm³）	0.042 6	0.475 2		
植物电导率/（m/s）	10^{-3}	10^{-3}		
脂/辛醇修正系数	0.95	0.95		
生长速率常数/d⁻¹	0.055 4	0.053 6		
植物蒸腾量/（m³/s）	1.18×10^{-12}	1.58×10^{-10}		
新陈代谢常数/d⁻¹	0.385	0.385		
光降解常数/d⁻¹	0.374 4	0.374 4		
污染物辛醇-水分配系数 $\log K_{OW}$			4.57	3.3
污染物空气-水分配系数			0.001 465	0.019 13
土壤溶液中污染物浓度/（mg/kg）			0.04	0.35
大气中污染物浓度/（mg/kg）			0	0

7.4.3　参数敏感性分析

在获得每个参数数值的基础上，可以对模型进行计算，计算出植物地上部分对污染物的吸收速率和稳态浓度，以及植物根部的稳态浓度，利用计算结果对当地植物暴露水平进行评价，并对模型主要的参数进行参数敏感性分析。

为模型的 15 个参数进行灵敏度分析。参数对状态和目标的灵敏度定义为：在参数 $\theta = \theta_0$ 附近，状态变量 x 相对于原值 x_0 的变化率和参数 θ 相对于 θ_0 的变化率的比值。这里选取参数的变化率为±5%，通过模型的 3 个计算结果——植物地上部分污染物浓度达到稳态的时间、植物地上部分污染物浓度的稳态值以及植物根部污染物浓度，可计算参数的变化对计算结果的影响。这里影响可分为 3 个方面，首先，参数与计算结果是正相关还是负相关；其次，参数与计算结果是什么关系；最后，在参数变化±5%的基础上，模型计算结果的变化程度有多少。

目前已有的参数数值来自 2 种植物和 2 种污染物以及 2 个土壤样品，则参数数值的组合有 4 种情况，分别为碱蓬体内菲的浓度、萘的浓度以及芦苇体内菲、萘的浓度。对 4 种参数体系都分别作了参数敏感性分析，得出对 3 个计算结果均比较敏感的参数有 3 个：植物辛醇水修正系数、污染物辛醇-水分配系数和土壤水中污染物浓度，如表 7-15 所示。

表 7-15 选取计算参数值

参数名称	符号	原值
植物辛醇水修正系数	b	0.95
污染物辛醇-水分配系数	K_{OW}	菲：104.57 萘：103.3
土壤溶液中污染物浓度	C_w	菲：0.04 mg/kg 萘：0.35 mg/kg

在其他参数不变的情况下，将以上各个参数分别取 3 个值（表 7-15 中原值、在原值基础上增加 5% 和减少 5%）进行模拟计算，其他参数保持不变，从中得到反映参数对于植物体内污染物浓度的敏感性的一般规律。

选择菲作为指标性污染物，对 Trapp 和 Matthies（1995）模型参数进行了初步灵敏性分析。参数对状态和目标的灵敏度定义为：在参数 $\theta = \theta_0$ 附近，状态变量 x 相对于原值 x_0 的变化率和参数 θ 相对于 θ_0 的变化率的比值。这里选取参数的变化率为 ±5%，通过叶片中污染物浓度值 C_L 的变化，可算出每个参数的灵敏度，如表 7-16 所示。

表 7-16 Trapp 和 Matthies 模型参数灵敏度分析

参数	数值	灵敏度
蒸腾量 Q /（m^3/s）	2×10^{-9}	1
植物密度 ρ_{plant} /（kg/m^3）	500	1
土壤溶液中污染物浓度 C_w /（mg/kg）	3.25×10^9	1
叶片体积 V_L /m^3	9.66×10^{-5}	0.94
叶片面积 A /m^2	0.082 5	0.7
植物脂/辛醇修正系数 b	0.95	0.67
植物中脂质含量 F_{lipid}	0.002	0.06
植物电导率 g /（m/d）	0.001	0.06
辛醇-水分配系数 K_{OW}	56 234.13	0.06
空气-水分配系数 K_{AW}	0.000 0131	0.06
植物中水的含量 F_{water}	0.8	0.000 77
新陈代谢常数 λ_M/d^{-1}	4.46×10^{-6}	0
光解率常数 λ_P/d^{-1}	0	0
生长率常数 λ_G/d^{-1}	0.000 000 513	0

由此得出模型中比较灵敏的参数有：蒸腾量 Q（m^3/s）、植物密度 ρ_{plant}、土壤溶液中污染物浓度 C_w（kg/m^3）、叶片体积 V_L（m^3）、叶片面积 A（m^2）、植物脂/辛醇修正系数 b。

（1）植物辛醇水修正系数

植物辛醇水修正系数 b 是一个经验系数，随植物种类的不同而不同。目前文献中可以

查到的 b 的数值多为农作物，对于野生植物没有确切的值。0.95 是较普遍使用的一个数值。

植物辛醇水修正系数分别增加 5%、减少 5% 后以及原值的计算结果，如表 7-17 所示。

表 7-17　不同植物辛醇水修正系数下计算结果汇总

植物	污染物	b	0.902 5	0.95	0.997 5
碱蓬	菲	植物地上部分污染物浓度达到稳态的时间/s	244 712.20	269 208.43	286 615.53
		植物地上部分污染物浓度的稳态值/（mg/kg）	0.028 2	0.031 0	0.033 0
		植物根部污染物浓度/（mg/kg）	0.011 2	0.018 5	0.030 5

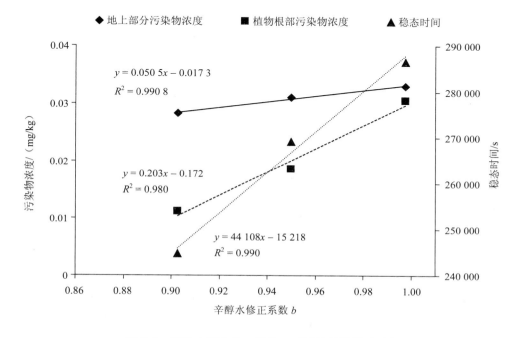

图 7-6　植物辛醇水修正系数 b 对计算结果影响分析

从图 7-6 可以看出，随着植物辛醇水修正系数 b 的增大，地上部分污染物浓度、植物根部污染物浓度和稳态时间均增加，不过植物辛醇水修正系数 b 对稳态时间的影响没有对另两个结果影响大。

（2）污染物辛醇-水分配系数

表 7-18 给出污染物辛醇-水分配系数的变化对 3 个计算结果的影响。

表 7-18　不同污染物辛醇-水分配系数下的计算结果

土壤编号	植物	污染物	$\lg K_{OW}$	4.341 5	4.57	4.798 5
012	碱蓬	菲	植物地上部分污染物浓度达到稳态的时间/s	244 712.20	269 208.43	286 615.53
			植物地上部分污染物浓度的稳态值/（mg/kg）	0.035 4	0.031 0	0.025 3
			植物根部污染物浓度/（mg/kg）	0.011 2	0.018 5	0.030 5

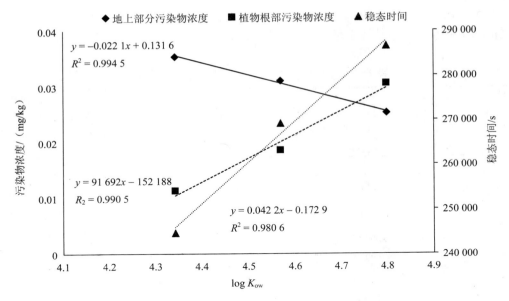

图 7-7　污染物辛醇水分配系数 b 对计算结果影响分析

从图 7-7 可以看出，污染物辛醇水分配系数对地上部分污染物浓度的计算结果呈负相关，而与根部污染物浓度和稳态时间呈正相关。

（3）土壤水中污染物浓度

土壤水中污染物浓度的变化对 3 个计算结果的影响分析如表 7-19 所示。

表 7-19　不同土壤水中污染物浓度下模型的计算结果汇总

土壤编号	植物	污染物	C_W/ (mg/kg)	0.038	0.04	0.042
012	碱蓬	菲	植物地上部分污染物浓度达到稳态的时间/s	269 208.43	269 208.43	269 208.43
			植物地上部分污染物浓度的稳态值/（mg/kg）	0.029 5	0.031 0	0.032 6
			植物根部污染物浓度/（mg/kg）	0.017 6	0.018 5	0.019 5

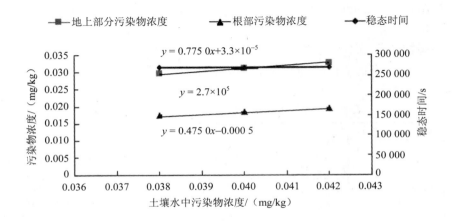

图 7-8　土壤水中污染物浓度对计算结果影响分析

由图 7-8 可见，土壤水中污染物浓度对稳态时间没有影响，对植物体内污染物浓度呈正相关，但斜率并不大，即影响程度没有前两个参数影响大。

7.5　陆地植物生态风险暴露评估

7.5.1　陆地植物生态风险暴露模型所需参数的选取和赋值

按照前面章节所述的模型参数，指示性陆地植物碱蓬和芦苇体内污染物评价的主要参数分别参见表 7-20 和表 7-21。

表 7-20　研究区内碱蓬主要的参数数值

模型参数	参数取值
植物中含水量 W_P	0.059 5
植物中脂质含量 L_P	0.021 1
植物密度/（kg/m³）	851.1
叶片面积/m²	1.97×10^{-5}
植物电导率/（m/s）	10^{-3}
叶片体积/m³	4.26×10^{-8}
植物辛醇水修正系数	0.95
新陈代谢速率常数 λ_M/d^{-1}	0.385
光降解速率常数 λ_P/d^{-1}	0.374 4
生长速率常数 λ_G/d^{-1}	0.053 6
植物蒸腾量 $Q/$（m³/s）	1.18×10^{-12}
大气中污染物浓度/（mg/kg）	0

表 7-21　研究区内芦苇主要的参数数值

模型参数	参数取值
植物中含水量 W_P	0.040 2
植物中脂质含量 L_P	0.022 7
植物密度/（kg/m³）	823.1
叶片面积 A/m^2	7.99×10^{-4}
植物电导率 $g/$（m/s）	10^{-3}
叶片体积 V_L/m^3	4.75×10^{-7}
植物辛醇水修正系数	0.95
新陈代谢速率常数 λ_M/d^{-1}	0.385
光降解速率常数 λ_P/d^{-1}	0.374 4
生长速率常数 λ_G/d^{-1}	0.055 4
植物蒸腾量 $Q/$（m³/s）	1.58×10^{-10}
大气中污染物浓度/（mg/kg）	0

萘、菲两种污染物参数数值如表 7-22 所示。

表 7-22   研究区内萘、菲的参数数值

污染物	污染物辛醇-水分配系数 log K_{OW}	污染物空气-水分配系数	土壤溶液中污染物浓度/（mg/kg）
菲	4.57	0.001 465	0.04
萘	3.30	0.019 130	0.35

7.5.2   评价结果分析

（1）研究区受体内污染物的暴露量

本节利用已获得的参数数值，计算出污染物在植物体内的浓度，进而对污染物进行暴露评价。所研究的污染物和植物均有两种，分别为菲和萘、芦苇和碱蓬。因此需要分别计算碱蓬体内菲和萘的浓度，以及芦苇体内菲和萘的浓度。

1）碱蓬体内污染物浓度计算

植物根部污染物浓度：

$$C_{root}(kg/kg_{wwt}) = \frac{K_{plant-water} \cdot C_w}{\rho_{plant}} = \frac{\left(F_{water} + F_{fat} \cdot K_{ow}{}^b\right) \cdot C_w}{\rho_{plant}} \tag{7-24}$$

植物地上部分污染物的稳态浓度：

$$C_L(\infty) = b/a \tag{7-25}$$

式中，$a = \dfrac{A \cdot g}{K_{leaf-air}V_{leaf}} + \lambda_E + \lambda_G$

$b = C_w \text{TSCF}(Q/V_L) + C_A g(A/V_L)$

植物地上部分污染物浓度达稳态时间：

$$t_{95} = -\ln 0.05/a \tag{7-26}$$

植物对污染物的吸收速率：

$$dC_L/dt = C_w \text{TSCF}(Q/V_L) + C_A g(A/V_L) \tag{7-27}$$

使用上述的参数取值，代入模型，结果如表 7-23 所示。

表 7-23   萘和菲对碱蓬的暴露量

污染物	植物根部污染物浓度/（mg/kg）	植物地上部分污染物的稳态浓度/（mg/kg）	植物地上部分污染物浓度达稳态的时间	植物对污染物的吸收速率/[mg/（s·kg）]
萘	1.01×10^{-2}	1.80×10^{-2}	2.25 h	3.80×10^{-6}
菲	9.27×10^{-3}	0.02	3.12 d	1.73×10^{-7}

从表 7-23 可见，达到稳态后，碱蓬体内萘和菲的积累量并无太大差异，但碱蓬对萘的吸收速率近似为对菲的吸收量的 23 倍，这样碱蓬体内萘的浓度达到稳定值的时间是菲的

浓度达到稳定值时间的 1/33。其原因可能是萘的油水分配系数为 2 000 L/kg，菲的油水分配系数为 23 000 L/kg，因此萘比菲有更强的迁移性，更容易被碱蓬吸收。

2）芦苇体内污染物浓度计算

植物根部污染物浓度：

$$C_{\text{root}}(\text{kg/kg}_{\text{wwt}}) = \frac{K_{\text{plant}-\text{water}} \cdot C_{\text{w}}}{\rho_{\text{plant}}} = \frac{\left(F_{\text{water}} + F_{\text{fat}} \cdot K_{\text{ow}}{}^{b}\right) \cdot C_{\text{w}}}{\rho_{\text{plant}}} \tag{7-28}$$

植物地上部分污染物的稳态浓度：

$$C_{\text{L}}(\infty) = b/a \tag{7-29}$$

式中，$a = \dfrac{A \cdot g}{K_{\text{leaf}-\text{air}}V_{\text{leaf}}} + \lambda_{\text{E}} + \lambda_{\text{G}}$

$b = C_{\text{W}}\text{TSCF}(Q/V_{\text{L}}) + C_{\text{A}}g(A/V_{\text{L}})$

植物地上部分污染物浓度达稳态时间：

$$t_{95} = -\ln 0.05/a \tag{7-30}$$

植物对污染物的吸收速率：

$$\mathrm{d}C_{\text{L}}/\mathrm{d}t = C_{\text{W}}\text{TSCF}(Q/V_{\text{L}}) + C_{\text{A}}g(A/V_{\text{L}}) \tag{7-31}$$

利用表所示的参数取值，代入模型，结果如表 7-24 所示。

表 7-24　研究区内碱蓬的暴露量

污染物	植物根部污染物浓度/（mg/kg）	植物地上部分污染物的稳态浓度/（mg/kg）	植物地上部分污染物浓度达稳态的时间	植物对污染物的吸收速率/[mg/（s·kg）]
萘	1.091×10^{-2}	6.30×10^{-2}	39.32 min	8×10^{-5}
菲	1.99×10^{-2}	0.27	2.25 d	4.15×10^{-6}

由表 7-24 可见，达到稳态后，芦苇根部萘和菲浓度并无太大差异，地上部分菲的浓度约为萘浓度的 4.3 倍。与碱蓬类似，芦苇对萘的吸收速率近似为对菲的吸收量的 19.23 倍，芦苇体内萘的浓度达到稳定值的时间是菲达到稳定值时间的 1/82。其原因也应该为萘比菲有更小的油水分配系数、更强的迁移性，更容易被植物吸收。

（2）典型石油开采区污染物暴露评价

通过对 1 个采样点中碱蓬、芦苇体内菲、萘的浓度计算，可以测出 4 个结果，即植物地上部分污染物浓度达到稳态时间、植物地上部分的稳态浓度和植物根部的稳态浓度，以及植物对污染物的吸收量。具体数值见表 7-25。

由计算结果可知，达到稳态后，植物体内菲和萘的浓度没有太大差别。但植物对萘单位时间内的吸收量是对菲吸收量的 20 倍左右，植物体内菲浓度达到稳态的时间是萘达稳态时间的 30 倍以上。可能因为菲和萘具有不同的油水分配系数，导致植物对萘的吸收比对菲的吸收容易。

表 7-25　模型计算结果

植物	污染物	植物地上部分达到稳态时间	植物地上部分稳态浓度/（mg/kg）	植物根部稳态浓度/（mg/kg）	植物对污染物的吸收速率/[mg/（s·kg）]
碱蓬	菲	3.12 d	0.03	1.85×10^{-3}	1.73×10^{-7}
	萘	2.25 h	1.65×10^{-2}	9.23×10^{-3}	3.80×10^{-6}
芦苇	菲	2.25 d	0.27	1.99×10^{-2}	4.15×10^{-6}
	萘	39.32 min	5.76×10^{-2}	9.93×10^{-3}	8×10^{-5}

7.5.3　暴露评价技术规范框架的分析

（1）暴露评价的法律法规依据

法律法规是制定技术规范的重要依据。我国目前已有的与生态暴露评价相关的法律法规主要包括《中华人民共和国固体废物污染环境防治法》、《中华人民共和国环境影响评价法》、《中华人民共和国野生动物保护法》、《中华人民共和国森林法》、《地表水环境质量标准》、《地下水质量标准》、《土壤环境质量标准》、《地下水环境监测技术规范》等。

（2）评价技术规范框架

石油污染场地生态评价的合理性与可行性，是建立在对评价区域信息的调查了解和评价技术与方法的有效运用的基础上。基于此，为了保证生态暴露评价的系统性、评价程序的规范性和完整性，全面地把握评价过程与相应的技术要求，突出评价的层次性，构建石油污染场地生态风险评价框架，如图 7-9 所示。主要包括：场地信息调查、生态暴露途径分析、生态暴露评价。

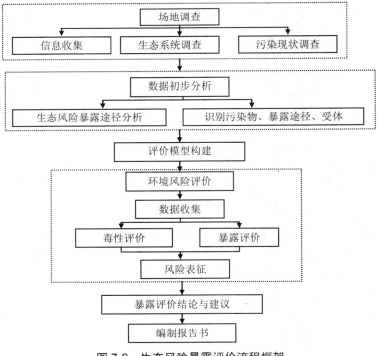

图 7-9　生态风险暴露评价流程框架

1）场地信息调查

A. 文献调查

文献调查包括（但不限于）国家和地方的相关环境法律法规；油田的开采年限、产油量、井场分布和开采过程等信息；其他工业企业名录、生产过程及产品信息；政府各部门关于场地的资料记录、已有采样记录、场地修复历史、违反相关环境法律法规记录、历史填埋记录等；已有生态系统调查记录，主要动植物类型、分布和保护等级；油田区土地利用类型、功能和自然保护区的分布。

文献调查应通过现场踏勘进行验证和及时更新。可通过走访下列人员进行取证：油田区现阶段工作、周边居住人员、其他了解历史状况的人员。

B. 制订现场调查方案

现场调查包括场地物理特征、污染水平、植物群落特征等。调查工作方案作为调查的指导性文件，主要包括如下内容：

①场地概况调查计划：调查范围、主要污染源、主要污染物、潜在受体、场地物理特性、土地利用、主要植被类型和分布。

②现场踏勘计划：现场了解场地地面环境与土地利用，油井和其他设施的类型和位置，初步判断石油污染状况及其对植物生长的影响，简单识别直接或潜在污染源及其污染途径等。

③采样与分析计划：按照生态暴露评价的需求设置土壤、大气、植物、水等的采样位置、方法、样品数量、分析项目等。

④详细日程安排：调查内容、时间安排。

C. 采样及分析要求

①采样点布设原则

采样点应尽可能布设在最有可能受到污染的区段，优先考虑在污染源或可疑污染源分布区；若场地及其周边地区存在需要特殊保护的环境敏感区，应在敏感区周边设置采样点。在采样过程中必须要同时采集质量保证/质量控制样品。

如果设定的采样点由于障碍物或存在安全威胁而无法采样，需要经过环保执法部门批准，并在提交的场地调查中作详细说明。

②主要检测指标

土壤样品：有机污染物分析项目主要包含总石油烃，自选分析项目一般为污染场地中含量较高、对环境危害较大、影响范围较广、毒性强的污染物，或者污染事故对环境造成严重不良影响的物质，具体包括有毒有害的无机污染物和有机污染物。无机污染物主要包含镉、铬、汞、砷、铅、铜、锌、镍等重金属元素。

植物样品：植物样品的数据获取分为现场数据和室内实验数据两部分。现场数据包括植物的种类、数量、密度、盖度、植株高度等，另外可以利用便携式现场检测设备获取叶面积、叶绿素、蒸腾速率等植物生理生态指标。室内实验主要获取脯氨酸、丙二醛、过氧化物歧化酶等反映植物逆境生理现象的指标和植物体各部分中污染物的种类和含量。

空气样品：空气样品检测以有机污染物为主，包括挥发性有机物、半挥发性有机物等。

2）暴露途径分析

结合污染调查和生态调查的结果，考虑受体各受污染介质（水、土壤、大气等）的直接接触的途径或通过食物链暴露的途径，确定受体的暴露途径。

A. 污染特征

①污染物的性质：识别相关污染物的特征，主要包括：环境介质中相关化学组分的背景值；污染物的物化属性，如挥发性和溶解性；污染物迁移、转化、沉积特征；污染物的生态毒性数据。

②赋存介质、状态和含量：识别污染介质、污染范围及其污染扩展趋势；环境介质中（土壤、地表水、地下水、沉积物、大气和生物体）不同暴露途径的污染物浓度；污染发生频率、场地优先污染物。

③污染物的暴露方式、暴露频率：了解油田区的事故历史、处理情况和设备、管道维修情况，查阅环保部门的相关事故记录、采样分析记录，结合现场检测数据，识别污染物的主要暴露方式和暴露频率。

B. 生态环境特征

①生态系统构成元素：通过现场样方调研，分析生态系统的群落构成，调查不同物种的共生情况，结合文献调研确定油田区生态系统中各级生物的主要种类和共生、捕食等关系；了解人为干扰下的生态系统的群落修复和物种演变过程。

②生物种类、分布、特性：了解生态系统的主要受体类型，查阅其株高、叶长、根长等形态特征，生存环境、喜水性生命周期等生态习性，以及繁殖方式、主要共生植物等其他信息。

③污染物的生物利用：通过现场调查和室内实验，获取不同污染状况下动植物的密度、多样性，研究动植物的生长参数和生理生态指标随污染程度不同的变化；分析不同的污染方式、频率和浓度下对生物体造成的损伤和影响，以及对生态系统结构的直接和间接破坏；分析污染物的生物可利用性，以及生物累积和生物耐受潜力。

C. 确定暴露途径

暴露途径的识别，需考虑受体与所有受污染介质（地下水、地表水、沉积物、土壤、大气和生物体）直接接触（皮肤接触、呼吸、摄取）的途径或通过食物链暴露的途径。

3）暴露评价

A. 选择指标性污染物和受体

①指标性污染物的选择

石油是一种多组分的复杂混合物，为了使得暴露评价更加有效、顺利地开展，需要选择指标性的污染物进行评价，目标污染物的选取需要遵循如下原则：

➢　在油田区环境中含量较高，不易自然衰减。

➢　迁移能力强，在生态系统中分布广泛。

➢　物质的结构、性质比较清楚，便于开展研究。

➢　毒性大，对动植物的生长和繁殖具有较大危害。

②指标性植物筛选

生态暴露评价指标性植物选择的原则主要归纳为以下几个方面：

➢　尽量选择乡土种：结合当地的气候特征和植被分布来选择最适宜的植物。本地物　　种对当地的气候条件适应程度较高，具有一定的生存优势，是首选物种。

➢　具有一定抗逆性：主要是考虑到大庆地区纬度较高，故要求指标性植物即使在恶劣的环境下也能基本正常生长。

➤ 对污染具有敏感性：结合国内外已有的相关研究成果，将植物的株高、叶片数、叶绿素含量、根系活力和植物体内游离脯氨酸含量纳入植物生理生态学调查的指标体系。指标性植物在受到石油污染时，相关指标应当出现显著性变化。

一般来说，一二年生植物对于石油污染表现比较敏感。为了确定指标性植物，可以开展一定的前期实验，研究不同植物的叶绿素含量、游离脯氨酸含量等生理生态指标与土壤含油量之间的相关性，从而选择比较敏感的物种进行评价。

B. 评价模型构建

石油污染场地是一个包括地表水体、土壤、大气和生物的多介质复合体系，污染物从土壤、大气、地表和地下水体生物迁移至动植物体内。污染物迁移转化过程中，暴露途径具有复杂性和多样性，主要包括四大模块：水体摄入模块、大气吸入模块、土壤摄入模块、生物转化模块。

模型构建以识别暴露途径的复杂性和多样性，明确各种暴露途径的内在关联性，准确量化污染物的暴露浓度为原则，最终建立污染物暴露和积累的量化关系。

C. 污染特征分析

由场地调查所获得的信息数据和数据初步分析结果，分析有关的污染物空间分布和释放浓度，量化从源到介质之间的污染物迁移和转化过程。

D. 受体表征

通过收集与污染场地相关的受体信息，包括暴露受体的生活习性、群落演化和共生关系等，表征植物对污染物暴露和敏感度的属性。

E. 影响因素分析

分析模型模块内不同因素对暴露水平的影响，如污染场地土壤性质、污染物性质和植物生长参数等，量化主要影响因素与风险暴露之间的关系。

F. 不确定性分析

不确定性分析是指对环境风险评价过程中（数据收集、毒性评价和暴露评价）的不确定性进行定性或定量表达，如所收集数据的可靠性，评价模型中某些假设、输入参数的不确定性和可能发生的概率事件。通过不确定性分析，求得环境风险评价模型参数的空间分布，从而提高模型使用的可靠性、降低决策的风险度，使决策更加合理科学。通常运用蒙特卡洛技术（但不限于）传递参数差异，用以提出与风险评价相联系的不确定性。

第 8 章　典型石油开采区污染对植物的生态风险

随着油田的开发建设，永久性占地面积逐年增加，生物多样性受到影响，景观破碎化程度大大增加，景观格局发生了重大变化。

1992—2009 年，黄河三角洲胜利油田油井数量和公路数量大量增加，油井密度以及公路密度与斑块数量存在明显正相关，与斑块形状指数呈显著负相关，老油井影响更大，湿地生态系统受到破坏（Bi 等，2011），环境退化加剧（Qi 和 Fang，2007），带来很大的生态风险（Xu 等，2004）。大庆油田开发过程中存在草原面积逐渐减少、草原"三化"加剧、草原土壤板结、草原支离破碎、草原优势植物群落变化很大、许多珍稀和重要经济植物濒临灭亡等生态环境问题（王久瑞等，2002）。

如何把土壤-植物系统各水平上不同指标对石油污染物的响应与石油污染的生态效应联系起来，既探求石油污染的毒理学机理，又能够预测石油污染的生态效应，既理解石油污染的急性效应，又寻求石油污染的长期影响，是目前石油污染生态效应研究的重点和难点之一。

开展石油污染的生态效应研究有助于筛选石油污染的优先污染物，有助于确定石油污染的敏感受体、敏感生态系统和敏感区域，有助于筛选石油污染的耐性物种和高效降解生物。因此，全面系统地认识石油污染的生态效应将有助于完善环境污染生态效应研究的理论和方法体系，有助于更加准确地评价石油污染的生态风险，有助于石油污染的高效修复，同时可为石油开采过程中的污染控制与生态环境管理提供指导，因而具有重要的理论和实践意义。

8.1　石油污染对植物影响的研究方法

本研究采用野外调查和野外控制实验相结合的方法。研究的技术路线见图 8-1。

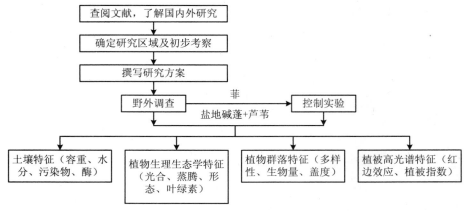

图 8-1　技术路线

8.1.1 野外调查实验设计

野外调查时共设置了 5 个油井样地和 3 个远离油井的对照样地。在各样地中主要开展了土壤生物学特征、典型植物生理生态学特征、植物群落生态学特征、植被高光谱特征等研究，并采用 GPS 记录了各个样地的地理位置、海拔等基本信息（表 8-1）。同时，通过与河口采油厂地质研究所的接洽，获取了 5 个油井的生产数据（表 8-2）。

野外调查时在每个油井样地中测量植物群落边缘距油井的距离，以植物群落边缘为起点，沿远离油井的方向布设 3 条样线。根据各个油井的实际情况在每条样线上设置 8～12 个观察点。同时确定了 3 个远离油井的对照样地，在每个样地中设置 3 个观察点。在每个观察点上设置 1 个 1 m×1 m 的样方进行各项指标的测定。油井样地和对照样地的取样设计见图 8-2。

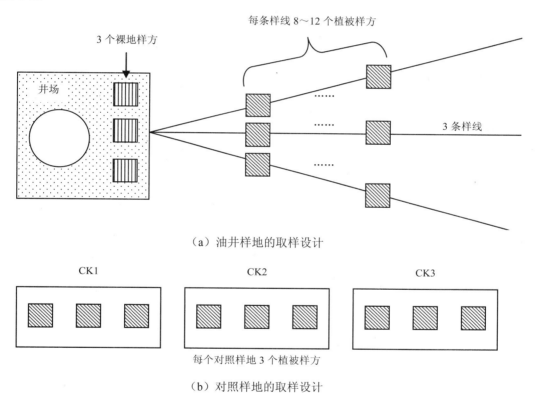

（a）油井样地的取样设计

（b）对照样地的取样设计

图 8-2 典型石油开采区石油污染生态效应表征和分析技术研究野外调查取样设计

表 8-1 油井样地的地理位置

样地编号	井号	经度	纬度	海拔/m
1	23-6	E118°38.141′	N38°01.431′	
2	24-5	E118°37.909′	N38°01.365′	7
3	25-C8	E118°37.964′	N38°01.086′	
4	C28-81	E118°37.425′	N38°00.799′	7
5	埕 28-82	E118°37.564′	N38°00.839′	

表 8-2 油井样地内油井生产数据

样地编号	井号	投产时间	油性	黏度/（mPa·s）	密度	年产油量/万 t	井深/m	开采方式
1	CDC23-6	1999-3-12	普通稠油	3 618	0.979 5	0.085 5	1 400	抽油机
2	CDC24-5	2001-4-9	普通稠油	3 300	0.979 3	0.036	1 400	抽油机
3	CDC25-C8	2002-12-22	普通稠油	1 587	0.975 8	0.048 5	1 400	抽油机
4	CDC28-82	1997-3-4	普通稠油	2 502	0.973 3	0.301 5	1 520	抽油机
5	CDC28-81	1996-1-13	普通稠油	1 175	0.963 6	0.046 8	1 498	抽油机

（1）土壤取样

在每个样方内各挖取 1 个土壤剖面。同时在 3 个油井样地的井场裸地中，各挖取 3 个土壤剖面。在各个剖面 0～30 cm 处各采集一个土壤酶和土壤总石油烃（TPH）分析样品，将同一油井样地内等距离的 3 个观察点和井场裸地的 3 个观察点的土壤样品混合后，取 50 g 土于自封袋内，并立即放入手提冰箱中保鲜。将同一油井样地内等距离的 3 个观察点和井场裸地的 3 个观察点的土壤样品混合后，取 150 g 土于布袋内。此外，还测定了各个剖面 0～5 cm、5～10 cm、10～20 cm 和 20～30 cm 土壤层次的土壤水分含量和各个剖面 0～5 cm 土壤层次的土壤容重。

（2）土壤样品分析

①土壤 TPH

将同一样点 4 个土层的土样混合，再将同一油井样地内 3 条样线上等距离样点的土样混合后测定土壤总石油烃含量，共测定 59 个样品，其中包含裸地土壤样品 3 个。研究区域内，土壤总石油烃含量为 8.5～689.0 mg/kg，均值为 114.9 mg/kg。

②土壤酶

测定了过氧化氢酶、脲酶、脂肪酶 3 种土壤酶的活性。将同一样点 4 个土层的土样混合后测定 3 种土壤酶活性，共测定 531 个样品。

（3）芦苇形态学特征

在每个样方内观察了 3 株芦苇的叶片数和 1 株芦苇上所有完整叶片的叶长和叶宽等参数。

（4）芦苇光合、蒸腾作用日动态测定

在 3 个油井样地中，各选择一条样线，采用 LI-6400 光合仪测定了芦苇的光合和蒸腾参数的日变化。主要测定指标包括净光合速率、气孔导度、胞间 CO_2 浓度、蒸腾速率等。根据各样地的实际情况，每个样地每天测定 6～8 次。在每次测定中，每条样线的 12 个观察点上各选择 5 株芦苇，然后在每株芦苇自上而下第 5 个展开叶的最宽处测定各指标，每个叶片记录 3 次数据。同时，对于较窄的叶片采用画图法记录了其在光合仪叶室内的面积。

（5）群落特征

在各个样方中统计了所有植物的数量、高度、盖度、频度、密度等指标，采用收获法调查了各样方内各种植物的地上生物量。采用以下方法计算了物种多样性指数：辛普森多样性指数（Simpson's diversity index）、香农-威纳指数（Shannon-Weiner index）和 Pielou 均匀度指数。

（6）植被光谱特征

植被反射光谱是综合反映植被生长状况和活力的良好信息，特别是红边特征和植被指数，过去曾被广泛应用于植被监测。植被指数是定量反映植被活力、特定光谱波段的线性或非线性组合。由于植物对红光的吸收和近红外光的强烈反射，植被光谱在可见光波段和近红外波段之间反射率急剧上升，形成所谓的"红边"。"红边"现象在岩石、土壤和大部分植物凋落物中不存在，是绿色植物特有的、最明显的光谱特征之一。当绿色植物叶绿素含量高、生长活力旺盛时，此"红边"会向红外方向偏移；当植物由于污染、病虫害或物候变化而"失绿"时，"红边"会向蓝光方向移动。

植被反射光谱的红边特征可用红边、红边斜率、红边面积 3 个参数反映。"红边"或"红边位置"是植被反射光谱曲线在 680～750 nm 波长之间反射率一阶微分最大值对应的波长。红边斜率是植被反射光谱曲线在 680～750 nm 波长之间反射率一阶微分的最大值。红边面积为植被反射光谱曲线在 680～750 nm 波长之间一阶微分曲线包围的面积。这些红边参数与生物量、叶面积指数、叶绿素密度、光合能力等指标均存在一定的相关性，是综合反映植被活力状况的指标。

在 5 个油井样地和 3 个对照样地中，在 3 条样线的各个观察点和 3 个对照样地的各个观察点上，采用 FieldSpec Pro 全波段光谱仪测定了植被高分辨率反射光谱，测定在每天上午的 10～12 时之间进行，测定时天空晴朗无云，地面无积水。每个观察点上重复观察 10 次。同时，在各个油井样地和对照样地中，各设置了 3 个裸地观察点，并测定其高分辨率反射光谱，每个观察点重复 10 次。此外，还测定了典型植物芦苇和碱蓬的高分辨率反射光谱，每种植物重复 10 次。室内分析时，删除与其他曲线存在明显差异的异常曲线，再计算每个采样点剩余高光谱曲线的平均值，得到每个采样点芦苇植被的高光谱曲线，再计算各样点的植被指数和红边参数。

本研究中，将植被指数分为 3 类：高光谱植被指数、窄波段多光谱植被指数、宽波段多光谱植被指数。高光谱植被指数指基于高分辨率反射光谱特定波长发展的植被（光谱）指数。多光谱植被指数指基于传统多光谱遥感数据（例如 Landsat、Modis 等）发展的植被指数。

窄波段多光谱植被指数计算采用的波长如下：

蓝光=470 nm，绿光=550 nm，红光=680 nm，近红外=800 nm

宽波段多光谱植被指数计算采用的波段与 Landsat ETM+传感器一致，具体如下：

蓝光=450～515 nm，绿光=525～605 nm，红光=630～690 nm，近红外=750～900 nm

1）本研究采用的多光谱植被指数如下：

①归一化植被指数（Normalized Difference Vegetation Index，NDVI）的提出是为了消除季节性太阳角度的差异，将大气衰减的影响最小化。

$$\mathrm{NDVI} = \frac{\rho_{\mathrm{NIR}} - \rho_{\mathrm{R}}}{\rho_{\mathrm{NIR}} + \rho_{\mathrm{R}}} \tag{8-1}$$

式中，ρ 为光谱反射率，NIR 和 R 分别为近红外和红光波段。

②土壤调节植被指数（Soil Adjusted Vegetation Index，SAVI）：将土壤的近红外（因变量）和红光（自变量）波段的反射率表示在二维坐标系中时，土壤的数据点会形成一条直线，此条线即为土壤线。植被的数据点一般位于土壤线的上方。SAVI 假定植被等值线

与土壤线相交于二维坐标系的第三象限（Huete，1988）。将二维坐标系进行平移以使植被等值线相交于新坐标系的原点，由于土壤线的斜率接近 1，也就是给近红外和红光反射率各加 1 个等值的调整因子，因此等于在分母上增加了 1 个调整因子 L。同时，为了维持 NDVI 取值的范围，再乘以（1+L）。

$$\text{SAVI} = (1+L)\frac{\rho_{\text{NIR}} - \rho_{\text{R}}}{\rho_{\text{NIR}} + \rho_{\text{R}} + L} \qquad (8\text{-}2)$$

式中，L 为土壤背景调整因子。Huete 提出了不同密度下的 L 值，并指出中等植被密度的情况下，L 可以取值 0.5。

③变换的土壤调节植被指数（Transformed Soil Adjusted Vegetation Index，TSAVI）：TSAVI 表征了两条线之间的夹角。其中，一条线是土壤线，另一条线连接了植被数据点和土壤线的截距。

$$\text{TSAVI} = a\frac{\rho_{\text{NIR}} - a\rho_{\text{R}} - b}{a\rho_{\text{NIR}} + \rho_{\text{R}} - ab} \qquad (8\text{-}3)$$

式中，a 和 b 分别为土壤线的斜率和截距。

④大气修正植被指数（Atmospherically Resistant Vegetation Index，ARVI）：ARVI 利用蓝光和红光波段反射率的差异来消除大气效应对红光波段的影响。

$$\text{ARVI} = \frac{\rho_{\text{NIR}} - [\rho_{\text{R}} - \gamma(\rho_{\text{B}} - \rho_{\text{R}})]}{\rho_{\text{NIR}} + [\rho_{\text{R}} - \gamma(\rho_{\text{B}} - \rho_{\text{R}})]} \qquad (8\text{-}4)$$

式中，B 为蓝光波段；γ 取值 1，该取值既适合存在小尺寸和中等尺寸气溶胶颗粒的植被区域，也适用于存在大尺寸气溶胶颗粒的干旱地区。

⑤修正的土壤调节植被指数（Modified Soil Adjusted Vegetation Index，MSAVI）：MSAVI 将 SAVI 中 L 的取值定义为一个函数。

$$L = 1 - 2a \times \text{NDVI} \times \text{WDVI} \qquad (8\text{-}5)$$

式中，WDVI 为加权差异植被指数（Weighted Difference Vegetation Index）。

$$\text{WDVI} = \rho_{\text{NIR}} - a\rho_{\text{R}} \qquad (8\text{-}6)$$

式中，a 为土壤线的斜率。

因此，

$$\text{MSAVI} = (1+L)\frac{\rho_{\text{NIR}} - \rho_{\text{R}}}{\rho_{\text{NIR}} + \rho_{\text{R}} + L} = (1 + 1 - 2a \times \text{NDVI} \times \text{WDVI}) \times$$

$$\frac{\rho_{\text{NIR}} - \rho_{\text{R}}}{\rho_{\text{NIR}} + \rho_{\text{R}} + 1 - 2a \times \text{NDVI} \times \text{WDVI}}$$

⑥优化土壤调节植被指数（Optimization of Soil-Adjusted Vegetation Index，OSAVI）：OSAVI 将 L 取值为 0.16。因此，

$$\text{OSAVI} = (1 + 0.16)\frac{(\rho_{\text{NIR}} - \rho_{\text{R}})}{(\rho_{\text{NIR}} + \rho_{\text{R}} + 0.16)} \qquad (8\text{-}7)$$

2）本研究采用的高光谱植被指数如下（Blackburn，1998）：

①特定色素简单比值法（Pigment Specific Simple Ratio，PSSR）和特定色素归一化差

值法（Pigment Specific Normalized Difference，PSND）：叶绿素 a、叶绿素 b 和类胡萝卜素 c 浓度预测的最佳经验波段依次为 680 nm、635 nm 和 470 nm（Blackburn，1998）。因此，利用 RVI 和 NDVI 的结构形式，发展了 PSSR 和 PSND。

$$PSSR_a = \frac{\rho_{800}}{\rho_{680}} \tag{8-8}$$

$$PSSR_b = \frac{\rho_{800}}{\rho_{635}} \tag{8-9}$$

$$PSSR_c = \frac{\rho_{800}}{\rho_{470}} \tag{8-10}$$

$$PSND_a = \frac{\rho_{800} - \rho_{680}}{\rho_{800} + \rho_{680}} \tag{8-11}$$

$$PSND_b = \frac{\rho_{800} - \rho_{635}}{\rho_{800} + \rho_{635}} \tag{8-12}$$

$$PSND_c = \frac{\rho_{800} - \rho_{470}}{\rho_{800} + \rho_{470}} \tag{8-13}$$

式中，下标数字代表波长。

②修正叶绿素吸收比率指数（Modified Chlorophyll Absorption Ratio Index，MCARI）：MCARI 是对 Chlorophyll Absorption Ratio Index 的进一步改进，Chlorophyll Absorption Ratio Index 能够最小化非光合物质对估计吸收的光合有效辐射的影响。MCARI 表征了相对于 550 nm 和 700 nm 处的反射，叶绿素在 670 nm 处的吸收深度。

$$MCARI = \frac{\rho_{700}}{\rho_{670}} \times [(\rho_{700} - \rho_{670}) - 0.2 \times (\rho_{700} - \rho_{550})] \tag{8-14}$$

③三角植被指数（Triangular Vegetation Index，TVI）：TVI 是由绿光反射峰、叶绿素吸收谷和近红外反射肩所构成的三角形的面积。

$$TVI = 0.5[120(\rho_{750} - \rho_{550}) - 200(\rho_{670} - \rho_{550})] \tag{8-15}$$

④气溶胶自由植被指数（Aerosol Free Vegetation Index，AFRI）：在烟和硫酸盐等气溶胶存在的情况下，短波红外也可以穿透大气柱，AFRI 利用了短波红外的这一特性。

$$AFRI = \frac{\rho_{800} - 0.5\rho_{2100}}{\rho_{800} + 0.5\rho_{2100}} \tag{8-16}$$

⑤改进的叶绿素吸收反射指数（Transformed Chlorophyll Absorption in Reflectance Index，TCARI）：TCARI 采用了类似于 MCARI 的结构，不同的是 ρ_{700}/ρ_{670} 在公式中的位置。TCARI 利用 ρ_{700}/ρ_{670} 来消除土壤背景对（$\rho_{700} - \rho_{550}$）的影响。

$$TCARI = 3 \times [(\rho_{700} - \rho_{670}) - 0.2 \times (\rho_{700} - \rho_{550}) \times \frac{\rho_{700}}{\rho_{670}}] \tag{8-17}$$

3）本研究中主要采用不同方法计算了红边斜率和红边面积两个红边参数。

①红边斜率（Red Edge Slope，RES）的计算方法如下。

最大一阶导数法（deRES）：植被反射光谱的一阶导数光谱在 680～750 nm 处的最大值

（Horler 等，1983）。

线性四点内插法（fpiRES）：假定红边范围内反射光谱曲线为一直线，且红边拐点的反射率 $\rho_{RE} = \dfrac{\rho_{670} + \rho_{780}}{2}$，则红边位置 $REP = 700 + 40\dfrac{\rho_{RE} - \rho_{700}}{\rho_{740} - \rho_{700}}$，红边位置对应的导数光谱值即为 fpiRES。

倒高斯拟合法（GauRES）：采用高斯函数 $y = y_0 + Ae^{-\frac{(x-x_c)^2}{2w^2}}$ 拟合导数光谱，则拟合曲线的 A 值即为 GauRES。

六次多项式拟合法（spoRES）：采用多项式 $y = a + b_1x + b_2x^2 + b_3x^3 + b_4x^4 + b_5x^5 + b_6x^6$ 拟合反射光谱，得到拟合曲线后求导，导数最大值即为 spoRES。

五次多项式拟合法（fpoRES）：采用多项式 $y = a + b_1x + b_2x^2 + b_3x^3 + b_4x^4 + b_5x^5$ 拟合反射光谱，得到拟合曲线后求导，导数最大值即为 fpoRES（Pu 等，2003）。

红边（c2RES）：红边双峰第二主峰（右峰）对应的导数光谱值（Horler 等，1983）。

②红边面积（Red Ege Area，REA）的计算方法如下：

光谱和（sumREA）：680～750 nm 一阶导数光谱的和。

倒高斯拟合法（GauREA）：对高斯拟合曲线积分，得到的值即为 GauREA。

六次多项式拟合法（spoREA）：对六次多项式导数曲线进行积分，得到的值即为 spoREA。

五次多项式拟合法（fpoREA）：对五次多项式导数曲线进行积分，得到的值即为 spoREA。

光谱积分值（intREA）：680～750 nm 一阶导数光谱的积分值。

8.1.2　野外控制实验

（1）样地选择

2010 年 5 月中旬，在充分考察山东省东营市河口区周边植被等情况的基础上，通过与河口采油厂地质研究所和河口区广河村民委员会的接洽，确定分别以盐地碱蓬和芦苇为优势种的样地各 1 块。

（2）野外控制实验实施

综合国内外文献和其他子课题研究成果，确定菲为典型污染物。设置 4 个浓度：0 mg/kg、0.5 mg/kg、5 mg/kg、50 mg/kg，每个浓度重复 3 次。实验布局如图 8-3 所示，每个试验小区面积为 2 m×2 m。

已有文献资料（肖汝等，2006）表明菲主要分布在 0～40 cm 土层土壤中。所以，可以假定菲加入土壤后，主要集中于 0～50 cm 土层土壤中。

2009 年野外调查数据表明，胜利油田 0～5 cm 土层土壤平均容重为 1.23 g/cm³，则 200 cm × 200 cm × 50 cm 长方形土体的土壤干重≈200 cm × 200 cm × 50 cm × 1.23 g/cm³= 2 460 kg≈2 500 kg。据此，可计算出各处理所需菲的总量。然后将各处理所需菲分别溶于 3L 丙酮（过去的实验表明，丙酮对植物几乎没有毒害作用）。最后，将菲的丙酮溶液均匀喷洒在土壤表面，喷洒面积为 2 m×2 m。菲浓度为 0 mg/kg 的处理仅喷洒 3L 丙酮。

8.1.3　野外控制实验调查

2010 年 5 月中旬，在施加菲前，对各个试验小区内的土壤和植被进行了背景调查。其后，分别于 2010 年 8 月上旬和 10 月中旬对野外控制实验样地进行了调查。

（1）土壤、植被背景调查内容

①芦苇、盐地碱蓬群落生态学特征。

在每个试验小区中心设置 1 个 1 m×1 m 的样方，在样方中统计所有植物的数量、高度、盖度、频度、密度等指标。

②芦苇、盐地碱蓬形态学特征。

在每个试验小区中调查了 10 株芦苇的叶片数和 3 株芦苇所有叶片的叶长和叶宽等参数。

③土壤样品取样。

在每个小区边缘布设 5 个取样点。采用环刀法测定了各个剖面 0～5 cm 处土壤容重，共获得 24 个小区×5 个调查点=120 个土壤容重数据，并在 0～5 cm、5～10 cm、10～20 cm 和 20～30 cm 土层处各采集 1 个土壤水分样品、1 个土壤酶和菲样品、1 个土壤微生物样品。然后在室内采用烘干法测定了土壤自然含水量，共获得 24 个调查点×3 次重复×4 个层次=288 个土壤水分数据。采用红外分光光度法测定了 0～30 cm 土壤总石油烃含量。芦苇样地土壤总石油烃平均含量为 9.34 mg/kg，盐地碱蓬样地为 8.55 mg/kg。两块样地土壤总石油烃含量均较低，满足控制实验的要求。

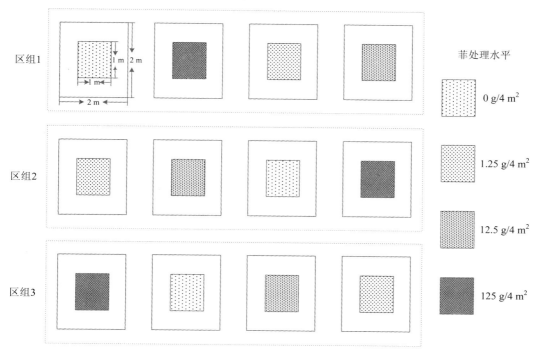

图 8-3　典型石油开采区石油污染生态效应表征和分析技术研究野外控制实验布局

芦苇群落、盐地碱蓬群落各 12 个试验小区。试验小区的面积为 2 m×2 m，调查和取样区域位于试验小区的中心，面积为 1 m×1 m。

（2）施加菲后调查内容

①芦苇、盐地碱蓬群落高光谱数据。于 2010 年 10 月中旬利用 FieldSpec HandHeld 光谱仪测定了芦苇、盐地碱蓬群落的高光谱反射特征。在每个小区内测定了 3 个调查点，每个调查点测定了 10 条高分辨率光谱反射曲线。另外，测定了 6 个裸地调查点，每个裸地调查点测定了 10 条高分辨率光谱反射曲线。

共测定（24×3+6）×10 条=780 条光谱曲线。

②芦苇叶片光合作用、蒸腾作用及叶绿素荧光参数。于 2010 年 10 月中旬利用 LI-6400 光合仪测定了芦苇叶片的光合作用、蒸腾作用及叶绿素荧光等。

在每个小区内选择 3 株芦苇，然后测定自上而下第 5 个展开叶叶片最宽处的叶绿素荧光参数（每个叶片事先已悬挂标签）。先后测定了芦苇叶片的光化学效率、PSII 效率和荧光淬灭等指标。光化学效率测定时利用暗适应夹子对芦苇叶片进行了 30 min 的遮光处理，PSII 效率和荧光淬灭等指标测定前利用自然光对植物进行了 2 h 以上的活化。

于第二天按顺序测定了标签悬挂叶片 9—10 时的净光合速率、气孔导度、胞间 CO_2 浓度、蒸腾速率等参数。

③芦苇、盐地碱蓬叶片叶绿素含量。

于 2010 年 8 月上旬和 10 月中旬测定了芦苇、盐地碱蓬的叶绿素含量 2 次。在每个小区内选择 3 株芦苇，然后采用 SPAD-502 叶绿素仪测定了 3 株芦苇所用展开叶的叶绿素含量，测量部位位于叶片最宽靠近中脉处。盐地碱蓬叶片叶绿素含量采用丙酮乙醇水混合液法，丙酮、无水乙醇和蒸馏水按 4.5∶4.5∶1 的比例配成混合液。此外，为了对芦苇叶片叶绿素含量 SPAD 值进行校准，同时采用丙酮乙醇水混合液法和 SPAD-502 叶绿素仪测定了 15 个芦苇叶片的叶绿素含量。

④芦苇、盐地碱蓬群落生态学特征。

于 2010 年 8 月上旬和 10 月中旬进行了芦苇、盐地碱蓬群落生态学调查。每个小区各设置一个 1 m×1 m 的样方，在样方中统计所有植物的数量、高度、盖度、频度、密度、叶面积指数等指标，并采用收获法测定了所有植物的地上生物量。

⑤芦苇、盐地碱蓬形态学特征。

于 2010 年 8 月上旬和 10 月中旬进行了芦苇、盐地碱蓬形态学特征调查。采用游标卡尺、卷尺等在每个小区中测定了 10 株植物的叶片数、基径、株高，3 株植物所有叶片的叶宽、叶长、叶厚。

⑥土壤样品取样。

在 1 m×1 m 的样方中沿对角线布设 5 个取样点。除土壤水分样品外，其他样品均将同一样方内 5 个取样点的土样混合。于 2010 年 8 月上旬采集了 0～5 cm、5～10 cm、10～20 cm 和 20～30 cm 土层的土壤水分样品。于 2010 年 8 月上旬和 10 月中旬采集了 0～5 cm、5～10 cm、10～20 cm 和 20～30 cm 土层土壤菲和酶样品以及土壤微生物样品。

8.2　石油污染对植被指数和红边参数的影响

8.2.1　石油污染对不同波长植被光谱反射率的影响

石油污染导致 470 nm、550 nm 和 680 nm 处植被光谱反射率上升，800 nm 处植被光谱反射率下降（$n=30$，p 值均小于 0.01）。其中，470 nm 和 680 nm 位于光合色素对可见光的强吸收带，550 nm 位于绿色植物对可见光的强反射带。这 3 个波长植被光谱反射率的变化，反映出石油污染导致植被盖度、植被光合色素密度等生物物理和生物化学参数下降，土壤在反射光谱中的贡献增加（见图 8-4）。由于光合色素对红光的吸收大于蓝光，导致石油污染对红光波段的影响最大。同时，土壤反射光谱和植被反射光谱在近红外波段差异较小，因此，石油污染对近红外波段的影响最小。

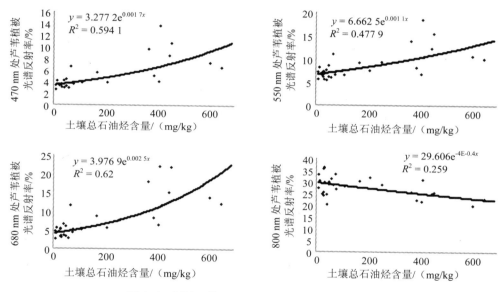

图 8-4　石油污染对不同波段植被反射率的影响

8.2.2　石油污染对高光谱植被指数的影响

石油污染导致各种高光谱植被指数下降。与不同波长植被光谱反射率相比，各高光谱指数都能够更好地反映石油污染程度，其中，以 MCARI 为最佳（见图 8-5）。本研究中，除 AFRI 外，其他指标都是针对光合色素的估算发展的。Daughtry 等（2000）指出 MCARI 与叶片叶绿素显著相关，而且能够消除土壤背景对植被反射光谱的影响。Blackburn（1998）指出 PSSR 和 PSND 不仅与叶片叶绿素含量显著相关，而且与类胡萝卜素也存在很好的相关性。Broge 和 Leblanc（2001）认为，TVI 不仅与叶片叶绿素含量相关，与 LAI 也存在很好的相关性。Haboudane 等（2002）认为，TCARI 对叶片叶绿素的变异较敏感，而对 LAI 和太阳天顶角的变异不敏感。而 AFVI 在消除大气对植被反射光谱影响方面能够发挥很好的作用（Karnieli 等，2001）。

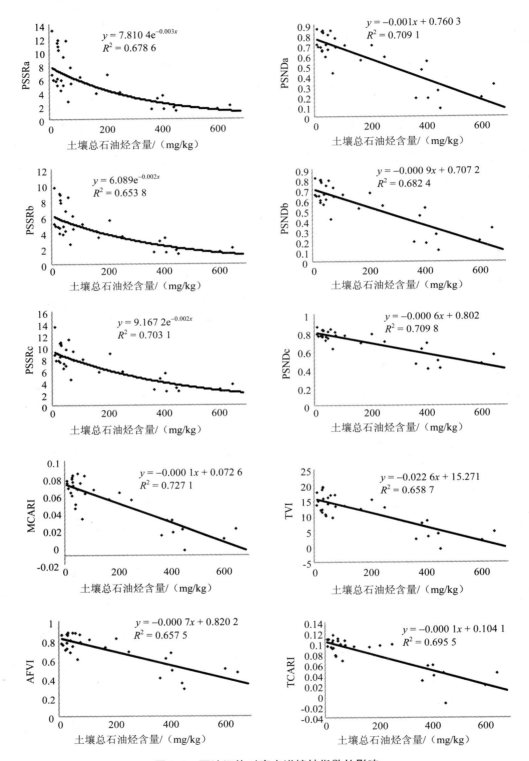

图 8-5 石油污染对高光谱植被指数的影响

8.2.3　石油污染对窄波段多光谱植被指数的影响

窄波段多光谱植被指数也能够很好地消除土壤背景（nNDVI、nSAVI、nTSAVI、nMSAVI 和 nOSAVI）和大气吸收等对植被反射光谱的影响，较好地反映环境胁迫下植被活力的变化。各指数中，以 nTSAVI 为最佳。尽管上述指标是基于多光谱遥感数据发展而来的，但是，本研究中，上述指标都较好地反映了石油污染对植被生长的影响，说明多光谱植被指数同样适用于地面植被光谱反射数据（图 8-6）。过去大量的研究表明，上述 6 个多光谱植被指数与生物量、LAI、植被盖度、fAPAR、光合色素等生物化学物质含量有很好的相关性，而石油污染对上述指标均能产生较大影响。因此，本研究进一步证实遥感作为综合监测环境胁迫下植被活力状况的指标的潜力。

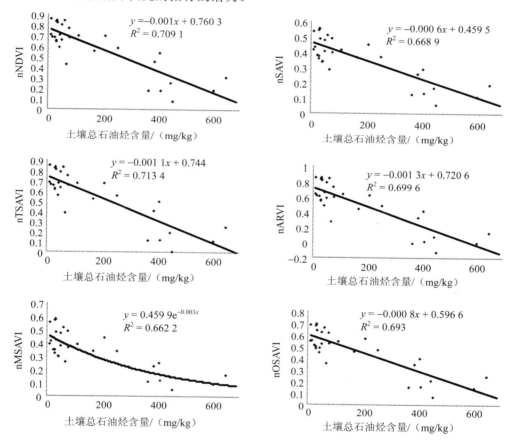

图 8-6　石油污染对窄波段多光谱植被指数的影响

8.2.4　石油污染对宽波段多光谱植被指数的影响

虽然宽波段多光谱植被指数能够较好地反映石油污染胁迫下植被的活力状况，但是其预测能力稍低于窄波段多光谱植被指数（见图 8-7）。由于过去积累了大量多光谱植被指数数据，同时，综合考虑成本、技术限制等因素，传统宽波段多光谱指数仍具有较大的应用价值。

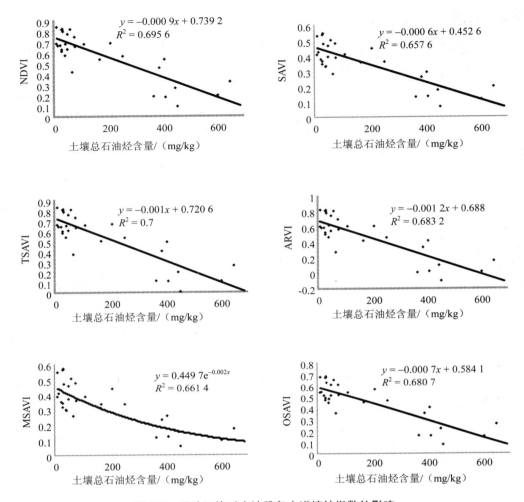

图 8-7 石油污染对宽波段多光谱植被指数的影响

8.2.5 石油污染对红边参数的影响

虽然红边对石油污染的预测能力稍低于植被指数，但是仍具有较大的潜力。特别是最大一阶导数法计算的红边斜率，其 R^2 可高达 0.683（见图 8-8）。本研究中，不同方法计算的红边面积对石油污染的预测能力相近（见图 8-9）。因此，考虑计算的简便性，推荐最大一阶导数法和求和法计算红边斜率和红边面积，即通过计算 680～750 nm 波段内光谱反射率一阶导数的最大值来计算红边斜率，通过计算 680～750 nm 波段内光谱反射率一阶导数的和计算红边面积。由于目前对于红边区域内植被反射光谱特征的研究仍不够透彻，许多机理性问题仍待解决，需要发展新的计算方法，红边参数对石油污染生态效应的预测具有较大的潜力。

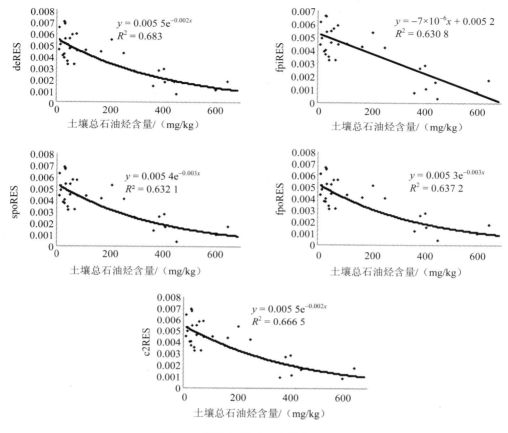

图 8-8　石油污染对红边斜率的影响

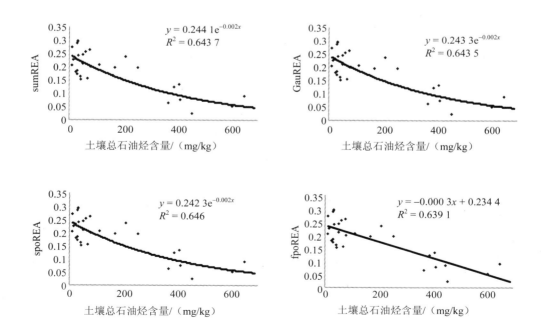

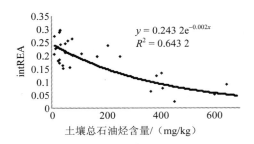

图 8-9　石油污染对红边面积的影响

8.3　石油污染对芦苇生理生态的影响

8.3.1　芦苇叶片水分利用效率（WUE）对石油污染的响应

植物叶片水平上的水分利用效率，是植物消耗水分形成干物质的基本效率，定义为单位水量通过叶片蒸腾散失时光合作用所形成的有机物质的量，可以用植物叶片净光合速率与蒸腾速率的比值表示。本研究中，随着石油污染程度的增加，芦苇叶片的水分利用效率下降。土壤总石油烃含量与芦苇叶片水分利用效率的关系可用指数方程表示。土壤总石油烃含量最高时的水分利用效率，仅为最低时的 1/2 左右（图 8-10）。

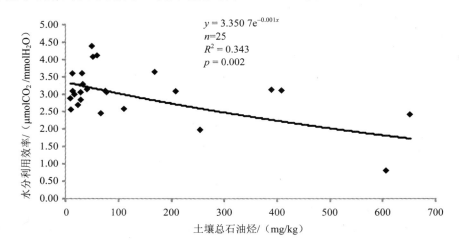

图 8-10　土壤总石油烃含量与芦苇叶片水分利用效率的剂量-效应关系

8.3.2　芦苇叶片宽度和长度对石油污染的响应

植物形态特征的改变是植物适应不同环境和资源的重要策略，植物叶片为可塑性较大、对环境变化比较敏感的器官。本项研究发现，芦苇叶片宽度和长度均与土壤总石油烃含量存在指数关系，芦苇叶片宽度受土壤总石油烃含量的影响大于芦苇叶片长度。从低总石油烃含量到高总石油烃含量，芦苇叶片宽度和长度减小 25% 左右（图 8-11，图 8-12）。

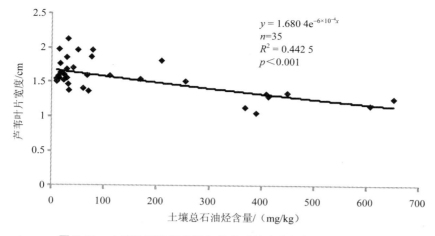

$y = 1.680\,4\mathrm{e}^{-6\times 10^{-4}x}$
$n = 35$
$R^2 = 0.442\,5$
$p < 0.001$

图 8-11　土壤总石油烃含量与芦苇叶片宽度的剂量-效应关系

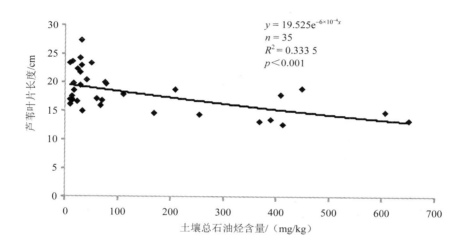

$y = 19.525\mathrm{e}^{-6\times 10^{-4}x}$
$n = 35$
$R^2 = 0.333\,5$
$p < 0.001$

图 8-12　土壤总石油烃含量与芦苇叶片长度的剂量-效应关系

8.4　石油污染对芦苇群落特征的影响

8.4.1　芦苇群落物种多样性对石油污染的响应

　　群落多样性主要包含物种的丰富度和物种的均匀度两个方面的含义。辛普森多样性指数、香农-威纳指数以及 Pielou 均匀性指数是 3 个测度群落多样性的重要指标。通过对这 3 个指标与土壤总石油烃含量的关系研究发现，3 个指标均随土壤石油烃含量的增加而减小，它们与土壤总石油烃含量均呈指数关系（图 8-13），随石油污染程度的增加，石油污染的敏感物种生态优势度下降，甚至导致物种消亡，最终造成群落的物种丰富度降低，均匀性下降。

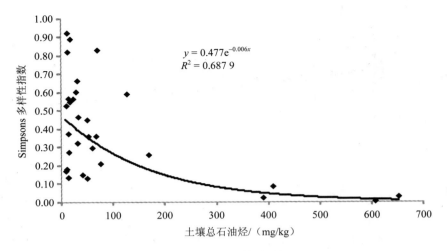

（a）辛普森多样性指数

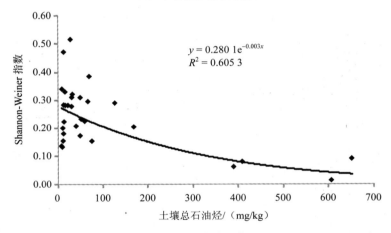

（b）香农-威纳指数

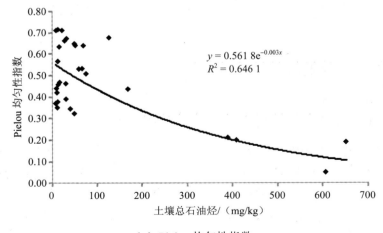

（c）Pielou 均匀性指数

图 8-13　土壤总石油烃含量与芦苇群落多样性的剂量-效应关系

8.4.2　芦苇群落地上生物量对石油污染的响应

群落地上生物量可以反映群落的生产力状况。本研究中，群落地上生物量与土壤总石油烃含量存在比较明显的指数关系。高石油烃含量时的群落地上生物量仅为低石油烃含量时的 1/10（图 8-14），表明石油污染对群落地上生物量的影响较大。

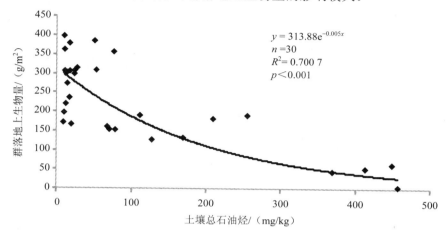

图 8-14　土壤总石油烃含量与芦苇群落地上生物量的剂量-效应关系

8.5　菲污染对芦苇群落的影响

8.5.1　芦苇样地土壤背景分析

通过对芦苇样地各处理土壤水分-物理性质的研究发现，芦苇样地各处理 0～5 cm 土壤容重，0～5 cm、5～10 cm、10～20 cm、20～30 cm 各土层土壤自然含水量均没有明显差异（图 8-15、图 8-16 和图 8-17），表明芦苇样地的水分-物理性质满足控制实验的要求。

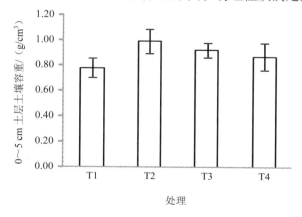

图 8-15　芦苇样地各处理土壤容重背景值（$n=3$，$p=0.414$）

注：误差棒表示标准误，T1、T2、T3、T4 分别代表没有菲污染、低菲污染、中菲污染、高菲污染。下同。

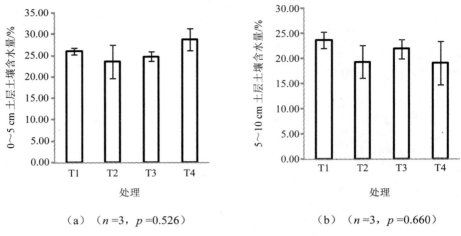

（a）（$n=3$，$p=0.526$）　　　　（b）（$n=3$，$p=0.660$）

图 8-16　芦苇样地各处理土壤含水量背景值（$n=3$，$p=0.414$）

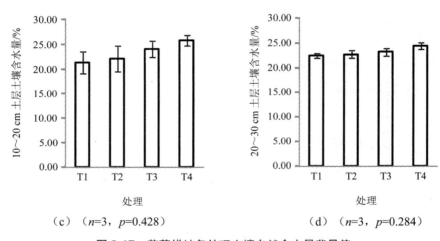

（c）（$n=3$，$p=0.428$）　　　　（d）（$n=3$，$p=0.284$）

图 8-17　芦苇样地各处理土壤自然含水量背景值

8.5.2　芦苇样地植被背景分析

通过对芦苇样地各处理的形态学特征调查和群落调查发现，芦苇样地各处理芦苇单株叶片数、叶片宽度、叶片长度、平均高度、密度、盖度、叶面积指数均没有明显差异（图 8-18～图 8-21），表明芦苇样地的植被状况满足控制实验的要求。

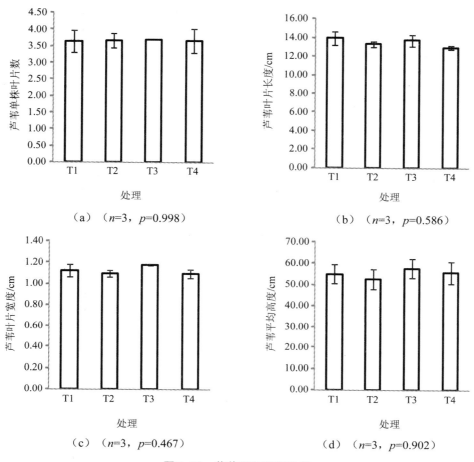

图 8-18　芦苇形态学背景值

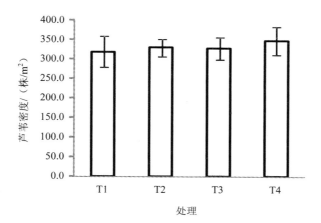

图 8-19　芦苇样地各处理芦苇密度背景值（*n*=3，*p*=0.933）

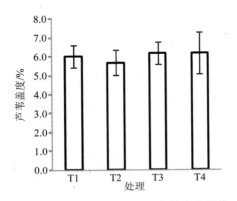

图 8-20　芦苇样地各处理芦苇盖度背景值

（$n=3$，$p=0.961$）

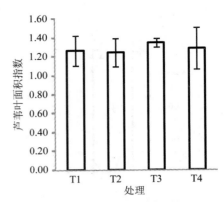

图 8-21　芦苇样地各处理芦苇叶面积指数背景值

（$n=3$，$p=0.969$）

8.5.3　菲污染对芦苇生理生态学特征的影响

通过调查添加菲 3 个月后的芦苇形态学特征发现，各处理芦苇单株叶片数、叶片宽度、叶片长度、叶片厚度、基径、平均高度等指标均没有显著差异（图 8-22），表明菲对芦苇形态学特征影响不显著。

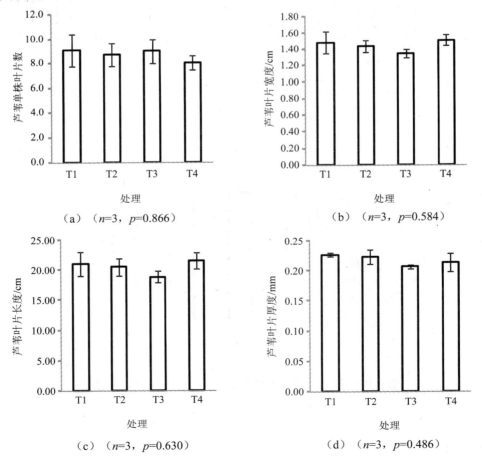

（a）（$n=3$，$p=0.866$）

（b）（$n=3$，$p=0.584$）

（c）（$n=3$，$p=0.630$）

（d）（$n=3$，$p=0.486$）

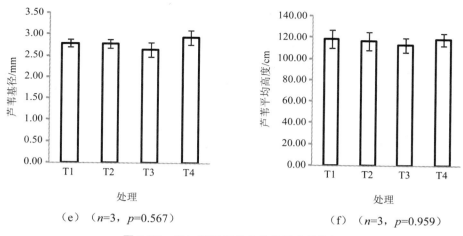

（e）（n=3，p=0.567）　　　　　（f）（n=3，p=0.959）

图 8-22　添加菲后各处理芦苇形态学指标

通过测定添加菲 3 个月后的芦苇叶片 SPAD 值发现，各处理芦苇叶片 SPAD 值没有显著差异（图 8-23），表明菲对芦苇叶片的叶绿素含量影响不显著。

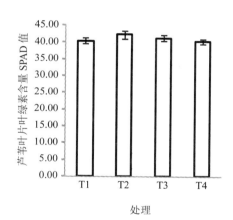

图 8-23　添加菲后各处理芦苇叶片叶绿素含量 SPAD 值（n=3，p=0.401）

8.5.4　菲污染对芦苇群体指标的影响

通过调查添加菲 3 个月后芦苇的群体指标发现，各处理芦苇密度、盖度、地上生物量、叶面积指数等指标均没有显著差异。但是，各处理芦苇倒伏数存在极显著差异（图 8-24）。说明，菲被芦苇吸收后，在芦苇茎内分配和迁移的过程中，对芦苇茎部的形态产生了影响。

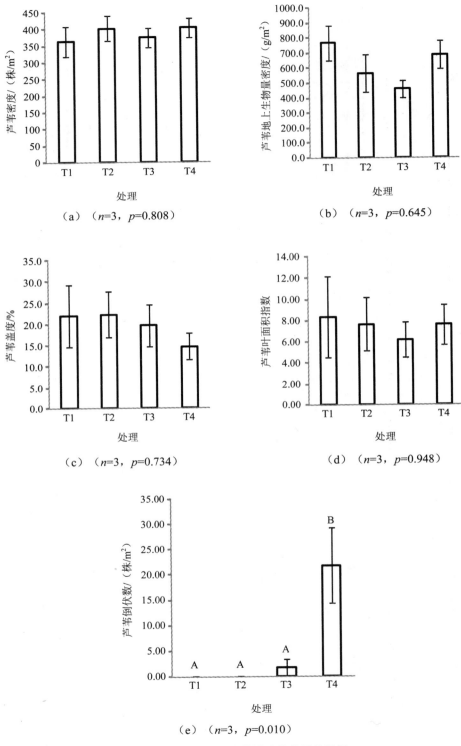

（a）（n=3，p=0.808）

（b）（n=3，p=0.645）

（c）（n=3，p=0.734）

（d）（n=3，p=0.948）

（e）（n=3，p=0.010）

图 8-24 添加菲后芦苇样地芦苇群体指标

注：不同字母表示差异显著（p<0.01）。

8.5.5 菲污染对芦苇样地土壤水分的影响

通过对添加菲后 3 个月芦苇样地各处理土壤水分-物理性质的研究发现，芦苇样地各处理 0～5 cm、5～10 cm、10～20 cm、20～30 cm 各土层土壤含水量均没有明显差异（图 8-25）。

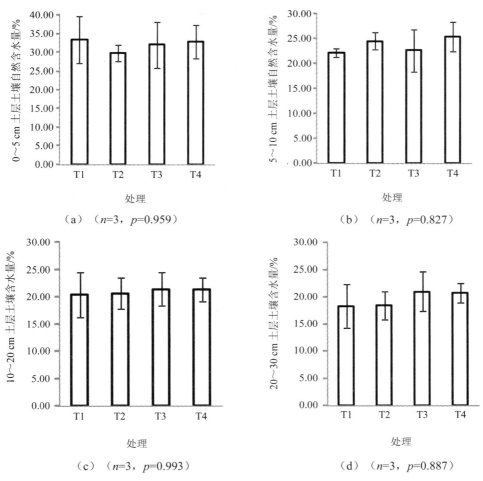

（a）（$n=3$，$p=0.959$）　　　　（b）（$n=3$，$p=0.827$）

（c）（$n=3$，$p=0.993$）　　　　（d）（$n=3$，$p=0.887$）

图 8-25　添加菲后芦苇样地各处理土壤含水量

8.6　菲污染对盐地碱蓬群落的影响

8.6.1　盐地碱蓬样地土壤的背景分析

通过对盐地碱蓬样地各处理土壤水分及物理性质的研究发现，盐地碱蓬样地各处理 0～5 cm 土壤容重，0～5 cm、5～10 cm、10～20 cm、20～30 cm 各土层土壤含水量均没有明显差异（图 8-26、图 8-27）。表明盐地碱蓬样地的水分-物理性质满足控制实验的要求。

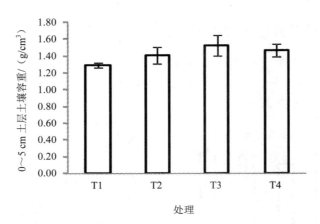

图 8-26　盐地碱蓬样地各处理土壤容重背景值（$n=3$，$p=0.341$）

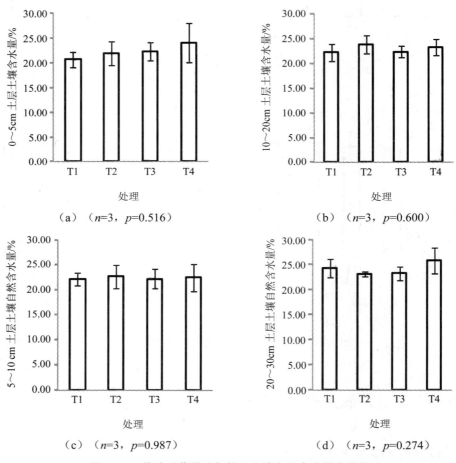

（a）（$n=3$，$p=0.516$）　　　　　　　　（b）（$n=3$，$p=0.600$）

（c）（$n=3$，$p=0.987$）　　　　　　　　（d）（$n=3$，$p=0.274$）

图 8-27　盐地碱蓬样地各处理土壤自然含水量背景值

8.6.2　盐地碱蓬样地植被的背景分析

通过对盐地碱蓬各处理样地植物形态学特征调查和群落调查发现，盐地碱蓬样地各处理碱蓬平均高度、密度、盖度等指标均没有明显差异（图 8-28、图 8-29、图 8-30），表明盐地碱蓬样地的植被状况满足控制实验的要求。

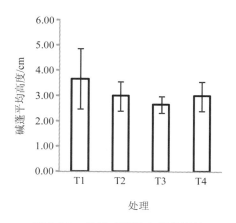

图 8-28 盐地碱蓬形态学背景值
（$n=3$，$p=0.813$）

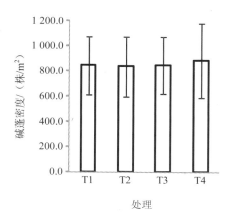

图 8-29 盐地碱蓬样地各处理盐地碱蓬密度背景值（$n=3$，$p=0.999$）

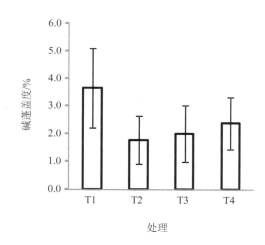

图 8-30 盐地碱蓬样地各处理盐地碱蓬盖度背景值（$n=3$，$p=0.632$）

8.6.3 菲污染对盐地碱蓬生理生态学特征的影响

通过调查添加菲 3 个月后的盐地碱蓬形态学特征发现，各处理盐地碱蓬单株叶片数、叶片宽度、叶片长度、叶片厚度、基径、平均高度等指标均没有显著差异（图 8-31），表明菲对盐地碱蓬形态学特征影响不显著。

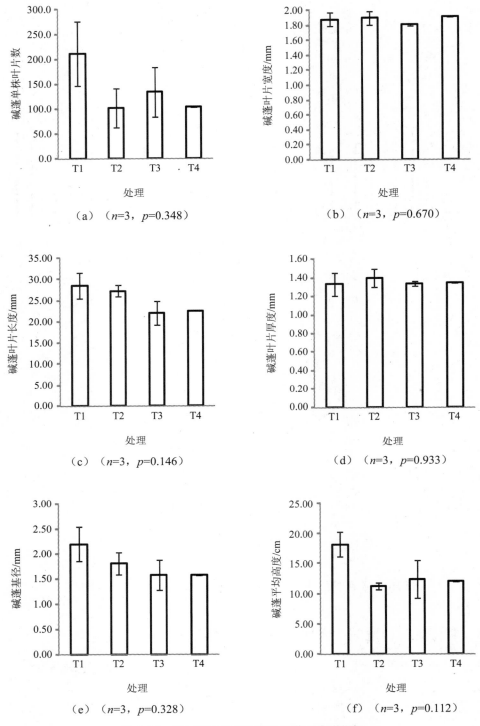

图 8-31　添加菲后各处理盐地碱蓬形态学指标

通过测定添加菲 3 个月后的盐地碱蓬叶片的光合色素含量发现，各处理盐地碱蓬叶片的叶绿素 a、叶绿素 b、叶绿素和类胡萝卜素均没有显著差异（图 8-32），表明菲对盐地碱蓬叶片的叶绿素含量影响不显著。

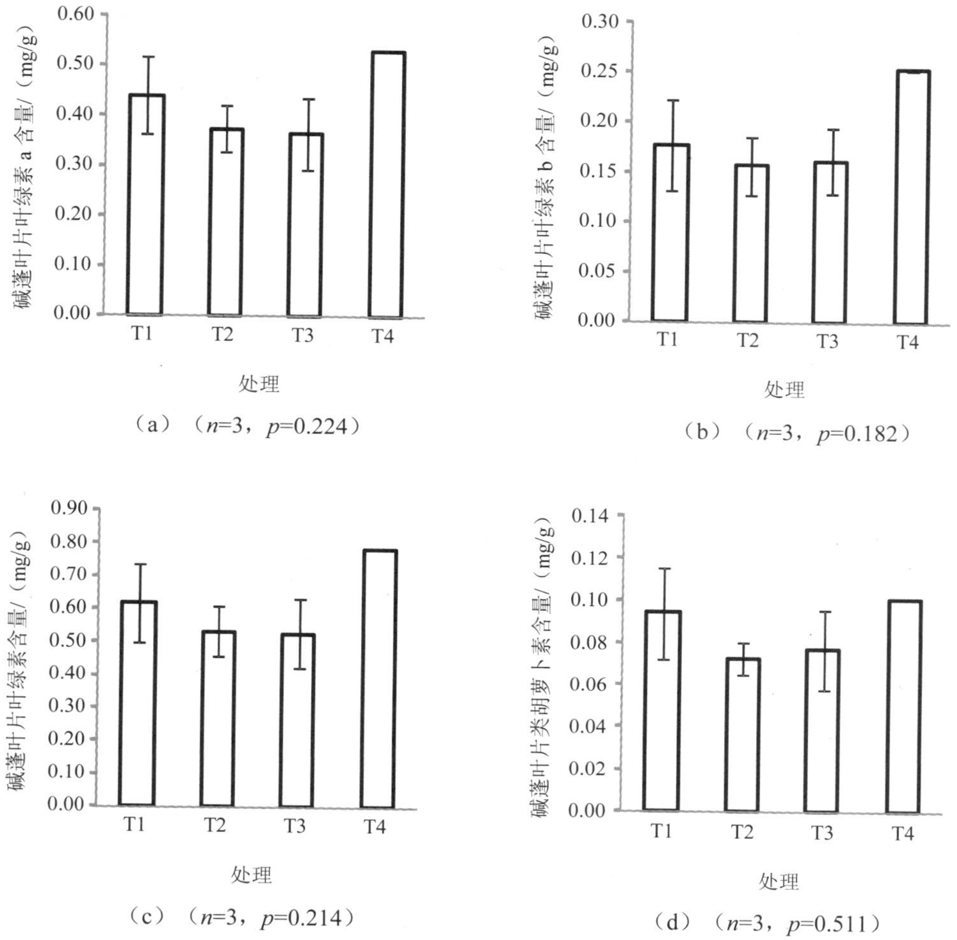
碱蓬叶片叶绿素 a 含量/（mg/g）
0.60
0.50
0.40
0.30
0.20
0.10
0.00
T1
T2
T3
T4
处理
（a）（n=3，p=0.224）
碱蓬叶片叶绿素 b 含量/（mg/g）
0.30
0.25
0.20
0.15
0.10
0.05
0.00
T1
T2
T3
T4
处理
（b）（n=3，p=0.182）
碱蓬叶片叶绿素含量/（mg/g）
0.90
0.80
0.70
0.60
0.50
0.40
0.30
0.20
0.10
0.00
T1
T2
T3
T4
处理
（c）（n=3，p=0.214）
碱蓬叶片类胡萝卜素含量/（mg/g）
0.14
0.12
0.10
0.08
0.06
0.04
0.02
0.00
T1
T2
T3
T4
处理
（d）（n=3，p=0.511）

图 8-32　添加菲后各处理盐地碱蓬叶片光合色素含量

8.6.4　菲污染对盐地碱蓬群体指标的影响

通过调查添加菲 3 个月后盐地碱蓬的群体指标发现，各处理盐地碱蓬密度、盖度、地上生物量、死亡率等指标均存在极显著的差异（图 8-33）。菲导致盐地碱蓬幼苗大量死亡，影响了盐地碱蓬种群的发展，最终导致种群密度、盖度和地上生物量极显著下降。T4 处理的碱蓬密度小于 T1 处理的 1%，T3 处理则小于 T1 处理的 25%，T1 和 T2 处理之间没有极显著差异。盖度方面，T4 处理仅为 T1 处理的 1/35，T3 处理小于 T1 处理的 50%，T1 和 T2 之间没有极显著差异。地上生物量方面，T4 处理小于 T1 处理的 1/30，T3 处理小于 T1 处理的 1/6，T2 处理小于 T1 处理的 1/2。上述结果表明，如果盐地碱蓬在幼苗期遭受菲污染，将对盐地碱蓬种群造成严重后果。

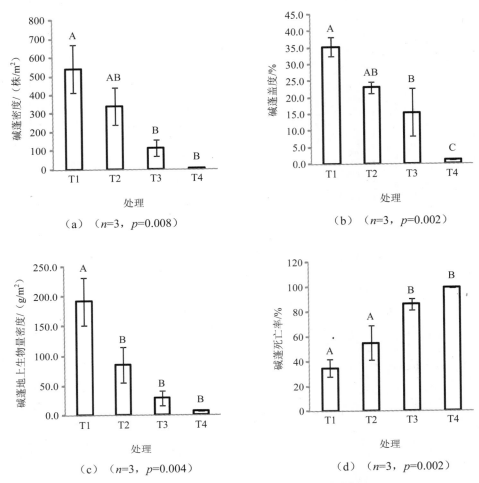

图 8-33   添加菲后各处理盐地碱蓬群体指标

　　尽管菲对盐地碱蓬叶片光合色素含量影响不显著，由于菲显著地限制了盐地碱蓬种群的发展，导致盐地碱蓬各种光合色素密度的显著下降。菲污染的 3 个处理与没有菲污染的处理间叶绿素 a、叶绿素 b、叶绿素和类胡萝卜素密度均存在显著差异（图 8-34）。T4 处理的叶绿素 a 密度小于 T1 处理的 1/25，T3 处理小于 T1 处理的 1/10，T2 处理小于 T1 处理的 1/3。T4 处理的叶绿素 b 密度小于 T1 处理的 1/24，T3 处理小于 T1 处理的 1/9，T2 处理小于 T1 处理的 1/3。T4 处理的叶绿素密度小于 T1 处理的 1/27，T3 处理小于 T1 处理的 1/10，T2 处理小于 T1 处理的 1/3。T4 处理的类胡萝卜素密度小于 T1 处理的 1/32，T3 处理小于 T1 处理的 1/11，T2 处理小于 T1 处理的 1/3。上述结果表明，由于菲通过致死幼苗期的盐地碱蓬，限制盐地碱蓬种群的发展，导致盐地碱蓬群体光合能力、生产力的下降。

8.6.5   菲污染对盐地碱蓬样地土壤水分的影响

　　通过对添加菲后 3 个月盐地碱蓬样地各处理土壤水分-物理性质的研究发现，盐地碱蓬样地各处理 0～5 cm、5～10 cm、10～20 cm、20～30 cm 各土层土壤自然含水量均没有明显差异（图 8-35），表明菲对盐地碱蓬样地土壤的水分-物理性质影响不显著。

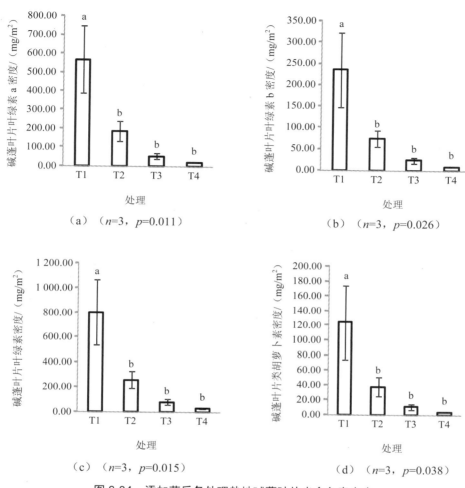

图 8-34　添加菲后各处理盐地碱蓬叶片光合色素密度

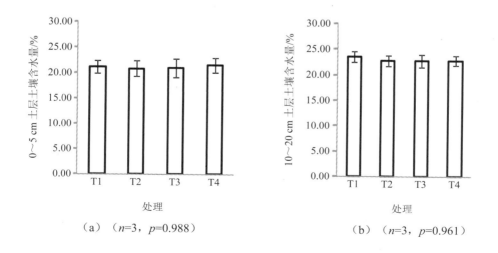

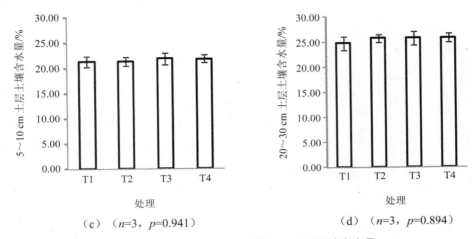

（c）（$n=3$，$p=0.941$）　　　　　　（d）（$n=3$，$p=0.894$）

图 8-35　添加菲后盐地碱蓬样地各处理土壤含水量

8.6.6　胜利油田土壤菲污染对碱蓬的生态风险

根据调查的胜利油田土壤中菲浓度（图 8-36），以碱蓬为生态受体进行生态风险计算，根据毒理试验计算菲对碱蓬的 NOEC 为 0.022 mg/kg，以菲在植物体内的暴露浓度进行计算（图 8-37），得到菲对碱蓬的生态风险，如图 8-38 所示。

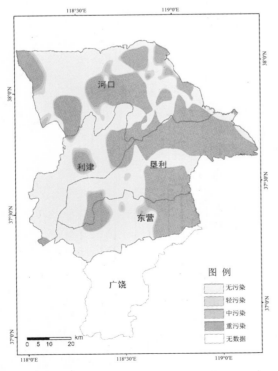

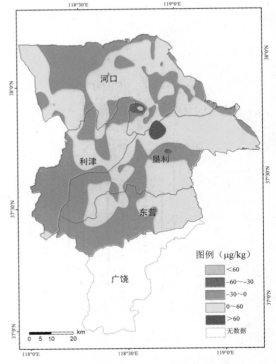

图 8-36　胜利油田菲分布与分级　　　　　图 8-37　胜利油田菲在碱蓬体内的暴露浓度

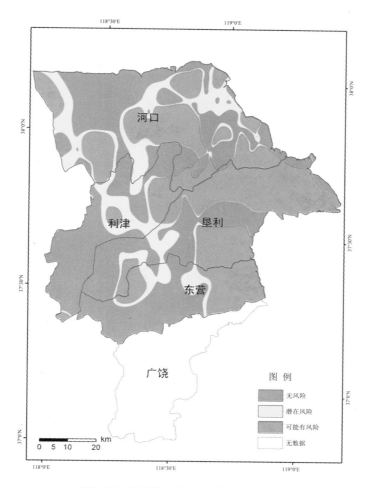

图 8-38　胜利油田菲对碱蓬的生态风险

8.7　利用高光谱遥感监测石油污染的生态效应

　　有效进行石油污染的生态效应监测，对于预防石油污染的扩散以及石油污染的生态风险评价具有重要意义。目前，石油污染的生态效应监测，一般进行常规的土壤、植被调查取样和分析。但是，土壤和植被监测，特别是大面积的污染监测，往往需要大量取样工作，样品的分析测定需要大量昂贵、精密的仪器，测定程序也较为复杂，是一项耗力、耗财、耗时的工作。

　　研究表明，石油污染会影响植物的叶面积指数、生物量、植被盖度、光合色素等生物物理、生物化学和群落学指标。这些指标的变化可以利用植被指数和红边特征进行有效监测。同时，相对于传统的宽波段遥感技术，高光谱成像光谱仪在可见光-近红外区域的光谱分辨率可达到纳米级，因此，可以取得研究对象详细而精确的光谱信息，从而为植被指数和红边参数的计算提供了更多的选择空间，使植被指数和红边参数监测的敏感性和准确性进一步提高。基于上述原因，针对以芦苇为优势种的生态系统，利用野外获得的植被高光谱数据，计算 43 种高光谱植被指数和红边斜率、红边面积、红边 3 个红边参数，最终建立了利用红边斜率监测土壤石油污染的最优模型。相对于传统的土壤、植被监测方法，高光谱遥感简单易行，可节约大量的人力、财力和时间，对植被破坏小；结合航空、航天等遥感技术，可实现土壤石油污染的定时、定位、定量、大面积监测。

植被反射光谱是综合反映植被生长状况和活力的良好信息，特别是红边特征和植被指数，过去曾被广泛应用于植被监测。研究了 43 种植被指数和红边斜率、红边面积和红边对石油污染的响应，最终确定红边斜率和红边面积作为该尺度上的生物标志物。

本研究中，红边斜率和红边面积均与土壤总石油烃含量存在较好的相关性（图 8-39），并且红边斜率优于红边面积。随着石油污染程度的增加，植被反射光谱的红边斜率降低。土壤总石油烃含量最高时的红边斜率不及最低石油烃含量时的 1/4（图 8-39a），表明石油污染导致芦苇植被的活力下降，植被的光合能力和生产力状况均受到石油污染的严重影响。

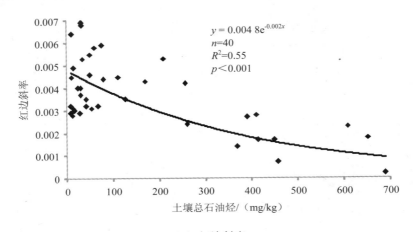

（a）红边斜率

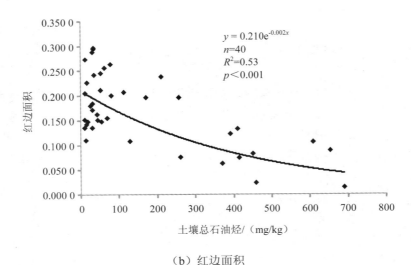

（b）红边面积

图 8-39　土壤总石油烃含量与芦苇植被反射光谱红边斜率、红边面积的剂量-效应关系

通过上述研究，基本建立了基于芦苇生态系统的多级标志物体系，即个体水平的叶片宽度、长度、水分利用效率，群落水平的地上生物量、物种多样性指数、高光谱红边斜率及红边面积的多级石油污染标志物体系，通过各标志物与石油污染水平的定量关系，可准确监测并全面评价石油污染的生态效应。

8.8　胜利油田石油污染生态效应的评价和管理技术体系

8.8.1　采用指标

目前国内外使用的指标体系基本在前述范围内，但过于复杂的指标体系不易于推广使用，必须建立简单、可靠、容易测量的指标体系，根据我们的研究，在胜利油田区域内建立如下石油污染生态效应评价和管理技术体系。主要从个体、群落及高光谱角度进行石油污染的生态评价和管理，包括芦苇形态特征、芦苇生理生态学特征、芦苇群落特征、芦苇植被光谱特征等。

8.8.2　指标野外测量

（1）选择采样点：在需要监测石油污染的区域设置采样点，每个采样点设置 3 个面积为 1 m×1 m 的样方，记录采样点人为干扰状况，目视记录石油污染情况。

（2）参数测定：在各采样点 3 个 1 m×1 m 样方内分别测定、计算各生物标志物参数。所选参数为芦苇形态特征、芦苇生理生态学特征、芦苇群落特征、芦苇植被光谱特征等。

各参数的测定和计算方法如下。

1）芦苇形态特征

芦苇叶片宽度：在 1 m×1 m 样方内随机选择 10 株芦苇，测量各株芦苇所有叶片的宽度，求其平均值，即为该样方的芦苇叶片宽度，芦苇叶片宽度的单位是 cm。

芦苇叶片长度：在 1 m×1 m 样方内随机选择 10 株芦苇，测量各株芦苇所有叶片的长度，求其平均值，即为该样方的芦苇叶片长度，芦苇叶片长度的单位是 cm。

2）芦苇生理生态学特征

净光合速率、气孔导度、胞间 CO_2 浓度、蒸腾速率：这 4 个指标均可由 LI-6400 光合仪直接测定。在 1 m×1 m 样方内各选择 5 株芦苇，然后在每株芦苇自上而下第 5 个展开叶的最宽处利用 LI-6400 光合仪测定上述各指标，每个叶片记录 3 次数据。根据各样地的实际情况，每个样地每天测定 6～8 次。同时，对于较窄的叶片采用画图法记录其在光合仪叶室内的面积。

芦苇叶片水分利用效率：芦苇叶片水分利用效率可以用植物叶片净光合速率日均值与蒸腾速率日均值的比值表示。

3）芦苇群落特征

芦苇群落地上生物量：采用收获法测量样方内各植物的地上生物量，求其总和，即为样方内群落总地上生物量，群落地上生物量的单位是 g/m^2。

芦苇群落植物多样性：在 1 m×1 m 的样方中统计了所有植物的数量，采用相应公式计算辛普森多样性指数、香农-威纳指数以及 Pielou 均匀性指数。

4）芦苇植被光谱特征

芦苇植被高光谱测定：采用便携式地物波谱仪在 1 m×1 m 的样方中测定芦苇植被的高光谱数据，测定在上午 10—12 时进行，测定时天空晴朗无云；每个采样点重复测定 10 次，获取 10 条高光谱曲线，删除与其他曲线存在明显差异的异常曲线，再计算每个采样点剩余高光谱曲线的平均值，得到每个采样点芦苇植被的高光谱曲线。

计算红边面积、红边斜率等红边参数。

8.8.3　生态效应评价体系

表 8-3　石油污染生态效应评价指标体系

水平（y）	石油污染水平（x）	指标	关系
个体	总石油烃含量	芦苇叶片宽度/cm	$y=1.680\,4e^{-0.000\,6\,x}$
		芦苇叶片长度/cm	$y=19.52e^{-0.000\,6\,x}$
		水分利用效率	$y=3.350\,7e^{-0.001\,x}$
群落		地上生物量/（g/m²）	$y=313.88e^{-0.005\,x}$
物种多样性		辛普森指数	$y=0.477e^{-0.006\,x}$
		香农-威纳指数	$y=0.280\,1e^{-0.003\,x}$
		Pielou 均匀性指数	$y=0.561\,8e^{-0.003\,x}$
高光谱反射率		红边斜率	$y=0.004\,8.52e^{-0.002\,x}$
		红边面积	$y=0.21e^{-0.002\,x}$

根据上述关系即可采用不同的测量指标（表 8-3）确定土壤中总石油烃的含量，根据国家相关标准，也可确定石油污染等级，并采取应对措施。考虑各指标野外测定的方便程度及监测要求的精度，可采用一种或多种指标配合进行测量。随着遥感技术的发展，还可采用高光谱卫星数据，实现石油污染的快速监测。

第9章　石油开采污染对土壤和水生动物的风险评价

9.1　日本青鳉和大型水蚤的急慢性毒性试验

目前针对水体石油污染对水生生态环境效应的调查研究较为广泛，从石油烃污染对水体生态系统中的浮游动植物及微生物的种群密度、丰富度等方面影响的调查，到石油烃对水体动植物个体的急慢性毒性效应试验，再到石油烃污染对生物体生理生化和遗传物质影响的研究，已成为国内外水体污染研究的重要组成部分。近年来，利用活体生物开展的水质研究逐渐增加。我国也制定了用藻类生长试验、大型水蚤和斑马鱼等生物进行毒性测试的方法。

9.1.1　日本青鳉的急慢性毒性试验

日本青鳉（*Oryzias latipes*）隶属鳉科，生命周期短，一般孵化后 2 个月就能成熟，个体小，全长 2.5～5.0 cm，鱼卵相对较大，可以耐受低溶氧和较宽的水温和盐度范围。日本青鳉作为研究毒性试剂对内分泌、生殖、发育的毒性模式生物，广泛应用于各类研究中。本实验的目的就是利用日本青鳉鱼的急慢性实验来检测胜利油田石油开采区水体的毒性效应，进而对其生态风险进行评估。

根据东营地区油井和主要河流的分布情况，2009 年 7 月，在东营广利河、溢洪河、广蒲河、辛河、沾利河、挑河、神仙沟、草桥沟、支脉河、黄河故道 10 条主要河流的上下游，油井分布较密的河段布设 18 个采样点。采样点的具体位置见图 9-1。样品采集参照水质标准与水质基准 GB 3838—2002 的规范，水样除去外源生物，立即测定常规指标，所有指标均采用 4-Star 便携式 pH 计/溶解氧/电导仪（美国 Thermo Orion）测定。水样于 4℃保存。

水体石油烃测定：按 GB 17378.4—1998 规定的方法进行测定，用环己烷萃取荧光分光光度法测定石油烃，标准液为 20 号标准油。

急性毒性测试：d-rR 品系日本青鳉，已经在实验室实现小规模繁殖和养殖。鱼种正常产卵时间为 08:00—09:00，所产卵由卵膜丝附着在雌鱼臀部，易收集，每尾鱼产卵量为 20～50 颗，由卵膜丝相连，需使用滴管将其分开孵化。试验采用静水暴露，每 24 h 更新 1 次。试验温度控制在 25℃，光暗比为 16 h：8 h。

96 h 急性毒性测试参照美国环境保护局制定的急性毒性标准实验方法（USEPA，1996a）。先检测原水样的急性毒性，每个样品设 4 个平行。每个结晶皿中加入 100 mL 水样和 10 条刚孵出的日本青鳉幼鱼。每 24 h 观察并记录死亡情况，及时清除死亡的幼鱼和代谢物。

图 9-1   东营水样采集点

胚胎幼鱼慢性毒性测试：根据 96 h 急性毒性实验结果设定暴露浓度，每个实验组设 4 个平行（18 个样品组和 1 个对照组）。卵孵化试验：30 枚刚受精的日本青鳉鱼（卵受精根据卵的透明度以及油球的数量确定）放置到含 100 mL 水样的结晶皿中。每 24 h 观察并记录卵的胚胎损伤、发育、死亡情况，并及时清除死亡的卵，直到所有能孵出的卵全部孵出，观察并记录胚胎孵化时间和孵出数，实验时间为 21 d。

（1）水质检测结果与分析

依照我国《地表水环境质量标准》（GB 3838—2002）中关于水质标准限值的规定，W22 和 W38 的总磷（TP）超过 V 类水 0.4 mg/L 的限制值，属于异常富营养化的浓度范围；而总氮（TN）含量中，仅有 W37、W21、W26 3 个样点的总氮含量低于限制值 2.0 mg/L，此外的 15 个点属于富营养化浓度范围。样品中的盐度、电导率及硝氮、总氮、余氯及总磷含量差异比较明显，其中浓度最高样点的 5 种物质的含量分别是最低位点的 9.43 倍、90 倍、582 倍、12.6 倍、31 倍（表 9-1）；样品中这些含量的差异和样点与油井的距离间没有直接相关性如图 9-1 和表 9-1 所示。

表 9-1　实验水样常规指标检测结果

样品水样	检测指标							
	盐度/（ng/L）	电导率/（μS/cm）	溶解氧/（mg/L）	pH	硝氮/（mg/L）	余氯/（mg/L）	TN/（mg/L）	TP/（mg/L）
W1	0.7	1 391	12.21	9.72	12.67	0.228	2.515	0.043
W3	0.9	1 766	6.72	7.53	6.287	0.187	2.239	0.077
W4	0.8	1 613	7.37	7.37	9.661	0.143	4.319	0.077
W5	1.3	2 548	10.46	7.84	10.1	0.155	3.57	0.103
W6	3.7	7 000	8.65	7.49	0.122	0.065	2.987	0.047
W11	0.6	1 165	8.23	8.74	0.193	0.246	4.057	0.062
W13	1.4	2 747	4.86	7.80	0.183	1.150	22.143	0.133
W14	0.5	929	7.94	7.42	16.43	1.746	5.292	0.066
W16	3.8	7 060	12.17	7.66	10.47	0.225	12.134	0.296
W21	6.6	3 030	7.51	7.83	6.666	0.094	1.148	0.084
W22	4.9	9 040	10.17	7.38	11.15	0.042	5.830	1.295
W26	1.0	1 956	6.38	7.11	8.782	0.498	0.962	0.073
W32	2.0	3 920	7.97	7.65	1.988	0.003	2.559	0.066
W34	3.3	6 100	8.35	7.56	3.828	0.091	3.35	0.066
W35	1.6	3 200	8.24	7.54	2.134	0.033	3.422	0.081
W36	3.5	6 640	8.96	7.62	4.667	0.208	4.009	0.239
W37	1.0	1 956	6.38	7.11	8.782	0.498	0.962	0.073
W38	4.9	9 040	10.17	7.38	11.15	0.021	5.83	1.295

　　水体中石油类物质含量最高的是样 W22 和 W38，含量均为 0.09 mg/L，最低的是样 W11 和 W14，均为 0.005 mg/L，其余样品浓度介于 0.01～0.06 mg/L，均值为 0.036 mg/L（图 9-2）。水样中石油烃的含量处于Ⅲ与Ⅳ水质标准限制范围内。水体石油烃的含量与胜利油田区油井的空间分布间没有呈现出一定的规律性。

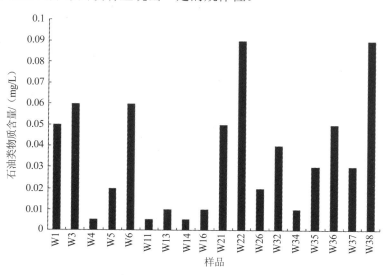

图 9-2　水样中石油烃的浓度

（2）急性毒性实验分析

急性试验研究结果（表 9-2）显示，所有采样点水样中日本青鳉幼鱼的死亡率均为 0，试验采集的原水样对日本青鳉幼鱼均无急性毒性效应。对大型水蚤（*Daphnia magna*）12号 24 h 死亡率达 100%。

表 9-2　胜利油田水样日本青鳉（*Oryzias latipes*）急慢性毒性实验

水样	卵数	卵孵化率/%	鱼的死亡率/%	鱼的致畸率/%	盐度/（ng/L）	溶解氧/（mg/L）
CK	120	79.21±3.28	0	0		
1	120	50.66±10.11	0	0	0.7	12.21
2	120	22.66±6.41	8.82	0		
3	120	43.33±14.14	5.77	0	0.9	6.72
4	120	55.62±12.47	5.62	4.494	0.8	7.37
5	120	23.33±6.08	21.43	0	1.3	10.46
6	120	62.5±13.70	0	0	3.7	8.65
11	120	11.66±4.30	21.43	0	0.6	8.23
12	120	69.40±8.50	0	0		
13	120	15.55±15.75	50.00	0	1.4	4.86
14	120	44.44±10.18	0	0	0.5	8.24
15	120	62.5±9.17	0	0		
16	120	12.5±6.87	13.33	0	3.8	12.17
21	120	35.22±6.93	4.76	0	6.6	7.51
22	120	5.55±3.84	40.00	0	4.6	10.84
23	120	57.5±19.69	1.45	0		
24	120	71.87±24.02	1.06	4.255	6.4	8.51
26	120	26.66±8.49	12.51	0	9.6	5.84
31	120	70.00±5.77	0	4.762	3.3	8.35
32	120	53.33±29.05	5.00	5.797		
33	120	60.83±7.87	0	1.370	2	7.97
34	120	57.5±24.44	2.89	0	1.6	8.24
35	120	23.33±31.78	4.76	0	3.5	8.96
36	120	40.83±3.19	2.04	0	1	6.38
37	120	70.00±7.5	1.19	0	4.9	10.17
38	120	13.33±3.33	41.67	0	3.3	8.35

（3）慢性毒性实验分析

日本青鳉的慢性实验结果如图 9-3 所示。在 18 个水样中，鱼卵在样 W13、W22、W38 中的孵化率均低于 14%，而在样 W4、W34 中的卵孵化率较高，达到 60%～70%，平均孵化率为 37.04%，其中 10 个样品孵化率低于平均值。One-Way ANOVA 分析结果显示，与对照相比，12 个样点中鱼卵的孵化率显著降低，并且差异均达到极显著（$p<0.01$）；与对照相比，3 个样点显著降低了青鳉鱼卵的孵化率，差异达到显著水平（$p<0.05$）。实验结果表明 88.9% 的水样对青鳉鱼卵孵化造成影响。对 8 个观测指标及水样石油烃与日本青鳉孵化率间的相关性进行分析，结果发现鱼卵的孵化率与 9 个水质指标间未见有显

著相关（$p > 0.05$）。

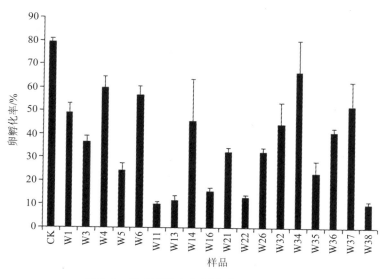

图 9-3　日本青鳉鱼卵孵化率的统计结果

（4）小结与讨论

采样点水质检测结果中，W3 和 W13 是取自溢洪河，该河流经东营市区，接纳较多排污，因而水体中总氮含量和河底污泥石油烃含量相对较高；W21、W22 和 W38 都取自排污河道神仙沟并且周边油井比较密集，河道中水质较差，河道表面和底泥中油污含量高，检测结果同样得出水体中总氮、总磷和石油烃的含量较高的结论。因此，可得出胜利油田区主要河流的水质污染程度与油井的空间分布间没有规律性。

实验中所有样品对日本青鳉均无急性毒性效应，这可能是由于样品中污染物的浓度未达到引起幼鱼急性毒性的剂量。在慢性毒性效应实验中，88.9%的水样鱼卵孵化率受到影响，这说明水体中有引起鱼卵产生慢性毒性效应的物质。实验中在石油类物质浓度相对较高的 W22、W38，对应的青鳉卵的孵化率较低，仅为 10%和 13%左右。因为石油类物质不仅能破坏鱼卵细胞膜的正常结构和透性，干扰水生动物的酶系，如解毒酶、氧化酶等，而且对鱼卵的遗传物质造成一定影响。石油类物质影响日本青鳉卵发育（Whipple 等，1981；Abrahamson 等，2008），González-Doncel 等（2008）在泄漏原油暴露对日本青鳉鱼卵受精后胚胎发育的研究中，在卵黄囊和胆囊中检测中石油类污染物的存在，这些物质将直接对日本青鳉的发育造成危害（González-Doncel 等，2008）；Horng 等（2010）证实石油类物质（菲）使卵的孵化时间显著延长（Horng 等，2010）；Yum 等（2010）的研究发现，暴露在 Arochlor 1260 的日本青鳉的细胞骨架，发育、内分泌和生殖，免疫和新陈代谢，核酸和蛋白结合及信号转导等相关的 26 个基因表达谱发生变化。这可能说明石油类物质是鱼卵慢性毒性效应的物质之一。

此外，鱼卵慢性毒性效应可能与水体中残留的农药也存在一点关系，因为实验中 12 个采样点周边是农田，并且 GC-MS 进行污染物筛查也检测出莠去津、乙草胺、稻瘟灵、广灭灵等农药的存在，这些物质对鱼的行为、鱼体内激素的水平及酶活性均可造成影响，鱼卵暴露在含上述物质的水体中更容易受到危害。

在自然条件下，水体的富营养化和引起慢性毒性效应的污染物，如石油烃、农药、激素等物质的变化使采样点周围的植物、动物及微生物类数、多样性、均匀度和优势种组成及优势度逐渐发生变化，进而改变生态系统的结构和功能。因此要获得胜利油田石油开采对水体生态环境的影响，还需要对样品采集区的浮游动植物、底栖生物等进行长期的更加深入的实地调查。

此外，利用日本青鳉鱼卵孵化暴露实验评价石油开采区水体急慢毒性的结果表明，此方法可以同时得到石油开采区部分水体的急性毒性的定性和定量数据。整个测试流程操作简单，仪器设备要求低，实验时间短，与其他活体动物测试方法相比具有一定的优势，适合科研和生产中评价水体毒性的需要。

9.1.2　大型水蚤的急性毒性试验

急性毒性试验：蚤类（*Daphnia magna*）急性毒性实验。

结果表明，样 12 和 25 号死亡率均为 100%，稀释 1/2 和 1/4 浓度后，均无死亡。

9.2　石油开采对河流底栖动物的风险评价

探索胜利油田（东营）石油开采及石油污染对该地区的水生态系统的影响，调查该地区底栖动物群落结构特点及其变化规律，并找出对石油污染敏感的水生生物类群；同时建立基于该地区的水生态系统健康评价指标体系，并对该地区的水质进行生物学评价，以期为该地区水生态系统的科学管理、生态修复、生物多样性保护和可持续发展提供科学数据。

依据胜利油田各河流所在流域油井数量、采样河段周围油井数量，选择了可能受到石油污染的河流样点 34 个，于 2009 年 10 月进行了水样和底栖动物采集，采样点位经纬度及示意图分别见表 9-3。34 个样点中，明海闸为硬底质，垦利渡口、刁口潮间带和鲁家闸为沙底，黄河故道底质为碎石，剩余点位都为淤泥底质；广利河和溢洪河大桥为城市河道，没有水生植被覆盖；天鹅湖、挑河下游、刁口潮间带、挑河上游、七干桥同样没有水生植被覆盖；其余点位的水生植被以挺水植物芦苇为主；仅在董胜桥和蓝海技术学校两个点位采集到沉水植物。

现场使用 4-Star 便携式 pH 计/溶解氧/电导仪（美国 Thermo Orion）测定酸碱度（pH 值）、溶解氧（DO）、电导率和盐度。按 GB 38383—2002 要求采集水样、沉积物样品。水样经过硫酸钾法测定总氮（TN），钼酸铵分光光度法测定总磷（TP）。红外分光光度法测定水体中的石油类。根据《土壤环境监测技术规范》，在实验室中处理自然风干后的沉积物样品，以及测定沉积物中的砷、铅、铜、锌和石油烃。

大型底栖无脊椎动物的野外采集结合生境特点用 D 形网[宽 0.3 m，450 μm 孔径尼龙纱和（或）Peterson 采泥器（1/40）m²、Peterson 采泥器（1/16）m²]进行。D 形网采集时，每个样点在 100 m 长的范围内，选择长有水生植物的一侧河边（水深小于 1.5 m），采 3～10 m，采集面积为 0.9～3 m²。用 Peterson 采泥器采集时，一般采 3～5 个平行样。样品经 60 目的筛网筛洗后，用 8%的福尔马林液固定保存，贴上采集标签后带回实验室。

表 9-3　东营湿地采样点经纬度

代码	名称	经纬度 GPS	代码	名称	经纬度 GPS
S1	广利河	37°26.755′N，118°32.902′E	S18	挑河口中游	37°53.882′N，118°35.663′E
S2	天鹅湖	37°22.744′N，118°47.410′E	S19	挑河下游	37°58.604′N，118°35.269′E
S3	溢洪河中桥	37°28.436′N，118°45.346′E	S20	刁口潮间带	38°20.482′N，118°36.290′E
S4	溢洪河支流	37°28.436′N，118°45.346′E	S21	孤北水库支流	38°01.122′N，118°49.888′E
S5	明海闸	37°24.625′N，118°45.124′E	S22	神仙沟下游	37°58.360′N，118°53.045′E
S6	广蒲河	37°27.312′N，118°23.072′E	S23	神仙沟中游	37°54.546′N，118°48.396′E
S7	董胜桥	37°30.070′N，118°23.681′E	S24	神仙沟丰华村	37°52.940′N，118°48.192′E
S8	广利河上游	37°31.853′N，118°24.319′E	S25	孤岛收费站	37°52.367′N，118°44.893′E
S9	溢洪河大桥	37°33.986′N，118°34.434′E	S26	挑河上游	37°47.399′N，118°35.154′E
S10	垦利渡口	37°36.205′N，118°31.905′E	S27	黄河故道	37°53.267′N，118°43.977′E
S11	辛河	37°38.689′N，118°30.286′E	S28	鲁家闸	37°25.033′N，118°13.699′E
S12	许家桥	37°45.917′N，118°31.458′E	S29	七干桥	37°40.015′N，118°23.136′E
S13	草桥沟	37°53.559′N，118°28.413′E	S30	王庄	37°35.683′N，118°18.438′E
S14	郭河桥	37°53.237′N，118°26.580′E	S31	东张水库	37°35.517′N，118°30.135′E
S15	沾利河上游	37°53.292′N，118°23.640′E	S32	支脉河上游	37°16.764′N，118°36.947′E
S16	沾利河	37°57.554′N，118°24.012′E	S33	支脉河下游	37°15.432′N，118°23.342′E
S17	王集干沟	37°56.203′N，118°27.569′E	S34	蓝海职业学校	37°26.368′N，118°36.295′E

保存样品在实验室内挑拣出底栖动物标本。为保证鉴定结果的正确性、一致性和实用性，根据现有的最可靠的科学资料，将底栖动物鉴定至最低分类水平。甲壳纲、水生昆虫和软体动物鉴定至属或种；多毛类、寡毛类根据相关资料鉴定至科、属或种。

（1）水体理化性质特点

各样点底栖动物物种相似性的聚类分析（Cluster）和多维尺度分析（MDS）采用 PRIMER 6；生物与环境关系分析应用典范对应分析（CCA）方法；统计分析用 SPSS 16.0。统计分析时，将分类单元的个体数量换算成密度数据进行标准化处理。为了降低偶见种对分析结果的影响，在进行 MDS 分析之前将点位中出现频率小于 1%的物种剔除；另外，剔除生境破坏严重以及盐度高于 30 ng/L 的点位。

34 个样点水体理化指标平均值、最大值和最小值见表 9-4。pH 最高达 9.72，TN 最高达 22.143 mg/L，盐度最高达 36.9 ng/L。DO 的含量介于 3.83～15.42 mg/L，TP 和水体石油含量的分布分别为 0.043～1.295 mg/L 和 0.005～0.09 mg/L。其中，TP 和 TN 的最大值远大于国家地表水质量标准 V 类水标准值，TN 最小值也超过III类水标准值。根据美国环保局（EPA）《河口与海岸线生物评价与标准技术指导》（*Estuarine and Coastal Marine Waters：Bioassessment and Biocriteria Technical Guidance*）（USEPA，2000），盐度平均值显示，该地区为寡盐度（Oligohaline）（盐度介于 0.05～5 ng/L）水域。

表 9-4　环境变量值汇总

环境变量	最小值	最大值	平均	标准差
酸碱度	7.11	9.72	7.60	1.57
溶解氧/（mg/L）	3.83	15.42	8.13	2.80
总磷/（mg/L）	0.043	1.295	0.182	0.260
总氮/（mg/L）	0.755	22.143	4.181	3.910
电导率/（μS/cm）	934	57 100	6 220	9 961
盐度/（ng/L）	0.5	36.9	3.7	6.4
水体石油含量/（mg/L）	0.005	0.070	0.026	0.020

（2）沉积物重金属及石油烃性质特点

沉积物中重金属及石油烃含量特点见表 9-5。其中，砷（As）含量最大值为 51.8 mg/kg，最小值为 5.36 mg/kg，仅 1 个点位的砷含量超过 50 mg/kg，2 个点位的砷含量超过 20 mg/kg，其余点位的砷含量均小于 20 mg/kg；铅（Pb）含量最大值为 84.8 mg/kg，平均值为 23.9 mg/kg，仅 1 个点位的铅含量大于 80 mg/kg，2 个点位的铅含量大于 30 mg/kg，16 个点位的铅含量介于 20~30 mg/kg，其余点位均小于 20 mg/kg；铜（Cu）的最大含量为 177.5 mg/kg，最小值仅为 1.1 mg/kg，仅 1 个点位铜含量超过 100 mg/kg，1 个点位的含量超过 50 mg/kg，2 个点位含量超过 20 mg/kg，其余点位均小于 20 mg/kg；锌（Zn）含量最大值达到了 361.7 mg/kg，平均值也达到了 78.6 mg/kg，其中超过 300 mg/kg 的点位 1 个，超过 100 mg/kg 的点位 4 个，超过 50 mg/kg 的点位 15 个，其余点位均小于 50 mg/kg；土壤石油烃的最大含量值为 281.4 mg/kg，最小值仅为 1.6 mg/kg，平均值达到了 66.5 mg/kg，含量大于 200 mg/kg 的点位 2 个，大于 100 mg/kg 的点位 6 个，大于 50 mg/kg 的点位共 8 个，其余点位均小于 50 mg/kg。

表 9-5　土壤重金属含量平均值、最大值、最小值和标准差　　单位：mg/kg

	As	Pb	Cu	Zn	石油烃
平均值	13.7	23.9	17.9	78.6	66.5
最大值	51.8	84.8	177.5	361.7	281.4
最小值	5.36	13.4	1.1	30.0	1.6
标准差	4.06	6.63	12.7	37.5	52.2

（3）水体石油含量与沉积物石油烃含量变化关系

水体石油含量与沉积物石油烃含量变化之间无明显的关系，除 S8、S12、S17、S18、S21、S26、S27 和 S33 的变化趋势一致外，其余点位的变化趋势均不相同（图 9-4）。说明水体石油含量的变化与沉积物石油烃含量变化没有必然联系，二者之间不会相互影响。

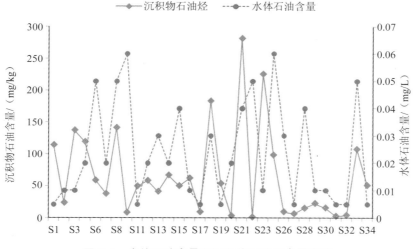

图 9-4　水体石油含量和沉积物石油烃含量变化

（4）底栖动物群落结构与组成

昆虫纲分类单元数占总分类单元数的 52.4%，软体动物占总分类单元数的 21.4%，多毛纲和寡毛纲分别占总分类单元数的 7.1%，甲壳纲占总分类单元数的 1.9%。摇蚊属和雕翅摇蚊属为优势种（优势度分别为 0.031 5 和 0.052 2）。34 个点位的总分类单元数介于 1~25。多样性指数、丰富度指数和 BI 指数的分布范围分别为：0.00~3.58，0.00~4.09 和 5.00~8.58。

表 9-6　各采样点总分类单元数 TNT、Shannon-Wiener 多样性指数 H'、Margalef 物种丰富度指数 D 和 BI 指数

代码	总分类单元数	多样性指数 H'	丰富度指数 D	BI 指数	代码	总分类单元数	多样性指数 H'	丰富度指数 D	BI 指数
S1	7	1.53	1.11	8.46	S18	4	1.43	1.14	6.00
S2	2	1.00	1.44	8.25	S19	5	2.07	0.76	5.71
S3	5	0.28	0.75	7.45	S20	3	1.55	0.48	5.00
S4	8	1.58	1.47	7.58	S21	12	2.48	2.63	6.02
S5	0	0	0	0	S22	6	0.87	0.88	8.06
S6	25	3.43	3.95	6.54	S23	12	2.18	2.03	6.31
S7	18	2.46	3.02	5.53	S24	7	2.00	1.84	6.66
S8	22	3.28	4.09	6.94	S25	4	1.42	1.21	6.67
S9	1	0.00	0.00	5.00	S26	4	1.54	0.82	7.47
S10	0	0	0	0	S27	18	3.20	3.47	7.17
S11	11	2.45	2.42	7.28	S28	2	0.65	0.65	8.58
S12	1	0.00	0.00	6.50	S29	13	0.42	1.68	5.06
S13	2	0.92	0.56	7.00	S30	16	2.27	2.30	7.36
S14	8	2.23	1.76	6.10	S31	18	3.58	3.47	7.33
S15	6	1.32	1.00	8.02	S32	6	0.99	1.44	7.89
S16	3	1.12	0.72	5.16	S33	7	2.30	1.61	7.64
S17	7	1.26	1.21	7.85	S34	11	1.83	1.67	7.32

物种组成的 Cluster 和 MDS（stress value=0.15）结果表明，草桥沟（S13）与任何点位相似度都较小，溢洪河中桥（S3）和沾利河上游（S16）点位相似度较高，蓝海职业学校（S34）为单一分组，辛河（S11）与神仙沟下游（S22）、鲁家闸（S28）有重合部分。经分析，S13 只采集到 2 个分类单元，为分类单元数最少的点位；S3 与 S16 均没有采集到软体动物；S34 挺水和沉水植物丰富，摇蚊个体数占全部底栖动物个体数的 90.6%；S11 与 S22、S28 优势分类单元数的个体百分数较相近。

（5）水质评价

1）水体化学质量评价

根据国家地表水质量标准利用 TN 和 TP 指标评价该流域水体水质化学质量。

TN 的评价结果表明，共有 28 个点位的水体为 V 类水标准，2 个点位IV类水标准，2 个点位为III类水标准。TP 的评价结果显示，没有 I 类水点位，II 类水标准点位 19 个，III 类水标准点位 6 个，4 个点位为IV类水标准，剩余 3 个点位为 V 类水标准（图 9-5）。

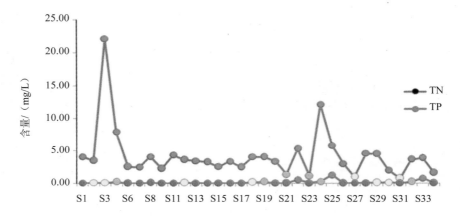

图 9-5　TN 和 TP 水质评价结果

注：绿色：I 类；蓝色：II 类；黄色：III 类；橙黄色：IV类；红色：V 类。

2）水质生物评价

根据黄玉瑶等提出的群落多样性水质评价标准：$H'=0$（无大型底栖无脊椎动物，以区别于只有 1 种动物）为严重污染；$H'=0\sim1$ 为重污染；$H'=1\sim2$ 为中度污染；$H'=2\sim3$ 为轻度污染；$H'>3$ 为清洁。群落多样性评价结果显示，溢洪河支流（S4）、广利河上游（S8）、挑河上游（S26）、东张水库（S31）属于清洁点位；轻污染点位有 9 个，剩余点位为中污染或重污染，无严重污染的点位。

BI 值分布范围为 0~10。参照王备新等建议的评价标准 BI：<5.5，清洁；5.5~6.6，轻污染；6.61~7.7，中污染；7.71~8.8，重污染；>8.8，严重污染。BI 指数水质生物评价结果显示，溢洪河大桥（S9）、沾利河上游（S16）、刁口潮间带（S20）、七干桥（S29）属于清洁点位；轻污染点位有 8 个，剩余点位为中污染或者重污染，无严重污染的点位（图 9-6）。

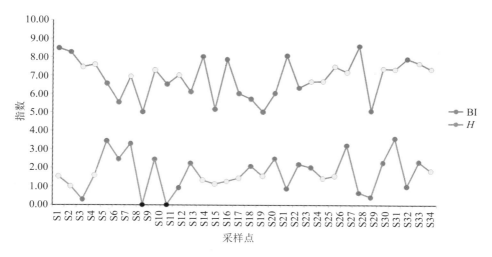

图 9-6　BI 指数和多样性指数水质生物评价

注：绿色：清洁；蓝色：轻污染；黄色：中污染；橙黄色：重污染；红色：严重污染。

Pearson 相关性分析（表 9-7）显示，Shannon-Wiener 多样性指数（$r=-0.446$，$p=0.02$）和 TN 呈显著负相关，与其他理化变量无显著相关性；BI 指数与理化变量无显著相关性。

多样性指数（$r=-0.506$，$p=0.004$）与 TN 呈极显著负相关，BI 指数与理化指标无任何相关性，多金属污染指数与 As（$r=0.755$，$p=0.000$）、Pb（$r=0.804$，$p=0.000$）、Cu（$r=0.756$，$p=0.000$）和 Zn（$r=0.661$，$p=0.000$）呈极显著相关性。

表 9-7　水质评价指数与环境指标的关系

项别	多金属污染系数	BI	H'
TN	0.309	0.153	-0.506^{**}
TP	0.104	0.147	-0.095
盐度	0.133	0.025	-0.136
电导率	-0.080	0.189	-0.168
DO	-0.450^{*}	0.152	-0.005
pH	-0.272	0.216	-0.035
石油	-0.056	-0.065	-0.053
As	0.775^{**}	-0.044	0.224
Pb	0.804^{**}	-0.003	0.043
Cu	0.756^{**}	0.000	0.100
Zn	0.661^{**}	-0.193	0.130
石油烃	0.270	-0.129	0.115

*差异显著（$p<0.05$）；**差异极显著（$p<0.01$）。

（6）物种组成和水环境变量的关系

1）聚类分析、MDS 及 CCA 分析结果

软体动物分类单元数与盐度（$r=-0.422$，$p=0.028$）呈显著负相关，与 pH（$r=0.435$，$p=0.023$）呈显著正相关；寡毛类分类单元数与 TN（$r=0.524$，$p=0.005$）呈极显著正相关。水体石油含量与生物指数无显著相关性。TN、pH、盐度是影响东营湿地底栖动物群落结

构的主要环境变量，水体石油污染并不是主要的胁迫因子。寡毛类和软体动物是该地区对环境变化的主要指示生物类群。

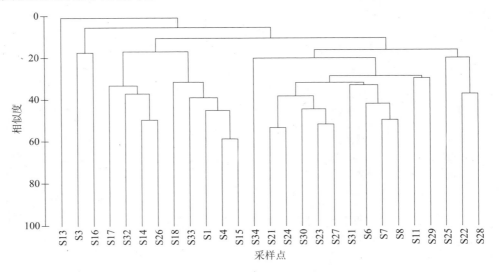

图 9-7　底栖动物群落的 CLUSTER 聚类

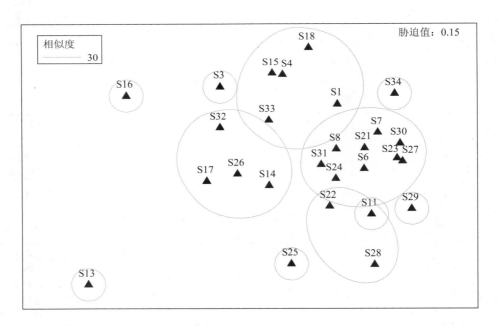

图 9-8　底栖动物群落的 MDS 标序

　　物种组成与环境变量的 MDS 分析结果（图 9-8）表明，在 30%的相似条件下，底栖动物群落结果能够划分为明显组别。其中，S13、S34 在两个图中均为单一分组，S11 在 MDS 分析中与 S22、S28 有重合部分。经分析，S13 只采集到 2 个分类单元，为分类单元数最少的点位；S34 挺水植物丰富，摇蚊个体数占全部底栖动物个体数的 90.6%；S11 与 S22、S28 摇蚊属和雕翅摇蚊属的个体百分数较相近。

2）典范对应分析（CCA）

共有 11 个环境变量用于分析，分别是水体中的 TN、TP、盐度、DO、pH、石油含量、底泥沉积物中的 As、Pb、Cu、Zn 和石油烃。利用 Canoco for Windows 4.53 对所有环境变量进行正向逐步选择（Forward stepwise selection），剔除多余的环境因子，得出 As、pH 和石油烃 3 个变量对物种的解释量占所有环境因子解释量的 34.9%。然后对这 3 个变量进行典范对应分析（CCA）。

CCA 排序结果如图 9-9 所示，石油烃与第 I 轴相关系数为 0.457 6；As 与第 II 轴相关性最大，相关系数为 0.73；pH 与第III轴的相关系数为–0.77。前 3 轴特征值占总特征值的 14.9%，说明这 3 个环境因子能解释 14.9%的底栖动物群落结构变化；前 3 个排序轴中，物种与环境的相关性分别达到了 0.87、0.80 和 0.86（表 9-8）；所有排序轴的 p 值检验为 0.03，小于 0.05，说明排序结果是可靠的。CCA 排序结果显示，As、pH 和石油烃为影响底栖动物群落结构的主要影响因子。

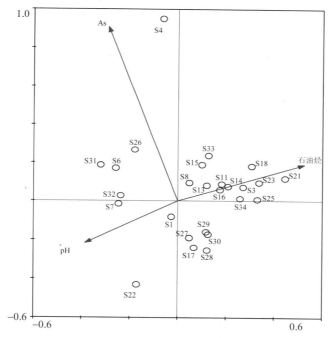

图 9-9　基于物理化学变量的 CCA 点位标序

3）物种组成与环境变量的最适环境变量组合分析（BEST）

物种组成与环境变量的 MDS 分析最适环境变量组合结果（图 9-8）表明，能够解释物种分布的最适环境变量组合是 As 和石油烃，它们与物种分布的相关系数达到 0.749。BEST 分析结果同样显示，As 和石油烃为影响底栖动物群落结构的主要影响因子。

表 9-8　排序轴特征值、种类与环境因子排序轴的相关系数

项别	AX1	AX2	AX3	AX4	总惯量
特征值	0.237	0.223	0.157	0.400	4.129
种类与环境因子相关系数	0.871	0.801	0.875	0.000	

（7）多金属综合污染指数评价

采用 Hakanson 所提出的生态风险指数法，对采样点底泥重金属污染进行分析和评价（表 9-9 和表 9-10）。

表 9-9　重金属的毒性系数

金属元素	As	Cu	Pb	Zn
C_n^i	15	30	25	80

表 9-10　多金属综合污染指数评价指标及分级关系

综合污染指数	风险分级标准
$C_d < 3$	无风险
$3 \leq C_d < 6$	一般风险 中等风险
$6 \leq C_d < 9$	高风险
$C_d \geq 9$	极高风险

单个重金属污染系数，即富集系数，简称 C_f^i，计算公式为：

$$C_f^i = C^i / C_n^i \tag{9-1}$$

式中，C_n^i 为毒性系数；C^i 为污染系数。

多金属综合污染指数，简称 C_d，计算公式为：

$$C_d = \sum C_f^i = \sum C^i / C_n^i \tag{9-2}$$

根据公式 9-2，计算得到 34 个采样点的多金属污染指数（表 9-11），从表可以看出无风险采样点 16 个，占 51.6%；一般风险采样点 13 个，S19 为高风险样点，而 S4 为极高风险。

表 9-11　多金属污染系数评价结果及评价等级

	多金属污染系数	评价等级		多金属污染系数	评价等级
S1	3.7	一般风险	S19	6.7	高风险
S2	1.6	无风险	S20	2.5	无风险
S3	4.5	一般风险	S21	4.5	一般风险
S4	15.1	极高风险	S22	2.3	无风险
S6	3.0	一般风险	S23	3.1	一般风险
S7	2.6	无风险	S25	3.4	一般风险
S8	2.8	无风险	S26	4.3	一般风险
S9	3.2	一般风险	S27	2.8	无风险
S11	2.7	无风险	S28	1.8	无风险
S12	2.4	无风险	S29	2.5	无风险
S13	2.5	无风险	S30	2.0	无风险
S14	3.3	一般风险	S31	3.8	一般风险
S15	2.7	无风险	S32	3.4	一般风险
S16	2.6	无风险	S33	3.1	一般风险
S17	2.0	无风险	S34	2.5	无风险
S18	3.3	一般风险			

（8）讨论

1）底栖动物组成与理化变量

潮汐和盐度是影响咸水湿地物种分布的主要因素。安传光等研究表明盐度是影响长江口九段沙潮间带底栖动物分布的主要环境因素。Verschuren 等（2000）提出在水文封闭的海湾湖泊，盐度是导致生物群落改变的长期影响因子；盐度的增加会导致底栖动物群落丰富度的减少；假如底栖动物群落结构与盐度没有显著的相关性，那么其他环境因素决定了物种的分布，包括底质、温度、潮汐和水生植被等。

本研究表明，盐度为影响该地区底栖动物分布的主要环境因子，同时底质以及水生植被对底栖动物分布也有一定的影响。软体动物、部分多毛纲和寡毛纲物种的分布与盐度有显著的相关性，这与前人研究结果类似。所有点位中，共有 S5、S10 两个点位没有采集到底栖动物，前者为硬底质，后者为黄河点位，含沙量很高，均不适宜底栖动物生长。挺水与沉水植物较丰富的区域，比较适合底栖动物的生长，因此采集到的底栖动物分类单元数等也会较高。本文的 MDS 标序图显示，在相似度为 30% 的条件下，总分类单元数大于 12 的点位形成一个分组，它们的共同点是沉水与挺水植被比较丰富。

石油开采与生产会对生态系统造成强烈的冲击。Poulton 等（1997）研究表明，原油泄漏对河流中水流停滞点位的底栖动物群落结构有消极的影响；申宝忠等发现，黄河三角洲地区水质污染的主要超标指标为 SS、COD_{Cr}、BOD_5、NH_3-N、石油类和挥发酚，水质污染对底栖动物多样性和个体数量都造成了较明显的影响（申保忠和田家怡，2006）。但本文研究发现，水体石油类含量与生物指标无任何相关性，东营湿地的 TN 为影响寡毛类分类单元的主要环境因素，pH 为影响软体动物的主要环境因素。

2）水质生物评价

生物多样性指数曾是水质生物评价的主要参数，但由于其计算过程忽略了不同生物类群耐污能力差异等，目前国际上已不再将其作为主要水质生物评价标准。与多样性指数相比，BI 指数较好地解决了这些缺陷，是国际上应用广泛的水质生物评价指数（Pratt 和 Coler，1976）。

但在本研究中，多样性指数（$r = -0.446$，$p = 0.02$）和 TN 呈显著负相关，BI 指数与理化指标无显著相关性。相较于 BI 指数，多样性指数与环境指标的联系更为紧密，更能够真实地反映该地区的水质生物评价结果，原因可能是利用 BI 指数评价水质在寡盐度水域不是很合适，BI 指数的计算基于各物种的耐污值，但耐污值的应用也是有地域性的（王备新和杨莲芳，2004），将淡水底栖生物的耐污值引用到寡盐度水域，可能会造成评价结果与实际情况的偏差。

通常在河口地区进行水质评价时，国外大多利用生物完整性指数，而不是利用单一指数进行评价；值得借鉴的是，研究者特别发展了 WMI（the Wetland macrophyte index）、WZI（the Wetland zooplankton index）和 WFI（the Wetland fish index）3 个生物指数对五大连湖海岸沼泽进行生物评价（Seilheimer 等，2009）。参照以上研究成果，笔者建议在进行东营湿地水质评价时，应结合多样性指数、BI 指数与理化指标等多种评价方法进行综合评价；或者根据该地区的生态环境特点，发展适合该地区的生物指数。

（9）结论

①石油开采确实对东营底栖动物群落结构产生了影响，其主要的影响因子是水体沉积

物中的石油烃和石油开采的副产品砷（As）。

②适合东营开展水质生物评价的底栖动物生物指数是生物多样性指数；寡毛类和软体动物可作为该地区监测与评价水体质量的指示生物。

③东营水体受到的污染是典型的复合污染，有石油开采过程中产生的污染物，有生活污水、农业面源以及工厂污水。34 个采样点之间的环境变量和底栖动物群落结构的变异很大且无规律性，暗示着很难准确评价某一类污染物的生态效应。

④沉积物高含量的石油烃（平均为 66.5 mg/kg，最高为 281 mg/kg），以及较高的砷、铅、铜和锌含量，说明石油开采对水生态系统的影响可能是长期的，即遗留效应会很长久，也很难消除，有可能是未来影响当地底栖动物群落及其他水生生物群落的关键且主导的环境因子。建议开展长期监测研究。

9.3　石油开采区污染对土壤线虫的风险评价

土壤生态系统中最重要的土壤动物主要有蚯蚓、线虫和土壤昆虫等（Xiao 等，2006），在胜利油田，由于土壤含盐量比较高，土壤蚯蚓数量极少，不适宜作土壤生态系统的受体。

线虫作为土壤中型动物区系的一部分，是土壤动物区系中种类最为丰富的无脊椎动物，它们参与土壤有机质分解、植物营养矿化和养分循环等重要生态过程，在土壤食物网中占有重要地位（Yeates 和 Bongers，1993；Bongers 和 Bongers，1998；肖能文等，2011a；肖能文等，2011b）。因线虫的形态特殊性、食物专一性、分离鉴定相对简单，以及对环境变化包括污染胁迫能做出迅速反应等特点，使其被广泛地应用于土壤健康状况及土壤污染指示的研究中。

线虫作为土壤污染状况的指示生物之一，多被用于监测各种重金属对土壤的污染，铜、砷等重金属对土壤线虫群落结构的影响已被深入探讨，而以模式线虫 *Caenorhabditis elegans* 为基础的生态毒理学研究也已有一套较为成熟的体系，主要从群落、种属和个体等方面进行，近年来也深入到了分子水平。而对于石油及多环芳烃等有机物的污染指示性研究则相对较少。

9.3.1　胜利油田石油开采对土壤线虫的影响评价

（1）研究区概况

1）土壤总石油烃测定

选取位于中国山东省黄河三角洲湿地的胜利油田作为研究地点。该地属于暖温带大陆性季风气候，年均温度 12～13.1℃，年均降雨量 560～690 mm，土壤以潮土和盐土为主，土壤含盐量 6～30 ng/L。芦苇是该地区分布最广、最多的土著优势植物（邢尚军等，2003）。

选择胜利油田位于山东省利津县刁口乡境内的埕东油田为研究点，该区油井远离村镇，生态环境较为一致，主要植被为芦苇。选择的 6 口样井均为稠油油井（N38°00′35.2″—38°01′29.9″；E118°37′21.4″—118°39′43.8″）。

2009 年 7 月和 10 月，两次在胜利油田样井周围进行取样。以油井为中心向 3 个方向辐射布点，在距离油井井基 5 m、10 m、20 m、50 m 和 100 m 处采样。采样深度为表土 0～

15 cm，每个采样点设 2 m×1 m 样方，在样方内选择 3 个点取土，将其均匀混合后制成约 500 mL 混合土样带回实验室分离线虫。

2）土壤总石油烃测定

土壤总石油烃（Total petroleum hydrocarbon，TPH）采用超声-索氏萃取-重量法测定（王如刚等，2010）。称取 5.00 g 风干土样，添加萃取剂，超声 15 min，4 000 r/min 离心 10 min，重复萃取，收集上清液，54℃旋转蒸发至干，在通风橱内挥发至恒重，称重。同时做 2 个平行样。

3）线虫分离、鉴定

每个土样取土 100 cm³，3 d 内用浅盘法分离线虫 48 h，收集线虫悬浮液并浓缩至 2 mL，用 4%福尔马林溶液固定（凌斌等，2008；李迪强和张于光，2009）。光学显微镜下参照 Goodey（1963）的分类系统和《中国土壤动物检索图鉴》（尹文英，1998）以及《植物线虫志》（刘维志，2004），将线虫鉴定到属，并统计各属线虫数量。

4）土壤线虫群落多样性分析

土壤线虫依据 Yeates 等（1993）分为 4 个营养类型，分别为食细菌类（Bacterial feeding，B）、食真菌类（Fungal feeding，F）、植物寄生类（Plant feeding，P）和杂食捕食类（Omnivorous/predator feeding，O）。研究采用的生态学指数如下：①线虫成熟指数（Maturity index，MI）（Bongers，1990）：$MI=\sum v(i)f(i)$，式中 $v(i)$ 是第 i 种线虫的 C_p 值，$f(i)$ 是第 i 种线虫的个体数占总个体数的比例。②富集指数（Enrichment index，EI）（Ferris 等，2001）：$EI=100\times[e/(e+b)]$，$b=\sum kb\times nb$，$e=\sum ke\times ne$。③结构指数（Structure index，SI）：$SI=100\times[s/(s+b)]$，$b=\sum kb\times nb$，$s=\sum ks\times ns$，b（basal）代表食物网中的基础成分，主要指 B_2 和 F_2 这两个类群；e（enrichment）代表食物网中的富集成分，主要指 B_1 和 F_2 这两个类群；s（structure）代表食物网中的结构成分，包括 B_3—B_5、F_3—F_5、O_3—O_5、P_2—P_5 类群。式中 k_b、k_e 和 k_s 为各类群所对应的加权数，n_b、n_e 和 n_s 则为各类群的丰度。④线虫通路比值（Nematoda Channel Ratio，NCR）（Bongers 和 Bongers，1998）：$NCR=N_B/(N_B+N_F)$。⑤瓦斯乐斯卡指数（Wasilewska index，WI）：$WI=(N_B+N_F)/N_P$，其中 N_B 为食细菌线虫数量，N_F 为食真菌线虫数量，N_P 为食植物类线虫数量。

（2）土壤石油烃含量

土壤总石油烃含量随开采距离增加而逐渐减少（图 9-10），在 5 m 处总石油烃含量最高，为 0.108 g/kg 土壤，而 100 m 处土壤总石油烃含量最低，仅为 0.036 g/kg 土壤。方差分析结果表明，各个距离石油烃含量有显著差异（$F=3.25$，$p=0.02$），石油开采中随着距离的增加对土壤污染逐渐减少。

（3）不同开采距离对线虫总量的影响

对 6 口油井距油井中心不同距离的土壤线虫总量进行对比，结果如图 9-12 所示，从绝对数量上看，距油井中心 5 m 和 10 m 处线虫较少，而离油井最近的 5 m 处线虫最少，仅 80 条/100 mL，而大于 20 m 处线虫数量基本相同（表 9-12），方差分析表明，各个距离线虫总量并无显著性差异（$p>0.05$）。

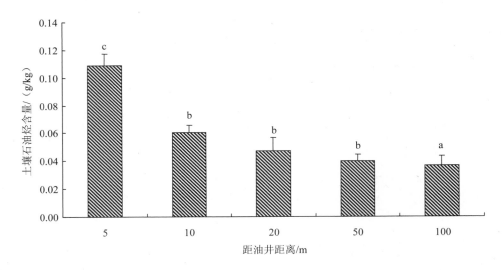

图 9-10　胜利油田距油井不同距离土壤总石油烃含量

注：相同字母表示差异不显著（$p > 0.05$）。

表 9-12　距油井不同距离线虫科属组成、营养类型及 c-p 值

线虫科	线虫属	营养类型*	c-p 值**	线虫数量/（条/100mL）				
				5 m	10 m	20 m	50 m	100 m
盆咽线虫科 Panagrolaimidae	盆咽属 Panagrolaimus	B	1	56.2	35.3	101.4	185.7	124.5
	三唇属 Trilabiatus	B	1	2.3	24.4	90.5	16.7	6.5
	浅腔属 Panagrellus	B	1	9.3	64.5	40.4	19.7	23.8
	微线属 Micronema	B	1	0.3	0.2	10.4	6.5	5.4
	钮钩属 Plectonchus	B	1	0.0	0.0	0.3	0.0	0.0
小杆线虫科 Rhabditidae	小杆属 Rhabditis	B	1	14.5	37.7	13.3	3.3	9.3
	同杆属 Rhabditella	B	1	0.0	71.4	0.0	0.0	0.5
	原杆属 Protorhabditis	B	1	0.5	0.0	0.0	0.0	0.0
	广杆属 Caenorhabditis	B	1	0.0	17.5	4.7	0.0	0.0
	钩唇属 Diploscapter	B	1	5.7	11.0	36.4	4.0	99.9
头叶线虫科 Cephalobidae	头叶属 Cephalobus	B	2	123.0	90.7	100.7	92.4	75.0
	真头叶属 Eucephalobus	B	2	63.5	48.7	128.0	133.9	112.7
	拟丽突属 Acrobeloides	B	2	2.3	20.2	19.8	6.2	39.0
	丽突属 Acrobeles	B	2	2.0	0.0	0.0	0.8	0.0
	假丽突属 Nothacrobeles	B	2	0.3	0.0	0.0	0.5	5.2
	鹿角唇属 Cervidellus	B	2	0.2	0.2	0.0	0.0	0.0
	板唇属 Chiloplacus	B	2	0.0	0.7	0.0	0.0	0.0
单宫线虫科 Monhysteridae	单宫属 Monhystera	B	1	11.8	5.5	1.4	12.6	9.1
	真单宫属 Eumonhystera	B	1	0.8	0.8	4.7	13.2	5.0
	棱咽属 Prismatolaimus	B	3	0.0	0.5	10.9	1.8	15.2
短腔线虫科 Brevibuccidae	短腔属 Brevibucca	B	2	0.0	0.0	0.0	0.0	6.3

线虫科	线虫属	营养类型*	c-p 值**	线虫数量/（条/100mL）				
				5 m	10 m	20 m	50 m	100 m
畸头线虫科 Teratocephalidae	畸头属 *Teratocephalus*	B	3	0.0	0.0	0.3	0.0	0.0
绕线虫科 Plectidae	绕线属 *Plectus*	B	2	0.0	0.0	0.0	0.0	0.2
双胃线虫科 Diplogsteridae	双胃属 *Diplogaster*	B	1	0.0	0.0	0.0	0.0	2.5
细咽线虫科 Leptolaimidae	杆咽属 *Rhabdolaimus*	B	1	0.0	0.0	0.0	0.2	0.0
无咽线虫科 Alaimidae	无咽属 *Alaimus*	B	4	0.0	0.8	0.4	1.9	8.3
拟滑刃线虫科 Aphelenchoididae	拟滑刃属 *Aphelenchoides*	F	2	12.3	16.6	50.1	56.4	27.5
滑刃线虫科 Aphelenchidae	滑刃属 *Aphelenchus*	F	2	17.5	18.3	50.1	34.7	79.2
垫刃线虫科 Tylenchidae	垫刃属 *Tylenchus*	P	2	20.8	67.3	37.2	46.5	23.3
	丝尾垫刃属 *Filenchus*	P	2	0.3	0.0	4.3	19.0	38.0
刺线虫科 Belonolaimidae	头垫刃属 *Tetylenchus*	P	3	0.0	0.0	131.1	30.3	11.3
	针属 *Paratylenchus*	P	2	0.0	0.0	62.8	93.9	28.7
矮化线虫科 Tylenchorhynchidae	矮化属 *Tylenchorhynchus*	P	3	103.7	46.8	43.1	109.3	36.3
短体线虫科 Pratylenchidae	短体属 *Pratylenchus*	P	3	31.2	14.7	9.7	18.5	105.6
纽带线虫科 Hoplolaimidae	盘旋属 *Rotylenchus*	P	3	1.5	0.0	3.3	1.9	0.0
	螺旋属 *Helicotylenchus*	P	3	0.3	19.3	20.3	35.0	62.2
长尾滑刃线虫科 Seinuridae	长尾滑刃属 *Seinura*	O	3	0.0	3.3	1.0	0.0	0.0
三孔线虫科 Tripylidae	托布利属 *Tobrilus*	O	3	0.0	0.0	0.0	0.0	0.7
矛线线虫科 Dorylaimoidae	矛线属 *Dorylaimus*	O	4	0.0	4.4	5.8	6.4	11.6
	中矛线属 *Mesodorylaimus*	O	4	0.0	0.0	1.8	5.0	1.2
	真矛线属 *Eudorylaimus*	O	4	0.0	61.6	0.0	0.0	0.0
单齿线虫科 Mononchidae	单齿属 *Mononchus*	O	4	0.0	0.0	0.0	0.5	0.0
丝尾线虫科 Oxydiridae	丝尾属 *Oxydirus*	O	4	0.0	0.0	19.8	43.9	23.5

注： * 线虫营养类型参考 Yeates＆Bongers（1993），其中 B 表示食细菌线虫，F 表示食真菌线虫，O 表示杂食/捕食类线虫，P 表示植物寄生类线虫；**c-p 值参考 Neher 等（1995）。

　　距油井不同距离土壤线虫数量增加，而总石油烃含量逐渐减少，相关性分析表明土壤线虫数量与土壤总石油烃含量呈明显负相关（$r^2 = -0.940$，$p = 0.017$），石油烃含量影响土壤线虫数量。

　　对各个距离不同营养类型的线虫数量进行了进一步的比较，结果表明，5 m 和 10 m 处不同营养类型的线虫数量均较少，当距油井距离超过 20 m 时，线虫数量增加。食真菌类线虫数量在距油井 5 m 和 10 m 与 20 m、50 m、100 m 3 个距离差异显著（$p<0.05$）。但食植物类、食细菌类和杂食/捕食类线虫数量在不同距离并无显著差异（$p>0.05$），见表 9-13。

相关性分析表明土壤食细菌类线虫数量与土壤总石油烃含量呈明显负相关（$r^2=-0.944$，$p=0.016$），而其他营养类型线虫数量与土壤总石油烃含量不相关。

表 9-13　胜利油田距油井不同距离线虫各营养类型数量比较

距离/m	食植物类	食细菌类	食真菌类	杂食/捕食类	线虫总数/100 cm³
5	26.31±7.91a	48.81±10.04 a	4.97±3.24 a	0±0.0 a	80.08±13.18 a
10	24.65±7.06 a	71.65±9.52 a	5.82±3.35 a	11.55±5.28 a	113.96±13.16 a
20	51.97±10.11a	93.97±10.70 a	16.69±4.90 b	4.73±2.49 a	167.37±15.11 a
50	59.06±8.31a	83.23±9.50 a	15.16±4.47 b	9.3±4.50 a	166.78±11.72 a
100	50.91±8.14 a	91.37±8.84 a	17.78±5.38 b	6.15±2.56 a	166.22±12.65 a

注：字母相同表示组间无显著性差异，字母不同表示有显著性差异，$\alpha=0.05$。

（4）胜利油田石油开采对土壤线虫生活史策略的影响

按不同距离采样点 c-p 1、c-p 2 和 c-p 3 类群所占比例作图（图 9-11），几个距离线虫差异主要体现在 c-p 1 类群所占的比例，10 m 处（点 B）c-p 1 类群最多，达到 43.6%，而 5 m 处（点 A）c-p 1 类群最少，为 21.1%。c-p 2 和 c-p 3 变化相对较小。不同距离明显分成 3 类，其中 20 m（C）、50 m（D）和 100 m（E）分成一类，而 5 m 和 10 m 处，线虫 c-p 值比例相差较远，各自成一类，结果说明采样距离大于 20 m 后，线虫的 c-p 比例基本一致，生活史策略也基本相似。

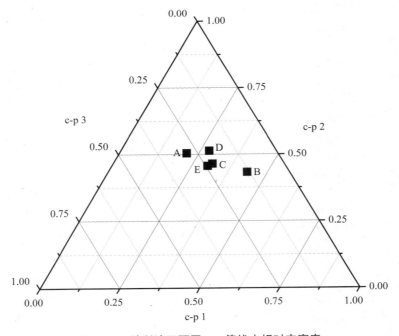

图 9-11　胜利油田不同 c-p 值线虫相对丰富度

注：数据点代表样点平均值，A：5 m，B：10 m，C：20 m，D：50 m，E：100 m。

（5）不同开采距离对线虫群落结构的影响

对各个距离线虫数量群落多样性分析，丰富度和 Shannon-Wiener 多样性指数随开采距离增加而逐渐增大，100 m 处最大。而均匀度指数以 5 m 处最大，为 0.852，优势度指数以 10 m 处最大，为 0.402（表 9-14）。开采距离影响土壤线虫的丰富度和多样性。

表 9-14　距油井不同距离土壤线虫群落多样性分析

距离/m	丰富度	多样性指数（H'）	均匀度指数（E）	优势度指数（C）
5	23	1.365	0.852	0.379
10	26	1.391	0.801	0.402
20	30	1.828	0.696	0.282
50	30	1.988	0.761	0.195
100	31	2.229	0.797	0.145

成熟度指数（MI）常表示土壤的稳定性，通常在 1～4 之间波动。成熟度指数值低，线虫群落处于演替阶段的早期，土壤环境受到干扰值较高。距油井不同距离土壤线虫成熟度指数，10 m 处值最高，为 1.800，其次为 100 m 处，成熟度指数为 1.408。

瓦斯乐斯卡指数 WI 反映土壤线虫种群结构组成与土壤健康程度（Neher，2001）。不同距离土壤线虫瓦斯乐斯卡指数均大于 1，表明土壤健康状况较好。该指数在 20 m 外随距离增加而增大，距离 100 m 处 WI 最大，为 14.103，说明离油井越远，土壤越稳定。

富集指数（EI）主要用于评估食物网对可利用资源的响应，结构指数（SI）可以指示在干扰或恢复过程中土壤食物网结构的变化（Ferris 等，2001）。富集指数（EI）和结构指数（SI）常表示土壤食物网结构。100 m 处土壤富集指数（EI）和结构指数（SI）最高，分别为 52.546 和 5.834，说明此距离食物网受干扰最小；20 m 和 100 m 处 EI 大于 50，SI 小于 50，食物网都受到一定程度的干扰；其他不同距离富集指数（EI）和结构指数（SI）都小于 50，干扰程度最高，土壤食物网趋于退化。

线虫通路比值（NCR）是根据线虫营养类群的划分，评价土壤食物网和土壤生态系统能流途径，常用于表现土壤有机质分解途径。不同距离线虫通路比值均大于 0.8，说明主要为细菌分解途径。

研究结果表明，距油井越远，瓦斯乐斯卡指数、富集指数和结构指数均越高，土壤比较稳定，石油开采等人为活动对土壤线虫群落有一定影响（表 9-15）。

表 9-15　距油井不同距离土壤线虫群落生态学指数

距离/m	成熟度指数（MI）	总成熟度指数	瓦斯乐斯卡指数（WI）	线虫通路比值（NCR）	富集指数（EI）	结构指数（SI）
5	1.268	1.572	5.459	0.927	49.507	0.000
10	1.800	1.995	3.034	0.963	49.843	37.218
20	1.233	1.832	6.225	0.924	50.820	35.529
50	1.105	1.873	7.477	0.921	45.681	26.702
100	1.408	1.845	14.103	0.861	52.546	45.834

（6）开采年限对土壤线虫群落结构的影响

1）不同开采年限油井对线虫总量影响评价

不同开采年限油井线虫总数差异较大，开采时间最长的 F 井，线虫数量最大，为 458.5±90.8，而开采仅 18 个月的 B 井，线虫数量最少，为 5.1±3.5，方差分析结果表明，不同油井线虫总数差异显著（F=6.197，p=0.003），E 井和 F 井与其他油井差异最大。

相关性分析表明，线虫总数与开采时间相关性显著（r^2=0.825，p=0.043），但与石油烃（r^2=0.269，p=0.606）相关性不显著，说明线虫数量受到开采时间的影响较大（图 9-12）。

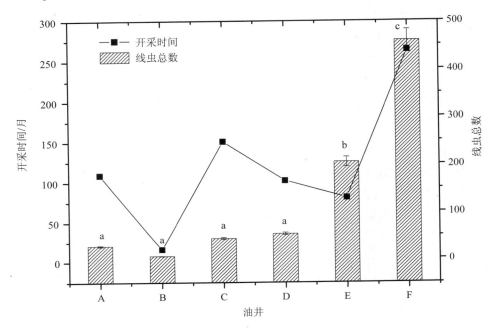

图 9-12 胜利油田不同油井线虫总数与油井开采时间

注：A、B、C、D、E 和 F 代表不同油井，相同字母间差异不显著（p>0.05）。

2）不同开采年限油井对不同营养类型线虫数量影响评价

不同食性线虫在不同开采时间油井之间的变化规律与线虫总数基本一致，均是开采时间最长的油井 F，不同食性土壤线虫数量最多，而开采时间最短的油井 B，不同食性线虫数量最少（表 9-16）。各油井之间食植物类线虫、食细菌类线虫和食真菌类线虫数量差异显著（p<0.001），但各油井杂食/捕食类线虫数量差异不显著（F=1.85，p=0.13）。

表 9-16 不同开采年限油井线虫各营养类型数量比较

油井	开采时间/月	食植物类	食细菌类	食真菌类	杂食/捕食类
A	109	10.5±3.5a	15.0±4.8a	1.2±1.4a	0.4±0.9a
B	16	0.1±0.5a	4.9±1.9a	0.0±0.0a	0.1±0.4a
C	151	1.5±1.5a	37.3±7.2a	1±1.4a	3.8±2.7a
D	102	26.4±7.0a	25.2±5.5a	1.8±1.9a	0.0±0.0a
E	81	26.0±4.6a	142.5±9.9b	22.5±4.6a	13.7±5.0b
F	264	178.9±7.6b	221.6±7.6b	37.6±3.5a	20.4±5.7c

注：字母相同表示组间无显著性差异，字母不同表示有显著性差异，α=0.05。

相关性分析表明，开采年限与食植物类线虫数量显著相关（$r^2=0.844$，$p=0.035$）。开采时间与食细菌类线虫（$r^2=0.719$，$p=0.107$）、食真菌类线虫（$r^2=0.687$，$p=0.132$）和杂食/捕食类线虫（$r^2=0.696$，$p=0.125$）数量相关性不显著。石油烃含量与各类线虫数量相关性均不显著（$p>0.05$）。

3）不同开采年限油井线虫群落结构比较

对不同开采年限油井线虫数量群落多样性分析表明，丰富度以油井 E 和 F 最大。Shannon-Wiener 多样性指数以开采时间最久的油井 F 最大，而时间最短的油井 B 最小。均匀度指数以油井 F 最大。优势度指数以油井 D 最大，为 0.908，表明该油井群落内物种数量分布不均匀，优势种的地位突出，而油井 C 最小，为 0.786（表 9-17）。

表 9-17　胜利油田不同开采年限土壤线虫群落多样性分析

油井	丰富度	多样性指数	优势度指数	均匀度指数
A	23	2.996	0.840	0.746
B	16	1.714	0.817	0.685
C	20	2.177	0.786	0.689
D	17	2.559	0.908	0.779
E	30	3.019	0.832	0.722
F	30	3.485	0.883	0.814

线虫成熟度指数（MI）和植物寄生线虫成熟度指数（PPI）反映土壤线虫群落功能结构特征，用以评价外界干扰活动对土壤线虫群落的影响。MI 指数指示土壤自由生活线虫 r-选择和 k-选择的比例，显示线虫的生活周期、繁殖力和抗干扰能力的强弱。油井 E 的 MI 最高，达到 1.536，而油井 A 的 MI 最低。总成熟度指数以油井 F 最高，达到 2.163。PPI 指数则指示植物寄生线虫 r-选择和 k-选择的比例，在一定条件下 PPI/MI 比值反映土壤生态系统对外界干扰恢复程度可能更为敏感。油井 A 的 PPI/MI 比值最高，而油井 C 的 PPI/MI 比值最低。相关性分析表明开采时间与 PPI 呈显著正相关（$r^2=0.834$，$p=0.039$），而 MI 与土壤石油烃含量呈显著负相关（$r^2=-0.876$，$p=0.022$）。

不同油井线虫结构指数与富集指数如图 9-13 所示，6 口油井明显分成 2 个区，在 I 区，有 A、D 和 B，而 C、E 和 F 分布在Ⅳ区。Ferris 等（2001）认为 I 区线虫主要是食细菌型，受干扰程度较高，因此食物网也受到干扰。而Ⅳ区线虫受干扰程度最高，土壤食物网趋于退化。

线虫通路比值（NCR）能表示土壤有机质的分解途径，油井 B 的 NCR 为 1，表示该油井土壤有机质分解途径完全为细菌分解，而其他油井的 NCR 均大于 0.8，说明主要为细菌分解途径。

线虫瓦斯乐斯卡指数能表明土壤的健康状况。油井 B 土壤线虫瓦斯乐斯卡指数最低，为 0.917，土壤健康程度差。而其他油井土壤线虫瓦斯乐斯卡指数均大于 1，说明土壤健康状况较好。相关性分析表明 Shannon-Wiener 指数与$\sum$MI（$r^2=0.886$，$p=0.019$）呈显著正相关，而与线虫通路比值（$r^2=-0.879$，$p=0.021$）以及富集指数（$r^2=-0.868$，$p=0.025$）呈显著负相关。

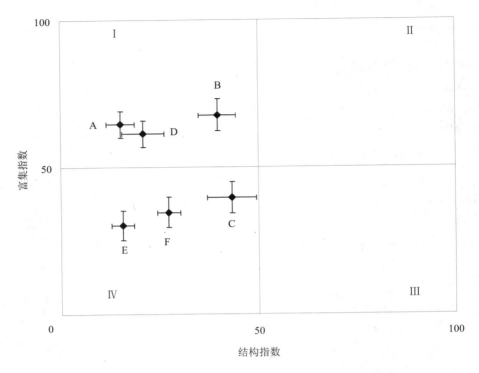

图 9-13　不同油井线虫结构指数与富集指数

注：A、B、C、D、E 和 F 代表不同油井。

表 9-18　不同开采年限土壤线虫群落生态学指数

处　理	成熟度指数 （MI）	植物寄生线虫 成熟度指数（PPI）	总成熟度指数 （ΣMI）	PPI/MI	瓦斯乐斯卡 指数（WI）	线虫通路比值 （NCR）
A	0.554	0.597	1.150	1.399	1.505	0.917
B	1.333	0.167	1.500	0.154	0.917	1.000
C	1.527	0.217	1.744	0.203	4.682	0.972
D	1.066	0.412	1.479	0.661	3.331	0.976
E	1.536	0.315	1.852	0.210	7.789	0.877
F	1.095	1.068	2.163	1.049	1.539	0.848

　　结果表明，开采年限对土壤线虫结构有一定影响，而石油烃含量对线虫影响相对较小（表 9-18）。油井 E 成熟度指数和瓦斯乐斯卡指数最高，开采年代最久远的 F 井，PPI 指数和总成熟度指数最高。开采年限比较短的油井 B，瓦斯乐斯卡指数为 0.917，线虫通路比值为 1，表示该油井土壤有机质分解途径单一，完全为细菌分解，为不稳定的群落结构。同时，线虫群落除受到开采时间影响外，还受到其他因素的影响，包括人为活动、机械等。

　　（7）讨论

　　在黄河三角洲胜利油田埕东油田的 6 口油井，土壤线虫优势类群为盆咽属

（*Panagrolaimus*）、头叶属（*Cephalobus*）和真头叶属（*Eucephalobus*）。黄河三角洲胜利油田石油开采油井作业区一般在 20 m×20 m 范围内，该区域受钻井、维修等影响，且大部分是裸地，故受人为影响较大，而 20 m 以外受影响相对较小。因此 5 m 和 10 m 处植食性线虫较少，而食细菌类线虫所占比例较多。许多线虫仅仅出现在 20 m 以内的油井区，如原杆属（*Protorhabditis*）、鹿角唇属（*Cervidellus*）、板唇属（*Chiloplacus*）、真矛线属（*Eudorylaimus*）等。而有些属仅出现在 20 m 以外的区域，如钩唇属（*Diploscapter*）、头垫刃属（*Tetylenchus*）、针属（*Paratylenchus*）、短腔属（*Brevibucca*）、丝尾属（*Oxydirus*）和中矛线属（*Mesodorylaimus*）等（表 9-13）。结果表明油井作业区与周围土壤线虫存在一定的差异。

Snow-Ashbrook 和 Erstfeld（1998）研究发现单宫目线虫的丰富度、捕食性/杂食性线虫的相对丰富度及线虫的营养多样性指数等土壤线虫群落指标与石油污染物浓度呈正相关。本研究结果表明胜利油田土壤线虫矛线属（*Dorylaimus*）与土壤石油烃含量呈显著负相关，说明矛线属对石油烃比较敏感，可以指示土壤石油烃的污染。

土壤线虫群落结构与石油开采有一定关系，线虫丰富度和 Shannon-Wiener 多样性指数随开采距离增加而逐渐增大，石油开采区（20 m 内）土壤线虫群落多样性受到一定影响，而在远离开采区（100 m）群落多样性高，食物网受干扰较小，土壤健康程度最高，富集指数和结构指数最高，瓦斯乐斯卡指数也最高。

黄河三角洲湿地为河口湿地生态系统，由黄河泥沙淤积沉淀而成，植被群落结构相对简单，研究本区域的土壤动物有特殊意义。侯本栋等（2008）研究了黄河三角洲不同演替阶段湿地土壤线虫的群落特征，认为植物寄生线虫为优势类群，食真菌线虫的个体密度较低，土壤线虫多样性依次为白茅群落＞柽柳群落＞翅碱蓬群落＞光板地。王莹莹比较了黄河三角洲湿地石油污染油区与对照典型植物群落（芦苇）中的线虫群落结构（Wang 等，2009），认为长期石油开采活动已对黄河三角洲湿地土壤生物带来影响，造成了一定的土壤污染，线虫群落多样性主要受到土壤总石油烃含量与石油开采持续时间的显著影响。而本研究以油井为研究对象，分析了油田开采对土壤线虫群落结构的影响，石油开采对土壤线虫群落结构有一定的影响，而油井作业区 20 m 范围内影响较大。

9.3.2　大庆油田石油开采对土壤线虫的影响评价

在大庆油田选择 6 口样井（N46°39′30″—46°41′0″；E124°53′30″—124°58′30″）研究，该区域海拔为 140m，油井远离村镇，生态环境较为一致，主要植被为芦苇。油井开采时间相对一致，分别标为 I （北-1-J3-421），II （北 1-330-25），III （北 1-3-E39），IV （北 1-41-P242），V （北 1-321-P15），VI （北 1-2-P26），土质为黏土和沙土，井场周边以芦苇和低矮草为主，植被盖度为 75%～90%。在附近 500 m 没有油井的地方，选择与油井周围环境一致的 3 个点作为对照。

2010 年 7 月在大庆油田样井周围进行取样。以油井为中心向 3 个方向辐射布点，在距离采油井口分别为 0、3、6、10 和 30 m 处采样。采样深度为表土 0～15 cm，每个采样点设 2 m×1 m 样方，在样方内选择 3 个点取土，将其均匀混合后制成约 500 mL 混合土样带回实验室分离线虫。

（1）不同油井线虫数量比较

不同油井线虫总数差异不显著，油井 II 线虫数量最多，而油井 V 线虫数量最少（表 9-19），但所有油井线虫总数比对照明显减少，差异极显著。方差分析表明不同油井线虫总数差异显著（$F=6.033$，$p<0.001$）。

表 9-19　不同油井线虫数量、科属组成、营养类型及 c-p 值

线虫科	线虫属	营养类型[*]	c-p 值[**]	线虫数量/（条/100 cm³）						
				CK	I	II	III	IV	V	VI
盆咽线虫科 Panagrolaimidae	盆咽属 Panagrolaimus	Ba	1	14.2	0.3	5.7	0.0	0.8	0.0	1.4
	三唇属 Trilabiatus	Ba	1	0.0	0.0	0.6	0.0	0.0	0.0	0.3
小杆线虫科 Rhabditidae	小杆属 Rhabditis	Ba	1	5.4	0.3	35.6	1.5	3.9	25.5	7.7
	同杆属 Rhabditella	Ba	1	0.0	0.6	0.0	2.7	0.6	0.0	0.0
	钩唇属 Diploscapter	Ba	1	0.0	0.0	0.2	0.3	1.2	0.0	8.4
	三等齿属 Pelodera	Ba	1	0.0	0.8	2.2	10.5	6.1	0.0	3.3
头叶线虫科 Cephalobidae	头叶属 Cephalobus	Ba	2	243.4	47.3	102.8	86.7	41.7	71.9	59.8
	真头叶属 Eucephalobus	Ba	2	33.0	6.2	21.5	17.8	1.1	9.0	7.5
	拟丽突属 Acrobeloides	Ba	2	0.0	1.5	12.3	6.8	7.6	6.0	15.8
	假丽突属 Nothacrobeles	Ba	2	42.7	2.2	6.4	0.0	10.1	0.0	1.7
	丽突属 Acrobeles	Ba	2	0.0	0.0	10.6	0.7	1.5	0.0	0.3
单宫线虫科 Monhysteridae	单宫属 Monhystera	Ba	1	4.0	4.1	7.8	4.5	0.0	0.0	4.4
	棱咽属 Prismatolaimus	Ba	3	0.0	0.0	0.2	0.0	0.8	0.2	0.0
畸头线虫科 Teratocephalidae	畸头属 Teratocephalus	Ba	3	2.0	0.0	0.6	0.0	0.0	0.0	0.0
无咽线虫科 Alaimidae	无咽属 Alaimus	Ba	4	0.0	0.0	0.0	0.0	0.0	0.0	2.5
拟滑刃线虫科 Aphelenchoididae	拟滑刃属 Aphelenchoides	Fu	2	77.0	28.6	26.4	16.8	11.9	8.6	25.3
滑刃线虫科 Aphelenchidae	滑刃属 Aphelenchus	Fu	2	44.8	21.8	26.1	14.7	6.0	8.0	27.3
伪垫刃科 Nothotylenchinae	伪垫刃属 Nothotylenchus	Fu	2	0.0	0.0	0.3	4.1	0.3	0.0	0.0
垫咽科 Tylencholaimidae	垫咽属 Tylencholaimus	Fu	4	0.0	8.5	7.5	5.0	3.8	0.0	2.6
垫刃线虫科 Tylenchidae	垫刃属 Tylenchus	H	2	12.7	0.0	0.5	1.8	2.9	0.3	7.2
	丝尾垫刃属 Filenchus	H	2	89.5	26.2	19.3	45.6	11.4	0.4	30.8
异皮科 Heteroderidae	异皮属 Heterodera	H	3	0.0	0.0	0.0	0.2	0.0	0.0	2.7
刺线虫科 Belonolaimidae	头垫刃属 Tetylenchus	H	3	2.0	0.0	0.6	2.1	4.4	0.3	6.9
	针属 Paratylenchus	H	2	0.0	0.0	0.0	0.0	5.3	0.0	0.0
矮化线虫科 Tylenchorhynchidae	矮化属 Tylenchorhynchus	H	2	0.0	2.3	0.2	0.0	7.6	4.8	0.4
短体线虫科 Pratylenchidae	短体属 Pratylenchus	H	3	5.0	0.0	0.0	0.0	1.9	0.0	1.5
纽带线虫科 Hoplolaimidae	盘旋属 Rotylenchus	H	3	0.0	1.0	0.0	1.2	31.0	4.5	0.2
	螺旋属 Helicotylenchus	H	3	272.4	5.3	0.0	5.8	30.2	1.7	1.3
矛线线虫科 Dorylaimoidae	矛线属 Dorylaimus	O	4	19.9	6.0	3.4	8.7	10.5	2.2	2.0
圣城线虫科 Discolaimus	盘咽属 Qudsianematidae	O	4	0.0	1.0	0.6	0.3	1.9	0.0	0.0

注：* 线虫营养类型参考 Yeates & Bongers 的研究成果，其中 Ba 表示食细菌线虫，Fu 表示食真菌线虫，O 表示杂食/捕食类线虫，H 表示植物寄生类线虫；**c-p 值参考 Bongers，Neher 等。I，II，III，IV，V 和 VI 代表不同油井。

对各油井不同营养类型的线虫数量进行了进一步的比较（表 9-20），结果表明，各营养类型的线虫数量都以对照点最高，并且对照点与各油井线虫数量差异均显著（$p<0.05$）。

其中，食植物类和食真菌类线虫各个油井之间无显著差异（$p>0.05$），食细菌类线虫在油井 II 数量最多，与其他油井差异显著（$p<0.05$），杂食/捕食类线虫数量在油井 IV 数量最多，与其他油井差异显著（$p<0.05$）。

表 9-20　大庆油田不同油井线虫各营养类型数量比较

处理	食植物类	食细菌类	食真菌类	杂食/捕食类	线虫总数/100 cm³
CK	381.7 ±18.0 b	344.7±15.0 c	121.8 ±10.0 b	19.9 ±3.8 c	868.1 ±14.8 b
I	34.8 ±7.7 a	63.3 ±6.1 a	59.0 ±7.2 ab	6.9 ±3.2 abc	164.1 ±14.8 a
II	20.5 ±5.9 a	206.6 ±14.0 bc	60.3 ±8.8 ab	3.9 ±2.7 a	291.4 ±13.9 a
III	56.6 ±9.5 a	131.5 ±12.1 ab	40.5 ±5.5 a	8.9 ±3.8 abc	237.6 ±16.2 a
IV	94.6 ±10.8 a	75.3 ±7.6 a	22.0 ±5.2 a	12.4 ±4.0 bc	204.3 ±12.4 a
V	12.0 ±4.3 a	112.7 ±13.4 ab	16.6 ±4.9 a	2.2 ±2.3 a	143.4 ±13.0 a
VI	51.1 ±7.8 a	113.0 ±10.4 ab	55.3 ±8.8 ab	2.0 ±1.9 a	221.3 ±13.8 a

注：图中数据为平均值±标准差，字母相同表示组间无显著性差异，$\alpha=0.05$。

（2）大庆油田石油开采对土壤线虫生活史策略的影响

土壤的线虫生活史策略主要是 c-p 1、c-p 2 和 c-p 3 类群，c-p 4 类群所占比例最小，仅为总数的 4%左右，而 c-p 5 类群缺乏。按照 De Goede 建议的方法，我们省略 c-p 4 类群，用 c-p 1、c-p 2 和 c-p 3 类群的比例作三角图，如图 9-14 所示。线虫不同生活史策略中以 c-p 2 所占比例变化最大，占线虫总数的 71.8%，c-p 2 类群最大的油井 I 达到 90.1%，对照点 c-p 2 所占比例为 64.3%，仅高于油井 IV。其次是 c-p3 类群，占总数的 18.4%，油井 IV 高达 36.4%，其次为对照点，而油井 II 仅为 0.38%。c-p 1 占总数的 7.88%，对照点最低，仅为 2.78%，而油井 II 最高，达 18.6%。对照点 c-p 3 比例最高，而油井受开采作业等影响，主要为 c-p 1 和 c-p 2 类群，这些类群是 r-策略者，通过大量繁殖来应对环境变化，比较耐受环境压力，c-p 5 类群缺乏，不存在 k-策略者，说明这些油井受到干扰较大，线虫通过大量繁殖来应对环境的干扰与压力。

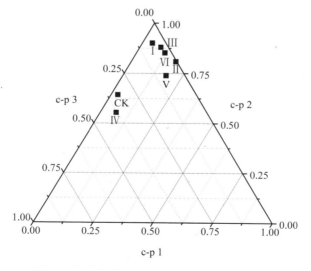

图 9-14　大庆油田不同 c-p 值线虫相对丰富度

注：数据点代表样点平均值，I，II，III，IV，V 和 VI 代表不同油井。

（3）不同油井线虫群落结构比较

不同油井线虫数量群落多样性分析表明，丰富度和 Shannon-Wiener 多样性指数、均匀度和优势度都以油井Ⅳ最高；对照点丰富度最低，多样性指数和优势度指数也比较低，仅高于油井Ⅴ，对照点虽然线虫数量较多，但是种类较少，多样性指数较低，优势度也不突出（表 9-21）。

表 9-21　不同油井土壤线虫群落多样性分析

距离/m	丰富度	多样性指数（H'）	均匀度指数（E）	优势度指数（C）
CK	15	2.777	0.711	0.798
Ⅰ	18	3.053	0.732	0.840
Ⅱ	23	3.187	0.705	0.832
Ⅲ	21	3.091	0.704	0.813
Ⅳ	25	3.766	0.811	0.900
Ⅴ	14	2.424	0.637	0.707
Ⅵ	24	3.474	0.758	0.871

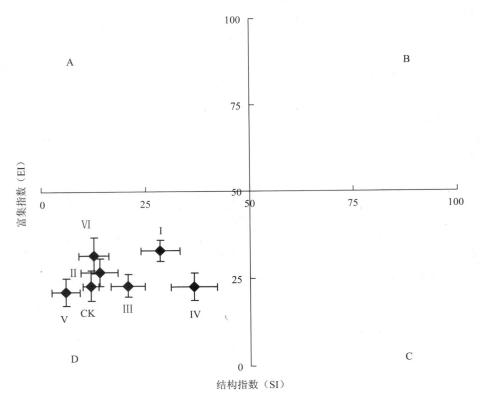

图 9-15　不同油井线虫结构指数与富集指数

富集指数（EI）和结构指数（SI）常表示土壤食物网结构。用不同油井和对照点 EI 和 SI 作图（图 9-15），所有的点都在 D 区，Ferris 等（2001）认为 D 区线虫干扰程度最高，土壤食物网趋于退化（见图 9-15），说明所有油井以及对照点土壤线虫都受到较大的环境压力。

（4）距油井不同距离对土壤线虫群落结构的影响

距油井口不同距离土壤线虫数量如表 9-22 所示，线虫总数在 0 m 处最多，而在 10 m 处线虫数量最少，方差分析表明各个距离线虫总数没有显著差异（$p > 0.05$），但与对照点差异显著（$p < 0.05$）。

不同营养类型线虫比较见表 9-23，不同距离样点均以食细菌类线虫数量最高，而对照点植食类线虫数量最多。不同距离样点食植物类、食细菌类和食真菌类线虫数量均无显著差异（$p > 0.05$），但与对照点差异显著（$p < 0.05$）。杂食/捕食类线虫数量在 30 m 处最多，方差分析表明与其他距离差异显著（$p < 0.05$）。

表 9-22　距油井不同距离线虫各营养类型数量比较

处理	食植物类	食细菌类	食真菌类	杂食/捕食类	线虫总数/100 cm³
CK	381.7±18.0 b	344.7±15.0 b	121.8±10.0 b	19.9±3.8 c	868.1±14.8 b
0	5.7±5.6 a	230.3±200.6 b	25.1±24.1 a	0.3±1.0 a	261.4±14.3 a
3	50.1±90.0 a	123.0±150.1 ab	29.5±35.9 a	7.0±15.0 abc	209.6±16.4 a
6	66.0±105.2 a	72.8±57.0 a	55.2±71.5 ab	7.6±10.1 abc	201.6±13.4 a
10	32.3±23.0 a	66.6±39.6 a	37.2±43.0 a	3.4±6.2 ab	139.5±9.7 a
30	60.6±78.1 a	116.5±145.0 a	57.7±67.0 ab	10.4±14.1 b	245.2±13.1 a

注：字母相同表示组间无显著性差异，字母不同表示有显著性差异，$\alpha = 0.05$。

距油井不同距离土壤线虫群落多样性分析表明，线虫丰富度、优势度指数和多样性指数都是在最远距离 30 m 处最高。随开采距离增加，物种数量增加，优势度指数和多样性指数逐渐升高，表明距离越远，土壤线虫多样性越高，优势度也越高（表 9-23）。

表 9-23　距油井不同距离土壤线虫群落多样性分析

序号	丰富度	优势度指数（C）	多样性指数（H'）	均匀度指数（E）
0	18	0.643	2.195	0.526
3	21	0.809	3.087	0.703
6	21	0.874	3.371	0.768
10	23	0.872	3.429	0.758
30	26	0.915	3.909	0.832

距油井不同距离土壤线虫群落生态学指数分析表明（表 9-24），成熟度指数以 0 m 处最大，但各个距离间差异不大，说明在油井的各个距离，线虫群落都处于演替阶段的早期，土壤环境受干扰值较高。植物寄生线虫成熟度指数（PPI）指示植物寄生线虫 r-选择和 k-选择的比例，在 6 m 处 PPI 指数最高，而 0 m 处 PPI 指数最低。PPI/MI 比值反映土壤生态系统对外界干扰的恢复程度。植物寄生线虫成熟度指数以 6 m 处最大，PPI/MI 在 6 m 处最大，表明 6 m 处土壤生态系统对外界干扰恢复程度最高。线虫通路比值（NCR）以 0 m 处最大，各个距离的 NCR 值均大于 0.5，说明在井场周围土壤有机质分解途径主要为细菌分解。

表 9-24　距油井不同距离土壤线虫群落生态学指数

处　理	成熟度指数（MI）	植物寄生线虫成熟度指数（PPI）	PPI/MI	线虫通路比值（NCR）
0 m	1.821	0.045	0.024	0.899
3 m	1.521	0.514	0.338	0.804
6 m	1.424	0.782	0.549	0.570
10 m	1.648	0.547	0.332	0.644
30 m	1.474	0.632	0.429	0.671

　　研究结果表明，不同油井之间线虫数量和群落结构差异不大，各油井食细菌线虫数量最多，而杂食/捕食类线虫数量最少。不同油井线虫主要为 c-p 1 和 c-p 2 类群，这些类群为 r-策略者，说明这些油井土壤受到环境压力较大，各油井线虫富集指数和结构指数都小于50，表明不同油井线虫受干扰程度较高，土壤食物网趋于退化。随着采样距离增加，线虫总量差异不显著，但线虫群落的物种数量增加，优势度指数和多样性指数逐渐增加，开采距离对线虫群落结构影响较大。

　　（5）讨论

　　大庆油田经过 40 余年的勘探和开发及油田、城市建设，原生的生态地质环境遭到较严重的破坏，产生了许多环境地质问题，包括土地沙化、盐渍化（盐碱化）、沼泽化及土壤、地表水体污染，导致耕地、草原退化，大部分地区盐碱化与沼泽化伴生。我们对油井周围土壤采样，用土壤线虫群落评价土壤的环境压力。在大庆油田选择的 6 口油井共鉴定出土壤线虫 18 科 15 属。食细菌线虫涉及 15 属，所占比例最大，占总数的 49.2%；其次为植物寄生线虫 9 属，占 30.6%；食真菌线虫 4 属，占 17.6%；杂食/捕食线虫 2 属，占 2.6%。各油井除油井Ⅳ外均以食细菌类线虫数量最多，而对照点以植物寄生线虫数量最多，该处植被较茂密，故植物寄生线虫较多，而井场（20 m×20 m）范围内植被少，线虫以取食土壤微生物为主。刘五星等（2007a）研究表明石油污染使土壤有机质含量增加，刺激了土壤中微生物的生长，使土壤中微生物多样性增加（刘五星等，2007a），因此井场周围土壤微生物数量增加，故食细菌线虫最多。

　　根据线虫不同的生活史策略，将线虫划分为不同 colonizer persister（c-p）类群，k-策略者因为体型较大，能适应稳定的环境，而 r-策略者能够快速增长而适应多变的环境（Yeates 和 Bongers，1993）。不同油井线虫主要为 c-p 1 和 c-p 2 类群，这些类群为 r-策略者，说明这些油井土壤受到环境压力较大。对照点主要为 c-p 3 类群，说明对照点受到的环境压力小于井场周围。Shao 等（2008）认为线虫 c-p 类群能反映环境压力，c-p 较高类群能很好地指示重金属污染。本研究结果亦表明油井周围环境压力较大，高 c-p 类群线虫很少。

　　线虫群落结构分析结果表明群落多样性指数和丰富度与线虫数量没有很好的相关性。对照点线虫数量多，但是丰富度低，多样性指数也较低；而油井井场虽然线虫数量较少，但是丰富度和多样性指数都较高，这可能与井场周围线虫以 r-策略者较多、繁殖较快有关。所有油井线虫富集指数和结构指数都小于 50，表明不同油井线虫受干扰程度较高，土壤食物网趋于退化。对照点富集指数和结构指数都小于 50，说明该点也受到较强的干扰。

　　不同距离之间线虫总数差异不大，但是丰富度、多样性指数和优势度能很好地反映不同距离线虫的差异，随着采样距离增加，线虫群落的物种数量增加，优势度指数和多样性指数逐渐升高。Yeates 和 Bongers（1993）认为线虫群落 Shannon-Wiener 指数能反映环境的差异。Han 等（2009）研究了高速公路两侧不同距离土壤线虫群落结构，不同距离土壤线虫数量差异较大，而线虫主要受土壤重金属含量影响。本研究结果表明 Shannon-Wiener 能很好地反映采样距离对线虫群落的影响。PPI/MI 指数在 30 m 处最大，井场外土壤生态系统对外界干扰恢复程度最高，开采距离对线虫群落结构影响较大。

本研究结果表明不同油井之间线虫数量和群落结构差异不大，各油井食细菌线虫数量最多，而杂食/捕食类线虫数量最少，说明这些油井土壤受到环境压力较大。各油井线虫富集指数和结构指数都小于 50，表明不同油井线虫受干扰程度较高，土壤食物网趋于退化。随着采样距离的增加，线虫总量差异不显著，但线虫群落的物种数量增加，优势度指数和多样性指数逐渐升高，开采距离对线虫群落结构影响较大。

9.4 石油污染对土壤酶活性的影响

土壤酶活性是反映土壤生物学性质和土壤质量的重要指标。石油污染对土壤氧化还原酶系和水解酶系均会产生一定的影响。石油污染导致土壤过氧化氢酶和脂肪酶活性下降，土壤脲酶活性增加。土壤总石油烃含量与过氧化氢酶和脂肪酶的关系可用指数方程表示，与脲酶的关系可用线性方程表示。过氧化氢酶在土壤中可催化有毒物质过氧化氢的分解，与土壤呼吸强度和土壤微生物活动相关，在一定程度上反映了土壤微生物学过程的强度。土壤脂肪酶活性可以反映土壤对石油污染的降解和修复能力。土壤脲酶活性与土壤氮素等肥力状况密切相关。同时，这些酶的活性也会受到土壤理化性质及微生物组成等的影响。因此，反映出石油污染对土壤环境、微生物活动和养分循环等过程有影响。

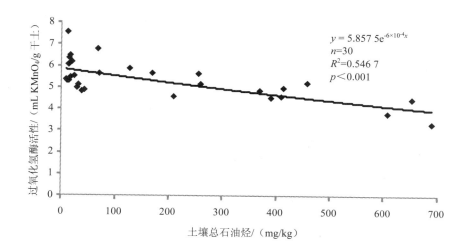

$y = 5.857\ 5e^{-6 \times 10^{-4}x}$
$n = 30$
$R^2 = 0.546\ 7$
$p < 0.001$

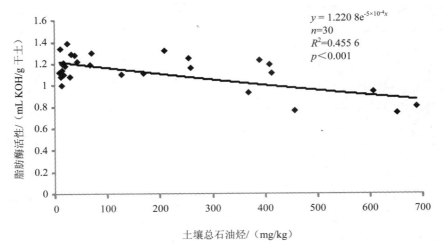

注：KOH 的浓度为 0.1mol/L。

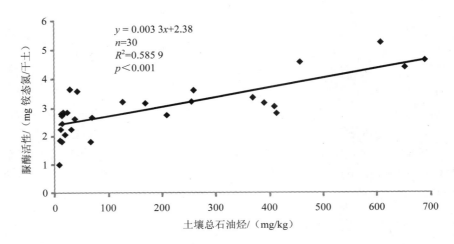

图 9-16 土壤总石油烃对 3 种土壤酶的影响

在 3 种酶中，脲酶与土壤中石油烃含量的相关性最高，其次为过氧化氢酶和脂肪酶（图 9-16），反映出土壤酶活性对石油污染的敏感性存在差异，并且土壤脲酶遭受石油污染后的变化较过氧化氢酶和脂肪酶明显。最高土壤总石油烃含量时的脲酶活性约为最低土壤总石油烃含量时的 1 倍。

9.5 石油开采对土壤微生物种群的影响

9.5.1 分析指标与方法

（1）微生物活性

本研究以 FDA 法测定结果代表土样微生物活性，FDA 活性是一种简便、快速、灵敏的分析方法。FDA（荧光素双醋酸酯）能被不同的酶如蛋白酶、脂肪酶和酯酶水解，产物是荧光素，在显微镜下可以看到细胞发荧光。荧光素也可以用分光光度计和荧光光度计定量测定，其在最大吸收波长下的吸光度值与细胞的活性成正比。对土壤 FDA 活性进行全波段扫描特征谱图，可知其最大吸收峰波长为 490 nm，故 FDA 活性测定时波长选为 490 nm。

FDA 活性测定方法如下：称取 2 g 土样，放入 50 mL 灭菌后 pH=7 的磷酸缓冲液中，在 30℃、200 r/min 的摇床中分散 15 min，之后加入 2 mg/mL 的 FDA 溶液 1 mL，在摇床中显色 1.75 h。于 490 nm 波长处测定吸光度 abs，计算单位重量土样单位时间的 FDA 活性，单位为 abs/（g·h），以干土为基准计算。

（2）微生物群落结构

采用研磨加化学裂解方法提取土壤微生物基因组 DNA。实验步骤如下：5 g 土壤与 2 g 灭菌砂混合，在液氮中研磨 2～3 遍；研磨后的样品转移到离心管，加入 16.5 mL DNA 抽提缓冲液［100 mmol/L Tris-HCl 缓冲液（pH=8.0），100 mmol/L EDTA 二钠盐溶液（pH=8.0），100 mmol/L 磷酸缓冲液（37.6 mL 1 mol/L K_2HPO_4，2.4 mL 1 mol/L KH_2PO_4，pH=8.0），1.5 mol/L NaCl，1%CTAB］，61 μL 蛋白酶 K（10 mg/mL），37℃水浴 30 min，每隔 5～10 min 翻转混合；加入 1.83 mL SDS（20%），65℃水浴 2 h，每隔 15～30 min 翻转混合；3 600×g 常温离心 20 min，取上清液至新的离心管，避免吸取中间夹层的白色杂质；向离心后的沉淀物中再加入 6 mL DNA 抽提缓冲液，0.67 mL SDS（20%），65℃水浴 10 min，3 600×g 常温离心 10 min；合并上清液，等体积的氯仿/异戊醇（24∶1）反复混合，3 600×g 常温离心 20 min，取上清液；重复氯仿/异戊醇抽提；加入 0.6 体积的异丙醇，–20℃过夜沉淀；15 000×g 常温离心 30 min；70%冰冻乙醇洗涤核酸小球 2～3 次，溶于 50～100 μL 预热到 50℃的无核酸酶水中。

石油污染土壤样品中含有大量杂质，影响 DNA 的质量并干扰后续试验的进行，特别是一些对杂质非常敏感的酶反应。为了获得高质量的基因组 DNA，本研究采用凝胶电泳-苯酚抽提方法纯化 DNA 粗提物，实验步骤如下：将提取的粗 DNA 在 0.5%的低熔点琼脂糖凝胶上进行电泳（50V，6～8 h）；紫外下切取大于 23 kb 的基因片段，65℃水浴溶解，再加入等体积 65℃无核酸酶水；室温放置 2 min 后加入等体积的冰苯酚，充分混合后 8 000 r/min 室温离心 5 min；移取上层溶液；在下层溶液中加入 0.8 体积的 TE（10 mmol/L Tris-HCl，pH=8.0，1 mmol/L EDTA），充分混合后 8 000 r/min 室温离心 5 min；取上层溶液与之前移取的上层溶液混合，加入等体积的 2-丁醇，充分混合后 8 000 r/min 室温离心 5 min，取下层溶液；重复 2-丁醇抽提步骤，至下层溶液体积减少到 400 μL 左右；加入 1/10 体积 3 mol/L 醋酸钠溶液（pH=5.2）和 2 倍体积的 100%冰乙醇，–20℃过夜沉淀；12 000 r/min 常温离心 30 min，用 95%的冰乙醇洗涤核酸小球 2～3 次，干燥后溶于 50～100 μL 预热到 50℃的无核酸酶水中。

纯化后的 DNA 通过琼脂糖凝胶电泳检测片段大小；利用 ND-1000 分光光度计（Nanodrop Inc.）测定其在 230 nm、260 nm 和 280 nm 处的吸光度以确定 DNA 浓度及质量；同时利用 Quant-ItTM PicoGreen® kit（Invitrogen，Carlsbad，CA）对双链 DNA 定量。DNA 样品保存在–80℃冰箱中。

9.5.2　石油污染对微生物群落结构的影响

（1）微生物活性分布特征

微生物活性是石油污染土壤微生物的直接功能参数。油田区土壤 FDA 活性分布在 0.05～0.6 abs/（g·h）之间。不同油田区 FDA 活性和分布差异较大，胜利油田不足 0.1 abs/（g·h），大庆油田超过 0.3 abs/（g·h）。与微生物数量相比，FDA 活性在油田区之间以及同一油田区不同土壤样品间的不均匀性更大，大庆油田的不均匀性最明显。可以认为，FDA 活性对微生态环境差异的反应比微生物数量更敏感。

（2）微生物群落结构特征

根据已有研究，土壤中最常见的石油降解细菌种属包括假单胞菌属（*Pseudomonas*）、节核细菌属（*Achromobacter*）、产碱杆菌属（*Alcaligenes*）、棒状杆菌属（*Corynebacterium*）、黄质菌属（*Flavobacterium*）、无色菌属（*Achromobacter*）、微球菌属（*Micrococcus*）、诺卡菌属（*Nocardia*）、分枝杆菌属（*Mycobacterium*）等。

对大庆油田油污土壤样品中的微生物生态种群构成状况进行研究，分析无污染和污染土壤样品中丰度最高的原核微生物属（图 9-17）。

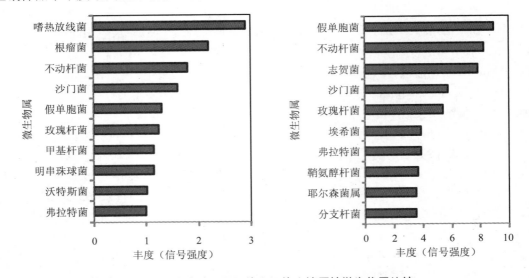

图 9-17　大庆油田无污染和污染土壤原核微生物属比较

由图 9-17 可见，相对于无污染土壤，微生物群落结构在石油污染物的胁迫作用下发生了显著变化，其中，作为在土壤中最常见的石油降解菌的假单胞菌在受到石油污染胁迫后，丰度值显著提高了约 7 倍，与不动杆菌一起成为土壤中丰度最高的原核微生物属，表明这 2 属的微生物对中低浓度的石油污染表现出一定的耐受性，而无污染土壤中占据优势的嗜热放线菌和根瘤菌等则在石油污染胁迫下失去优势地位。

对胜利油田所采的污染水平为 21.89%、0.39%、0.10% 的土样（土样 SL-1、SL-2、SL-3 对应含油率）进行 DGGE 分析，DGGE 图谱见图 9-18。

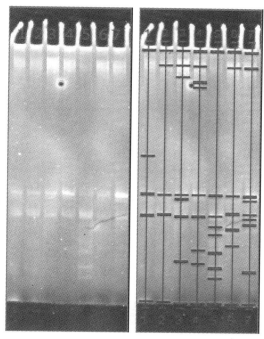

图 9-18 胜利油田土壤微生物 DGGE 图谱

污染水平为 21.89%、0.39%、0.10%的土样的 DGGE 图谱分析得到多样性指数 SDI、均匀度指数 EI，结果见表 9-25。石油污染梯度下，微生物的多样性指数和均匀性指数虽然没有明显的梯度规律变化，但是都各不相同，说明不同石油污染程度下微生物的群落结构多样性是不一样的。这可能与该污染水平梯度的土样分别来自不同的油田有关系，因为不同油田的理化性质相差可能比较大。另外，耕地（GD-2）的多样性指数为 0.648 4，在所有图样中明显偏小，均匀度指数为 0.927 7，偏高，说明耕地的微生物群落的菌属分布较平均，不存在明显优势的菌属。含油率最低的两个土样（1 号、2 号）的含油率为 0.04%和 0.02%，它们的多样性指数和均匀度指数非常接近，多样性指数分别为 0.648 4 和 0.641 2，均匀度指数分别为 0.927 7 和 0.917 3，可见污染水平相近的土样微生物群落多样性的菌属的均匀度一致。

对胜利油田油污土壤样品中的微生物生态种群构成状况进行研究，识别出的油污土壤微生物群落中优势菌属主要有 5 种：*Gulosibacter*、*Halomonas*、*Petrobacter*、*Methylostis*、*Pseudoalteromonas*。其中 *Halomonas* 为盐单胞菌属，胜利油田区主要为盐碱地，所以存在优势的盐单胞菌属；*Methylostis* 为甲烷降解菌属，在堆肥处理中经常见到，能够降解一些烃类物质；*Pseudoalteromonas* 为单胞菌属，单胞菌属是几乎在所有土壤中都普遍大量存在的一种菌属，它具有多种功能，是典型的土壤菌属。

（3）植物根系区微生物特性

针对紫花苜蓿根系生长最佳的含油量 53 mg/g 的中污染土壤根箱系统，按距根面距离分为近根际区域（0～10 mm）、远根际区域（10～50 mm）以及非根际区域（＞50 mm），分别对不同根际区域的土壤进行采样，利用基因芯片技术分析在根际区域不同空间的土壤微生物基因特征，考察其微生物群落结构的变化，并进一步分析影响其微生物群落结构的要素。首先测得根际不同区域的土壤微生物基因数量，并计算各试验组基因多样性，如表 9-25 所示。

表 9-25   根际不同区域的基因总数及多样性

根际区域	总基因数	多样性指数		
		（SDI）	Shannon-Weaver 指数（H'）	均匀度指数（EI）
近根际区（0~10 mm）	796	407.7	6.42	0.93
远根际区（10~50 mm）	731	476.5	6.73	0.94
非根际区（>50 mm）	379	186.1	5.47	0.93

非根际区土壤中检测到 379 个功能基因，远根际区中 731 个，近根际区中 796 个。近根际区的基因数量略高于远根际区，显著高于非根际区。但 Simpson 和 Shannon-Weaver 多样性指数与总基因数表现出不同的空间分布趋势，远根际区的土壤微生物多样性最高，略高于近根际区；而非根际区土壤的基因数量和多样性均明显低于近根际区与远根际区。各试验组微生物群落的均匀度指数接近于 1，说明油田土壤微生物群落中各种群分布相对均匀。与远根际区相比，近根际区存在基因数量高、多样性低的特点，是一个具有选择性的环境。而污染土壤中，根际区比非根际区具有更大量、更丰富的基因。

为了直观研究根际效应对土壤微生物群落结构的影响，具体分析根际区域中土壤微生物各类型功能基因的变化，利用功能基因芯片的信号强度来表征微生物功能基因的丰度，对基因芯片得到的各种基因信号数据进行处理，按不同功能基因组进行分类汇总并合并其信号数据，将各类功能的基因组信号数据按色块作图，如图 9-19 所示。

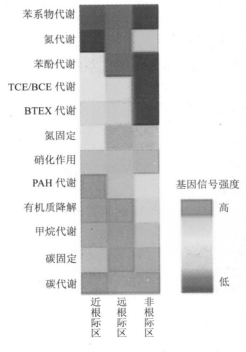

图 9-19   根际土壤中不同区域中各类功能基因信号

从基因功能分类来看，与碳代谢相关基因的信号强度最大，其次是碳固定、甲烷代谢、有机质降解、PAH 代谢以及硝化作用等过程相关的功能基因，表明石油污染土壤的微生物群落中与这些过程相关的微生物数量占优势。从根际分区来看，近根际区与远根际区中各种作用过程的基因信号强度差异不大，而均明显强于非根际区，说明根际区域中微生物作用比非根际区域显著活跃。

在近根际区，信号最强的是碳代谢、有机质代谢、PAH 代谢与甲烷代谢相关基因，远根际区信号最强的是碳代谢、碳固定、甲烷代谢与有机质降解相关基因，非根际区信号最强的是碳代谢相关基因。对于与石油物质降解相关的过程，包括碳代谢、有机质降解、PAH 代谢、TCE/BCE 代谢等过程，近根际区域与远根际区域的基因信号强度明显高与非根际区，这也从微生物群落水平上证明了植物根际区域土壤的微生物对石油物质降解能力强于非根际区土壤。

9.5.3　石油污染区的微生物学特征

土壤中广泛分布着种类繁多、数量巨大的微生物，其中以细菌量为最大，占 70%～90%。土壤中的微生物分布十分不均匀，受空气、水分、黏粒、有机质和一些氧化还原物质分布的制约。由于石油污染物产生的环境压力使微生物群落发生变异，数量和活性发生改变，适于石油污染土壤环境并以石油烃作为唯一碳源的微生物成为优势群落。当土壤环境受到石油污染后，微生物群落结构和代谢功能在污染物的胁迫下会发生改变，特定的酶受到诱导或抑制，可利用烃类组分的微生物被选择性地富集，基因的改变导致新的代谢能力。在石油污染组分的诱导下，土壤微生物群落结构发生改变，与未污染土壤相比，污染土壤微生物群落多样性降低，因而选择微生物多样性作为土壤微生物学的指标。

以香农-威纳指数对各油田土样 DGGE 图谱所表现的微生物种群多样性进行分析，对各样品微生物种群多样性指数（香农-威纳指数，H'）进行计算，结果如图 9-20 所示。

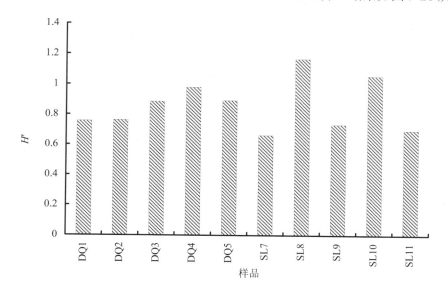

图 9-20　油田区土壤香农-威纳指数

由图 9-20 可知，油田区土壤香农-威纳指数分布在 0.6～1.2，随不同油田和具体样品有所差异。大庆油田样品的香农-威纳指数分布比较均匀，而胜利油田污染土壤的香农-威纳指数差异较大，分布范围为 0.6～1.2。主要原因是，相比于胜利油田，大庆油田土壤含油量较低而含水率较高，适宜微生物生长。

利用 PCR-DGGE 技术和功能基因芯片技术，对不同地理气候区油田土壤微生物群落分布进行研究，首次发现了油田土壤微生物群落的地理学分布规律，微生物群落的相似性随地理距离的增加而减小（$r^2 = -0.355～-0.352$，$p < 0.05$）。各油田内污染土壤微生物种群数、功能基因数量及多样性都低于未污染土壤。

利用功能基因芯片技术对油田区土壤微生物功能基因与石油污染水平响应关系的研究表明，土壤微生物功能基因数量随污染浓度的增加而减小（$r^2 = -0.652$，$p < 0.05$），未污染土壤中平均检测到 964 个功能基因，污染土壤中平均仅为 399 个；石油污染对微生物群落结构影响显著，相同污染水平土壤微生物群落结构相似，污染土壤中石油含量＞50 mg/g时，会显著改变微生物群落结构。

对微生物参与碳、氮循环和有机物降解相关功能基因和石油污染水平的分析表明，相比未污染土壤，中低污染土壤中 67%碳循环相关功能基因、33%氮循环基因、19%有机污染物降解基因丰度降低；高污染土壤中 86%碳循环基因、71%氮循环基因、44%有机污染物降解基因丰度降低。很多编码碳降解、碳固定的 cellulase、laccase、rbcL 基因和编码氮循环的 urease、nasA、norB、nosZ、narG、nirS 基因都在高污染水平下显著降低，表明石油污染对土壤微生物生态功能有潜在影响。

9.6　成组生物毒性评价石油开采区的生态风险

9.6.1　SOS/Umu 遗传毒性效应

检测各类致突变物的生物测试及其原理已有较多的研究（Ohe 等，2004），形成了以转化试验检测基因突变、染色体畸变和损伤为主的一系列经典研究方法，其中，检测引起 DNA 损伤的遗传毒性类物质的 SOS/Umu 测试具有快速、简捷、灵敏等优点，与微孔板相结合可以对大量的样品进行筛选和评价（Reifferscheid 等，1991）。同时，对几百种物质进行 Umu 测试和 Ames 试验的比较结果显示，两种测试方法之间具有很好的相关性（Reifferscheid 和 Heil，1996）。SOS/Umu 试验原理是基于造成 DNA 损伤的化学物质能够诱导 SOS 反应并表达 UmuC 基因，根据β-半乳糖苷酶的诱导生成量，判断 DNA 受损伤的程度。目前，德国等发达国家的相关环境部门已将 SOS/Umu 测试作为检测水中遗传毒性效应的方法，并制定了相应的标准（Schmitt 等，2005）。1997 年，国际标准化组织（ISO）将 Umu 方法确立为该标准体系中唯一用于监测环境水样遗传毒性的标准方法。目前国内有少量使用该方法快速检测土壤中遗传毒性物质的研究报道（肖睿洋等，2005）。

土壤环境中可能存在着各种类型的遗传毒性物质，其中包括直接遗传毒性物质和需要经过代谢活化才能显示出遗传毒性的物质，即间接遗传毒性物质。间接遗传毒性物质一般不能在体外测试的 SOS/Umu 试验中直接得到充分体现，代谢活化系统——大鼠肝脏微粒体酶系统（s9）的引入能够较好地解决这一问题。s9 从酶诱导剂（如 Aroclor 1254）处理过的大鼠肝匀浆中提取，在 9 000 g 离心分离所得上清液，其中含有微粒体和胞溶质，最早应用于 Ames 试验，代谢激活二甲基亚硝胺（Malling，1971）。s9 代谢活化方法已用于许多环境样品的离体生物测试（Vondráček 等，2009），并逐渐扩展应用于土壤样品的遗传毒性研究。

SOS/Umu 试验中使用鼠伤寒沙门菌 TA1535/PSK1002。DNA 损伤物能够诱导 SOS 反应并表达 UmuC 基因，带动 Lac Z 基因转录、翻译，其产物即为β-半乳糖苷酶。根据β-半乳糖苷酶的被诱导生成量，判断 DNA 受损伤的程度取 40 μL 冷冻的菌液 Salmonella typhimurium TA1535/PSK1002 于 L-B 培养基中振荡培养 16 h，测定 A_{595}，加 TGA 培养液 15 mL 稀释，测 A_{595} 值后，培养 1.5 h，稀释样品，取前 150 μL 于酶标板上测 A_{595}，在每个玻璃试管中加入 300 μL 前培养菌液，培养 2 h，加入 500 μL Na_2CO_3 溶液终止反应，取 150 μL 于酶标板上测 A_{415} 和 A_{570}。β-半乳糖苷酶诱导活性：β-Galactosidase Activity（Units/OD600）= 1 000×（A_{415}−1.75×A_{570}）/（t×v×A_{595}）。其中 t 为加入 ONPG 后的反应时间（20 min）；v 为反应菌液在显色过程中的稀释倍率（0.09）。

诱导比率 R 计算公式为：

$$R = A_{样品}/A_{对照} \tag{9-3}$$

式中，R 为诱导比率，凡比值大于 2.0，即表示试验结果为阳性"+"，反之为阴性"−"。土样有效应样品 15 个，水样有效应样品 8 个。

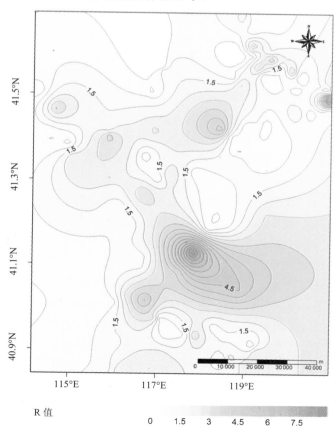

图 9-21　胜利油田土壤样品遗传毒性风险

结果如图 9-21 所示，其中 41 个样品中均检出遗传毒性，占总样品的 26.4%，其中 31 个为油井旁土壤样品，占油井样品的 26%，10 个为远离油井 1 km 以上样品，占对照样品的 27.7%。结果表明，胜利油田土壤样品均存在一定的污染，表现出一定的遗传毒性。主要区域为东营市周围、桩西油田以及孤东油田区域。

9.6.2   EROD 芳烃受体效应

大多数有机外来化合物进入机体后，特别是进入肝细胞后，都要经过 I 相反应和 II 相反应。I 相反应是指进入机体的外来化合物，经过氧化还原水解作用，使非极性化合物产生带氧的基团，从而使其水溶性增加以便于排泄，同时也改变了毒物分子原有的某些功能基团，使毒物解毒或灭活，但有些毒物则被活化。II 相反应是指内源性分子如葡萄糖醛酸、谷胱甘肽等与被氧化的非生物物质结合，形成低毒而易排出体外的产物。这是代谢外来化合物的一般形式。多于 90% 的外来化合物在 I 相反应中需混合功能氧化酶（mixed-function oxidases，MFOs）的代谢，所以 MFOs 的变化是一种早期预警的标志。

MFOs 存在于所有脊椎动物和大部分无脊椎动物中，其作用是代谢非极性的亲脂有机化合物，包括生物物质和非生物物质。在正常环境中，生物体内 MFOs 的活性是相对较低的，但在外来某些特定的化学污染物的诱导下，它的活性异常增高。将生物体内的混合功能氧化酶活性作为环境中特定污染物的监测指标已成为研究热点（Payne 等，1987）。MFOs 是一种多酶复合体，一般认为它由细胞色素 P450（简称 P450）、细胞色素 b5、黄素蛋白-NADPH-P450 还原酶、黄素蛋白-NADH-细胞色素 b5 还原酶和磷酸组成，它们共同组成电子传递体系。P450 为整个酶系中的末端氧化酶，它不仅负责活化氧分子，同时负责与底物结合，并决定酶系底物的专一性，在整个酶系功能中起着关键的作用。研究结果表明（霍传林，2002），环境中的某些特定污染物，如 PCBs、PAHs、二噁英对鱼类中的细胞色素 P450（主要是 $P450_1A_1$）依赖性单加氧酶活性具有很强的诱导能力。在鸟类、淡水蟹和野生啮齿动物的调查以及大鼠试验中，CYP_1A_1 水平及相应酶活性与脂肪中积累的 PCBs 或 TEQ（toxic equivalents）相关性很好，同时在野生啮齿动物的调查中，除 CYP_1A_1 外，CYP_2B、CYP_2E_1 也受到诱导（Fujita 等，2001）。

以 P450 酶系作为毒物毒性的生物学标志物（biomarker）已广泛应用于毒理学研究（蔡文超等，2012），其中肝细胞色素 P450 酶系的诱导已被提出作为评价环境污染状况最灵敏的生物学反应之一。研究 P450 一般采用以下方法（朱琳，2001）：乙氧基异酚噁唑酮反应（EROD）、Western 印记、酶联免疫印记（ELISA）、直接免疫荧光反应和单克隆抗体技术。

7-乙氧基-3-异酚噁唑酮脱乙基酶（ethoxyresorufin-O-deethylase，EROD）属 MFOs 中的 P4501A 族，是第一阶段代谢酶，可以通过测定其酶活来判断环境样品中芳烃受体效应物质的积累情况（Poland 和 Knutson，1982），该参数是生物体尤其是脊椎动物暴露于芳烃受体类物质的重要毒性参数。许多潜在致毒、致突变、致癌化合物，例如多环芳烃 PAHs、多氯联苯 PCBs、二噁英 PCDD/Fs 等都能够诱导 EROD 活性。作为分子结构平面性很强的有机污染物（如多氯联苯）敏感的生物标记，EROD 已经被用于生态影响评价中。目前，国外以 P450 作为毒理学指标对多环芳烃（PAHs）、PCBs、TCDDs 的生物检测做了较多的研究工作且主要集中在体内 EROD 活性测试，而体外实验的多采用细胞培养技术（霍传林等，2002）。

　　EROD（7-ethoxyresorufin-O-deethylase，7-乙氧基-3-异酚噁唑酮乙基酶）的活性反应是极具代表性的混合功能氧化酶的典型反应。二噁英类物质通过主动渗透进入细胞，与其芳烃受体（AhR）特异性结合形成 AhR 缔合物，这时缔合物经历一个激活转变过程后，AhR 与热休克蛋白 Hsp90 脱离，AhR 受体缔合物与 ARNT 蛋白相互作用形成一个同型二聚化合物并移至细胞核内。这种同型二聚化合物对染色体上特定的 DNA 片段如二噁英响应元件（Doxin-Response Element，DREs）具有很强的亲和能力。DREs 与细胞色素 $P450_1A_1$（CYP1A）基因相邻，一旦有活性的同型二聚化合物与 DREs 结合就会导致 DNA 构象改变，激活 CYP_1A_1基因表达加速，CYP_1A_1基因所特有的信使 mRNA 转录，随之，$P450_1A_1$ 蛋白合成增加并诱导 $P450_1A_1$ 酶活性增加，然后产生一系列生物学反应和毒性效应，如体重减轻、肝脏毒性和免疫系统反应等。

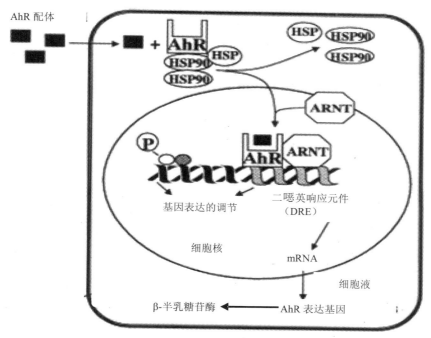

图 9-22　EROD 反应原理示意图（Hilscherova 等，2000）

　　通常把肝脏 EROD 酶活力诱导作为测试 MFOs 诱导物毒性效力的指标。肝细胞在 MFOs 诱导物的刺激下，EROD 酶活力升高，可以把 7-乙氧基-异酚噁唑酮（Ethoxyresorufin，ERF）转化为荧光物质 7-羟基-3-异酚噁唑酮（Resorufin，RF），如图 9-22 所示，通过测定 RF 的荧光值就可以表征 EROD 酶活力诱导的强弱。

　　筛查石油开采污染物对环境的致癌毒性，采用离体的大白鼠肝癌细胞株（H4ⅡE）进行 EROD 毒性筛查。二噁英类物质进入细胞，与芳烃受体（AhR）特异性结合形成 AhR 缔合物，激活后 AhR 与热休克蛋白 Hsp90 脱离，AhR 受体缔合物与 ARNT 蛋白相互作用形成一个同型二聚化合物并移至细胞核内，激活 CYP_1A_1基因表达加速，$P450_1A_1$ 酶活性增加。EROD 酶活性增加。结果如图 9-23 和图 9-24 所示，土样有效应样品 82 个，水样有效应样品 15 个。

1）胜利油田土壤 EROD 芳烃受体效应

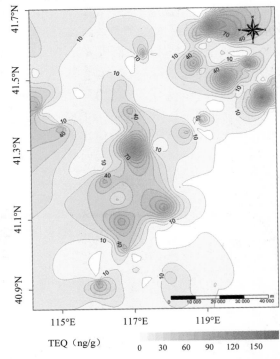

图 9-23　胜利油田土壤样品 EROD 芳烃受体效应

2）胜利油田水体 EROD 芳烃受体效应

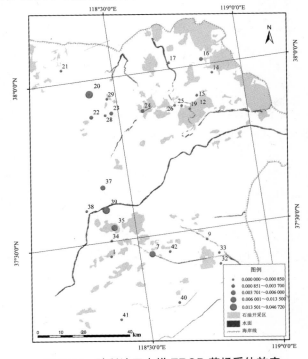

图 9-24　胜利油田水样 EROD 芳烃受体效应

9.6.3 雌激素受体效应

双杂交酵母测试应用重组人雌激素受体（hER）基因双杂交酵母（ER-GRIP1-Y187）测试可间接测定能与雌激素受体和其共激活因子发生缔合的所有化学品的雌激素活性。

选取处于指数生长期的酵母，用 SC 培养液将菌液稀释到吸光度为 0.75 后用于实验。该测试在 96 孔板上完成，每板设流程对照、溶剂对照和阳性对照，每次实验以系列浓度的 17β-雌二醇绘制标准曲线，结果以雌二醇当量（EEQ）表示，相应计算方法用四参数回归方程。

将雌激素受体（hER）的 DNA 序列稳定地整合到含有 lac-Z 表达基因的质粒（编码 β-半乳糖苷酶）的酵母主要染色体上，可间接测定能与雌激素受体（hER）发生缔合的所有化学品的雌激素活性。实验中将 50～100 μL 新鲜冻融的重组基因酵母菌株接种到 10 mL 补充 CuSO$_4$ 的 SC 培养液中，振荡培养 20 h（130 r/min，温度为 30℃）。用 SC 培养液将菌液稀释到所需吸光度（600 nm 下吸光度为 0.25）后用于检测，改用 96 孔板进行，每板设溶剂对照（DMSO）和阳性对照（17β-雌二醇，E2），每个样品设 6 个浓度梯度，每个浓度梯度设 3 个平行测试。在每块板上同时设 17β-雌二醇阳性对照浓度组。样品中内分泌干扰物的浓度换算成雌二醇当量。

（1）胜利油田土壤雌激素受体效应

筛查石油开采对环境的雌激素受体效应，使用酵母菌株，DMSO 为阴性对照，用 17-β 雌二醇（E2）做阳性对照。结果表明土样有效应样品 57 个，水样有效应样品 16 个。将 50～100 μL 新鲜冻融的酵母菌株接种到 10 mL SD 培养液，全温振荡培养 20 h，稀释菌液后测定 600 nm 吸光度，加入 5 μL DMSO（阴性对照为空白），5 μL 用 DMSO 溶解的 17-β 雌二醇（E2，阳性对照）和 5 μL 用 DMSO 溶解的样品，并混匀；转移到 96 孔板中，振荡培养 3 h，测定 OD600，加入 120 μL 测试缓冲液和 20 μL 氯仿 CHCl$_3$ 预培养 10 min；再加入 40 μL O-NPG，60 min 后加入 100 μL Na$_2$CO$_3$（1 mol/L）溶液终止反应；取上清液测 OD420 值；$U = 1\,000 \times [\,(OD420-OD420')\,/\,(t \times V \times OD600)\,]$，OD420′为阴性对照的 OD420，$t$ 为反应时间 60 min，$V = 0.2$ mL。

结果表明土样有效应样品 57 个，水样有效应样品 16 个。

实验结果如图 9-25 所示，表明无效应样品为 72 个，其中油井旁样品 57 个，对照区 15 个，有效应样品共 31 个，油井旁样品 24 个，对照 7 个。有效应样品占总样品 30%。主要区域包括东营市郊、孤岛和垦利等地。

（2）胜利油田水体雌激素受体效应

1）实验样品采集

26 个实验水样来自东营的主要河流如辛河、神仙沟、挑河、广蒲河、广利河、沾利河、黄河等。样品采集参照美国环境保护局（USEPA，2002）和水质标准与水质基准（GB 3838—2002）的规范，水样除去外源生物，立即测定常规指标，所有指标（除石油烃外）均采用 4-Star 便携式 pH 计/溶解氧/电导仪（美国 Thermo Orion）测定。水样加盐酸调到 pH<2，4℃保存。

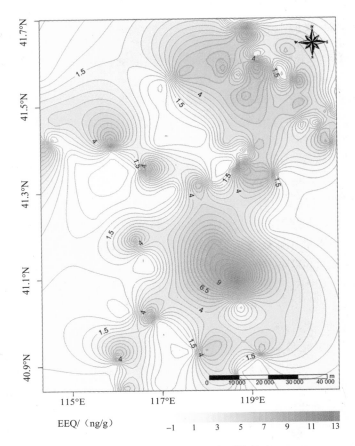

图 9-25　土壤样品雌激素受体效应

2）实验方法

标准曲线制定　作 E2 标准曲线：配制浓度梯度为 5×10^{-9}、10^{-9}、5×10^{-10}、2.5×10^{-10}、10^{-10}、5×10^{-11}、10^{-11} mol/L 的溶液，每个浓度 3 个重复。以 10^{-10} mol/L 的β-雌二醇（E2）作为阳性对照，以高纯水作阴性对照。

原水样中雌激素含量检测方法　酵母菌株接种到 SD 培养液中（含 30 μL $CuSO_4$），200 r/min，温度 30℃全温振荡培养箱中培养 48 h；菌液稀释 10 倍，测定 600 nm 的光密度（以双蒸水为空白），数值在 0.7 左右；取 8 mL 待测水样以及双蒸水（空白）再分别加入 1 mL 培养的酵母菌液和测试缓冲液，半透膜封口，30℃，200 r/min 暴露培养 2 h，测定 600 nm 的光密度，3 个重复；取菌液 4 mL 加入到离心管中，6 000 r/min 离心 2 min，吸出上清液。向留有菌体沉淀的离心管中加入 2.4 mL 测试缓冲液，加入 0.8 mL 溶液 $CHCl_3$ 混匀；用涡旋仪 2 500 r/min 破碎 1.5 min，放入平板摇床 1 300 r/min 继续振荡 10 min；加入基础缓冲液中含有反应底物 160 μL O-NPG 0.8 mL；放入平板摇床 37℃，800 r/min 振荡培养 60 min 后，加入 0.8 mL Na_2CO_3（1 mol/L），终止反应，出现明显的黄色，放置 1 h，6 000 r/min 离心 2 min，420 nm 测光密度值（以双蒸水为空白）。

β-半乳糖苷酶活性的检测方法参照，β-半乳糖苷酶相对酶活性的计算公式如下：$U=(A_s-A_B)/t\cdot V\cdot D\cdot A_{595}$。式中，$U$ 为β-半乳糖苷酶活性（U），t 为反应时间（min），V 为测试体积（mL），D 为稀释因子，A_B 为空白对照在 420 吸光度值，A_s 为样品在 420 nm 吸光度值。

3）水体雌激素检测结果

用重组人雌激素受体（ER）基因酵母检测 26 个水样的结果如图 9-26 所示：在 26 个水样中，雌激素含量最少的是 W25，为 0.046 ng/L，其次是 W1，为 0.054 ng/L，最高值为 W22 的 0.072 ng/L，其次为 W4 的 0.07 ng/L，平均含量为 0.062 ng/L，这说明不同采样点间的雌激素污染水平不同。W22 和 W21 采样点是东营市仙河镇主要的排污河道，W35 为东营市河口区的主要排污河道之一，因此这些样点的雌激素浓度相对较高；W25 和 W1 样点周围是荒地，雌激素的含量比较低。对各样点水质 6 个指标和雌激素含量进行统计分析，未发现显著相关性。

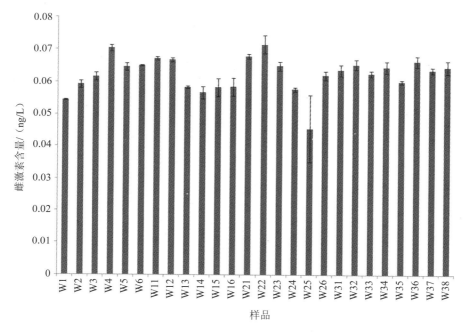

图 9-26　水体中雌激素的含量

4）讨论

实验检测的 26 个样品中雌激素含量相对较低。这可能是由两个原因造成的，一个是由于采样区雌激素类污染物含量本来就比较低；另一个就是采样时间段是丰水季，污染物浓度比枯水期和平水期低得多。龚剑等（2008）也研究珠江广州河段雌激素污染情况并且发现其空间分布主要与沿途生活污水和工业废水的排放有关。样品中雌激素可能与采样点附近居民生活污水及工业废水的排放相关。W22、W21、W4 等区域是东营生活污水及石化、炼油等废水排放处，雌激素含量相对较高。26 个样品的雌激素含量与水质无关，与样品中 PCB 和 PAHs 的含量无关，可能与样品中其他雌激素类化学物质含量有关，这需要进一步深入研究。雌激素含量与采样点距油井的距离没有关系。处于油井分布密集区的样 W2、W31 雌激素含量分别为 0.059 ng/L、0.064 ng/L，含量处于样品均值水平，COD 含量 0.246 mg/L 和 40.16 mg/L 低于均值 56.50 mg/L。石油开采没有明显影响到水体雌激素和

COD 的含量，对当地的环境雌激素生态风险的影响不大。该地域水体富营养化程度和有机物污染程度都比较严重，因此这方面对生态环境的影响要引起注意，并采取相应的措施。

9.7　石油开采的水体 PAHs 生态风险

$$HQ=PEC/PNEC \tag{9-4}$$

PEC——环境暴露浓度，水样中污染物的平均浓度；

PNEC——是以毒性数据 NOEC 的概率分布曲线为基础，利用外推法得到的在 95% 物种保护水平下的安全阈值；

HQ——表征污染物的生态风险大小。

判断标准如下：

HQ ＜0.1　　　　无风险；

0.1≤HQ≤10　　　潜在风险；

HQ＞10　　　　可能有风险。

9.7.1　胜利油田的水体 PAHs 生态风险评价

表 9-26　胜利油田和大庆油田水体 PAHs 含量生态风险评价与风险评价指标

| | 胜利油田/（μg/L） | | | 大庆油田/（μg/L） | | | ERL/（μg/L） | ERM/（μg/L） | TRV/（μg/L） |
	MAX	MIN	AVE	MAX	MIN	AVE			
NAP	2.95	0	0.35	5 735.94	7.98	27 472.16	160	2 100	490
ANY	0.21	0	0.01	0.14	0.00	0.31	44	640	23
ANA	0.05	0	0	30.93	0.08	85.76	16	500	
FLT	0.17	0	0.03	1.59	0.02	3.90	19	540	11
PHE	0.51	0	0.07	3.36	0.04	10.25	240	1 500	30
ANT	0.49	0	0.06	1.92	0.03	6.38	85.3	1 100	3
FLU	0.34	0	0.03	0.38	0.00	1.39	600	5 100	6.16
PYR	0.31	0	0.03	0.05	0.05	0.10	665	2 600	7
BaA	0.23	0	0.02	0.04	0.04	0.04	261	1 600	34.6
CHR	0.04	0	0	0.03	0.00	0.05	384	2 800	7
BbF	0.04	0	0	0.00	0.00	0.00	320	1 880	
BKF	0	0	0	0.43	0.00	0.45	280	1 620	
BaP	0	0	0	0.05	0.00	0.11	430	1 600	0.014

（1）效应区间中低值法

目前，我国仍未制定水体中 PAHs 的环境标准，现通常采用 Long 等（1995）提出的方法。PAHs 风险评价标准分为效应区间低值（Effects Range Low，ERL）和效应区间中值（Effects Range Median，ERM）。表 9-26 为部分不同种类 PAHs 的生态风险评价指标。采用 ERL 和 ERM 可评估有机污染物的生态风险效应：若污染物浓度＜ERL，则极少产生负面生态效应，其生物有害效应几率＜10%；若污染物浓度＞ERM，则经常会出现负面生态效应，其生物有害效应几率＞50%；若污染物浓度在两者之间，则偶尔发生负面效应，生物有害效应几率为 10%～50%。

由表 9-27 可以看出胜利油田水体多环芳烃不存在生态风险。

（2）生态基准值法

根据 Smith（1996）和 MacDonald（2000）等提出的水体生态基准值（TRV），将环境浓度与生态基准值相比，得到不同 PAHs 的 HQ，比值大于 1 说明该物质存在潜在的生态风险；比值小于 1 则说明该物质生态风险相对较小。由表 9-26 可以看出，胜利油田水体 PAHs 均不存在生态风险。

9.7.2　大庆油田的水体 PAHs 生态风险评价

（1）效应区间中低值法

大庆油田水体萘超过 ERL 的有 W1、W5、W6、W7、W8、W9、W11、W13、W14、W15、W16、W19、W20 等 13 个样点，而苊烯超过 ERL 的点位有一个，为 W19，这些点位存在一定的生态风险。

萘含量超过 ERM 的有 5 个点，分别为 W8、W9、W11、W19、W20。这些点存在高生态风险，存在明显生态负效应，生物有害效应几率＞50%。

（2）生态基准值法

根据 Smith（1996）和 MacDonald（2000）等提出的水体生态基准值，将环境浓度与生态基准值相比，得到不同 PAHs 的 HQ，比值大于 1 说明该物质存在潜在的生态风险；比值小于 1 则说明该物质生态风险相对较小。大庆油田 PAHs 存在超过 TRV 的有 W1、W5、W6、W7、W8、W9、W11、W13、W14、W15、W16、W19、W20 等 13 个样点，这些样点水体萘存在一定的生态风险。

第 10 章　典型石油开采区生态风险的预警管理平台

10.1　生态风险预警系统集成

10.1.1　生态风险预警的概念及体系

生态风险预警系统结构见图 10-1。

预测风险（Predicted Risk）是通过对历史事件的研究，在此基础上建立系统模型，从而进行预测。预测风险是对未来不利后果事件的预测。

风险预警（Risk Early Warning）是一种过程管理，是在事故发生前，根据实时的风险状况预测、风险状态预报或历史报警记录统计分析，利用评价标准，判别其产生的风险级别，对风险状态、趋势的预先警示及警告，继而针对预警预告信息做出风险预先性防控措施，最后削弱和消除风险。

生态风险预警（Ecological Risk Early Warning）是建立在生态风险评估基础之上，对区域内的人类活动对生态环境所造成的影响进行预测、分析与评估，确定区域生态环境质量和生态系统状态在人类活动影响下的变化趋势、速度以及达到某一变化阈值的时间等，并按需要适时地提出恶化或危害变化的各种警戒信息及相应的对策。它与生态评估、生态预测密切相关，先有评估与预测，才有预警，三者共同构成认识生态系统结构、功能、演化的整体和系列。

目前对于生态预警的研究不论从理论上还是方法上都给石油开采区的生态风险预警奠定了坚实的基础，借助这些研究成果，可以建立起专门针对石油开采区的生态风险模拟分析、评估预警体系。但是，对于生态预警的概念内涵的研究有待进一步深入，预警指标体系的建立也存在着争议，这方面的研究还有很大的探索空间。此外，利用数理方法定量研究时，对于选用什么样的预警方法与数学模型都是值得进一步商榷的地方，但它们遵循的预警总体架构都大致如下：

明确警义，就是明确典型石油开采区监测预警的对象。警义就是指警的含义。一般从两个方面考察，一是警素，即构成石油开采区警情的指标是什么。二是警度，即石油开采区警情的程度。在该阶段需要运用模型来判断什么是警义、是否发生警情。

寻找警源，即是寻找石油开采区警情产生的根源。在该阶段，需要运用模型寻找、辨别导致警情产生的原因。

分析警兆，即是分析石油开采区警素发生异常变化导致警情发生的先兆。在该阶段，需要运用模型来进一步分析警源与警情及警源与警源之间的各种关系。

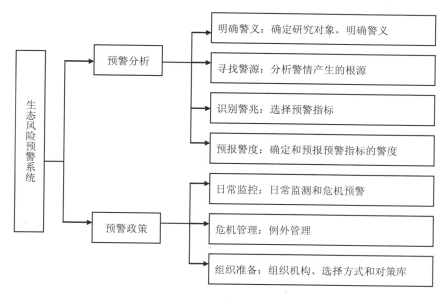

图 10-1　预警分析结构

预报警度，即预报石油开采区警情发生的程度。在该阶段，需要建立关于警素的普通模型，先作出预测，然后根据警限转化为警度，或者建立关于警素的警度模型，直接由警兆的警级预测警素的警度。

日常监控，是对石油开采区预警分析活动中所确立的警情指标和警兆指标进行监视与控制的对策活动，同时，预测警情的可能严重程度及可能出现的生态危机。

危机管理，是指在石油开采区日常监控活动不能有效扭转逆境现象的发展，而使系统陷入生态危机状态时所采取的一种特别管理活动，它是一种"例外"性质的管理，是在正常的管理行为已无法控制局势时，以特别的危机计划、危机领导机构和应急措施进行的一种特别管理方式。一旦系统恢复正常可控状态，它的任务便告完成，由日常监控履行预控对策。

组织准备，是指为石油开采区开展预警管理的组织保障活动，它包括对整个预警管理系统的组织结构与运行方式的规定，制定和完善对应的规章制度，以及为流域突发危机状态下的管理提供各种对策（即对策库）。目的在于为石油开采区的预控对策活动提供有保障的组织体系。

10.1.2　典型石油开采区生态风险预警指标的选取

对于典型石油开采区，预警指标体系建立一般遵循以下几个原则。

（1）典型性原则

所选指标必须是石油开采区生态环境衡量的典型指标，能够反映石油开采区生态环境质量的总体状况，为石油开采区生态环境预警和决策提供科学有力的信息。

（2）敏感性原则

所选指标必须很敏感，对石油开采区的生态环境质量的变化能够及时在指标中体现，从而通过这些指标能及时了解石油开采区生态环境的"阴晴"变化，真正起到报警器的作用。

（3）时效性原则

所选指标必须在石油开采区短时间内有资料信息反馈，即通过环境监测等部门获近期资料。

（4）层次性原则

石油开采区生态环境预警的指标体系应该分成大系统、子系统和预警因子等不同层次，从而便于突出重点。

（5）简洁实用性原则

预警是为石油开采区的开发规划和治理提供决策和依据的，因此所选的预警指标要做到概念明确，数据易获取，计算方法简便，便于信息公开。

在遵循以上原则的基础上，目前生态环境评价预警指标体系建立主要有以下几类模式：

①基于"自然-社会-经济"人工复合生态系统理论的指标体系；

②基于经济合作与发展组织（OECD）和联合国环境规划署（UNEP）共同提出的"压力（Pressure）—状态（Situation）—响应（Response）"（PSR）指标体系模式；

③基于生态系统自身特征的指标体系。

但由于指标体系的建立涉及生态、经济、社会各个方面，且需要对评价系统有足够的认识，不同生态系统、不同尺度的生态安全分析应具有不同的指标要素，因此指标体系的建立显得十分复杂，建立典型石油开采区生态风险预警指标体系的流程如图10-2所示。

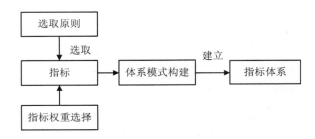

图 10-2　指标体系确定流程

指标权重是对每个指标在整个指标体系中的相对重要性的数量表示。权重确定合理与否对综合评价结果和评价质量将产生决定性影响。当前指标权重的确定方法主要有主观赋权法和客观赋权法。主观赋权法多采用专家咨询评分的定性方法，这类方法受主观影响较大，主要有德尔斐法、层次分析法（AHP）等；客观赋权法是根据各指标间的相互关系或各项指标值的变异程度来确定权重，避免了人为影响偏差，灵活性较弱，主要有主成分分析法、神经网络法（ANN）、因子分析法等。科学地确定指标权重在预警评价中十分重要，然而由于生态环境系统的复杂性和指标数据的难获得性，指标权重的确定往往存在不合理性和不适用性，有待不断深入研究。

10.1.3　典型石油开采区生态风险预警的原则

典型石油开采区生态经济预警的原则是实施预警和实现预警目的的标准，预警时应遵循的原则如下。

（1）可持续发展原则

可持续发展原则是典型石油开采区生态预警的基本指导思想，从满足人类社会的全面发展需求（包括人类的基本需求、发展需求和生态需求）出发，寻求不同区域、不同生态类型以及不同发展阶段的生态环境可持续发展标准，设立相应的预警指标体系。

（2）系统性原则

典型石油开采区生态系统是一个自然、社会经济、人类活动耦合的复杂系统，系统中的石油开采区生态环境和石油开采区经济这两大子系统因为人类的经济活动而相互融合，成为一个整体。一个因子的变化往往引起关联因子的变化，一个子系统的变化也往往引起关联子系统甚至大系统的变化。因此，必须以系统的观点来分析把握石油开采区生态系统的运行变化规律，准确地对系统进行预警分析，方能作出科学合理的预警结论。

（3）层次性原则

典型石油开采区的生态、经济和社会三大效益既有联系又有区别，各种效益又可具体细分为不同的子项目，并构成一个复杂有序的层次结构。我们需依据一定的标准对这一结构进行科学分类，既不遗漏也不重复地划分出基本界线，并对各类效益中的子项目加以专题研究，得出较为精确的计量结果，更有必要重视各子系统之间相应的联系，依据人类对其的需要程度，将各种效益的子项目的作用按大小排序，除去那些无关宏旨的子项目，选择主要的项目加以综合计量，从而较为精确又重点突出地反映典型石油开采区的综合效益。

（4）综合性原则

典型石油开采区生态风险预警是一项综合性的工作，石油开采区生态的结构、功能和效益的特征，是典型石油开采区的自然属性、社会经济及技术条件等各种因素综合作用的结果。因此，预警分析时必须全面、综合地分析评价系统的自然、经济和社会条件，以及融生态、经济和社会效益为一体的综合效益，才能对石油开采区生态风险作出客观全面的评价。

（5）简单实用原则

典型石油开采区生态风险预警是为石油开采区的开发规划和经济发展提供决策和依据的，当前解决石油开采区生态风险预警问题的一个最迫切要求是尽快将石油开采区生态环境和区域经济问题统一起来，付诸实施。而付诸实施的最基本要求是使用的方便和明确，这就要求从预警指标到预警模型，都要做到数据易得、计算简便、易于操作。

10.1.4　典型石油开采区生态风险预警的标准

预警标准，也称之为预警阈值或警限，是判断系统有警还是无警的标准，也是警度划分的前提，更是生态经济系统预警的关键环节，确定阈值的标准可参考如下 4 点。

（1）依据国家、行业和地方标准及国际标准

根据国家的法律法规及国家、行业、地方标准、规范来确定阈值。目前，国家已制定了大量关于森林资源利用、水土保持、环境质量、污染排放等方面的法律法规及标准，如《环境空气质量标准》（GB 3095—2012）、《地表水环境质量标准》（GB 3838—2002）等。行业标准指行业发布的环境评价规范、规定与设计。地方标准指地方政府颁布的标准和规

划目标、生态环境的保护要求、特别区域的保护要求，如生物多样性保护、水土防治等。国际标准为国际相关组织与部门发布的一些有关环境与生态的标准。

（2）依据生态背景值或本底值

以典型石油开采区区域生态环境背景值或本底值作为评价标准，如区域的植被覆盖率、区域水土本底值等。也可选择生态破坏或者环境受损前的所在地生物、环境与生态系统背景值作为预警的标准，如生物量、物种丰度和生物多样性等。一般情况下，背景值或本底值的阈值的确定，通过对典型石油开采区生态发展的历史资料作定性分析，对过去相当长一段时间内的石油开采区生态的发展总体情况持基本肯定态度，认为过去绝大多数情况下，石油开采区生态预警指标处于无警状态。在这种定性认识的基础上，将各类预警指标的时间序列数据，重新由小到大排列，从最大值往下，选择占总数 2/3 的数据区间作为安全区间，即有警和无警的分界线。

（3）依据对比分析

通过和其他区域的生态系统横向对比，尤其是与未受石油开采干扰类型相似的生态系统，或相似自然条件下原先的生态系统进行比较分析，来确定研究区域的生态所处的状态，从而确定预警的阈值。

（4）依据专家判断

依靠各个领域专家的集体智慧和经验，对区域资源预警指标的警限进行判断。通过征集各个领域专家的意见，并经过多次集中和反馈后，从不同的结论中找出共同的趋势，以此确定阈值。

除了上述指标体系建立的方法外，在生态系统的监测过程中，也可建立起生态监测指标体系，主要是一系列能敏感清晰地反映生态系统基本特征及生态环境变化趋势并相互印证的指标，这也是生态监测的主要内容和基本工作。生态监测指标的选择首先要考虑生态系统类型及系统的完整性。一般说来，陆地生态监测指标体系包括气象、水文、土壤、植物、动物和微生物 6 个要素。水文生态站指标体系分为水文、气象、水质、底质、浮游植物、浮游动物、游泳动物、底栖生物和微生物 8 个要素。除上述自然指标外，指标体系的选择要根据生态站各自的特点、生态系统类型及生态干扰方式同时兼顾 3 个方面的指标，即人为指标、一般监测指标及应急监测指标。

我国于 2006 年也制定了相应的规范：《生态环境状况评价技术规范（试行）》（HJ/T 192—2006），采用了 5 个评价指标：生物丰度指数、植被覆盖指数、水网密度指数、土地退化指数和环境质量指数。由公式：

$$生态环境状况指数（EI）= 0.25 \times 生物丰度指数 + 0.2 \times 植被覆盖指数 +$$
$$0.2 \times 水网密度指数 + 0.2 \times 土地退化指数 + 0.15 \times 环境质量指数$$

计算出生态环境状况指数值，将生态环境分为 5 级：优、良、一般、较差、差。

典型石油开采区生态风险预警是以生态环境质量评价为基础的，因此，可依据生态环境质量指标来制定生态环境预警标准。生态环境质量指标综合地表征生态环境状态的好坏，其分级与预警标准对应关系如表 10-1 所示。

表 10-1　生态环境质量指标分级与对应的预警标准

分级与标准	理想状态	良好状态	一般状态	较差状态	恶劣状态
区间值	[10，8)	[8，6)	[6，4)	[4，2)	[2，0]
区间代表值	9	7	5	3	1
风险程度描述	生态环境基本未受到影响	生态环境受到的影响不大	生态环境受到一定程度的影响	生态环境受到较大的影响	生态环境受到很大的影响

当典型石油开采区生态环境质量下降到某一变化阈值警戒线时，就可报警。这样根据生态环境质量指标及其变化，不仅可以准确了解流域开发等人类活动对生态环境影响的大小和利弊，而且还可把握不同时期内各生态环境因子或系统所处的状态及其变化趋势和速度，为进行典型石油开采区生态风险预警提供全面且综合的信息。

10.1.5　典型石油开采区生态风险预警的分类

典型石油开采区的生态风险预警类型较多，从预警的内涵、对象、方法 3 个方面来划分。

（1）按预警内涵分

①不良状态预警：对典型石油开采区已处于恶化状态或对人类活动造成危害的生态风险作出预警，包括较差状态预警和恶劣状态预警。

②恶化趋势预警：当典型石油开采区的生态环境质量指标值下降超过一定程度时作出预警。

③恶化速度预警：对典型石油开采区恶化趋势迅猛的生态环境作出预警。

（2）按预警对象分

①单因子预警：仅就典型石油开采区某一生态环境因子的演变趋势、速度及可能的后果作出预警。

②子系统预警：在对组成子系统的若干单因子进行综合分析的基础上，进一步分析子系统的演变趋势、演变速度和可能的后果。

③大系统预警：对典型石油开采区整个生态环境大系统作全面的综合评价预测后，对其总的演化趋势、速度和可能的后果作出预警。

（3）按预警过程分

1）指标预警

利用反映石油开采区生态风险警情的一些指标的指数来进行预警，根据石油开采区预警指标数值大小的变动来发出不同程度的警报。假设要进行警报的指标为 x，设它的安全区域为 $[x_a，x_b]$，其初等危险区域为 $[x_c，x_a]$ 和 $[x_b，x_d]$，其高等危险区域为 $[x_e，x_c]$ 和 $[x_d，x_f]$（图 10-3），则基本预警准则如下：

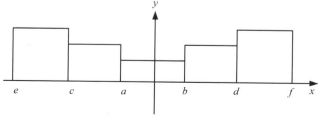

图 10-3　预警阈值

当 $x_a \leqslant x$ 时，不发出警报；

当 $x_c \leqslant x$ 且 $x_b \leqslant x$ 时，发出轻度警报；

当 $x_e \leqslant x$ 且 $x_d \leqslant x$ 时，发出中度警报；

当 $x_a \geqslant x$ 或 $x_f \geqslant x$ 时，发出重度警报。

但如果严格按照上述指标预警方式来操作，有时出现的偶然性波动或一次性的波动也会导致警报发生，甚至产生误警。因此，当某一指标发生波动时，可以留一定的观察期来监测其变化，若指标在某一时刻落入危险区，但很快又恢复正常，且可以在安全区稳定一段时间，应当推测该因素有偶然变化的可能。如果某一指标突然跃入危险区，并在危险区保留一段时间，则可推定有某一因素发生较大变化且对系统构成持久的不利影响。如果某一指标突然跃入危险区并继续向高等危险区迁移，则说明区域水资源面临相当严重的开发利用风险，应当立即发出警报并采取措施制止事态的进一步恶化。

由于对应某一个警素往往有若干个警兆指标，因此就需要对指标进行综合，综合的方法通常用合成指数法和扩散指数法。指数法和综合指数法是常用的评价方法，可将其用于区域生态安全预警评价中，在应用时必须要解决预警评价标准、权重、量化等问题。单指数预警法利用预警指标的某种反映警情的指数来进行预警，通过预警指标可以分析警情和预报警度。区域生态安全预警的每个子系统预警可以利用若干个预警指标进行综合预警。

单指数预警指根据对区域生态系统安全预警的敏感指标，如果超过警戒线便发出警报，难点在于敏感指标及其警戒线的确定。从系统序化的观点，确定了该系统社会、经济、环境功能和状态的主要指标警戒线。

综合指数预警指将区域生态安全预警指标以某种数学方法合成，结合警度区间进行警度判定，难点在于预警指标体系的区间划分及权重的确定。其区域生态安全预警评价值为：

$$E(t) = \sum_{i=1}^{n} W_i(t) E_i(t) \qquad (10\text{-}1)$$

$$E_i(t) = \frac{C_i(t)}{C_{si}}$$

式中，n——预警指标或子系统的数量；

$W_i(t)$——第 i 个预警指标或子系统权重，可以运用权重分析法计算；

$E_i(t)$——第 i 个预警指标或子系统在 t 时刻区域生态安全预警值；

$C_i(t)$——第 i 个预警指标在 t 时刻的值；

C_{si}——第 i 个预警指标的预警标准。

假定在 t 时刻对某一时间内的生态与环境进行预警，则预警时段为 $\Delta t = T - t$；再以 $E(t)$ 表示生态安全预警警度；以参数 EP 表示不良状态预警时生态安全预警的警戒值；以参数 ΔEP_t 和 ΔEP_s 分别表示恶化趋势预警和恶化速度预警是预警在 Δt 时段内变化速率的警戒值；当预警评价对象的变化具有随机不确定性时，即以保证率为 α 的参数作为预警评价的约束条件，这样在给定保证率 α、参数 EP 和 ΔEP_t、ΔEP_s 的情况下，预警评价与确定数学模型表达为：

①不良状态预警：

$$W\{\mathrm{EP_1}<E(t)<\mathrm{EP_2}\}>\alpha \tag{10-2}$$

式中，$\mathrm{EP_1}=2$，$\mathrm{EP_2}=4$ 表示较差状态预警；$\mathrm{EP_1}=0$，$\mathrm{EP_2}=2$ 表示恶劣状态预警。

②缓慢恶化预警：

$$W\{E(T)<E(t),|E(T)-E(t)|>\Delta\mathrm{EP_t}\}>\alpha \tag{10-3}$$

③恶化速度预警：

$$W\left\{E(T)<E(t)<EP,\frac{|E(T)-E(t)|}{T-t}>\Delta\mathrm{EP_s}\right\}\geq\alpha \tag{10-4}$$

$\Delta\mathrm{EP_s}$ 可根据流域开发规则的有关时段来确定，如 5 年计划是：

$$\Delta\mathrm{EP_s}=\frac{1}{5}(1/\alpha) \tag{10-5}$$

综上所述，可以获得生态安全预警警度区间划分，见表 10-2。

表 10-2　生态安全预警警度区间划分

区间划分	恶劣状态	较差状态	一般状态	良好状态	理想状态
区间值	[0，2)	[2，4)	[4，6)	[6，8)	[8，10)
警度划分	四级警度	三级警度	二级警度	一级警度	无警

2）统计预警

把一系列反映石油开采区生态风险警情的指标与警情之间的相关关系进行统计处理，然后根据计算得到的分数判断警情程度。具体过程：首先对警兆与警素进行时空相关性分析，确定其先导长度、先导强度，然后依据警兆变动情况，确定各警兆的警级，结合警兆的重要性进行警级综合，最后预报石油开采区的警度。这种方法也可以看成是扩散指数与合成指数的结合。

3）模型预警

在统计预警方式的基础上对石油开采区生态风险预警进行进一步分析，实质是建立滞后模型进行回归预测分析，在形式上可以是图形、表格、数学方程等，常用的模型有以警兆为自变量的回归预测模型、人工神经网络模型等。

10.1.6　典型石油开采区生态风险预警方法

目前，使用较多的就是经济预警的方法，此方法可分为 5 类：黑色预警方法、红色预警方法、黄色预警方法、绿色预警方法和白色预警方法，每一种预警方法都有一套基本完整的预警程序，只是在具体应用的不同方面有所区别，将此预警方法应用到石油开采区的生态风险预警，可以达到综合预警的效果，分别如下：

①黑色预警方法。通过对石油开采区某一具有代表性指标的时间序列变化规律分析预警。如对石油开采区的生态经济系统进行预警，从系统序化的观点，确定代表性指标的警

戒线，并与这些指标现状、过去与未来趋势进行对比，对现状预警进行评价，从而获得相应对策。如石油开采钻井等导致的地下水水位变化大体在趋势预警和突变预警1年左右为一个周期，根据这种循环波动长度及递增或递减特点，可以使用或不使用时序模型对石油开采区生态风险警情的走势进行预测。

②黄色预警方法。根据警情预报警度，是一种由因到果、逐渐预警的过程，黄色预警法是目前最常用的预警分析方法。

③红色预警方法。这是一种环境社会分析方法，特点是重视定性分析，对影响石油开采区生态环境的有利因素和不利因素进行全面分析，然后进行不同时期的对比研究，结合专家学者的经验进行预警。红色预警方法经常用于一些石油开采区生态风险复杂的预警。

④绿色预警方法。这种方法类似黑色预警方法，通常借助遥感技术测得研究区域生长、变化的情况，从而进行生长、变化趋势预警。

⑤白色预警方法。这种方法要求对石油开采区生态风险产生警情的原因十分了解，对警情指标采用计量技术进行预测，目前采用这种方法比较少，还处于探索阶段。

各种预警方法之间的比较见表10-3。在实际应用中，主要是运用黑色、黄色和红色的预警方法，尤以黄色预警方法居多，绿色方法主要借助于遥感技术。这几种方法的分类也不是绝对的，在分析解决问题时可以综合考虑两种或两种以上的方法。

表 10-3　预警方法比较

方法	黑色	黄色	红色	绿色	白色
定性或定量	定量	定量	定性	定量	定量
纵向或横向	纵向	纵向或横向	纵向或横向	纵向	纵向
指标确定	关键指标	多种指标	综合指标	成长指标	警因指标
分析方法	波动分析	统计分析	模型分析	趋势分析	因素指标

此外，石油开采区生态系统在变化的过程中，往往存在着一些特殊的临界值，临界值两侧往往代表了石油开采区生态系统的不同性质。对于生态问题比较单一的地区，可以直接以国家标准作为警戒线。对于无法用某一预警因子表述的情况可以采用综合评价的方法，如模糊综合评判、综合指数法、神经网络方法等，以某一综合指标来进行预警。对于有明确的警兆但不易确定警戒线的情况，可以考虑采用突变理论和分形理论等进行预警。另外，还可用较为传统的数学表达方式——预警区间表达，来进行石油开采区生态风险预警。目前主要的预警评价方法有层次分析法、模糊综合评判法、灰色关联度法、主成分分析法、可拓综合分析法、情景分析法等。

（1）层次分析法（AHP）

层次分析法是目前环境预警评价最常用的方法。层次分析法简称 AHP，又称为多层次权重分析法，是一种定性与定量分析相结合的评价方法，它能通过对典型石油开采区生态风险预警系统规划和评价，将复杂现象和决策思维过程数量化、模型化、系统化。

层次分析法基本思想：将典型石油开采区生态风险预警评价系统的有关替代方案的各种要素分解成若干层次，并将同一层次的各种要素以上一层次要素为准则，进行两两判断比较并计算出各种要素的权重，根据综合权重按最大权重原则确定最优方案。其评价结果真实，能客观反映多因素的共同作用。

运用层次分析法对典型石油开采区生态风险预警评价，是一种有效的多目标评价规划方法，也是一种最优化技术。它把所有典型石油开采区生态风险预警评价规划问题表示为有序的递阶层次结构，通过人的判断对各规划方案的优劣进行排序，并据此求得最佳方案。运用层次分析法作典型石油开采区生态风险预警评价系统规划，大致经过 6 个步骤。

1）明确问题

利用 APH 方法，首先要对典型石油开采区生态风险有明确的认识，弄清石油开采区影响的区域范围、主要影响因素以及因素之间的关系。典型石油开采区的生态风险预警评价的目的是进行生态、社会、经济的综合评价，得出生态系统的结构与功能的变化及趋势。

2）建立递阶层次结构

根据对问题的初步分析，将所含的因素分系统、分层次地构筑成一个树状层次结构。层次分析一般分为 3 种层次：

目标层：又可分为总目标层和分目标层（或准则层）。在典型石油开采区的生态风险预警评价中，通过对开采区的生态风险评估和预警的分析，将评估和预警的目标定为典型石油开采区的生态环境质量，为满足区域生态、经济、社会协调发展需求，分别选择描述性、评估性指标，作为总目标层，分目标层是由可持续性指标（动态指标）、协调性指标（静态性指标和动态性指标）和集聚性指标（静态性指标）组成。

准则层：准则层是由典型石油开采区可直接度量的因素构成。如石油污染生态毒理指标、生态指标、环境质量指标、经济结构指标、经济效益指标和基础设施发展水平指标等。

方案层：对每一个指标的变化与发展，都有不同的发展方案，这些方案组成了方案层。

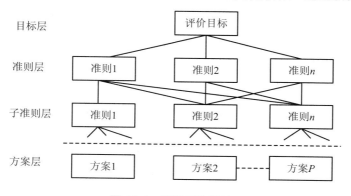

图 10-4　递阶层次结构

3）构成比较判断矩阵

运用层次分析方法进行典型石油开采区的生态风险预警评估的信息基础是数据资料和根据资料与一定的比较原则所得的判断矩阵。在每一层次，可按上一层次的对应准则要求，对该层次元素进行逐对比较，依照规定的标注定量化后写成矩阵形式，即构造成判断矩阵。构造判断矩阵是层次分析方法的关键步骤。判断矩阵构造好坏的方法有两种：一种是专家讨论来确定；另一种是专家调查来确定。

假设要比较 n 个因素 $X=(x_1, x_2, \cdots, x_n)$ 对目标 Z 的影响，确定它们在 Z 中所占的比重。每次取两个因素 x_i 和 x_j，以 A_{ij}，表示 x_i 和 x_j 对 Z 的影响之比，得到两两比较判断矩阵，如下式表示：

$$A =(A_{ij})_{n \times n} \tag{10-6}$$

其中，$A_{ij}>0$，$A_{ij}=1/A_{ij}$（$i=j$），$A_{ij}=1$　　（i, $j=1$, 2, …, n）

使上式成立的矩阵称为正负反矩阵。

确定 A_{ij} 采用 1～9 及其倒数作为标度的标度方法（表 10-4）。如果介于上述相邻判断中间，A_{ij} 取值分别为 2，4，6，8。

表 10-4　比较尺度的取值方法

x_i/x_j	相等	稍微重要	明显重要	强烈重要	极端重要
A_{ij}	1	3	5	7	9

4）层次单排序及其一致性检验

①层次单排序。先解出判断矩阵 A 的最大特征值 $\lambda_{\max}$。再利用：

$$AW= \lambda_{\max}W \tag{10-7}$$

解出 $\lambda_{\max}$ 所对应的特征向量 W，W 经过标准化后，即为同一层次中相应元素对于上一层次中某因素相对重要性的排序权值。

②一致性检验。首先计算 A 的一致性指标 CI，定义：

$$CI=（\lambda_{\max}-n）/（n-1） \tag{10-8}$$

式中，n 为 A 的阶数。当 CI=0，即 $\lambda_{\max} = n$ 时，A 具有完全一致性。CI 愈大，A 的一致性愈差。将 CI 与平均随机一致性指标 RI 进行比较，令 CR=CI/RI，称 CR 为随机性一致性比率。当 CR<0.10 时，A 具有满意的一致性，否则要对 A 重新调整，直到具有满意的一致性。这里计算出的 $\lambda_{\max}$ 所对应的特征向量 W，经过标准化后，才可以作为层次单排序的权值。表 10-5 给出了对于 1～9 阶判断矩阵的 RI 值。

表 10-5　判断矩阵的 RI 值

阶数 n	1	2	3	4	5	6	7	8	9
RI	0	0	0.58	0.90	1.12	1.24	1.32	1.41	1.45

5）层次总排序及其一致性检验

利用同一层次中所有层次单排序结果，计算针对上一层次而言本层次所有元素重要性的权值，这就是层次总排序。设上一层次所有元素 A_1，A_2，…，A_m 的总排序已完成，其权值分别为 a_1，a_2，…，a_m。与 a_j 对应的本层次元素 B_1，B_2，…，B_n 单排序的结果为 b_{1j}，b_{2j}，…，b_{nj}（当 B_k 与 A_j 无关时，$b_{kj}=0$），B 层总排序权值由表 10-6 给出。

表 10-6　**B** 层总排序权值

层次	A_1	A_2	...	A_m	层次总排序权值
	a_1	a_2	...	a_m	
B_1	b_{11}	b_{12}	...	b_{1m}	$\sum\limits_{j=1}^{m} a_j b_{1j}$
B_2	b_{21}	b_{22}	...	b_{2m}	$\sum\limits_{j=1}^{m} a_j b_{2j}$
...	...	...	...	...	...
B_n	b_{n1}	b_{n2}	...	b_{nm}	$\sum\limits_{j=1}^{m} a_j b_{nj}$

$$\sum_{i=1}^{n}\sum_{j=1}^{n} a_j b_{ij} = 1 \qquad （10\text{-}9）$$

总排序权值仍为标准化向量。

层次总排序一致性指标为：

$$\text{CI}=\sum_{j=1}^{m} a_j \text{CR}_j \qquad （10\text{-}10）$$

式中，CI 为与 a_j 对应的 **B** 层次中判断矩阵的一致性指标。

层次总排序随机一致性指标为：

$$\text{RI}=\sum_{j=1}^{m} a_j \text{RI}_j \qquad （10\text{-}11）$$

式中，RI_j 为与 a_j 对应的 **B** 层次中判断矩阵的随机一致性指标。

层次总排序随机一致性比率为：

$$\text{CR} = \frac{\text{CI}}{\text{RI}} \qquad （10\text{-}12）$$

当 CR≤0.10 时，认为总排序的计算结果有满意一致性。

（2）模糊综合评判法

该评判法是利用模糊隶属理论对系统进行分析的综合化程度较高的评标方法，侧重考虑生态环境系统内部关系的复杂性和模糊性（杨沛等，2011），也是一种定性与定量相结合的方法。模糊综合评价法刻画了评价对象分级界限的模糊性，客观地反映了实际情况，但该方法强调极值作用，信息损失多，且权重的确定不够科学。

在使用模糊综合判定方法时，综合生态风险的计算需要首先计算生态系统生态风险的压力指数（PI）、效应指数（EI）和社会响应指数（SRI），针对生态风险的不确定性，选用模糊综合评价法进行计算时，将各指标划分为 5 个等级，等级越高风险越大，每个等级可能发生生态风险的含义为"低、较低、中、较高、高"。各指标的等级划分标准和权重如表 10-7 所示。

表 10-7 PESR 指标体系等级划分及权重

指标	表征		编码	v1（Ⅰ）	v2（Ⅱ）	v3（Ⅲ）	v4（Ⅳ）	v5（Ⅴ）	权重
压力	压力指数		PI	1	2	3	4	5	1
暴雨洪灾	最大24 h降雨量/常年最大24 h降雨量		UP1	1	1.25	1.5	1.75	2	0.191 3
水土流失	水土保护指数		UP2	18	23	28	33	38	0.105 7
土地利用变化	土地利用强度		UP3	1.5	2	2.5	3	3.5	0.113 5
经济发展	人均GDP①/美元		UP4	2 000 20 000	4 000 18 000	6 000 16 000	8 000 14 000	10 000 12 000	0.061
社会发展	人口密度/（人/km²）		UP5	500	1 000	2 000	5 000	10 000	0.078 3
水资源利用	境外调水占总用水量比例/%		UP6	40	50	60	65	70	0.056 5
	水资源开发利用率/%		UP7	20	25	30	35	40	0.098 4
污染负荷	污染物排放/（t/a）	COD	UP8	2 000	3 500	7 000	11 000	15 000	0.023 9
		氨氮	UP9	115	230	350	470	600	0.055 6
		重金属 As	UP10	0.001	0.002	0.003	0.004	0.005	0.025 4
		Hg	UP11	0.001	0.002	0.003	0.004	0.005	0.104 4
		Pb	UP12	0.3	0.6	0.9	1.2	1.5	0.014 1
		Cd	UP13	0.002	0.004	0.006	0.008	0.01	0.063 5
		Cr	UP14	1.15	2.3	3.45	4.6	5.75	0.008 3
效应	效应指数		EI	1	2	3	4	5	1
水体底泥底栖动物	生物多样性指数		UE1	3	2.5	2	1.5	1	0.360 6
鸟类	物种保护指数/%		UE2	80	65	50	35	20	0.182 2
景观功能	植被覆盖率/%		UE3	50	45	40	35	30	0.099 3
水质指标	高锰酸盐指数/（mg/L）		UE4	2	4	6	10	15	0.029
	氨氮浓度/（mg/L）		UE5	0.1	0.5	1	1.5	2	0.067 4
底泥重金属	重金属生态危害指数 RI	As	UE6	20	40	80	160	320	0.052 3
		Hg	UE7	20	40	80	160	320	0.052 3
		Pb	UE8	20	40	80	160	320	0.052 3
		Cd	UE9	20	40	80	160	320	0.052 3
		Cr	UE10	20	40	80	160	320	0.052 3
响应	社会响应指数		SRI	1	2	3	4	5	1
环境管理	环保投资占GDP比重②/%		USR1	3	2.5	2	1.5	1	0.166 2
环境建设	城市污水集中处理率/%		USR2	100	85	65	45	25	0.274 8
工程措施	河道清淤长度比/%		USR3	80	65	50	35	20	0.195 1
科学研究	科学研究/%		USR4	50	40	30	20	10	0.070 8
污染控制	工业废水达标排放率/%		USR5	100	95	90	85	80	0.293

注：①根据经济与环境倒"U"形的关系，认为10 000~12 000的风险最大，10 000以内为正向因子，12 000以上为负向因子；②该指标为负向因子。

权重的计算选用层次分析法 AHP 进行。等级标准的划分在遵循以下 3 个原则的基础上进行适当调整：①国家颁布的标准和指标原有的标准；②环境本底值；③指标可取值范围内的等分。最终各子系统指数的值用级别变量的特征值 H 来表示：

$$H = \sum_{j=1}^{m} B_j \times j \tag{10-13}$$

$$H_p = \mathrm{PI}, \ H_E = \mathrm{EI}, \ H_{\mathrm{SR}} = \mathrm{SRI} \tag{10-14}$$

B_j 为各指数对各等级的隶属度；j=1，2，3，4，5；PI，EI 和 SRI 分别为压力指数、效应指数和社会响应指数。

基于空间向量法的综合生态风险指数原理，建立典型石油开采区综合生态风险指数（ERI），认为综合生态风险指数是压力、效应和社会响应在三维空间上的综合作用，如图 10-5 所示。

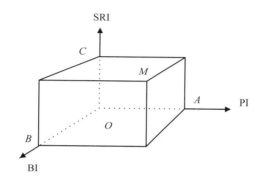

图 10-5 综合生态风险指数的空间向量法示意

$\overline{OA}$,$\overline{OB}$和$\overline{OC}$ 分别是生态风险的 PI，EI 和 SRI 与各指数权重的乘积，综合生态风险指数表示为 $\overline{OM}$

$$\overline{OA} = w_p H_P, \overline{OB} = w_E H_E, \overline{OC} = w_{\mathrm{SR}} H_{\mathrm{SR}} \tag{10-15}$$

$$\overline{OM} = \overline{OA} + \overline{OB} + \overline{OC} \tag{10-16}$$

因此，基于空间向量的概念，定义综合生态风险指数（ERI）的计算方法为：

$$\mathrm{ERI} = \overline{OM} = \sqrt{\left|OA\right|^2 + \left|OB\right|^2 + \left|OC\right|^2} \tag{10-17}$$

例如，若认为石油污染地区区域生态压力、效应和社会响应的权重相同，均为 1/3，则 ERI 的计算方法见式（10-18）：

$$\mathrm{ERI} = \frac{1}{3}\sqrt{\left|H_P\right|^2 + \left|H_E\right|^2 + \left|H_{\mathrm{SR}}\right|^2} \tag{10-18}$$

利用空间向量的方法避免了线性计算中的信息丢失，更能够体现模型的物理意义，更为明确地反映出各指标分量的变化情况。

（3）主成分分析方法

主成分分析法是处理多变量数据的一种数学方法，通过恰当的数学变换，使新变量——主成分成为原变量的线性组合，并选取少数在变差信息量中比例较大的主成分来分析评价事物状况。由于典型石油开采区的生态风险影响因素十分繁杂，运用主成分分析法，可简化评价过程，但评价结果不够全面，且需要有较全的历年生态环境数据作保证，故这里不详细介绍，该方法的内容可参阅有关书籍。

（4）BP 神经网络方法

20 世纪 80 年代后期，随着国际神经网络协会的成立，人工神经网络的应用范围不断扩大，有人提出用它来评价生态环境质量。人工神经网络理论是由 McCulloch 和 Pitts（1943）首次提出的简单人工神经元模型（M-P 模型）发展起来的，其理论也由线性理论发展到了非线性理论（B-P 模型）。人工神经网络其实是采用物理可实现的器件或采用现有的计算机来模拟生物体中神经网络的某些结构和功能（如人脑的学习、联想、记忆），能像人一样进行模拟识别，具有自适性、自组织和自学习的能力，因此具有灵活性和很强的适应性，对典型石油开采区的生态风险预警评价结果会更客观。

BP 网络能学习和存贮大量的输入—输出模式映射关系，而无需事前揭示描述这种映射关系的数学方程。它的学习规则是使用最速下降法，通过反向传播来不断调整网络的权值和阈值，使网络的误差平方和最小。运用 BP 神经网络模型对典型石油开采区的生态风险进行预警评价时，其拓扑结构通常包括输入层（input layer）、隐含层（hide layer）和输出层（output layer），这也是神经网络的基本结构。其中输入层神经元个数由输入指标决定，输出层神经元个数由输出类别决定，而隐含层神经元个数一般为经验值。这样的网络结构与一般的指标预警系统十分相似，输入量对应警兆指标，隐含层节点对应警情指标，输出值则为警度。

BP 神经网络方法本身是一种大规模并行的非线性系统，其优点是运用指标权值可自动适应调整，并可根据不同需要选取随意多个评价参数建模，具有很强的自适应、自组织、高效并行处理能力。神经网络法为生态预警提供了一条新的科学途径，但该方法还不成熟。BP 神经网络法容易出现过度训练或训练不足，陷入局部最小，造成与实际不符。

（5）灰色关联度法

灰色关联度法是将杂乱的数据列进行整理，将空缺的数据通过计算机加以补充，用整理过的数据建立模型进行评价和预测的方法。该方法是一种可以在基础数据不全的情况下进行预警的方法，但其可靠性仍需验证。

我们通过各种检测手段获得的生态环境信息只是全部信息中的一部分，因此可以用灰色系统理论进行典型石油开采区的生态风险预警评估。灰色系统理论是我国学者邓聚龙于1982 年在模糊数学的基础上提出的，它的核心内容就是充分利用已知信息将灰色系统淡化、白化，其中聚类分析就是将聚类对象在不同的聚类指标下，按灰类进行归纳，获取最终评价结果。灰色系统理论是用于区域环境承载力的定量化方法。该方法按一定的原则选定指标体系后，用灰色系统分析法分析指标间的灰色相关度，通过对灰色相关度进行排序，发现各指标对区域环境容载力的影响程度。此理论认为，按人们的认识程度可以把它分为3 类：①白色系统，即相对于一定的认识层次，所有信息都已确知的系统；②黑色系统，即相对于一定的认识层次，关于系统的所有信息都是未知的，除了可以知道该系统外在的输入—输出关系；③灰色系统，即相对于一定的认识层次，系统内部信息部分已知，部分未知，信息不完全。

灰色评价可分为：灰色数列评价、年灾变评价、拓扑评价、残差辨识评价和系统综合评价，其中最常用的是灰色数列评价。灰色数列评价的步骤为：①确定原始数列；②以某一点为参考点，取邻域系；③取邻域系中的部分邻域建立 GM（1，1）模型（一元一阶微分方程灰色模型）；④确定时间响应函数；⑤用时间响应函数计算未来某一时刻的值。

其中 GM（1，1）的构建过程如下：

设非负数列 $x^{(0)}$，将其累加转化为有规律的递增数列：

$$令 x^{(0)} = x^{(0)}(1), x^{(0)}(2), \cdots, x^{(0)}(n) \tag{10-19}$$

$$记 x^{(1)}(k) = \sum_{m=1}^{k} x^{(0)}(m) \tag{10-20}$$

得到一次累加生成数列：

$$x^{(1)} = x^{(1)}(1), x^{(1)}(2), \cdots, x^{(1)}(n) = x^{(0)}(1), x^{(1)}(1) + x^{(0)}(2), \cdots, x^{(1)}(n-1) + x^{(0)}(n) \tag{10-21}$$

$x^{(1)}$ 相应的微分方程为：

$$\frac{\mathrm{d}x^{(1)}(t)}{\mathrm{d}t} + \alpha x^{(1)} = \mu \tag{10-22}$$

式中，α 称为发展灰数；μ 称为内生控制灰数。

记 $\hat{\boldsymbol{a}}$ 为待估参数向量，$\hat{\boldsymbol{a}} = \dfrac{\alpha}{\mu}$ 利用最小二乘法求解，解得：

$$\hat{\boldsymbol{a}} = (\boldsymbol{B}^{\mathrm{T}} \boldsymbol{B})^{-1} \boldsymbol{B}^{\mathrm{T}} Y \tag{10-23}$$

$$其中 B = \begin{bmatrix} -\dfrac{1}{2}[x_1^{(1)} - x_1^{(1)}(2)] \cdots 1 \\ \cdot \\ -\dfrac{1}{2}[x_1^{(1)}(n-1) + x_1^{(1)}(n)] \cdots 1 \end{bmatrix} \tag{10-24}$$

$$\boldsymbol{Y} = [x^{(0)}(2), x^{(0)}(3), \cdots, x^{(0)}(n)]^{\mathrm{T}} \tag{10-25}$$

求解微分方程，即可得预测模型：

$$\hat{x}_{(k+1)}^{(0)} = \hat{x}^{(1)}(k+1) - \hat{x}_{(k)}^{(1)}, k = 0, 1, 2, \cdots, n \tag{10-26}$$

这种方法不仅具有模糊数学的优点，即注意到模糊性，而且也充分利用了白化信息。但与其他方法一样，它也有不足之处，以灰色关联度评价法评价水环境为例，它受到关联系数两极差的影响，评价价值趋于均化，分辨率较低，不易区分两级别间的差异。

（6）系统动力学方法

系统动力学方法非常适用于研究高阶次的复杂系统，但对相同问题建立的模型和研究结果差异较大，采用此方法对典型石油开采区的生态风险进行评估时，结果缺乏一定的可靠性。其基本的组成和原理如下：

①系统组成。系统动力学认为，系统是由单元、单元的运动及信息组成。单元是系统存在的现实基础，信息在系统中发挥着关键的作用，单元的运动形成系统统一的行为与功能。对于典型石油开采区的生态风险预警系统来讲，系统动力学研究的系统是一个自然生态系统、社会系统、经济系统、人类活动系统相互作用构成的复合高阶时变系统。

②系统结构。系统结构是指系统各个单元之间的相互作用与相互关系的秩序。在系统动力学中，系统的基本单元是反馈回路，反馈回路是耦合系统的状态、速率与信息的一条回路。对应于系统的 3 个组成部分：单元、运动、信息。典型石油开采区的生态系统由这些相互作用的反馈回路组成，且回路之间相互作用、相互耦合形成了系统的总体结构。其中，构成系统的任何一条回路又包含了多个反馈环节。按照反馈过程的特点，可以将这些反馈分为正反馈和负反馈。正反馈的特点是具有自我强化的作用机制；负反馈的特点则相反，具有自我抑制的作用。通常把具有正反馈的回路称为正反馈回路，具有负反馈的回路称为负反馈回路。正反馈和负反馈的交叉作用机制决定着复杂的系统行为。

③系统功能。指系统中各个单元活动的秩序，或者是单元之间相互作用的总体效益，以定性和定量相结合的方式研究系统的结构，模拟系统的功能。

（7）情景分析法

情景分析是对未来的不确定性进行描述，它的关键是要考虑构成所研究的系统问题的关键事件（因素）以及每个事件和事件间的发展变化的概率（影响程度）。各种情景分析的模型有所区别，但总体上来讲都有同样的基本框架，其整个逻辑结构可由以下 3 个部分组成：①专家经验和数据信息的获取与分析（包括对涉及主题的关键事件及发生可能性的确定、各事件之间的相关关系和过去发展的机制分析等）。②对专家经验及数据信息进行处理，以完成对未来情景的描述（包括未来可能发展态势的确认、各态势的特性和发生可能性分析等）。③对已确定的未来情景进行进一步的定量和定性分析，以分析各态势的发展路径，并进行敏感度分析，最终归纳总结出各种结论供决策者参考。

基于对情景分析的逻辑结构和过程的上述认识，运用情景分析法对典型石油开采区的生态风险预警评估步骤如下：

①确定主题。以专家调查与数据信息调查相结合确定影响典型石油开采区生态风险的关键因素（关键事件），根据专家调查结果给出各关键事件的描述（包括各关键事件发生的可能性和相互关系等）。

②根据专家经验并利用情景分析缩减组合技术，形成可供进一步研究的情景。

③对所获得的专家经验（事件发生的可能性、相关关系等）进行一致性处理，形成最终情景概率。

④对形成的情景进行敏感度分析和发展路径分析，形成有决策价值的情景。

⑤对有决策价值的情景再次应用情景缩减组合技术进行归并处理以形成供决策者参考的情景。

⑥在参考情景下，运用传统预测方法，对一些现象作进一步的定量分析。

（8）可拓综合分析方法

可拓综合分析方法是由我国数学家蔡文先生创立的多元数据量化决策的一种新方法。其主要理论包括物元模型、可拓集合和关联函数。物元是指事物、特征及事物的特征值三者组成的三元组。设事物的名称为 N，其关于特征 C 的量值为 V，则将三元有序组称为事物的基本元，简称物元，记为 R=（N，C，V）。其中 N，C，V 称为物元 R 的三要素。可拓理论将逻辑值从模糊数学的［0，1］闭区间拓展到（−∞，+∞）实数轴，提出了表示事物性质变化的可拓集合的概念。为了定量描述事物性质的变化，可拓理论提出了关联函数及其计算方法，以关联函数值表征事物具有某种性质的程度及转化过程，完成事物的状态分类和发展态势分析。

根据可拓理论和方法，可利用物元模型对安全等级、预警对象进行形式化描述，并采用可拓集合和关联函数确立预警标准和安全关联度，建立表征安全状态的多指标综合预警模型。通过对单预警指标的关联函数计算得到单要素安全水平，利用模型集成得到多指标的综合安全水平，定量表示安全度；以关联度大小对预警对象发展变化趋势进行判断，表征复杂巨系统的动态变化过程，实现动态安全预警形式化的多元参数模型表示和定量的安全水平及趋势判断。

1）生态安全的经典域、节域和预警对象

设有 j 个生态安全等级 N_1，N_2，$\cdots$，N_j，建立相应的物元：

$$R_j = (N_j, c_i, v_{ji}) = \begin{bmatrix} N_j, & c_1, & v_{j1} \\ & c_2, & v_{j2} \\ & \vdots & \vdots \\ & c_n, & v_{jn} \end{bmatrix} = \begin{bmatrix} N_j, & c_1, & <a_{j1}, b_{j1}> \\ & c_2, & <a_{j2}, b_{j2}> \\ & \vdots & \vdots \\ & c_n, & <a_{jn}, b_{jn}> \end{bmatrix} \tag{10-27}$$

式中，N_j 表示所划分的 j 个生态安全等级（$j=1$，2，$\cdots$，n）；v_{ji} 分别为 N_j 关于 c_i 所规定的量值范围，即各生态安全等级关于对应特征所取的数值范围；R_j 为生态安全的经典域。

对于经典域，构造其节域 R_p，且 $R_p \supset R_j$，

$$R_p = [N_p, c_i, v_{ip}] = \begin{bmatrix} P_j, & c_1, & v_{1p} \\ & c_2, & v_{2p} \\ & \vdots & \vdots \\ & c_n, & v_{np} \end{bmatrix} = \begin{bmatrix} P_j, & c_1, & b_{1p} \\ & c_2, & b_{2p} \\ & \vdots & \vdots \\ & c_n, & b_{np} \end{bmatrix} \tag{10-28}$$

式中，P_j 表示生态安全等级的全体；v_{ip} 为 N_p 关于 c_i 所取的量值范围。

对于待预警对象，将预警指标信息用物元表示：

$$R_o = (P_o, c_i, v_i) = \begin{bmatrix} P_o, & c_1, & v_1 \\ & c_2, & v_2 \\ & \vdots & \vdots \\ & c_n, & v_n \end{bmatrix} \tag{10-29}$$

式中，P_o 表示预警对象的名称，v_i 为 P_o 关于 c_i 的量值。

2）关联度计算及矩的确定

待预警对象关于各安全等级的关联度用关联函数计算，第 i（$i=1$，2，$\cdots$，n）个指标数值域属于第 j（$j=1$，2，$\cdots$，m）个安全等级的关联函数为：

$$K_j(v_i) = \begin{cases} \dfrac{\rho(v_i, V_{ij})}{\rho(v_i, V_{ij}) - \rho(v_i, V_{ij})}, & \rho(v_i, V_{ij}) - \rho(v_i, V_{ij}) \neq 0 \\ -\rho(v_i, V_{ij}) - 1, & \rho(v_i, V_{ip}) - \rho(v_i, V_{ij}) \neq 0 \end{cases} \qquad (10\text{-}30)$$

式中，$K_j(v_i)$ 为各安全因子关于安全级别的关联度；$\rho(v_i, V_{ij})$ 为点 v_i 与有限区间 $V_{ij}=$ $<a_{ij},\ b_{ij}>$ 为经典域；$V_{ip}=<a_{ip},\ b_{ip}>$ 为节域。

其中，

$$\rho(x, <a, b>) = \left| x - \frac{a+b}{2} \right| - \frac{b-a}{2} \qquad (10\text{-}31)$$

关联度 $K_j(v_i)$ 表征待预警对象各预警指标关于评价等级 j 的归属程度，相当于模糊数学中描述模糊集合的隶属度，模糊数学隶属度为闭区间[0，1]，而关联度的取值范围是整个实数轴，若 $K_j(v_i) = \max K_j(v_i)$，$j \in (1,2,\cdots,m)$，则预警指标 v_i 属于等级 j。

3）预警指标权系数

生态安全的预警指标权系数，采用关联函数方法确定，设

$$r_{ij}(v_i, V_{ij}) = \begin{cases} \dfrac{2(v_i - ai_j)}{b_{ij} - a_{ij}}, & v_i \leqslant \dfrac{a_{ij} + b_{ij}}{2} \\ \dfrac{2(b_{ij} - v_i)}{b_{ij} - a_{ij}}, & v_i \geqslant \dfrac{a_{ij} + b_{ij}}{2} \end{cases} \qquad (10\text{-}32)$$

（i=1，2，$\cdots$，n；j=1，2，$\cdots$，m）且 $v_i \in V_{ip}$（节域）（$i=1,2,\cdots,n$），则：

$$r_{ij\max}(v_i, V_{ij\max}) = \max_j \left\{ r_{ij}(v_i, V_{ij}) \right\} \qquad (10\text{-}33)$$

如果指标 c_i 的数据落入的类别越大，该指标应赋予越小的权系数，则取：

$$\gamma_i = \begin{cases} j_{\max} \times [1 + \gamma_{ij\max}(v_i, V_{ij})] & \text{当} \gamma_{ij\max}(v_i, V_{ij}) \geqslant -0.5\text{时} \\ j_{\max} \times 0.5 & \text{当} \gamma_{ij\max}(v_i, V_{ij}) \geqslant -0.5\text{时} \end{cases} \qquad (10\text{-}34)$$

否则，如果指标 c_i 的数据落入的类别很大，该指标应赋予越小的权系数，则取：

$$\gamma_i = \begin{cases} (m - j_{\max} + 1) \times [1 + \gamma_{ij\max}(v_i, V_{ij})] & \text{当} \gamma_{ij\max}(v_i, V_{ij}) \geqslant -0.5\text{时} \\ (m - j_{\max} + 1) \times 0.5 & \text{当} \gamma_{ij\max}(v_i, V_{ij}) < -0.5\text{时} \end{cases} \qquad (10\text{-}35)$$

于是由单个样本数据得到指标 c_i 的权系数为：

$$a_i = \gamma_i \left/ \sum_{i=1}^{n} \gamma_i \right. \qquad (10\text{-}36)$$

则根据第 k 个样本数据得到指标 c_i 的权系数为 $a_{ik}(k=1,2,\cdots,n)$，对 n 个样本数据得到的权系数求平均值，得出指标 c_i 的权系数为：

$$w_i = \sum_{k=1}^{n} a_{ik} / n \qquad (10\text{-}37)$$

4）安全等级评定

关联函数 $K(x)$ 的数值表示预警对象符合生态安全级别的隶属程度。预警对象 R_o 关于安全等级 j 的关联度为：

$$K_j(R_o) = \sum_{i=1}^{n} w_i K_j(v_i) \tag{10-38}$$

若 $K_{jo} = \max\limits_{j \in (1,2,\cdots,m)} K_j(R_o)$，则评定 R_o 属于安全等级 j_o，当 $K_j(R_o) > 0$ 时，表示待预警对象符合某安全等级标准的要求，并且其值越大，符合程度越高；当 $-1 \leqslant K_j(R_o) \leqslant 0$ 时，表示待预警对象不符合某安全等级标准的要求，但具备转化为该级标准的条件，并且其值越大，越易转化；当 $K_j(R_o) \leqslant -1$ 时，表示待预警对象不符合某安全等级标准的要求，而且不具备转化为该安全等级的条件，其值越小，表明与该安全等级标准的差距越大。

10.1.7　生态风险预警中的其他技术

（1）3S 技术及其综合在典型石油开采区生态风险预测中的应用

由于预测典型石油开采区所需要的信息量非常巨大，并非仅凭人力就能完全处理，现代信息科学技术的发展，特别是 3S 技术[地理信息系统（Geographic Information System，GIS）、全球定位系统（Global Position System，GPS）和遥感（Remote Sensing，RS）]已能应对、处理这个巨量信息问题。3S 技术的核心技术是 GIS。GIS 是用于存贮、处理、查询地理空间信息的计算机系统，具有处理信息的综合性（Integrative）、多维性（Multi-dimensional）、动态性（Dynamic）和准确性（Precise）的特性，同时 GIS 具备与水环境生态安全诸多要素高度相关的特性，这决定了其在水环境生态系统的可持续管理中有广泛的用途。人们利用这种信息技术准确、动态、多维地捕捉、处理和分析错综复杂的水环境生态安全的宏观信息（消息），并使之数字化、可视化、知识化，形成一个交互式的可视化系统，并应用 GIS 的统计分析评价模块进行生态安全的预测与预警分析，构建起区域生态安全评价预测和预警的完整体系以供生产者和管理者决策而产生效益。

采用 RS、GPS 和 GIS 等先进技术手段，形成动态监测与评价及预警系统，及时提供信息，发布风险预警，再通过职能部门的管理系统进行管理调控。

生态风险和管理预警是一项十分复杂、艰难的工作，必须有大量的生态风险相关数据，并检测生态系统的变化过程，实时、准确、动态地获取生态环境的现状数据及其变化信息就成为了生态风险科学预测的前提。如果我们仅仅通过人在地面收集数据，工作量不仅巨大，而且容易出现差错，需要耗费大量的人力、物力，效果不够理想。

空间技术的发展恰好可以弥补这些缺陷，其中应用最广泛和最有效的是遥感（RS）技术。遥感在地表资源环境监测、农作物估产、灾害监测、全球变化等许多方面具有不可替代的优势，目前也正处于高速发展之中。

例如，在土壤中石油类含量信息提取中，土壤吸附石油烃类的光谱特征吸收带位于 1.72 μm、1.73 μm、2.31 μm 和 2.33 μm，其次是 1.70 μm、1.76 μm、2.35 μm 和 2.44 μm 波长附近。综合比较分析，在近红外光谱区的 1.72 μm、2.3 μm、2.35 μm 和 2.44 μm 波长附近选择最佳波段用于土壤吸附石油烃类异常遥感提取的传感器工作波段并获取影像资料处理是较为理想的。因此，基于 RS 从光谱数据中提取与石油类含量有关的光谱特征参量，进行土壤石油类含量的反演，是较为快捷的方法。

GIS 是一个以具有地理位置的空间数据为研究对象，以空间数据库为核心，采用空间分析方法和空间建模方法，适时提供多种空间的和动态的资源与环境信息，为科研、管理和决策服务的计算机技术系统。国外对 GIS 在生态评估、城市灾害评估方面均有研究；并建立了不同的空间变量，利用 GIS 诠释了空间变量、污染物浓度和迁移地区，结合了风险-暴露评价模型，从生态学的角度，对污染物质对生态系统的影响作出了分析。

GPS 可以提供实时、快速定位的功能，能够精确测量典型石油开采区的污染区的地理范围。在样点或者样区的调查当中，可以根据样点或者样区的坐标寻找地点，进行实时定位观测，准确地画出调查范围。

3S 技术中 GPS 负责各类信息精密的三维空间地位、时间信息获取；RS 负责采集信息；GIS 则对各类信息进行分析处理，构成完整的地理信息管理系统。3S 技术也可相互结合应用，优势互补，更好地为生态风险预测服务。

GPS 与 GIS 的集成应用。利用 GPS 及时采集、更新和修正数据，GIS 系统则使 GPS 的定位信息在信息表达上获得实时、准确、形象的反应。GPS 与 GIS 的结合在预警过程中的精细信息处理、预警信息变更方面可发挥重大作用。

RS 与 GIS 的集成应用。RS 是 GIS 重要的数据源和数据更新的手段，而反过来，GIS 则是遥感中数据处理的辅助平台。两者集成可用于预警信息的变化监测、空间数据自动更新等方面。

GPS 与 RS 的集成应用。在遥感平台上安装 GPS 可以记录传感器在获取信息瞬间的空间位置数据，直接用于空三平差加密，可以大大减少野外控制测量的工作量。可在自动定时数据采集、生态风险监测、生态风险预测等方面发挥重要作用。

3S 的整体集成应用更为广泛，给生态风险预警提供了新的调查途径与技术支持，弥补了传统调查手段的不足。它能够及时、快速、准确地获取典型石油开采区生态系统类型和空间分布格局等方面的信息，为科学预警提供客观依据和可行的途径。

（2）网络和通信技术

网络通信技术伴随着应用需求的巨大增长而飞速发展。典型石油开采区由于其生态风险的复杂性，决定了生态风险预警管理平台需要大量的数据传输，多媒体通信技术、光通信技术、移动通信技术、卫星与同温层通信技术的发展，都为典型石油开采区的数据传输提供了有力的支持。

事实上计算机网络于 20 世纪 60 年代起源于美国，原本用于军事通信，后逐渐进入民用，经过短短 40 年不断的发展和完善，现已广泛应用于各个领域，并以高速向前迈进。20 年前，在我国很少有人接触过网络，现在，计算机通信网络及 Internet 已成为我们社会结构的一个基本组成部分。

移动通信可以说从无线电发明之日就产生了。1897 年，马可尼所完成的无线通信实验就是在固定站与一艘拖船之间进行的。移动通信综合利用了有线、无线的传输方式，为人们提供了一种快速便捷的通信手段。由于电子技术，尤其是半导体、集成电路及计算机技术的发展，以及市场的推动，使物美价廉、轻便可靠、性能优越的移动通信设备普及成为可能。现代的移动通信发展至今，已经进入第三代发展阶段，并研究进入第四代阶段。

第一阶段是模拟蜂窝移动通信网，时间是 20 世纪 70 年代中期至 80 年代中期。1978

年，美国贝尔实验室研制成功先进移动电话系统（AMPS），建成了蜂窝状移动通信系统。而其他工业化国家也相继开发出蜂窝式移动通信网。这一阶段相对于以前的移动通信系统，最重要的突破是贝尔实验室在 70 年代提出的蜂窝网的概念。蜂窝网，即小区制，由于实现了频率复用，大大提高了系统容量。典型代表是美国的 AMPS 系统和后来的改进型系统 TACS，以及 NMT 和 NTT 等。AMPS（先进的移动电话系统）使用模拟蜂窝传输的 800MHz 频带，在北美、南美和部分环太平洋国家广泛使用；TACS（总接入通信系统）使用 900MHz 频带，分 ETACS（欧洲）和 NTACS（日本）两种版本，英国、日本和部分亚洲国家广泛使用此标准。

为了解决模拟系统中存在的根本性技术缺陷，数字移动通信技术应运而生，并且发展起来，这就是以 GSM 和 IS-95 为代表的第二代移动通信系统，时间是从 20 世纪 80 年代中期开始。欧洲首先推出了泛欧数字移动通信网（GSM）的体系。随后，美国和日本也制定了各自的数字移动通信体制。数字移动通信网相对于模拟移动通信，提高了频谱利用率，支持多种业务服务，并与 ISDN 等兼容。第二代移动通信系统以传输话音和低速数据业务为目的，因此又称为窄带数字通信系统。第二代数字蜂窝移动通信系统的典型代表是美国的 DAMPS 系统、IS-95 和欧洲的 GSM 系统。

由于第二代移动通信以传输话音和低速数据业务为目的，从 1996 年开始，为了解决中速数据传输问题，又出现了 2.5 代的移动通信系统，如 GPRS 和 IS-95B。移动通信现在主要提供的服务仍然是语音服务以及低速率数据服务。由于网络的发展，数据和多媒体通信的发展势头很快，所以，第三代移动通信的目标就是移动宽带多媒体通信。从发展前景看，由于自有的技术优势，CDMA 技术已经成为第三代移动通信的核心技术。为实现上述目标，对 3G 无线传输技术（RTT：Radio Transmission Technology）提出了要求。

第三代移动通信系统最早由国际电信联盟（ITU）于 1985 年提出，当时称为未来公众陆地移动通信系统（FPLMTS，Future Public Land Mobile Telecommunication System），1996 年更名为 IMT-2000（International Mobile Telecommunication-2000），意即该系统工作在 2 000MHz 频段，最高业务速率可达 2 000 kbit/s。主要体制有 WCDMA，cdma2000 和 TD-SCDMA。1999 年 11 月 5 日，国际电联 ITU-R TG8/1 第 18 次会议通过了"IMT-2000 无线接口技术规范"建议，其中我国提出的 TD-SCDMA 技术写在了第三代无线接口规范建议的 IMT-2000 CDMA TDD 部分中。

3G 技术所具备的功能绝大部分其实完全就可以在第二代无线技术的基础上实现，特别是随着移动通信和互联网服务快速发展而随之产生的移动数据通信要求。其方法有两种：一是在以电话为主的蜂窝移动通信系统中增加传送数据的能力；二是移动通信与互联网的结合。由此产生了几种相关技术，如通用分组无线服务 GPRS 技术；增强数据速率改进 EDGE 技术；IS-95B 利用码聚集技术；CDMA20001x 技术、无线应用协议 WAP 技术；蓝牙 Bluetooth 技术等。

（3）现代计算机技术

现代生态预警系统的研究在很大程度上也需要依靠计算机技术，主要包括：计算机模拟分析技术、数据库技术、生态信息技术、计算机专家技术、决策支持系统等。

利用计算机的模拟分析技术，能够对石油开采区生态系统的结构、功能、行为进行动态模仿，分析预测生态系统发展趋势，为区域生态系统和环境保护提供决策依据。

数据库技术的发展使生态风险预测中所需的多尺度、多源数据存储成为可能，为科学预警提供了强有力的数据支持。

自 20 世纪 80 年代中后期以来，空间决策支持系统（Spatial Decision Support System，SDSS）作为一个新兴科学技术领域，在已有地理信息系统（GIS）和决策支持系统（DSS）的基础上就应运而生，并在国内外引起了越来越广泛的关注与重视。

SDSS 目前在农业区划、水资源配置、灾害预测与评估以及环境质量管理方面都用应用。但基于工业场地的污染控制决策系统，目前还无任何工作开展。

决策支持系统主要以模型库系统为主体，通过定量分析进行辅助决策。其模型库中的模型已经由数学模型扩大到数据处理模型、图形模型等多种形式，可以概括为广义模型。决策支持系统的本质是将多个广义模型有机组合起来，对数据库中的数据进行处理而形成决策问题大模型。决策支持系统的辅助决策能力从运筹学、管理科学的单模型辅助决策发展到多模型综合决策，使辅助决策能力上了一个新台阶。

20 世纪 80 年代末 90 年代初，决策支持系统与专家系统结合起来，形成了智能决策支持系统（IDSS）。专家系统是定性分析辅助决策，它和以定量分析辅助决策的决策支持系统结合，进一步提高了辅助决策能力。智能决策支持系统是决策支持系统发展的一个新阶段。

我国对于决策支持系统的研究始于 20 世纪 80 年代中期，其应用最广泛的领域是区域发展规划。大连理工大学、山西省自动化所和国际应用系统分析研究所合作完成了山西省整体发展规划决策支持系统。这是一个大型的决策支持系统，在我国起步较早，影响较大。随后，大连理工大学、国防科技大学等单位又开发了多个区域发展规划的决策支持系统。天津大学信息与控制研究所创办的《决策与决策支持系统》刊物，对我国决策支持系统的发展起到了很大的推动作用。

国外开发的 DSS，有 2/3 是成功或部分成功的，主要支持各行业管理决策活动，不同程度地改善了决策者和信息决策工作人员的素质与行为，为各级主管决策者提供了科学的依据。但有 1/3 的 DSS 是失败的，其原因：一方面是 DSS 的开发者对主要决策者的决策风格不了解，系统功能与决策者的信息需求不匹配；另一方面是过于强调模型的作用，复杂的模型和计算使决策者难以理解和接受；再加上软硬件技术上的困难，导致开发费用大、时间长，使系统的适应性受到限制。

（4）现代生态环境管理技术

在传统的工业化道路中，人类忽略了经济与生态、社会与环境的有机联系，忽略了自然界的和谐共生，依靠掠夺自然资源和破坏生态环境来换取经济的高速增长。随着经济全球化成为全世界经济发展的主旋律，全球对环境保护的呼声也日益高涨。21 世纪是倡导绿色和谐的世纪，环境质量将成为企业利润不可分割的一部分。国际标准化组织对国际环境管理体系（Environmental Management System，EMS）进行了标准化整合，推出了 ISO 14000 系列。ISO 14000 体系由 5 个要素组成，包括环境方针、策划、实施和运行、检查和纠正措施、管理评审。体系认证的标准为 ISO 40001，这是系列标准中的核心部分。

ISO 4000 标准是一个系列的环境管理标准，它包括环境管理体系、环境标志、生命周期评价等国际环境领域内许多焦点问题。ISO 给 ISO 14000 系列标准预留了 100 个标准号，编号为 ISO 140001—ISO 140100，该系列标准包括 7 个子系列，分为 6 个技术委员会和 1

个工作组，这 100 个标准号分配如表 10-8 所示。

表 10-8　ISO 14000 系列标准

分技术委员会	任务	标准号
SC1	环境质量管理体系（EMS）	14001—14009
SC2	环境审核（EA）	14010—14019
SC3	环境标志（EL）	14020—14029
SC4	环境表现评价（EPE）	14030—14039
SC5	生命周期评价（LCA）	14040—14049
SC6	术语和定义（T&D）	14050—14059
WG1	产品标准中的环境因素	14060
	（备用）	14061—14100

ISO 14000 适合解决全球区域与环境问题，协调环境资源保护。它是衡量各国经济可持续发展的分水岭，其最具革命性的意义在于它致力于从根本上解决环境污染和自然资源的浪费，彻底放弃污染发生后再治理的传统做法。

为了控制环境污染，到 20 世纪 90 年代中期，我国已经制定国家环境保护标准 300 余项，平均每年发布 30 余项标准。1998 年，国家环境保护总局成立后，环境保护标准进入新的发展时期，标准数量增长速度进一步加快。近三年来，每年国家环保总局发布的标准均在 100 项以上。现行国家环境保护标准数量已经突破 1 000 项，初步形成了我国环境保护标准体系，对于保护环境和改善环境质量起到了积极的作用。环境标准是环境管理的核心，是环境执法的主要技术依据，近年来，党中央、国务院对环境保护工作越来越重视，环境执法的力度不断加强，环境标准在环境执法和环境管理中发挥着越来越重要的作用。我国已经发布的环境管理标准如表 10-9 所示。

表 10-9　我国环境管理标准

标准编号	标准名称	颁布时间
GB/T 24001	环境管理体系　要求及使用指南	1996 年，2004 年修订
GB/T 24004	环境管理体系　总则、体系和支持通用指南	1996 年，2004 年修订
GB/T 24010	环境审核指南　通用原则	1996 年
GB/T 24011	环境审核指南　审核程序　环境管理体系审核	1996 年
GB/T 24012	环境审核指南　环境审核员资格要求	1996 年
GB/T 24020	环境管理　环境标志与声明通用原则	2000 年
GB/T 24021	环境管理　环境标志与声明　自我环境声明（II 型环境标志）	2001 年
GB/T 24024	环境管理　环境标志与声明　I 型环境标志　原则和程序	2001 年
GB/T 24031	环境管理　环境表现评价　指南	2001 年
GB/T 24040	环境管理　生命周期评价　原则与框架	1999 年，2008 年修订
GB/T 24041	环境管理　生命周期评价　目的与范围的确定及清单分析	2000 年
GB/T 24044	环境管理　生命周期评价　要求与指南	2008 年
GB/T 24050	环境管理　术语	2000 年，2004 年修订

10.1.8 生态风险预警的管理平台框架

（1）生态风险管理预警平台框架现状

生态风险管理预警平台综合了网络技术、"3S"集成技术、多源异构数据一体化管理等技术，当前，各项技术日臻完善，可实现对典型风险源数据管理、相关基础资料和辅助资料的无缝集成、空间分析、智能化查询、多元化展示等，从而达到对区域生态风险的预警和管理。系统架构上，采用当前主流的系统架构，为 B/S 结构（发布系统）和 C/S 结构（桌面管理系统）相结合的模式。

①B/S 结构：以门户网站的方式提供数据查询和展示服务，实现风险评价结果及相关信息的发布，主要提供基于互联网（包括局域网、城域网）的风险表征及其相关信息的查询浏览。如目录导航、数据报表、最新发布报表、热点数据、关键词查询、WebGIS 数据导航、WebGIS 专题数据展示、空间查询、相关标准规范、用户留言、访问统计等。

②C/S 结构：提供基于风险评价模型库的空间分析，实现区域风险的定量分析。该结构可以进行基础数据和专题数据的入库、模型库管理以及分析结果的显示、查询和浏览。

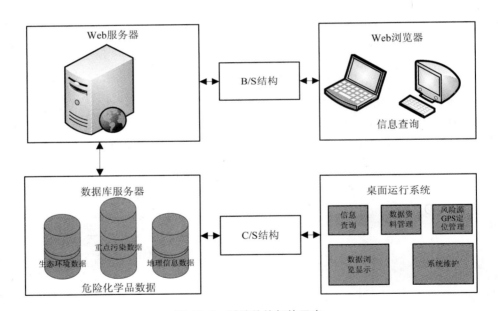

图 10-6　系统总体架构示意

（2）生态风险管理预警平台技术路线

整个技术路线围绕着 3 个库的建设来进行（图 10-7）：针对典型石油开采区的区域空间特征建立具有空间信息的 GIS 数据库；针对受体的不同，建立起受体信息数据库；针对不同的模型，建立起生态风险预警评估的模型库。这三大数据库的建设为整个预警管理平台提供了有力的数据和模型支撑。

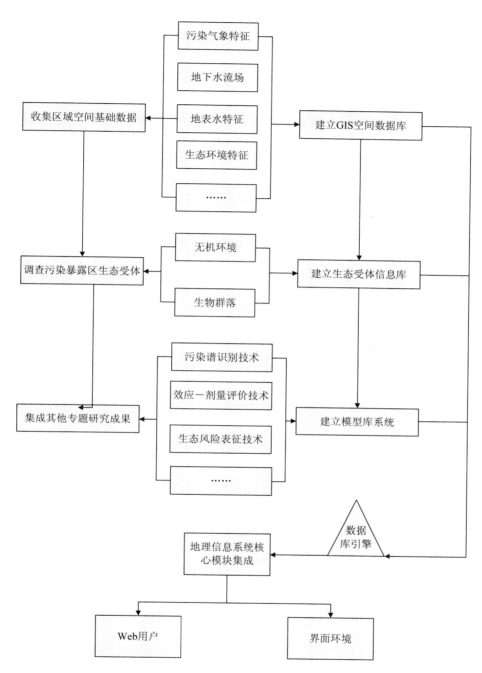

图 10-7　典型陆地石油开采污染生态风险预警与管理技术平台建设技术路线

（3）系统结构及功能

建立先进的、完整的、符合陆地石油开采区环境质量管理特点的，涵盖污染源/风险源和区域生态环境监测、预警、应急反应、评估和决策多个业务阶段的框架体系。保证数据传输的即时性、数据管理的规范性、数据分析的时效性、预警的准确性、应急反应和决策的正确性。

框架体系用于指导陆地石油开采污染生态风险预警与管理技术平台建设，提供石油开采区生态环境质量管理决策支持系统技术支撑，保证决策支持系统的科学性、可行性和可操作性。

1）运行模式设计

决策支持系统运行模式设计分为常规运行模式和应急运行模式。在常规模式下，主要进行生态环境的相关数据管理和业务评价，对区域风险源分布情况、排污情况、生态演替情况进行及时监控和统计。通过对风险源、区域生态连续动态监测，对其风险等级进行评估。一旦其风险的等级达到一定程度，及时预警。

在应急模式下，以应急辅助决策指挥为主，通过历史数据、预案数据、模型数据、实时监控的在线数据，进行污染事故的模拟和影响分析，对现场进行指挥调度，完成事故的处置和救援。

2）技术架构设计

针对区域风险源管理决策支持系统的日常管理和应用特点，系统采用 B/S 架构加 C/S 架构的混合技术架构模式。C/S 架构主要针对系统后台数据库备份、数据批量更新、用户权限管理、空间数据导入导出、数据转换、基于 GIS 的空间分析、模型评估、污染事故模拟、污染趋势动态预测模拟、决策辅助功能等具体实现和桌面应用。B/S 架构主要针对事故信息的上报、汇总、查询、显示、统计、报表生成，以及基于 GIS 的风险源定位、污染事故定位、监测点定位功能，事故处理相关信息检索、缓冲分析、空间区域查询、统计、专题图生成等功能均以 B/S 方式提供。

3）功能设计

决策支持系统的功能涵盖数据的传输、数据管理、数据分析、污染事故预警、污染事故模拟分析、污染事故处置、决策支持等多个方面。

①数据实时传输功能。风险源管理决策支持系统要对风险源和区域生态进行监控管理，因此必须及时、连续、动态地获取风险源和区域生态数据。系统必须具有接入风险源在线自动监测数据、流域断面自动监测数据以及其他监测数据的功能。当污染事故发生后，指挥现场（系统）必须能在第一时间获取事故现场的相关信息，因此，系统必须具备事故数据实时传输功能。数据传输实现两方面的功能：现场实时数据传输回指挥中心；指挥中心与现场应急数据传输。根据事故应急管理单位的通信条件可以采用多种实时传输方式：利用 GPRS/CDMA 无线传输、利用卫星专网传输。

②数据整合和维护功能。按照统一的数据标准和统一的数据接口规范，整合各种数据，建立决策支持系统所需要的数据库。具备数据更新、质量审核、数据备份、数据安全、数据导入/导出等功能。

③区域生态环境质量监视与变化趋势分析功能。通过连续、动态获取区域生态受体的监测数据，利用地理信息系统技术和可视化技术，区域监测点利用曲线图和直方图的形式直观展示监测数据和生态评价数据的变化情况。一旦某项指标超过风险等级的阈值，系统自动报警，实现生态风险预警功能。

④风险源监控与预警功能。通过连续、动态获取风险源在线自动监测数据，利用地理信息系统技术和可视化技术，监控数据的变化情况。一旦某项指标超过风险等级的阈值，

系统自动报警，实现风险源预警功能。

⑤安全预警功能。一旦发生环境污染事故，立即启动安全预警功能，利用地理信息系统空间分析功能，查找事故现场周边敏感目标（例如饮用水水源地、农畜渔业等生态安全区域等），根据事故的危害规模，确定不同级别的安全阈值和警报颜色等级，建立污染状况预警功能，并根据警报等级制定相应的预警方案。

⑥应急指挥管理功能。应急指挥管理负责对污染事故的应急进行指挥和管理。收到污染事故报警后，需要立即确定是固定源、移动源还是未知源；确定事故的危险品，了解其相关信息；查找处理专家，组织应急监测人员和设备，根据现场实时传回的数据进行指挥。具体的功能包括接警及通知管理、事故确认、事故相关信息查询、事故应急反应向导、应急监测指挥调度。

⑦污染事故影响预测分析与评估功能。污染事故发生后，利用污染物扩散模型和生态风险评估模型，通过地理信息系统的可视化技术，直观地预测污染带的时空变化与趋势，并反映出污染带波及的农田、畜牧业和渔业等的范围和程度，半定量地反映出对生态环境造成的经济损失和对生态系统结构、功能造成的直接与间接影响。

⑧专题制图与管理功能。主要功能有专题图的分类、专题图的制作、专题图的浏览、专题图的维护和专题图的存储。专题图管理的内容主要包括污染源监测、生态受体监测、区域生态基本信息、生态环境质量等各类专题图。

10.2　生态风险管理的软件化

近 20 年来，随着生态风险评价研究的不断深化，区域生态风险评价的理论和方法日臻完善，与此紧密相关的生态风险管理日益受到广泛关注。生态风险管理具有基于监控的反馈机制、风险受害者参与、程序灵活非线性化、关注成本效益等共同点。典型石油开采区生态风险预警系统中，支撑整个系统运行的基础就是生态风险管理系统。

10.2.1　生态风险管理的基本概念

风险管理（Risk Management）是根据风险评估和对法律、政治、社会、经济等综合考虑所采取的一种风险控制措施。美国《联邦政府的风险评价管理》将风险管理定义为依据风险评价的结果，结合各种经济、社会及其他有关因素对风险进行管理决策并采取相应控制措施的过程。

生态风险管理（Ecological Risk Management，ERM）是风险管理在应对生态风险、保障生态安全上的具体应用，它是根据生态风险评价的结果，依据恰当的法规条例，选用有效的控制技术，进行削减风险的费用和效益分析，确定可接受风险和可接受的损害水平，并进行政策分析及考虑社会经济和政治因素，决定适当的管理措施并付诸实施，以降低或消除事故风险度，保护人群健康与生态系统的安全，从整体角度考虑政治、经济、社会和法律等多种因素，在生态风险识别和评价的基础上，根据不同的风险源和风险等级，生态风险管理者针对风险未发生时的预防、风险来临前的预警、风险来临时的应对和风险过后的恢复与重建 4 个方面所采取的规避风险、减轻风险、抑制风险和转移风险的防范措施和管理对策。

　　生态风险评价的最终目的在于生态风险决策管理，生态风险管理是整个生态风险评价的最后一个环节。其管理目标是将生态风险减少到最小，管理决策的正确与否将决定风险能否得到有效控制。另外，生态风险评价为生态风险管理的决策和执行提供了科学基础，对于生态风险管理的结果，可返回进入下一轮的风险评价以便不断改进管理政策。风险分析和评价为风险管理创造了条件：①为决策者提供了计算风险的方法，并将可能的代价和减少风险的效益在制定政策时考虑进去；②对可能出现和已经出现的风险源开展风险评价，可事先拟订可行的风险控制行动方案，加强对风险源的控制。生态风险评估与生态风险管理的关系可用图10-8表示。

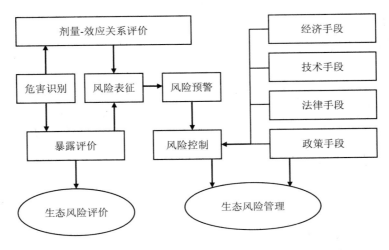

图 10-8　生态风险评价与生态风险管理关系

　　如图10-8所示，生态风险评价通过危害识别、暴露评价、剂量-效应关系评价为生态风险管理决策的制定整合提供了各种生态风险信息，其评价结果作为生态风险预警和防范措施等级确定的重要依据，整个生态风险管理工作在风险表征的基础上展开，针对不同风险源的特点和不同的风险等级，在风险来临前发布相应的风险预警等级信息，并在风险来临时综合经济、技术、法律和政策手段采取不同控制措施。

　　生态风险评估与环境管理存在以下联系，能够有效地用于环境决策的制定：

　　生态风险评估首先考虑环境管理的目标，生态风险评估的计划和执行是给环保部门提供关于不同的管理决策所产生的潜在不利后果。因此，生态风险评估的计划有助于评价的结果用于风险的管理。

　　生态风险评价有利于环境保护决策的制定。在EPA，生态风险评价被用于支持多类型的环境管理行为，包括危险废物、工业化学物质、农药的控制以及流域或其他生态系统由于多种非化学或化学因素产生影响的管理。

　　在生态风险评估过程中，需要不断利用新的资料信息，以环境管理作为支撑，促进环境决策的制定。

　　生态风险评估的结果可以表达成生态影响后果的变化作为暴露因素变化的函数，对于决策制定者——环境保护部门非常有用，通过评估选择不同的计划方案以及生态影响的程度，确定控制生态影响因素，并采取必要的措施。

生态风险评价提供对风险的比较、排序，其结果能够用于费用-效益分析，从而对改变环境管理提供解释和说明。

生态风险评估在美国和其他欧洲国家得到广泛的应用，并有明显的优点，这并不意味着它是唯一的管理决策的决定因素，比如环境保护部门还要考虑其他因素，如制定法律、法规，社会、政治和经济方面的因素也可以引导环境保护部门采取措施。事实上，将风险减少到最低限度将会付出很大的代价，或者从技术上是不可行的，但是在环境决策制定的过程中必须加以考虑。

10.2.2　生态风险管理的体系

近年来，国际上对生态风险管理的研究内容主要包括风险管理的原则、内容与框架机制的研究和在具体风险管理活动中的应用研究。

国外对生态风险管理的原则和机制研究关注生态风险管理措施的成本及其对后续管理措施的影响，重视多种决策方案的评估和比较权衡，强调风险各方的参与和沟通，提倡综合减灾的思路。在具体的风险管理的研究中重视具体的风险管理模型的研究，针对不同的风险危害程度采取不同的模型和方法进行评估，并依据不同等级的预报进行不同程度和力度的防范。管理机制强调多种手段的综合运用，管理过程涵盖整个风险过程。

目前，国内对于生态风险管理的研究，主要集中在原则、框架与技术方法以及对单一风险源和区域生态风险防范对策的研究，基本都是基于生态风险评价的结果，依据不同的风险级别、不同的破坏程度、不同的风险特征采取相应的管理对策。其存在的问题主要体现在以下几方面：①对生态风险的研究还是注重于对生态风险评价的研究，在此基础上提出生态风险的具体管理对策，对生态风险管理的研究还不深入。灾害风险管理的体系、机制建设较为成熟，但区域生态风险管理的机制研究尚不完善和成熟，对于构建完整的区域生态风险管理体系方面的研究，尤其是对风险管理的预警机制和防范机制的研究较少。②在风险决策者、科学研究人员、风险承受者、社会公众之间尚未建立起一个良好有效的信息交流、共享和反馈机制，各部门之间过于独立，造成资源的浪费和信息沟通不畅。③生态风险总体管理对策多从法律制度、技术、公众舆论角度出发，而从经济角度将区域生态风险的管理与提高其经济效益综合的研究还比较少。④对于如何建立有效的风险监测、风险预警和风险决策机制，仍处于探索阶段，目前尚没有一个较为完善和成熟的规范或实例。

由于生态风险评价得到的各级别的风险区域内部存在一种或多种生态系统，而每种生态系统除了遭受共同的风险源之外还存在自己特有的风险源，因此在具体的风险管理对策研究中，应先依据生态风险评价得到的不同等级风险区域，确定其风险预警和防范的等级与力度并给出定量化的标准，在此基础上，将各风险等级区域内部不同的生态系统作为保护和管理的对象，综合考虑各生态系统自身的活力、调节及抵抗各种压力与干扰的能力，并结合其遭受的风险源的类别、发生频率和强度建立预警和防范机制。在各生态系统共有的风险源的防范上要注意采取综合措施，整合各种生态系统，协同抵抗风险。

区域生态风险管理的基本框架：在上述区域生态风险管理思路的前提下，构建区域生态风险管理的框架体系。区域生态风险管理是个复杂的、动态的、综合的过程，构建完整的区域生态风险管理体系要从整体上考虑风险来临前、风险到来时和风险过后的全部过程。

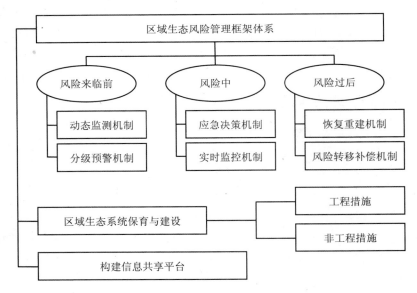

图 10-9　区域生态风险管理框架体系

整个生态风险管理框架体系包括以下 3 个机制的建设（图 10-9）。

（1）针对风险来临前预防而建立的长期风险动态监测机制

由生态风险分析和评价的结果得出不同等级的风险区，在这些风险区内建立长期的风险动态观测站，记录该区域发生的不同风险的频率和强度，为风险预警和决策提供大量有效数据，增强其准确度。另外，建立完善的生态风险分级预警机制，包括预警信息的生成、警源的识别、警情的检测、警兆的识别、警度的限定、预警信息的发布和预案系统的实施。根据风险可能带来的危害程度的不同，发出不同级别的风险警报。

（2）针对风险到来时应对而建立的应急决策机制

包括应对方案与替代方案库，多方案遴选与决策模型。应急救援机制包括及时向风险管理的各相关部门传递最新信息，使各部门的信息公开透明，调配整合各种救灾措施，将风险带来的破坏和损失降到最低。在此期间，还应重视实时监控和收集此次风险的强度、等级和动态变化特征，完善风险信息数据库，为以后该风险的管理研究提供有力的资料支撑。

（3）针对风险过后重建而建立的完善恢复重建规划机制

对风险造成的破坏和影响进行进一步的评估，对破坏区的生态恢复建设进行重新调整和修正。同时，完善风险转移补偿机制，利用金融手段和保险、再保险手段将风险造成的损失从风险遭受者一方转移到多方承担，以减轻生态风险带来的危害性和社会不稳定性。

在整个区域生态风险管理体系构建的过程中，生态系统的保育与建设应该贯穿整个风险管理过程的始终。同时，还应加强信息共享平台的构建，以便风险管理各参与方能及时沟通和交流，学习和借鉴国内外区域生态风险管理的最新技术经验。

10.2.3　生态风险管理的软件化

生态风险管理软件化是综合利用有线通信、无线通信、数据库、全球定位系统（GPS）、地理信息系统（GIS）、遥感技术（RS）、计算机网络等多种技术，集成陆地石油开采生态风险评估与污染控制关键技术，构建包括风险源管理与控制、污染事故防范与应急处置以及生态风险评价与管理的典型陆地石油开采污染生态风险预警与管理技术平台，通过对区域生态风险的模拟、预测、评估和决策，实现对陆地石油开采区各种信息的科学有序的管理，帮助各级领导和环境管理部门准确、及时地了解该区域风险源分布情况、排污情况、区域生态现状及变化情况，建立先进、完整、符合陆地石油开采区环境质量管理特点，涵盖污染源、风险源和区域生态环境监测、预警、应急反应、评估和决策多个业务阶段的框架体系。保证数据传输的即时性、数据管理的规范性、数据分析的时效性、预警的准确性、应急反应和决策的正确性，利用滨海湿地石油开采主要过程生态风险预警系统构建技术，结合环境保护和污染减排目标，集成国内外石油开采污染生态风险预警与综合管理技术，构建石油开采污染生态风险预警与管理平台，并设计不同生态风险模式下生态环境保护分级管理方案，提出风险管理措施，制定不同等级生态风险应急处理预案，为石油开采生态风险最小化提供决策信息，为科学决策和正确的指挥调度提供可靠的现代化手段。其内容包括以下几个方面。

（1）生态污染评价软件化

该模块包括污染源管理、污染源识别和污染源浓度分析等。主要设计思路是通过完整的监测数据和正确的推算方法准确地判断出污染源信息，并绘制出污染因子贡献率图，使决策者清楚地了解该地区大气污染与何种污染源最为相关。

（2）生态状况质量评价软件化

主要包括环境质量模型参数管理，网格、区域划分以及环境质量评价 3 个步骤。在 GIS 分析过程中，质量评价是基于研究区污染源的分析，污染源的类型具有点状污染源、线状污染源和面状污染源 3 种类型，环境质量评价模块对这 3 类污染源构建数学评价模型，并基于网格对各类污染源进行宏观和微观的浓度预测与分析。

（3）生态状况质量模拟软件化

在重大危险污染源泄漏时，对周围居民点、植被、建筑物的影响极大，通过 GIS 系统的时态功能，实现污染源扩散的动态模拟，为环境可持续研究奠定基础，同时还可以动态模拟污染源扩散的每个时刻的扩散影响范围，为其应急决策提供支持。

（4）生态状况质量分析预测软件化

生态状况质量分析预测包括对生态污染指标分析评价和生态风险模拟分析，有两种模式，第一种是利用污染监测结果和环境质量标准来综合评定生态环境质量现状对人类社会发展需要的满足程度；第二种是通过生态状况质量评价子系统得到的基于网格的评价结果，进行矢量叠加分析，创建包含多个评价因子的新图层后，调用生态状况质量评价模型进行评价，最后以专题图等形式得出评价分析结果。

（5）生态风险损失分析软件化

污染损失分析模块主要针对开采区生态系统、社会、经济三类，建立相应的具体模型，对环境影响情况作出综合评估。

10.3　数据的处理与整理

典型石油开采区生态风险预警的基础就是大量数据的支持，这些数据包括空间数据和非空间数据，内容涉及石油、生态环境、经济、社会等各方面的数据、图件及文字资料，能否获得这些大量翔实准确的数据资料是成功建立模型及评价的关键。可通过遥感图片解译、野外调查以及到相关部门收集数据等方法来获得研究所需的相关数据。

除上述自然方面的数据外，还包含社会经济、环境污染和部分灾害数据以及其他文字资料部分（如林业资源调查报告、环境质量报告、环境统计汇编等），这些数据资料来源于统计部门、环保部门以及各类统计公报、规划报告等。

另有一些专题地图图件，可由人工数字化（包括扫描底图）完成。

数据收集完成后，就需要对收集到的数据进行整理与管理。由于许多数据都有专门的标准，因此量化指标十分关键。同时，由于收集到的各项评价指标数据包括属性数据与空间数据，且这些数据都具有自身的性质、量纲与分布区间，无法直接进行比较与各种运算，无论从指标的分级值还是从计量单位上看，都不具有可比性。评价指标与生态环境还存在正逆两种关系，因此须对各评价因子实现统一标准下的定量化表达。

在对数据的处理过程中可采用极差标准化方法对原始数据进行无量纲化。其中，对与生态环境存在正相关的评价指标，标准化时采用公式（10-39）；对与生态环境存在负相关的要素（生态环境灾害子系统和环境污染子系统指标），标准化采用公式（10-40）：

$$e_i = \frac{x_i - x_{\min}}{x_{\max} - x_{\min}} \times 100 \qquad （10-39）$$

$$e_i = (1 - \frac{x_i - x_{\min}}{x_{\max} - x_{\min}}) \times 100 \qquad （10-40）$$

式中，e_i——某一评价指标的准化值；

　　　x_i——该评价指标的原始数值；

　　　$x_{\max}$——该评价指标中的最大值；

　　　$x_{\min}$——该评价指标中的最小值；

　　　i——指标。

最后，将典型石油开采区的空间数据（如地形图、污染源、环境区划图等）进行矢量化，录入属性数据；然后进行空间插值、网格剖分、叠置分析等空间处理分析，通过空间数据引擎（SDE）导入空间数据库（如基于关系数据库的空间数据库）。对应统计资料、政策法规文件等非空间数据可将其直接存储到非空间数据库中（如目前的关系数据库系统），为典型石油开采区生态风险预警评估提供服务。

10.4　典型石油开采区生态风险的预警管理系统

典型石油开采区生态风险预警管理系统集石油开采区生态风险本底信息采集、处理完成后实现信息传输、管理以及面向政府决策和公众发布典型石油开采区生态风险预警信息为一体，是典型石油开采区生态风险预警管理平台建设所要解决的关键问题。系统满足典型石油开采区生态风险信息数据的采集、传输、管理、存储、更新及其变化信息分析、成果输出等基本要求。随着网络计算机的进步，通过前面方法的研究，针对石油生态风险的传输、污染扩散模拟、生态风险评估、生态风险预警以及生态风险管理的功能进行了系统研发。

图 10-10　预警管理平台登录界面

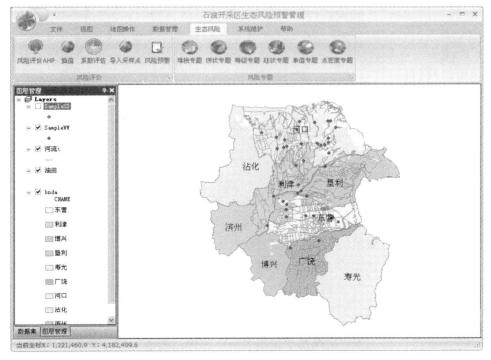

图 10-11　石油生态系统风险预警管理总界面

集成生态风险评估的采样点、污染物等数据到数据库中，如图 10-12 所示。

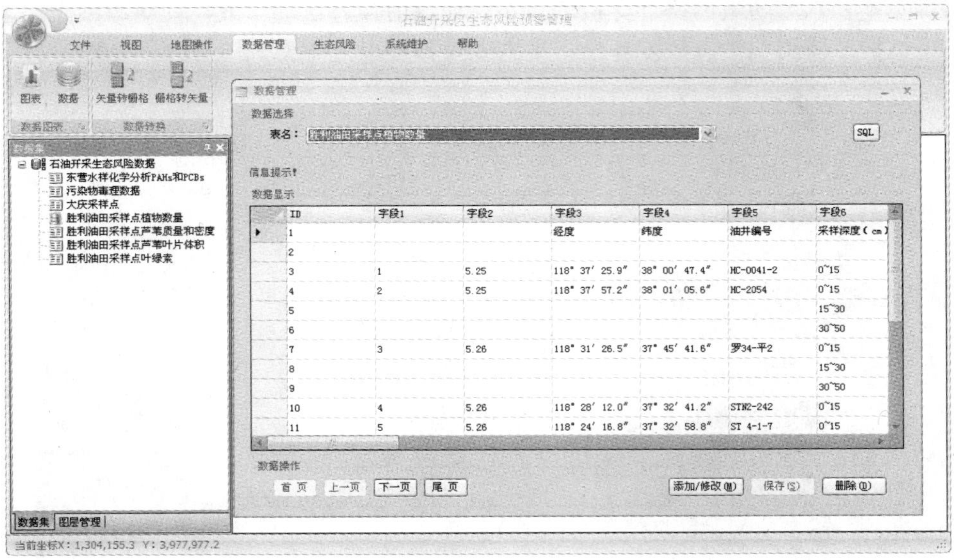

图 10-12　石油生态系统风险预警管理数据库部分

10.4.1　系统功能的研发

（1）实现实时数据传输系统

典型石油开采区的生态风险预警与管理决策支持系统要对风险源和区域生态进行监控管理，必须及时、连续、动态地获取风险源以及区域生态数据，尤其是当污染事故发生后，指挥现场（系统）必须要第一时间获取事故现场的相关信息。因此，系统必须具备事故数据实时传输功能。根据事故应急管理单位的通信条件，可采用多种实时数据传输系统，但必须要保证数据传输的实时性、可靠性。

1）数据传输的实时性

数据传输的实时性是指控制系统中数据发送方在预定的时间内将数据准确、可靠地传送到接收方，为了保证控制系统的稳定性，发送时间的传输时延和抖动都是确定和可控的。

2）数据传输高可靠性

数据传输高可靠性是指控制系统在出现不可避免的故障后，能够很快实现故障恢复，保证控制系统在故障情况下的稳定性。

常见的实时数据传输系统，包括有线传输和无线传输，有线传输由于其构建和维护的复杂性，难以满足对石油开采区生态状况进行实时监测、数据传输的要求，这里简要介绍几种使用较为广泛的无线实时数据传输技术。通常，无线数据传输系统由数据中心、通信网络和数据终端组成，采用移动监测系统。移动监测系统一般由数据采集设备、终端管理计算机、监控中心组成，并将数据采集设备安装于可移动载体，它将现场采集到的数据经终端管理计算机处理后，通过无线数据传输通道传送到监控中心，因此监控中心就可以随时了解现场的状况，从而实现远程无线移动监测。可见，连接数据中心和数据终端的根本就是数据传输的通信网络。综合考虑典型石油开采区生态风险预警管理所需的数据量、安全性、可靠性、网络状况与成本等因素，选择其中的 CDMA/GPRS 网络和卫星专网作为本系统的通信网络，其主要技术有：CDMA、GPRS 以及卫星双向实时传输技术。

①GPRS 传输技术。GPRS（General Packet Radio Service，通用无线分组业务）作为第二代移动通信技术 GSM 向第三代移动通信（3G）的过渡技术，是一种基于 GSM 的移动分组数据业务技术（图 10-13）。GPRS 是在现有的 GSM 网络基础上叠加一个新的网络，同时在网络设备上增加一些硬件设备，并对原软件升级形成了一个新的网络逻辑实体。通过应用高速分组数据技术，大大提高传输信道的利用率，具有数据传输速率高、永远在线、按流量计费等优点。GPRS 网络可以同 Internet 互联互通，位于 GPRS 网内的用户可以利用点到点协议（Point to Point Protocol，PPP）建立自身同 GPRS 网络服务提供商之间的连接，并获取自身的 IP 地址，进而利用 TC/IP 协议与 Internet 内的主机进行数据传输。基于 GPRS 的数据传输系统采用 GPRS 网络通信与 GSM 短信息通信相结合的方式进行数据传输。系统优先采用 GPRS 网络传送数据，当 GPRS 网络状态不佳时，动态过渡到 GSM 短信息通信模式。这使得系统具有很好的适用性，保证数据传输的速率和实时性，有效克服传统数据传输方式的弊端。

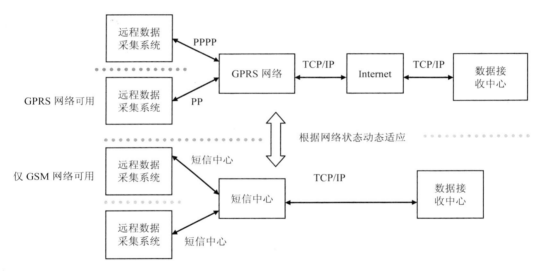

图 10-13　系统数据传输原理

②CDMA 传输技术。CDMA 是码分多址（Code Division Multiple Access）的简称，它是在数字技术的分支——扩频通信技术上发展起来的一种新的无线通信技术。CDMA 1X 是指 CDMA2000 的第一阶段（速率低于 2Mbit/s，可支持 308 kbit/s 的数据传输、网络部分引入分组交换）。它支持移动 IP 业务，是在现有 CDMA IS95 系统上发展出来的一种新的承载业务，其目的是为 CDMA 用户提供分组 IP 形式的数据业务。

③卫星双向实时传输技术。随着通信技术的日益发展，卫星通信、网络通信正在把地球逐渐连接成一个整体，尤其是卫星双向实时传输技术，可以使相隔千万里的人们面对面地在计算机上或类似的显示屏幕上进行交谈。卫星双向实时数据传输系统作为一个具有双向传输能力的系统，核心任务就是完成信息的采集、数据的发送和接收以及相关数据的处理，从总体上来看，系统可分为 3 个子模块：数据采集与处理子模块、数据处理与输出子

模块、通信子模块。数据采集与处理子模块用于对信息源进行数据采集与处理；数据处理与输出子模块的功能是针对发送来的多路数据，能够识别接收到的数据包中的目标地址，从而把各路数据送至相应的处理器中，完成对数据的处理和输出。通信子模块用于把数据从发送端送至接收端，或从卫星链路接收数据。卫星通信子模块通信的双向性，是系统双向传输的保证，也是系统进一步扩展的基础。

卫星双向实时数据和图像传输系统（图10-14），加上诸如以飞机为平台的合成孔径雷达的信息采集系统，就可构成一个能对石油开采区生态环境污染情况进行快速监测与评估的实时传输系统，在该系统中，其每个节点都具有双向传输的能力，除中心节点外，每个外围节点都可以既作为信息采集节点，又作为信息处理与应用节点，中心节点将成为控制、指挥与中继节点。每个外围节点都可以同中心节点交互，有利于整个系统的指挥和调度。同时，各外围节点既可以通过中心节点实现交互，又可以通过广域网互连后实现交互，整个系统就构成了一个有机的整体。

远程移动设备（PDA）采集实时数据上传通信接口程序，实现了异构网络环境下的实时数据上报、更新，上报数据的自动空间化。

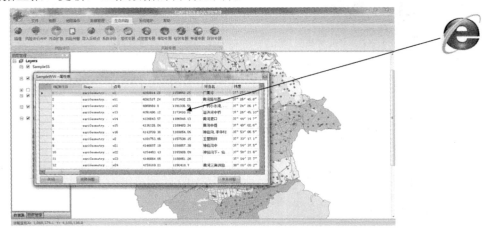

图 10-14   实时数据传输系统

（2）集成并建立生态污染扩散模拟系统

在系统中集成了污染扩散模型，实现了根据污染物与水体的混合过程、污染水体的水力特征及事故模拟需求的不同，采用一维、二维和三维数学模型对水污染事故进行模拟与预测分析。在本模型中根据水污染模拟预测的快速、实时性需求，研究以平面坐标、浓度和时间为四维的水污染扩散模型。

通过考虑土壤地下水流模型（即饱和—非饱和土壤的水质运移模型），建立土壤中有机污染物随水分迁移的动力学控制方程：

$$C(h)\frac{\partial h}{\partial t} = \frac{\partial}{\partial x}(k_{xx}\frac{\partial h}{\partial x}) + \frac{\partial}{\partial z}(k_{zz}\frac{\partial h}{\partial z}) + \frac{\partial k_{zz}}{\partial z} \tag{10-41}$$

式中，$C(h)$——水容量；

K_{xx}、K_{zz}——横向和纵向水力传导系数；

h——水头压力。

通过溶质运移模型—石油污染物迁移动力学模型，在综合考虑有机污染物在土壤-水环境体系中扩散、吸附解吸、生物降解条件下，建立非平衡吸附的动力学控制方程：

$$\frac{\partial}{\partial t}(\theta C) + \rho \frac{\partial S}{\partial t} = \frac{\partial}{\partial x}\left[\theta\left(D_{xx}\frac{\partial C}{\partial x} + D_{xy}\frac{\partial C}{\partial y}\right)\right] + \frac{\partial}{\partial y}\left[\theta\left(D_{yx}\frac{\partial C}{\partial x} + D_{xy}\frac{\partial C}{\partial y}\right)\right]$$
$$- \frac{\partial}{\partial x}(V_x C) - \frac{\partial}{\partial y}(V_y C) - \lambda\theta C \tag{10-42}$$

式中，C——有机污染物在水相中的浓度；

　　　S——有机污染物在土壤-水界面上的吸附浓度；

　　　θ——体积含水量；

　　　V_x、V_y——x、y 方向的流速；

　　　p——土壤体积密度；

　　　λ——水相微生物降解速率系数；

　　　D_{xy}——弥散系数张量。

吸附是影响土壤和水体环境中有机污染物的传输、归宿和生物效应的一个主要过程，有机污染物的吸附存在两种主要机理：一是分配作用，即在水溶液中，土壤有机质对有机化合物的溶解作用；二是表面吸附作用。在土壤-水环境系统中，吸附过程是一个动态可逆的非平衡过程，有机污染物在土壤-水界面上吸附解吸行为可用如下控制方程：

$$\frac{\partial S}{\partial t} = k\theta(k_d C - S) \tag{10-43}$$

式中，k——一阶吸附解析速率常数；

　　　k_d——固相和液相之间分配系数。

同时，自主研发了基于有限差分方法求解石油污染物在水-土环境中扩散的方程的数值解法软件模块（图 10-15）。

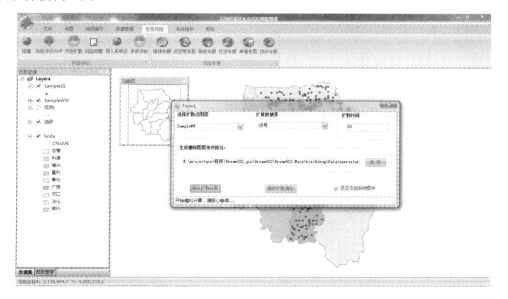

图 10-15　内嵌在系统中的污染扩散模拟模块

（3）集成并构建生态风险评估系统

以联合概率二重积分曲线为基础，建立了生态风险评估系统。例如，在本系统中，以苯作为污染源，以芦苇作为污染受体，将土壤环境中苯的浓度和苯对土壤生物物种芦苇毒性的 LC_{50} 视为 2 个独立变量，据此可以得到关于 2 个变量的二元概率密度函数。该函数服从二元对数正态分布。通过二重积分计算暴露浓度超过生物 LC_{50} 的概率 P 计算公式为：

$$P = \int_0^{C_{\max}} \int_0^C f(C) f(LC_{50}) \mathrm{d}LC_{50} \mathrm{d}C \tag{10-44}$$

评估步骤为：

①导入采样点数据（图 10-16）。

图 10-16　采样点数据导入

②计算采样点生态风险系数（图 10-17）。

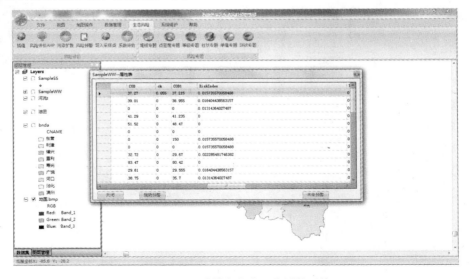

图 10-17　采样点生态风险系数计算

③采样点生态风险评估系数插值（图10-18）。

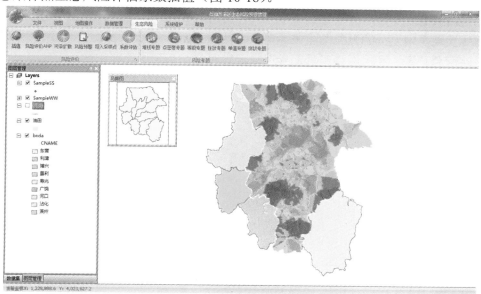

图10-18 采样点生态风险评估系数插值

④采样点生态风险等级评估（图10-19）。

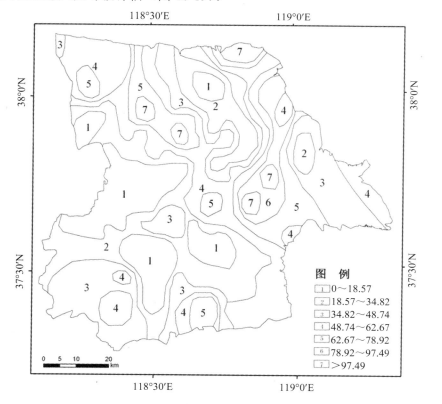

图10-19 采样点生态风险等级评估

（4）集成并构建生态风险预警系统

1）情景构建

系统实现了现实应急预警与未来趋势预警两种方案。

现实应急预警：利用网络工具，实现数据实时传输，利用现实浓度，对超出安全范围浓度的地方进行应急预警（图 10-20）。

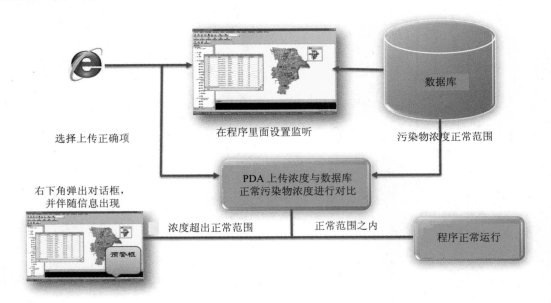

图 10-20　现实情景预警

未来趋势预警：利用生态风险指数的结果，采用 GM 模型进行未来生态风险指数的预测，然后作出未来趋势的预警图。

2）预警等级划分（表 10-10）

表 10-10　预警等级划分

风险等级	风险指数	预警类型	风险程度描述
1	IER≤0	正常	污染物对受体无影响， 受体及所处环境无变化
2	0<IER≤1.0	微警	污染物对受体无明显影响， 受体及所处环境无显著异常
3	1.0<IER≤3.0	轻警	受体及环境受到一定破坏， 受体及环境受到一定程度的影响
4	3.0<IER≤5.0	中警	受体及环境受到较大破坏， 受体接近其容限值
5	IER>5.0	重警	受体及环境受到很大破坏， 受体濒临死（消）亡

　　根据污染物苯与水体的混合过程、污染水体的水力特征及事故模拟需求的不同，采用一维、二维和三维数学模型对水污染事故进行模拟与预测分析。根据苯在水中污染模拟预测的快速、实时性需求，研究以平面坐标、浓度和时间为四维的苯在水中污染扩散模型。根据模拟的污染范围，进行数据的实际采样，利用污染生态评估功能，获取生态风险系数并进行预警显示，其相关界面如图 10-21 所示。

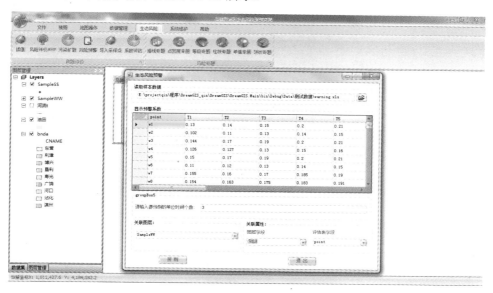

（a）预警预测分析

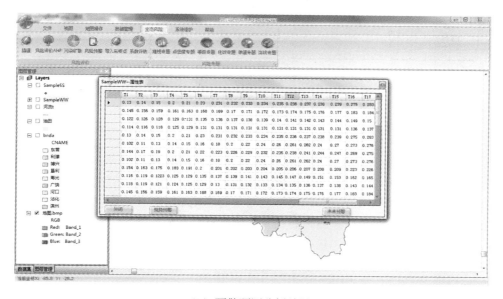

（b）预警预测分析结果

图 10-21　石油开采区生态风险预警管理

3）预警等级空间化（图10-22）

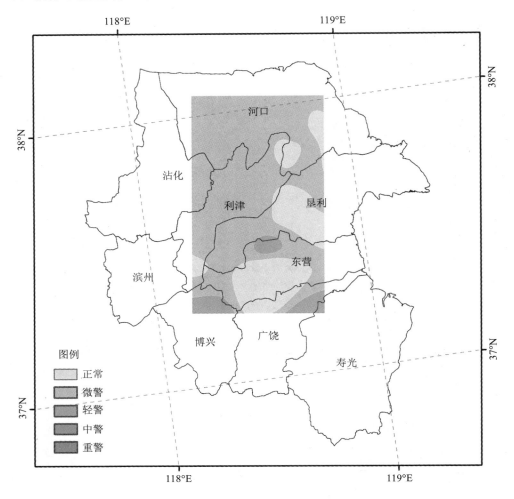

图10-22   T5时刻采样点的预警等级空间化

（5）层次分析法软件化

生态风险评价是对一种或多种应力给生态系统带来的和将要带来的（负面）影响概率的评价过程。生态风险评价主要评价环境中各种应力对受体构成危害的潜在频率和后果，其评价过程不仅需要对风险源及风险受体同时进行考虑，还需要考虑风险暴露及后果的不确定性和空间异质性。首先构建陆地石油开采区生态系统生态风险的表征指标，集成适用于陆地石油开采区生态系统生态风险的、以层次分析（AHP）为基础的定量与定性结合的方法，完成该评价方法的模块化（图10-23）。

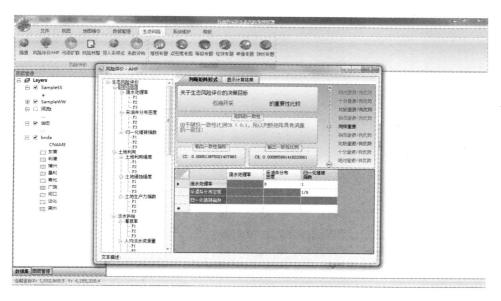

图 10-23　AHP 评估模型

（6）生态风险管理的实现

通过研究石油污染物浓度与植物受体死亡率之间的关系，计算污染物的排放浓度阈值。根据环境学生态毒理效应的污染物浓度—受体反应之间的关系，无反应和最大反应之间，随浓度的增加，反应逐步增加，有明显的程度变化。如果群体中的全部个体，一对一化合物的敏感性变异，呈对称正态频数分布时，剂量与反应率关系呈"S"形曲线（图 10-24）。

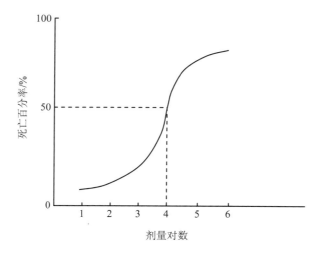

图 10-24　剂量与反应率关系

其具体实现步骤包括：

①获取 S 曲线图（图 10-25）。

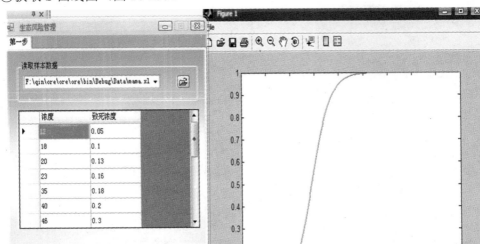

图 10-25　获取 S 形曲线过程

②找出阈值。

根据图选出敏感区域的上下限，迭代计算可求出浓度的敏感区间的上下限和死亡率变化速率随浓度变化的最大值（图 10-26）。

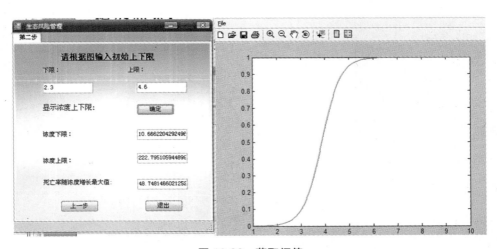

图 10-26　获取阈值

③典型区石油开采生态风险管理。

根据典型区采样点的酚的当量浓度以及评价模拟综合分析，得到典型区石油开采风险等级分布图（图 10-27），从而为生态风险的科学管理提供有力的支撑。

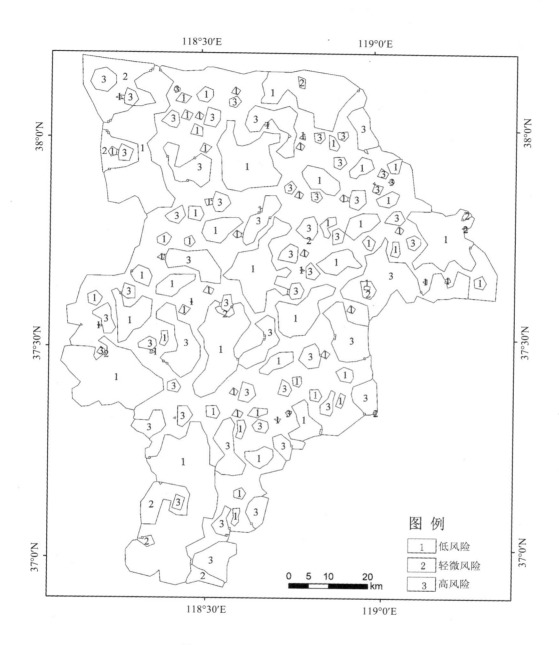

图 10-27　采样点生态风险等级分布

（7）数据的处理与整理

1）Image 数据的镶嵌（图 10-28）

基于预警需求，需要处理购置或收集的研究区影像数据，并按照影像处理要求完成几何校正、配准及解译等基础工作。

图 10-28　Image 数据的镶嵌

2）样本数据的位置标定（图 10-29）

样本数据的位置标定包括：获取样本数据；样本数据剔除和补漏处理；经纬度坐标纠正；坐标系和投影系统的确定与转换。

图 10-29　样本数据的位置标定

3）水体数据的制备

以水体 TM 数据为例，其数据的制备过程如图 10-30 所示。

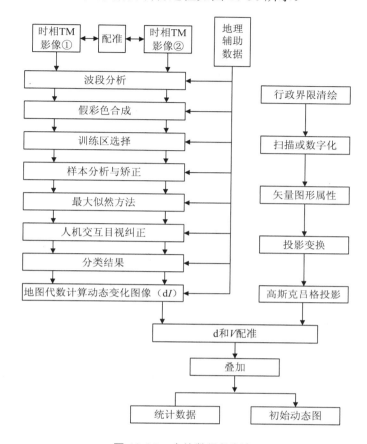

图 10-30　水体数据的制备

10.4.2　典型石油开采区污染分级及多尺度、多源数据库的构建技术

为方便对现场调查结果和测试数据的统计、分析和管理，本节以 SQL Server 2005 和 Visual Studio 2005 作为系统开发工具，通过需求分析、概念结构设计、逻辑结构设计、物理功能设计和界面设计等一系列数据库开发流程，构建石油开采污染区多尺度、多源数据库技术框架，并对数据库功能及界面设计进行实现。

（1）数据库的需求分析

在典型石油开采区特征污染物原位监测、污染诊断和扩散范围界定的基础上，同时录入暴露区的生态系统特征、污染特征等属性数据，构建石油开采污染物暴露区污染压力与种群、群落和生态系统特征与结构数据库，并根据确定的污染物分级技术对石油开采区污染进行分级。基于上述需求，陆地石油开采区石油开采污染物多尺度、多源数据库的建立主要包括污染物理化性质信息、污染特征信息、采样信息、生态系统特征信息、采样井信息以及污染等级信息，其中，污染特征信息即为暴露区的污染压力，种群、群落和生态系统特征与结构信息均包含在生态系统特征信息表中，见图 10-31。

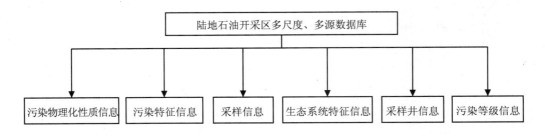

图 10-31　数据库需求框

通过对陆地石油开采区多尺度、多源数据库需求的分析，设计如下数据项和数据结构：

①污染物理化性质信息。包括的数据项有：污染物编号、CAS、污染物名称、英文名称、缩写、分子量、熔点、水溶解度、饱和蒸气压、亨利定律常数、$\log K_{\text{ow}}$、$\log \text{BCF}$、$\log K_{\text{oc}}$、WPn。

②污染特征信息。包括的数据项有：16 种 PAHs 的浓度、9 种重金属的浓度、发光菌毒性、深度、距离、采样井编号、采样编号、PNM、PNO、PN。

③采样井基本信息。包括的数据项有：采样井编号、采样日期、采样天气、采样方位、井号、井口方位、井台大小、井口坐标、海拔、驱采方式、投产日期、井深、落地油泥浆池情况、周边油井分布、植被分布、植被覆盖、植被径高、原始土壤类型。

④污染等级信息。包括的数据项有：污染等级、$P_{n\min}$、$P_{n\max}$、污染水平。

（2）数据库概念的结构设计

基于需求分析得到的数据项和数据结构，在满足系统业务功能的前提下，设计其对应的 E-R 图，分别见图 10-32 至图 10-35。

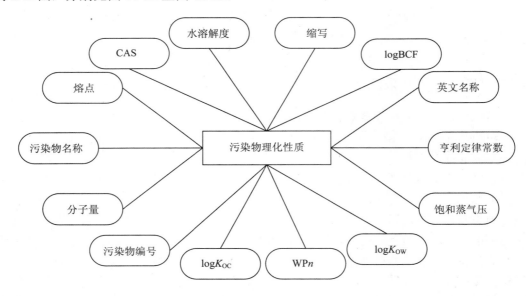

图 10-32　污染物理化性质信息 E-R

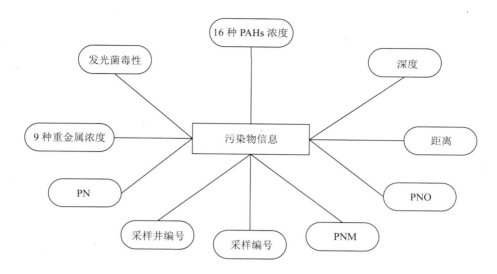

图 10-33 污染特征信息 E-R

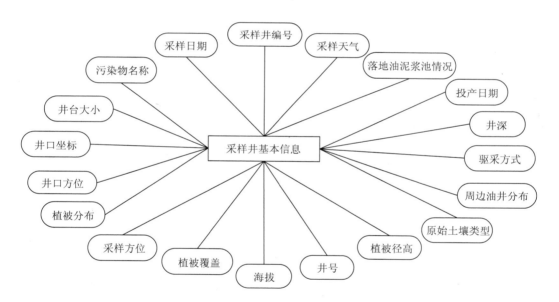

图 10-34 采样井基本信息 E-R

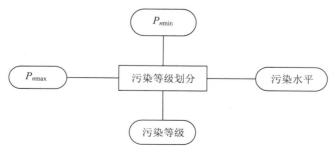

图 10-35 污染等级信息 E-R

（3）数据库逻辑的结构设计

在石油开采区多尺度、多源数据库需求分析后，需对各数据表进行逻辑结构设计，以确定不同数据项所对应的字段名、数据类型、说明以及相关描述，见表 10-11 至表 10-14。

表 10-11 污染物理化性质信息

字段名	数据类型	说明	描述
污染物编号	nvarchar（50）	—	污染物编号
CAS	nvarchar（50）	—	CAS
污染物名称	nvarchar（50）	—	污染物名称
英文名称	nvarchar（50）	—	英文名称
缩写	nvarchar（50）	主键	缩写
分子量	float	—	分子量
熔点	float	—	熔点
水溶解度	float	—	水溶解度
饱和蒸气压	float	—	饱和蒸气压
亨利定律常数	float	—	亨利定律常数
$\log K_{ow}$	float	—	$\log K_{ow}$
logBCF	float	—	logBCF
$\log K_{oc}$	float	—	$\log K_{oc}$
WPn	float	—	WPn

表 10-12 污染特征信息

字段名	数据类型	说明	描述
采样井编号	nvarchar（50）	联合主键/外键	采样井编号
采样编号	nvarchar（50）	联合主键	采样编号
距离	nvarchar（50）	—	距离
深度	nvarchar（50）	—	深度
Pb	nvarchar（50）	—	污染物浓度——Pb
Cd	nvarchar（50）	—	污染物浓度——Cd
Cu	nvarchar（50）	—	污染物浓度——Cu
Zn	nvarchar（50）	—	污染物浓度——Zn
Ni	nvarchar（50）	—	污染物浓度——Ni
Cr	nvarchar（50）	—	污染物浓度——Cr
Co	nvarchar（50）	—	污染物浓度——Co
Fe	nvarchar（50）	—	污染物浓度——Fe
Mn	nvarchar（50）	—	污染物浓度——Mn
NAP	nvarchar（50）	—	污染物浓度——NAP
ANY	nvarchar（50）	—	污染物浓度——ANY
ANA	nvarchar（50）	—	污染物浓度——ANA
FLU	nvarchar（50）	—	污染物浓度——FLU

字段名	数据类型	说明	描述
PHE	nvarchar（50）	—	污染物浓度——PHE
ANT	nvarchar（50）	—	污染物浓度——ANT
FLT	nvarchar（50）	—	污染物浓度——FLA
PYR	nvarchar（50）	—	污染物浓度——PYR
BaA	nvarchar（50）	—	污染物浓度——BaA
CHR	nvarchar（50）	—	污染物浓度——CHR
BbF	nvarchar（50）	—	污染物浓度——BbF
BkF	nvarchar（50）	—	污染物浓度——BkF
BaP	nvarchar（50）	—	污染物浓度——BaP
IPY	nvarchar（50）	—	污染物浓度——IPY
DBA	nvarchar（50）	—	污染物浓度——DBA
BPE	nvarchar（50）	—	污染物浓度——BPE
发光菌毒性	nvarchar（50）	—	发光菌毒性
PNM	nvarchar（50）	—	PNM
PNO	nvarchar（50）	—	PNO
PN	nvarchar（50）	—	PN

表 10-13　污染等级信息

字段名	数据类型	说明	描述
污染等级	nvarchar（50）	I II III IV V	污染等级
$P_{n\min}$	float	0 0.7 1 2 3	内梅罗指数下限
$P_{n\max}$	float	0.7 1 2 3 100 000 000	内梅罗指数上限
污染水平	nvarchar（50）	清洁 尚清洁 轻污染 中污染 重污染	污染水平

表 10-14 采样基本信息

字段名	数据类型	说明	描述
采样井编号	nvarchar（50）	主键/外键	采样井编号
采样日期	nvarchar（50）	—	采样日期
采样天气	nvarchar（50）	—	采样天气
采样方位	nvarchar（50）	—	采样方位
井号	nvarchar（50）	—	井号
井口方位	nvarchar（50）	—	井口方位
井台大小	nvarchar（50）	—	井台大小
井口坐标	nvarchar（MAX）	—	井口坐标
海拔	nvarchar（MAX）	—	海拔
驱采方式	nvarchar（50）	—	驱采方式
投产日期	nvarchar（50）	—	投产日期
井深	nvarchar（50）	—	井深
落地油泥浆池情况	nvarchar（MAX）	—	落地油泥浆池情况
周边油井分布	nvarchar（MAX）	—	周边油井分布
植被分布	nvarchar（MAX）	—	植被分布
植被覆盖	nvarchar（50）	—	植被覆盖
植被径高	nvarchar（50）	—	植被径高
原始土壤类型	nvarchar（50）	—	原始土壤类型

（4）物理功能实现流程

陆地石油开采区多尺度、多源数据库建立过程中各功能模块物理功能实现流程见图
10-36 至图 10-43。

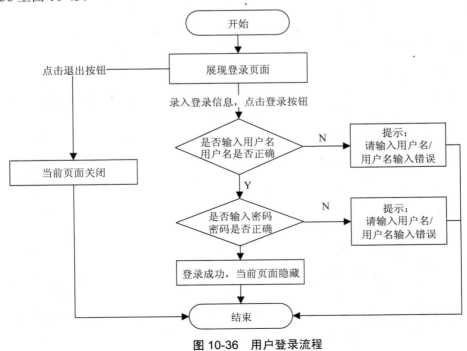

图 10-36 用户登录流程

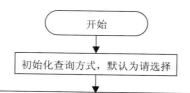

初始化查询方式，默认为请选择

初始化查询条件：
包括采样信息，污染物浓度信息，污染等级，默认为按照采样信息查询的
查询条件，默认为不选择，清空所有输入框内容

初始化查询方式与查询条件的联动关系：
1. 采样信息联动：采样井编号，采样编号，距离，深度，井口坐标
2. 污染物浓度信息联动：污染物种类，污染物名称，污染物浓度，发光菌毒性
3. 污染等级联动：PN，PNM，PNO，污染等级

初始化查询条件的输入域：
1. 第一个复选框，如果是采样井编号或 PN，则是输入框，如果是污染物种
类，则是下拉列表：有机物，重金属，默认为有机物；当污染物名称可选，
污染物种类变化，会引起污染物名称的变化
2. 第二个复选框，如果是采样编号则为单一输入框，若为 PNM，则为范围输
入框，如果是污染物名称，则是下拉列表，取污染物信息表里的列名作字典
3. 第三个复选框，范围输入框
4. 第四个复选框，如果是深度，发光菌毒性则为范围输入框，若为污染等级
则为范围下拉列表
5. 第五个复选框，仅当按照采样信息查询时显示，范围输入框

初始化查询结果区域，默认为空

结束

图 10-37　查询页面初始化流程

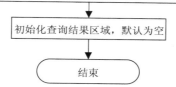

录入查询条件，点击查询按钮

调用生成 SQL 语句函数，
生成数据库查询语句

连接数据库，进行查询

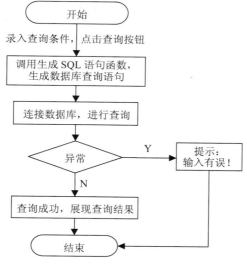

图 10-38　查询主流程

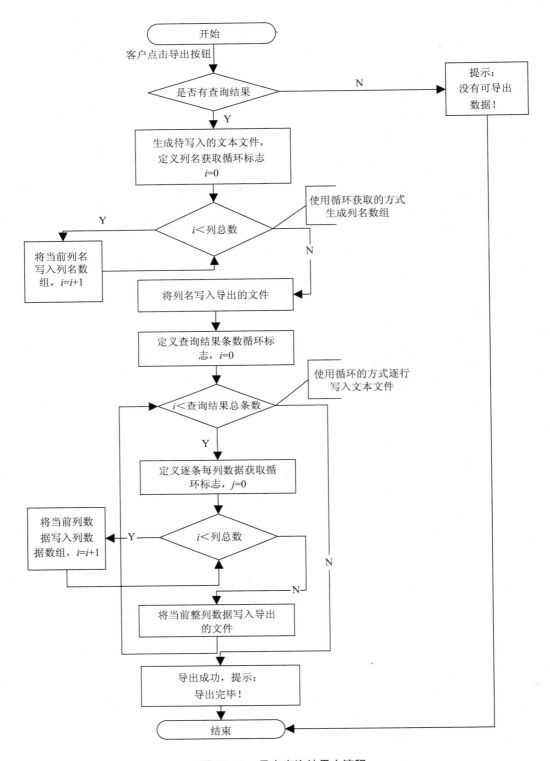

图 10-39　导出查询结果主流程

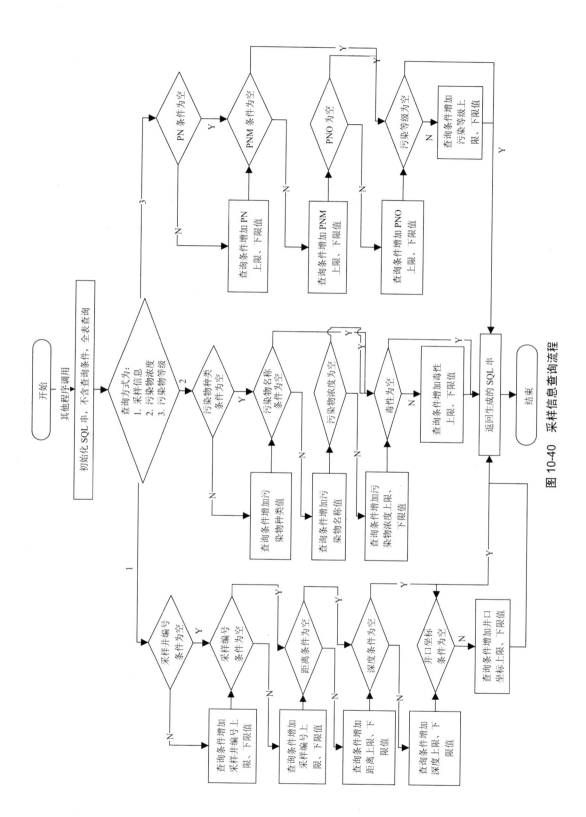

图 10-40　采样信息查询流程

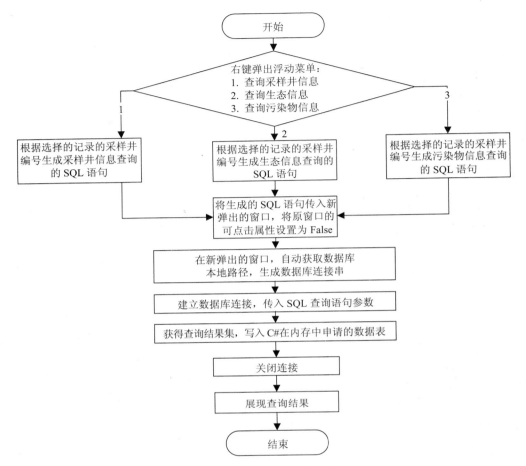

图 10-41 记录详细信息查询流程

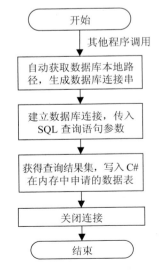

图 10-42 建立数据库连接子流程

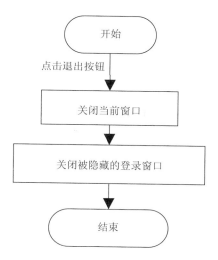

图 10-43　退出程序流程

（5）界面设计

根据以上需求分析、概念结构设计、逻辑结构设计以及物理功能实现流程设计后，以 SQL Server 2005 和 Visual Studio 2005 作为系统开发工具对数据库功能及界面进行实现，系统界面设计见图 10-44 至图 10-52。

1）查询初始化界面

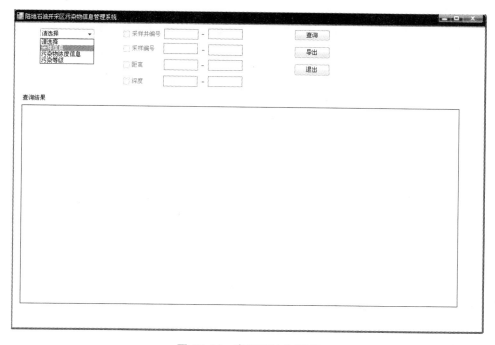

图 10-44　查询初始化界面

2）信息查询界面

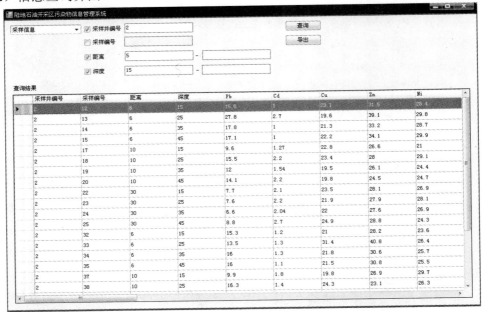

图 10-45　采样信息查询界面

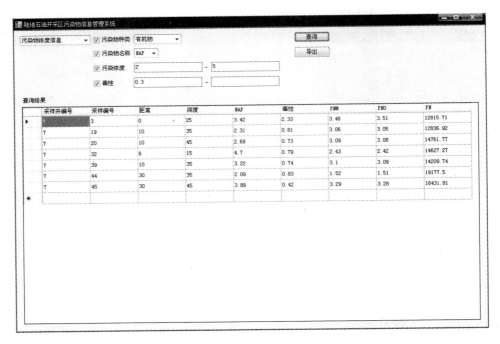

图 10-46　污染特征信息查询界面

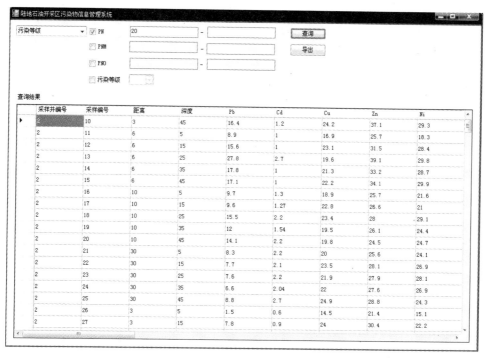

图 10-47　污染等级信息查询界面

3）导出查询结果界面

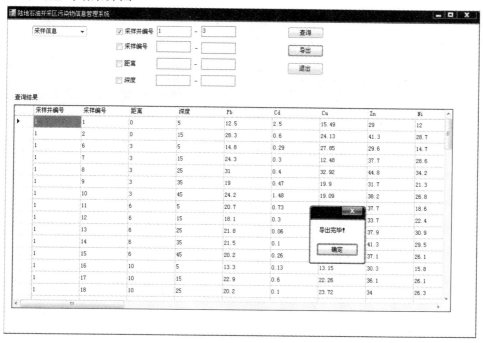

图 10-48　查询结果导出界面

4）详细信息查询界面

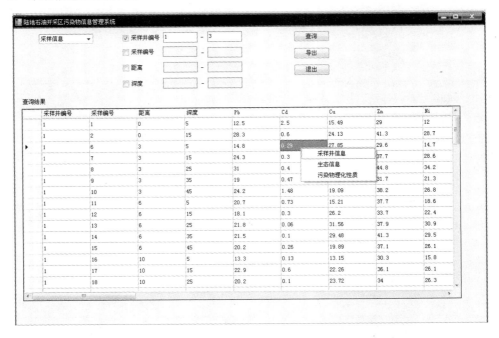

图 10-49 详细信息查询界面

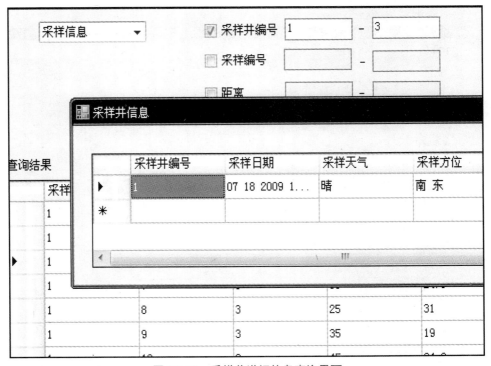

图 10-50 采样井详细信息查询界面

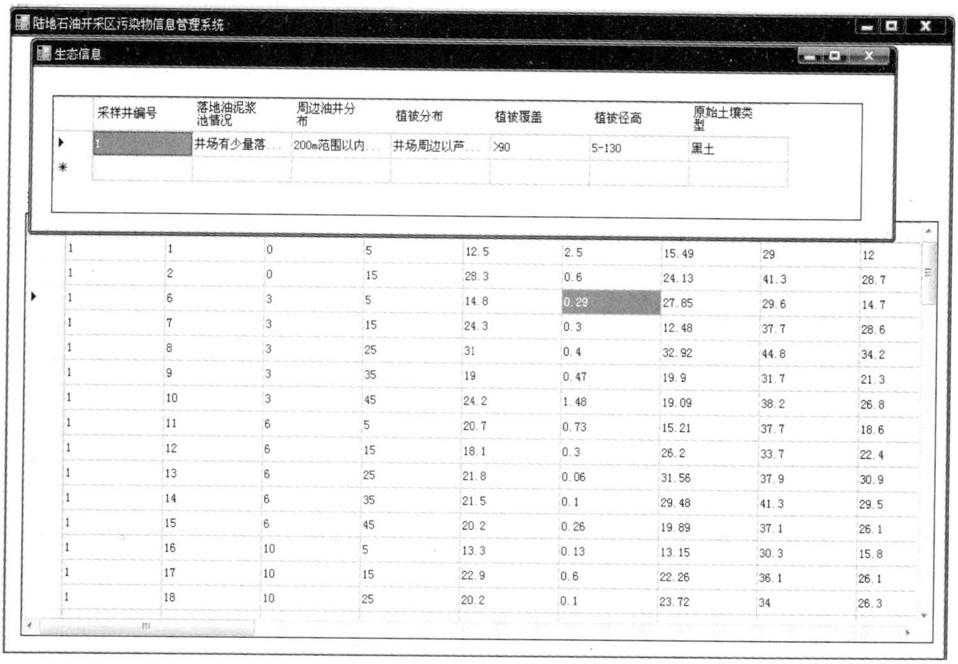

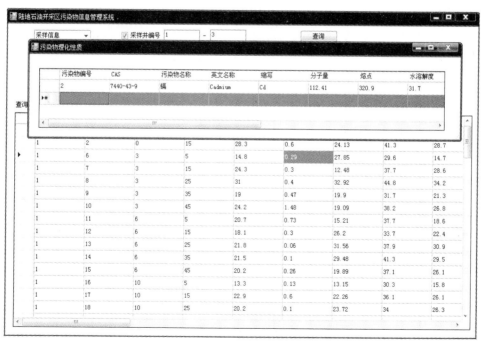

图 10-51　生态系统特征信息查询界面

图 10-52　污染物理化性质详细信息查询界面

（6）小结

在典型石油开采区特征污染物监测、污染诊断和判别研究的基础上，以 SQL Server 2005 和 Visual Studio 2005 作为系统开发工具，采用 C#语言，用 C/S 结构，对数据库功能及界面设计进行实现。系统运行环境为 SQL Server 2005、Microsoft .NET Framework 2.0 及以上版本。数据库设计过程中，数据来源包括用户信息、采样信息、生态系统特征、污染特征等属性数据。用本研究中典型石油开采区土壤污染等级判别方法对石油开采区污染进行分级，并采用数据集成的策略，构建石油开采污染区多尺度、多源数据库。

数据库功能包括系统登录与签退、查询初始化、信息查询、查询结果导出等。其中，信息查询功能分为采样信息查询、污染特征信息查询、污染等级查询、采样井基本信息、生态系统特征信息和污染物理化性质信息等。具体功能实现方法如下：

①系统登录与签退功能：检验客户录入的用户名和密码，如果存在此用户信息，则登录成功，否则拒绝登录，客户签退，清除系统线程，释放资源。实现方法：创建 System.Data.SqlClient 命名空间的 SqlConnection 实例，进行数据库连接，创建 SqlCommand 实例，向数据库发送请求，将数据库返回结果同客户录入信息进行匹配。

②信息查询及数据分析：实现按照用户需要的查询类别进行划分，包含采样信息，污染物浓度信息，污染等级 3 类查询方式。对于每个查询类别，支持组合条件查询，同时支持精确查询和范围查询两种方式。实现方法：创建 System.Data.SqlClient 命名空间的 SqlConnection 实例，进行数据库连接，创建 SqlCommand 实例，向数据库发送请求。使用 SqlDataAdapter 将数据库返回结果填充到驻留在内存中的 DataTable，以保证数据库连接关闭后查询结果的可读性，并直接将 DataTable 中数据以表格方式展现在用户界面中。

③查询结果导出：实现将用户查询结果数据按照特定格式导入到设定目录的文本文件中，导出文件文本格式可支持 GIS 软件导入，用于 GIS 数据分析。实现方法：创建 System.IO 命名空间的 StreamWriter 实例，采用逐行写入的方式，将用户的查询结果写入指定的文本文件。

该数据库的构建主要用于对典型石油开采区污染物数据统计、分析和管理，并令使用者更方便、快速地对污染物理化性质、采样信息等相关信息进行查询。

10.4.3 配套处理软件

（1）分区采样工具软件

分区采样工具软件（Areal Sampling Toolkit，AST）针对数据量繁杂庞大的现状，开展生态风险评价工作。进行空间采样分析是保障数据处理效率的前提，为使采样点选取科学、合理、高效，结合国外开展采样工作的宝贵经验，满足在研究区自然（水、土壤、生物等）、社会经济状况的空间数据的基础上开展采样点选取需求。系统内嵌的 AST 是一个辅助分区（分块）空间采样的工具软件。AST 读取以制表符（Tab）为分隔符的本文档格式的空间数据，利用数据中的经纬度坐标（X_COORD，Y_COORD）进行点数据的模拟排列，然后对总体样本进行分区采样。AST 主要包含 3 种点数据抽样方法：等间隔抽样（Regular Sampling）、整体随机抽样（Random Sampling）、分区抽样（Areal Sampling）。

（2）空间推演工具软件及功能

风险评估过程中需要大量的空间属性数据及其他的辅助数据，经常会遇到一些数据的缺失，因此，对空间数据进行空间推演是保持预警数据一致性的保障。空间推演工具软件（Spatial Extrapolation Toolkit，SET）便是对空间数据进行空间推演的工具。该工具的空间推演方法采用核密度回归平滑空间数据。回归方程简写为：

$$y = R(x) + \varepsilon \qquad (10\text{-}45)$$

式中，ε 为平均零界差额，在一定的范围内并且未知。回归函数 $R(x)$ 的计算，加权平均大小为 s 的 $y_1, \cdots, y_s$：

$$R(x) = R_{\theta}^{s}(x) = \sum_{s=1}^{s} y^{s} P_{\theta}^{s}(x) \qquad (10\text{-}46)$$

对于一个给定 x 值的权重函数 $P_{\theta}^{s}(x)$ 确定的函数 $R(x)$，它有助于全面估计在 x 点的因变量 y。对于空间插值来说，x 是一个和坐标有关的矢量。但由于 x 可能是多方面的任何载体的独立变量，一般方法计算权重使用内核密度函数，例如高斯核密度：

$$\psi_{\theta}(\mu) = \frac{1}{2\pi} \exp\left(-\frac{1}{2}\mu^2\right) \qquad (10\text{-}47)$$

其中，

$$\mu = \frac{x - x^s}{\theta} \qquad (10\text{-}48)$$

这里，核密度在 $\mu = 0$ 时取最大值，随着距离的增加而减少到一个尺寸，并且取决于 θ。由此产生衡量 y^s 权重大小的函数：

$$P_{\theta}^{s}(x) = \begin{cases} \dfrac{\psi_{\theta}[(x - x^s)/\theta]}{\varphi_{\theta}^{s}} & \varphi_{\theta}^{s}(x) > 0 \\ 0 & \varphi_{\theta}^{s}(x) \leqslant 0 \end{cases} \qquad (10\text{-}49)$$

分母 $\varphi_{\theta}^{s}(x) = \sum_{s=1}^{s} \psi_{\theta}[(x - x^s)/\theta]$，保证了所有的权重相加为 1。

当重点放在附近的点，是说概率函数使用一个小的带宽或窗口大小。这是有可能的控制窗口的大小，以满足某种最优的标准。较大的窗口大小更严格。因此，Mollifier 模型允许操纵观察点错误的程度，表面平滑。该窗口的大小可以缩放到用户相对最优窗口大小定义：

$$\theta = \left(\frac{4}{n(d + 2)}\right)^{\frac{1}{d+4}} \qquad (10\text{-}50)$$

式中，d——插值计算中参与的参数的个数；

　　　　n——已知插值项数据的个数。

（3）典型石油开采区生态风险预警管理平台

结合系统的总体设计，基于典型石油开采区生态风险预警管理系统，符合陆地石油开采区环境质量管理特点，此平台涵盖污染源/风险源和区域生态环境监测、预警、应急反应、评估与决策多个业务阶段的框架体系（图 10-53），保证了数据管理的规范性、数据分析的时效性、预警的准确性、应急反应和决策的正确性，提供了石油开采区生态环境质量管理决策支持系统技术支撑，保障决策支持系统的科学性、可行性和可操作性。

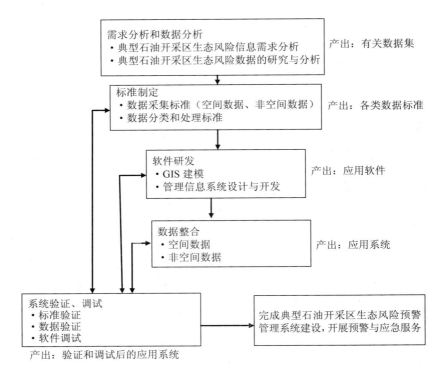

图 10-53　典型石油开采区生态风险预警管理系统建设技术路线

　　典型石油开采区生态风险预警管理系统不仅具备一般基于 GIS 二次开发软件的功能，还需要一定的预警、决策和分析功能。考虑石油开采区生态环境数据的特点，系统功能包括：

　　地图操作：主要包括对地图进行放大、缩小、平移、漫游等基本地图操作功能。采样点数据操作：主要包括石油开采区的采样点数据导入、采样点数据查询、报表统计功能；按照统一的数据标准和统一的数据接口规范，建立数据更新、质量审核、数据备份、数据安全、数据导入/导出等功能。空间分析：主要包括叠置分析、缓冲区分析、数据转换（特征转栅格和栅格转特征）、空间分析的参数设置和初始化功能；主要功能有专题图的分类、专题图的制作、专题图的浏览、专题图的编辑、输出和专题图的存储；专题图管理的内容主要包括污染源监测、生态受体监测、区域生态基本信息、生态环境质量等各类专题图。生态风险预警：这是系统的核心功能之一，主要包括生态风险预警分析、预警信息发布、预警查询等功能。污染模型计算：包括污染的扩散、模拟。系统管理：主要包括系统级别的用户管理、数据库的备份与恢复功能。

第 11 章　典型石油开采区石油开采污染控制与资源化风险评估技术

在陆地石油开采过程中，由于石油开采企业地处边远，生产分散，生产中产生的污染物种类多、产生量大、污染控制难度大等难题，尽管采取了一些污染控制与防范措施，但是环境污染和生态影响依然存在；以往陆地石油开采的污染控制技术与措施都是基于环境污染控制标准和环境质量标准建立的，控制指标主要是综合指标污染如 COD、石油类等，这些指标对判断污水是否达标排放无疑具有重要的意义，但是不能反映出对石油开采特征污染物的控制，因此，在基于对 COD 和石油类治理达标排放的情况下，依然存在石油开采特征污染物的污染以及带来的生态风险，长此以往将导致石油开采过程带来日益严重的生态环境影响和生态破坏。

大量废水的长期排放在不同程度上对生态环境造成了许多不利影响。随着一些难降解的有毒有害物质的不断积累，生态系统逐渐失去平衡，生物多样性指数降低，近海的环境在一定程度上受到直接和潜在的威胁。有机物是采油废水污染的重要组成部分，也是一种重要的污染来源（刘征涛等，2008）。多环芳烃类和苯系物化合物多数具有毒性，危害生物的生长、发育和繁殖，破坏水生生态系统平衡，而且对人体健康有潜在危害。研究该类化合物油田废水中的分布并进行生态风险评价对治理油田废水有机污染、维持生态系统平衡具有非常重要的理论和现实意义。

选择多环芳烃类和苯系物污染物为主要研究对象，阐明了采油废水中多环芳烃类和苯系物的空间分布变化规律，并对多环芳烃的生态风险进行评价，建立了基于生态风险的陆地石油污染控制技术评估指标体系和方法，为采油废水的相关污染控制与风险管理决策提供科学依据。技术路线如图 11-1 所示。

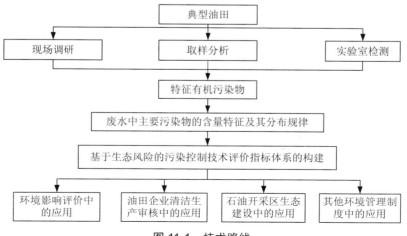

图 11-1　技术路线

11.1　采油废水及处理工艺

11.1.1　采油废水简介

我国油田分布广泛，遍及东北、华北、中南、西南、华中及东南沿海各地，是现代工业的支柱。油田开采在为人类提供能源的同时，伴随产生的一个重要问题是环境污染。这种影响直接表现为对周围水体、土壤及大气环境的污染，进而表现为对地层、地表景观的影响和自然生态系统的改变，其中采油废水是最大的污染源。

（1）油田含油废水的来源

为了增加原油产量，在油田开发过程中，全世界油田普遍采用了注水开采方式。油田生产年限直接影响采出液含水率，通常情况下，采出液含水率会随着开采年限的上升而增大。开采后期，地层压力的逐渐降低使原油产量下降，因此为了维持地层压力，提高采收率，延长油井自喷期，需要采用人工注水的方法向油层补充能量，致使含水率不断上升，至后期采出液含水率可达 70%～90%，有的地区含水率甚至可以达到 95%。目前，我国大部分油田已进入石油开采的中后期，原油含水率已高达 70%～80%，有的油田甚至高达 90%（国家环境保护局，1992），油水分离后产生大量的含油废水，油田废水来源见表 11-1。

表 11-1　油田废水来源（姜昌亮等，2000）

项目	废水类别	来源
采油工程	原油脱出的含油废水	采油时产出，在联合站、伴生气处理站、废水处理站排出
钻井工程	钻井废水	钻台、钻具、设备冲洗；振动筛冲洗；钻井泵冲洗；钻井液池清液；柴油机冷却水
井下作业工程	洗井废水及作业废水	压裂后洗井；酸化后洗井；注水井洗井；替喷、自喷液
注水工程	稠油开采注水站废水	注水站
天然下雨及生活用水	矿区雨水及生活废水	降雨后地表径流，生活区污水排放

（2）废水水质

1）水质

原油脱下的含油废水是一种多组分的复杂多相体系，其中含有微生物，固、液、气体杂质和溶解盐类等，含有石油类污染物以及破乳剂、表面活性剂等高分子采油助剂，其主要有机成分有烷烃、芳烃、酚、酮、酯、酸、卤代烃及含氮化合物，同时废水中还含有大量 Mg^{2+}、S^{2-}、Ca^{2+}、K^+、Cl^-、Na^+ 等无机的阴、阳离子。含油废水的水质受到原油产地地质条件、原油特性、注水性质以及原油集输和初加工的整个工艺的影响，存在较大的差异，详见表 11-2。

原油的开发使得采油废水从地层中采出并随着原油一起经过油水集输及初加工等过程，因此废水的性质与原油特性、地质条件、采油方法、集输及分离条件等因素有关。由于各油田上述条件的差异，各地油田采出水的水质不尽相同，但又有共性。

表 11-2 我国主要油田含油废水水质（杨云霞和张晓健，2000）

项目	总矿化度/(mg/L)	硫化物/(mg/L)	溶解氧/(mg/L)	悬浮物/(mg/L)	总铁/(mg/L)	油/(mg/L)	温度/℃	平均腐蚀率/(mm/a)	TGB 腐生菌/(个/L)	SRB 硫酸盐还原菌/(个/L)
中原油田	8 万	0.8	1.0	40	46	300		2.2	10^4	10^4
华北油田		10	0.2	61	0.5	94	45		10^4	10^4
胜利油田	2 万～4 万		1.0	30	0～6	400		0.7		
大港油田	3 万	1.44				68			25	6 000
江苏油田	4 万～5 万	15		28	5.33	27			100	1 000
大庆油田				3	0.3	450			60	250
吉林油田		19.5		30	1.11	483		0.013 9	2.5×10^5	2.5×10^5
辽河油田	2 000	8	0.5	83.4	1.2	150	55	0.024 8	1 000	100
塔里木油田	23 万				28.5	200				
淮北油田			0.05	40～80	0.09	60				
克拉玛依油田		5.0	0		2～3	100				
吐哈油田	8 647	0.2		455	7～8	867		0.217	10^4	10^6

含油污水共同特点如下（邓秀英，1999）：

①含多种有机物。含有多种原油有机成分和多种化学药剂，如聚合物、破乳剂、除氧剂、润滑剂、杀菌剂、防垢剂等油田化学品以及挥发酚、硫化物等。含油废水化学需氧量高，微生物易于繁殖，容易造成腐蚀和堵塞。

②矿化度高。油田采出水的矿化度在 $1\,000～1.4 \times 10^5$ mg/L。

③含油量高。含油量通常高于 $1\,000$ mg/L，不能满足水质标准。

④水中含有微生物。常见微生物有硫酸盐还原菌、铁细菌、腐生菌。多数废水中细菌含量为 $10^2～10^4$ 个/mL，有的高达 10^8 个/mL，细量的繁殖会腐蚀管线，严重时还会堵塞地层。

⑤成垢离子多。采油废水的矿化度较高，普遍在 $2\,000$ mg/L 以上。废水呈偏碱性，含有大量的 HCO_3^-、Ca^{2+}、Mg^{2+}、Ba^{2+} 等，容易在管道及容器内结垢。

⑥悬浮物含量高。悬浮物含量高，颗粒微小，容易堵塞地层。

⑦水温较高。因为原油的黏度大，所以在开采及分离过程中需加热，导致采出水的温度较高，达 40℃ 以上。

⑧具有放射性（Woodall 等，2001）。

2）采油废水的排放现状及其污染危害

含油废水经处理后的主要出路为回注、回用或者外排。经过处理后的废水主要用于回注，但是随着油田含水量的增加，含油废水并不能完全回注，因此必然外排部分含油废水。

采油废水排放到受纳水域后，在水体表面形成一层油膜，这层膜会阻止空气中的氧向水中扩散，使水体处于厌氧状态。采油废水中的有机物使得水体的 COD 升高，同时降解油类需要消耗大量水中的溶解氧，因此致使水生动物会因缺氧而死亡，水生植物的光合作用受阻，严重威胁生态系统平衡。

研究表明，采油废水已经不同程度地影响了水生生物的成长，这种影响在海上油井平台周边水域及采油废水受纳水域最为明显，采出水对多种生物存在限量浓度，主要的有毒化合物为苯、甲苯、乙苯、二甲苯（BETX）、酚类、多环芳烃（PAHs）等物质。

近年来，研究工作者和环保部门越来越重视采油废水中所含大量 PAHs 等对人类和水生生物的毒性。多环芳烃对人类有强致癌作用已被证实；对水生生物的毒性研究已经证实可对水生生物内分泌造成破坏，而多环芳烃的"三致"作用尚有待进一步证实。

随着采油废水的排放，会有部分废水渗入土壤，当渗入的量超过土壤的自净容量后，油类物质会积累并长期残留于其中。这样土壤的结构遭到了破坏，土壤通透性变差，植物根系的呼吸和吸收受到了阻碍，损害植物根部，对土壤植物和土壤微生物生态系统，甚至地下水都产生危害，致使土壤生产力下降和农作物减产（姚德明等，2002）。

采油废水的超标排放，对内陆和沿海地表、地下水系及周边土壤的污染日趋严重，给自然资源及人类健康造成极大危害。为了促进自然和谐，保护自然生态环境，进而维护人类健康和可持续发展，社会各界要加大对油田废水的关注。

11.1.2　采油废水的处置方式

当前采油废水的处置方式大概有 3 类。

（1）回注

随着油田的开发步入中、后期，油层压力大大下降，必须通过人工维持油层压力。注水采油是其中重要的手段，因此产生了大量的采出水。这些采油废水的外排既造成了环境污染，又浪费了宝贵的水资源。而回注是将采油废水经过处理以后回注到地层的一种处理手段，近些年成为油田减少环境污染、保障油田可持续开发、提高经济效益的一个重要途径。

油田地层渗透率因各油田所处环境不同，差别较大，对回注水水质要求不同，目前各油田多数采用隔油除油—混凝或沉淀（或气浮）—过滤 3 段处理工艺，再辅以阻垢、缓蚀、杀菌、膜处理或生化法处理等。但是，这种处置方式需要较大的压力，耗能较高，回注的废水不仅会对地下水造成威胁，而且影响油藏将来的开发利用。随着我国对污染治理力度的加大，对回注的水质要求也逐渐提高，这不仅可以减少对环境的危害，而且提高注入水水质，还可以降低注水能耗。

（2）回用

即将采油废水进行处理后用于其他工业生产环节，实现水的循环利用。陈家庄油田根据稠油废水高温、高盐、含油高的特点，建立的以气浮、生化处理、化学加药、超滤、反渗透为主要技术的水淡化处理工艺流程，达到了除油、除结垢离子的目的，满足了湿蒸汽锅炉用水水质要求。废水处理后回用于热采锅炉，具有很好的经济效益，达到了节能、减排和环保的目的，对油田生产的可持续发展具有重要意义。河南油田通过调研并结合油田实际情况，开展了掺污水降黏低能耗集输室内试验研究和现场应用工作，实现了稠油热采集输废水回掺替代高压蒸汽伴热，取得了较好的经济效益和社会效益。

由于采油废水的特殊性，许多回用方面的技术难题待解决。但是从可持续发展和清洁生产的角度来说，这种处置方式是今后的发展方向。

（3）外排

这是目前较普遍的处置方式，其前提是对排放的废水进行必要的处理以达到国家排放标准。

11.1.3　处理技术及工艺

采油废水的处理方法主要有以下几种。

（1）物理法

物理法包括重力分离、离心分离、过滤、粗粒化、膜分离和蒸发等。

①重力分离。利用油水比重差进行分离是油田废水治理的关键。利用重力进行分离的废水处理设施主要包括自然沉降除油罐、重力沉降罐、隔油池，这些设施因其简单易行，在各个油田均有广泛使用。

②离心分离。将废水装入离心分离装置，随着装置的高度旋转产生巨大的离心力，离心力的大小与质量成正比，于是质量小的停留在内侧，质量大的颗粒因为受到较大离心力作用而被甩向外侧，这样含油废水经离心分离后，中心部位是油的集中所在，而废水就集中在靠外侧的器壁上，再通过不同的出口排出以达到分离的目的。按照离心力产生的方式，离心分离装置可分为离心机和水力旋流分离器。其中水力旋流分离器应用较广，因为它具有重量轻、体积小、分离性能好和运行安全可靠等特点（刘敬敏等，2010）。

③粗粒化。含油废水经过装有粗粒化材料的设备，油粒逐渐变大。常用的材料包括石英砂、陶粒、无烟煤和树脂等。

④过滤器。经粒状的滤料填入滤料床层中，当含油废水通过时会受到阻力截留、重力沉降、接触絮凝 3 方面的作用，这样悬浮物和油就被滤料的内部空隙和表面分截。通常过滤设备采用过滤器，过滤器分为重力式和压力式两种。在我国压力式的应用较为普遍，其中包括核桃壳过滤器、多层滤料过滤器、双层滤料过滤器、石英砂过滤器等。纤维材料近年来得到了迅速的发展，深床高精度纤维球过滤器就是以纤维材料为滤料发展起来的过滤器。它以纤维为滤料，过滤时滤料空隙上大下小，具有较大的纳污能力，在反洗时，滤料不会流失，因此近年来得到迅速发展（侯腱膨等，2010）。

⑤膜分离技术。膜分离技术是利用膜的选择透过性进行分离和提纯的技术。粒径为微米量级的油粒子需要用机械方法进行前处理。利用膜法处理时，一般没有相的变化，可根据废水中油粒子的粒径的不同，合理地确定膜截留分子量，而且膜法在常温下操作，具有效率高、能量小、投资少、污染小的特点。常用于采油废水处理的 5 种膜分离技术为反渗透（RO）、超滤（UF）、微滤（MF）、电渗析（ED）和纳滤（NF）（汪生平等，2009）。

（2）化学法

废水中的一部分胶体和溶解性物质无法用物理法和生物法单独去除，这时候就要用化学法予以去除。其中，混凝沉淀、化学转化、中和法是较为常用的化学法。

①混凝沉淀。混凝沉淀的主要机理为静电中和、吸附、架桥等。在水体中加入混凝剂，在混凝剂的作用下，胶体粒子脱稳，发生絮凝沉淀，进而分离废水中的悬浮物和不溶性污染物。混凝剂的种类主要有聚丙烯酰胺（PAM）类、铁盐类、铝盐类、接枝淀粉类等。

②化学转化。化学转化包括电解氧化法、化学氧化法和光化学催化氧化法，是转化废水中污染物的有效方法。化学转化能将废水中呈溶解状态的无机物和有机物转化为微毒、

无毒物质，或转化成容易与水分离的形态。

（3）物理化学处理法

①吸附法。吸附法适用于其他方法不能除去的一些大分子有机污染物。它利用吸附剂材料吸附废水中的污染物质，近年来在采油废水的处理中被广泛应用。根据固体表面吸附力的不同，吸附可分为表面吸附、离子交换吸附和专属吸附 3 种类型。利用亲油材料来吸附水中的油是油田采出水处理中主要的吸附。

活性炭是常用的吸附材料，但是因为其吸附容量有限，且成本高，再生困难，一定程度上限制它的使用，一般只在含油废水的深度处理中运用。所以，近年来的研究主要集中在寻求新的吸油剂方面，主要研究方向：一是提高吸附容量，可将具有吸油性的无机填充剂与交联聚合物相结合；二是提高吸油材料的亲水性，改善其对油的吸附性（侯腱膨等，2010）。

②气浮法。气浮法适用于去除密度小于 1 的悬浮物、油类和脂肪等，是固液分离或液液分离的一种技术。气浮法油水分离效率很高，能较好地去除胶态油与乳化油，目前在各类含油废水的处理中均有应用。在气浮法中浮选剂的投加尤为重要，它决定了浮选的效果。浮选剂一方面具有破乳作用和起泡作用，另一方面还有吸附架桥作用，可以将胶体粒子吸附于气泡上，随气泡一起上浮。同时气浮还因为具有降温、充氧的功效，常被作为生化法的预处理技术来提高微生物的生化降解性能。

（4）生物处理法

经过预处理后的采油废水中溶解性有机物的含量仍然较高，COD 不能达到国家规定的排放标准，仍需要进行深度处理。生物处理法是利用微生物的代谢作用，使废水中呈溶解、胶体状态的有机污染物转化为稳定的无害物质，主要包括好氧生物处理和厌氧生物处理两种。

①厌氧生物处理法。厌氧生物处理是利用厌氧生物的代谢作用降解废水中的有机物，生成 CH_4、CO_2、H_2O 等。采油废水一般先进行厌氧处理使难生物降解的高分子有机物质降解为低分子的酸和醇类，并去除一部分的 S^{2-}，使好氧可生化性提高。

②好氧生物处理法。好氧生物处理是在水中有充分的溶解氧的情况下，利用好氧微生物的活动，将废水中的有机物彻底降解为 CO_2、H_2O、NH_3、NO_3^- 等。好氧处理主要的方法有活性污泥法和生物膜法。其中，活性污泥法应用最多的工艺为 SBR（sequencing batch reactor）。采油废水处理中应用的生物膜法法主要有生物滤池、生物流化床和生物接触氧化等。

各种油田废水处理方法优缺点比较如表 11-3 所示（张文，2010）。

表 11-3　各种油田废水处理方法优缺点比较

方法名称	主要处理对象	优点	缺点
隔油	浮上油，分散油	结构简单，效果稳定，运行费用低	占地面积大
浮选	分散油，乳化油	效果好，工艺成熟	浮油难处理
混凝	分散油，乳化油	效果好，工艺成熟	占地面积大，污泥难处理
粗粒化	分散油，乳化油	设备小型化，操作简单	滤料易堵，存在表面活性剂时效果差
砂滤	分散油	结构简单，投资少	反冲洗操作复杂

方法名称	主要处理对象	优点	缺点
吸附	分散油，乳化油	除油效果好	不应用于量大、污染负荷高的废水
汽提	乳化油	除油效果好	仅适用于量小、污泥负荷高的废水，能耗高
水力旋流器	浮上油、分散油	设备小型化，分离时间短	
膜分离	分散油、乳化油	除油效果好，出水水质好	膜易污染，运行费用高
好氧生物法	乳化油	出水水质好，基建费用低	进水要求高，操作费用高
厌氧生物法	乳化油	适应性强，运行费用低	基建费用高，出水须进一步处理

11.2　苯系物和多环芳烃的分布削减规律

11.2.1　大港油田采油废水的处理流程介绍

本联合站采用"常规稳定塘+强化措施"的处理工艺。在废水进入稳定塘之前采用优势菌技术对废水进行强化预处理（降解不易生物降解的成分，提高废水可生化性等）。该工艺中的曝气塘就是一种有强化措施的好氧塘。它通过设置复合填料层和投加特效优势菌种（RBC），使稳定塘的容积负荷大幅度提高，因此较易生物降解的有机负荷会在较短的停留时间下迅速减小，而且那些不易生物降解的成分在稳定塘发生初级水解，这样废水可生化性得到了提高，后续的处理难度降低，工程占地可以缩小。而兼性塘和好氧塘是常规氧化塘的一种，那些较难降解的有机污染物可以在这里进一步水解酸化，最终可以实现水体净化的目的。该工艺对进水水质要求较高，其进水水质指标为：pH=6～9，COD≤420 mg/L，油≤30 mg/L，因此需加强上游处理工艺的管理，保证进水水质（项勇和常斌，2002）。

氧化塘处理含油废水具有建设投资低，运行、维修费用低，处理成本低等优点。而且氧化塘水力停留时间长，氧化塘内的微生物有充分的时间对废水内的有机污染物进行降解，因此氧化塘处理含油废水有很好的效果。氧化塘处理油田废水已在我国的大港油田和胜利油田成功运用（桑玉全和马晓蕾，2006）。

联合站处理效果如表 11-4 所示。由表可知：含油废水经氧化塘处理后 COD 处理效率达到 82.27%、石油类处理效率达到 91.06%。经处理过的废水 COD=57.6 mg/L、石油类=4.6 mg/L，达到国家污水排放综合标准一级指标的要求（COD=60 mg/L、石油类=5 mg/L），优于我国采油废水处理的一般水平。

表 11-4　水质主要物化指标 COD、石油类测定

项目	隔油池进水 浓度/（mg/L）	隔油池出水 浓度/（mg/L）	去除率/%	氧化塘进水 浓度/（mg/L）	氧化塘出水 浓度/（mg/L）	去除率/%	废水外排放口 浓度/（mg/L）	总去除率/%
COD	324.8	185.6	42.86	112	76.8	31.43	57.6	82.27
石油类	51.45	39.15	23.91	10.4	8.9	18.35	4.6	91.06

11.2.2　大港油田有机物的分布规律

（1）采油废水中有机物的分类

含油废水成分复杂，其有机成分大体均由以下几部分组成：烷烃类、烯烃类、苯酚类、醛类、醇类、酯类、苯系物及多环芳烃类。对隔油池进出水、氧化塘进出水进行 GC/MS 定性分析，测定结果见表 11-5。

表 11-5　含油废水中有机物的组成

项目	组成所占比例/%			
	隔油池进水	隔油池出水	氧化塘进水	氧化塘出水
烷烃类	23.033 5	17.507 3	10.389 6	30.301 6
烯烃类	3.577 9	1.112 9	—	1.438 5
苯酚类	12.274 3	22.810 7	7.283 9	2.948 7
醛类	6.436 5	2.185 1	0.851 2	—
醇类	29.924 2	32.931 6	52.964 9	35.532 3
酯类	7.606	2.811 7	2.731 8	4.250 6
苯系物及多环芳烃	1.827 6	2.286 9	0.191 4	—
其他	15.320 2	17.773 8	25.587 2	25.528 3

由表 11-5 可以看到，含油废水的组成基本相似，其中，烷烃类、苯酚类及醇类含量最多。苯系物和多环芳烃类物质在水样中有不同程度的检出。

（2）多环芳烃的分析结果

分别检测油田采油废水各个流程中的多环芳烃的含量，结果如表 11-6 所示。

分析废水中多环芳烃的分布规律可知：含油废水中主要以 2,3-环多环芳烃类为主，占总含量的 93% 以上。经过各个流程处理后多环芳烃含量逐渐降低。

多环芳烃具有疏水性、高亲脂性和高辛醇-水分配系数的特点，它们在水中的浓度很低，但易在沉积物颗粒，特别是有机碳颗粒上积聚。这种疏水性随着环数的增加呈现上升的趋势。因此 2,3-环类多环芳烃易在水体中检测出。

分析各处理流程对多环芳烃的去除率，如表 11-7 所示。

表 11-6　大港油田港东联合站废水中多环芳烃的测定结果

化合物名称	环数	测定结果/（ng/L）					
		隔油池	沉淀池	曝气池	兼性塘	好氧塘	外排口
萘	2	1 809.95	1 714.93	1 513.05	1 474.47	753.77	621.45
苊烯	2	63.11	52.77	53.95	48.70	34.64	33.79
苊	2	273.14	189.43	156.80	114.67	87.06	60.70
芴	2	148.00	68.80	51.09	49.70	35.34	34.45
菲	3	939.04	732.00	709.35	626.95	293.29	87.68
蒽	3	1 069.54	930.06	811.29	719.73	317.08	106.16
荧蒽	3	234.51	202.35	191.77	182.97	55.97	11.06

化合物名称	环数	测定结果/（ng/L）					
		隔油池	沉淀池	曝气池	兼性塘	好氧塘	外排口
芘	4	103.70	97.65	87.29	76.66	34.34	15.53
苯并[a]蒽	4	17.04	15.98	13.69	10.85	6.16	4.85
䓛	4	52.60	42.87	37.92	31.09	14.14	5.35
苯并[b]荧蒽	4	19.19	17.98	16.81	12.38	7.58	7.32
苯并[h]荧蒽	4	18.39	16.56	15.92	14.34	6.69	3.17
苯并[a]芘	5	9.36	8.74	6.69	5.94	4.00	4.66
茚并[1,2,3-c,d]芘	5	8.90	7.09	5.54	3.68	3.15	3.65
二苯并[a,h]蒽	5	5.45	4.78	2.78	2.18	2.05	1.47
苯并[g,h,i]苝	6	17.92	15.40	14.09	12.03	6.99	3.63
∑2,3-PAHs		4 537.29	3 890.34	3 487.3	3 217.19	1 577.15	955.29
∑4-PAHs		210.92	191.04	171.63	145.32	68.91	36.22
∑5,6-PAHs		41.63	36.01	29.1	23.83	16.19	13.41
∑PAHs		4 789.84	4 117.39	3 688.03	3 386.34	1 662.25	1 004.92

表 11-7　多环芳烃去除率计算

化合物名称	环数	去除率/%				
		隔油池	沉淀池	曝气池	兼性塘	好氧塘
萘	2	5.25	16.40	18.54	58.35	65.66
苊烯	2	16.38	14.51	22.83	45.11	46.46
苊	2	30.65	42.59	58.02	68.13	77.78
芴	2	53.51	65.48	66.42	76.12	76.72
菲	3	22.05	24.46	33.24	68.77	90.66
蒽	3	13.04	24.15	32.71	70.35	90.07
荧蒽	3	13.71	18.22	21.98	76.13	95.28
芘	4	5.83	15.82	26.08	66.89	85.02
苯并[a]蒽	4	6.22	19.66	36.33	63.85	71.54
䓛	4	18.50	27.91	40.89	73.12	89.83
苯并[b]荧蒽	4	6.31	12.40	35.49	60.50	61.86
苯并[h]荧蒽	4	9.95	13.43	22.02	63.62	82.76
苯并[a]芘	5	6.62	28.53	36.54	57.27	50.21
茚并[1,2,3-c,d]芘	5	20.34	37.75	58.65	64.61	58.99
二苯并[a,h]蒽	5	12.29	48.99	60.00	62.39	73.03
苯并[g,h,i]苝	6	14.06	21.37	32.87	60.99	79.74
∑2,3-PAHs		14.26	23.14	29.09	65.24	78.95
∑4-PAHs		9.43	18.63	31.10	67.33	82.83
∑5,6-PAHs		13.50	30.10	42.76	61.11	67.79
∑PAHs		14.04	23.00	29.30	65.30	79.02

　　由去除率分析可知：处理工艺对多环芳烃的去除率为 46.46%～95.28%。多环芳烃去除率随处理流程依次升高。其中，隔油池、沉淀池、曝气池的去除率较低，累计去除率分别为 14.04%、23.00% 和 29.30%。兼性塘和好氧塘的去除效率较高，分别达到 65.30% 和 79.02%。

　　从监测池出水的多环芳烃分析比较结果可以看出，16 种多环芳烃均有不同程度的检出，但是未超过我国《污水综合排放标准》（GB 8978—1996）的规定。

水生生物鱼类以及贝类对水体中 PAHs 污染物有富集作用，因而影响食用者的健康。国际生物学组织因此制定了评价水生生物暴露于水体的安全食用标准（USEPA，2006）。大港油田外排水中的 PAHs 的含量与之相比苯并[a]芘、苯并[a]蒽、蒽、苯并[b]荧蒽超过EPA 水质标准，苯并[a]芘超过我国水质标准（GB 3838—2002），如表 11-8 所示。苯并[a]芘具有极强的致癌性，对受纳水生态环境造成危害的可能性很大，并且是 PAHs 污染物的代表性监测目标物，因此有效地优化废水处理工艺和长期监测以减少其对环境的危害显得尤其重要。另外，外排水中萘和菲的含量较高，也是对生态有着重要影响的污染物，可以作为代表性常规监测物。

表 11-8　水生生物暴露于水体的安全食用标准　　　　　单位：μg/L

PAHs	本研究结果	国家《地表水环境质量标准》（GB 3838—2002）	EPA 推荐水质标准（822-F-03-012）		爱尔兰最大允许浓度	加拿大水质量评价标准
			水+生物	生物		
NAP（萘）	0.621 45					11.0
ANY（苊烯）	0.033 79					
ANA（苊）	0.060 70		670	990		
FLU（芴）	0.034 45		1 100	5 300		
PHE（菲）	0.087 68				2.0	0.8
ANT（蒽）	0.106 16		8 300	40 000		0.12
FLT（荧蒽）	0.011 06		130	140	0.5	
PYR（芘）	0.015 53		830	4 000		
BaA（苯并[a]蒽）	0.004 85		0.003 8	0.018	0.2	
CHR（䓛）	0.005 35		0.003 8	0.018		
BaF（苯并[b]荧蒽）	0.007 32		0.003 8	0.018		
BkF（苯并[k]荧蒽）	0.003 17		0.003 8	0.018	0.1	
BaP（苯并[a]芘）	0.004 66	0.002 8	0.003 8	0.018	0.1	0.008
IPY（茚并[1,2,3-c,d]芘）	0.036 5		0.003 8	0.018		
DBA（二苯并[a,h]蒽）	0.001 47		0.003 8	0.018		
BPE（苯并[g,h,i]芘）	0.003 63				0.02	

（3）大港油田采油废水中 BTEX 处理效果分析

对处理流程各个环节的废水中的苯系物（BTEX）进行了测定（表 11-9），并评价了去除率。

表 11-9　大港油田港东联合站废水中苯系物含量的测定结果

化合物名称	含量/（ng/L）					
	隔油池	沉淀池	曝气池	兼性塘	好氧塘	外排口
苯	1 795.30	1 357.80	1 124.36	988.54	755.21	173.51
甲苯	1 597.96	1 642.36	1 438.52	657.80	482.17	83.90
乙苯	2 770.80	2 463.55	2 198.63	1 754.25	1 526.32	1 031.07
间、对-二甲苯	3 195.92	2 963.78	2 973.54	1 653.70	1 138.41	409.38
邻-二甲苯	2 352.94	2 222.61	2 034.16	983.65	455.63	100.50
总量	11 712.92	10 650.10	9 769.21	6 537.94	4 757.74	2 597.91

分析废水中苯系物的分布规律，如图 11-2 所示。

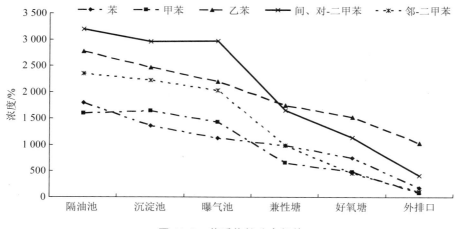

图 11-2　苯系物的分布规律

由分布规律可知：含油废水中主要以二甲苯和乙苯为主。经过各个流程处理后苯系物含量逐渐降低。分析苯系物的去除率，结果如表 11-10 所示。

表 11-10　苯系物去除率计算

化合物名称	去除率/%				
	隔油池	沉淀池	曝气池	兼性塘	好氧塘
苯	24.37	37.37	44.94	57.93	90.33
甲苯	—	9.98	58.84	69.83	94.75
乙苯	11.09	20.65	36.69	44.91	62.79
间、对-二甲苯	7.26	6.96	48.26	64.38	87.19
邻-二甲苯	5.54	13.55	58.19	80.64	95.75
总去除率	9.07	16.59	44.18	59.38	77.82

分析废水中苯系物的去除率，如图 11-3 所示。

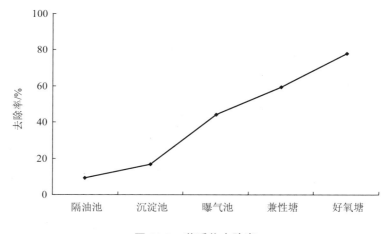

图 11-3　苯系物去除率

由去除率分析可知：苯系物的去除率依次升高。其中，隔油池、沉淀池的去除率较低，累计去除率分别为 9.07%、16.59%。处理流程对苯系物的总去除率为 77.82%。

从监测池出水的苯系物的分析比较结果可以看出，5 种苯系物均有不同程度的检出，且均不超过我国《污水综合排放标准》（GB 8978—1996）的规定（表 11-11）。

表 11-11　外排口苯系物结果评价

序	化合物名称	排放口含量/（μg/L）	排放标准（一级）/（μg/L）	标准制定部门
1	苯	0.173 51	100	ZHB
2	甲苯	0.083 90	100	ZHB
3	乙苯	1.031 07	100	ZHB
4	间、对-二甲苯	0.409 38	800	ZHB
5	邻-二甲苯	0.100 50	400	ZHB

大港油田外排水中的 BTEX 的含量与水质标准进行比较均未超标（表 11-12）。

表 11-12　水生生物暴露于水体的安全食用标准　　　　　　　单位：μg/L

化合物名称	研究结果	国家《地表水环境质量标准》（GB 3838—2002）	EPA 推荐水质标准（822-F-03-012）	
			水+生物	生物
苯	0.173 51	10	2.2	51
甲苯	0.083 90	700	1 300	15 000
乙苯	1.031 07	300	530	2 100
间、对-二甲苯	0.409 38	1 000		
邻-二甲苯	0.100 50	500		

11.2.3　胜利油田采油废水的有机物分布

为了评价胜利油田废水处理设施的处理效果，对胜利油田进行现场调研，分别采取废水处理各个环节的水样进行初步分析测定。测定了水样的基本指标 COD、石油类，并对处理效果进行了评价。

胜利油田采油废水的处理效果评价。

对桩西联合站的处理效果进行了评价，结果见表 11-13。

表 11-13　桩西联合站处理效果

采样地点桩西联合站	COD		石油类	
	含量/（mg/L）	处理效率/%	石油类含量/（mg/L）	处理效率/%
隔油池进水	1 957.9	91.4	919.65	96.4
桩西末端出水	168.2		33.4	

桩西联合站 COD 去除率 91.4%、石油类去除率 96.4%；末端出水 COD 和石油类含量

分别为 168.2 mg/L 和 33.4 mg/L，均高于国家废水综合排放标准。

对桩西联合站进出水中的多环芳烃进行了分析测定，结果如表 11-14 所示。

表 11-14　桩西联合站废水中多环芳烃含量的测定结果

化合物名称	环数	含量/（ng/L）		
		隔油池	外排口	去除率/%
萘	2	2 704.87	383.27	85.83
苊烯	2	440.83	42.65	90.33
苊	2	13.91	7.2	48.24
芴	2	19.9	8.81	55.73
菲	3	192.65	25.2	86.92
蒽	3	290.76	38.03	86.92
荧蒽	3	21.6	5.63	73.94
芘	4	5.19	4.01	22.74
苯并[a]蒽	4	14.37	3.55	75.30
䓛	4	507.19	71.01	86.00
苯并[b]荧蒽	4	3.6	2.14	40.56
苯并[k]荧蒽	4	4.16	2.48	40.38
苯并[a]芘	5	18.47	0.5	97.29
茚苯[1,2,3-c,d]芘	5	38.83	17.19	55.73
二苯并[a,h]蒽	5	37.39	16.56	55.71
苯并[g,h,i]芘	6	36.07	27.87	22.73
∑2,3-PAHs		3 684.52	510.79	86.14
∑4-PAHs		534.51	83.19	84.44
∑5,6-PAHs		130.76	62.12	52.49
∑PAHs		4 349.79	656.1	84.92

11.2.4　小结

采用 GC/MS 方法对采油废水处理工艺流程中的污染物进行了定性、定量分析，研究结果表明：

①采油废水中的有机物主要由烷烃类、烯烃类、苯酚类、醛类、醇类、酯类、苯系物及多环芳烃类组成。其中烷烃类、苯酚类以及醇类的含量最多。

②采油废水中的多环芳烃主要以 2、3 环多环芳烃类为主，占总含量的 93% 以上。在废水处理的整个流程中，多环芳烃的去除率为 46.46%～95.28%。其中，苊烯的去除率最低，荧蒽的去除效率最高。以各处理工艺出水的多环芳烃与总含量相比较，去除率逐渐升高，依次为 14.04%、23.00%、29.30%、65.30% 和 79.02%。

③外排水中多环芳烃的浓度与水生生物暴露于水体的安全食用标准比较，苯并[a]芘、BaA（苯并[a]蒽）、CHR（䓛）、BaF（苯并[b]荧蒽）有不同程度的超标。

④含油废水中的苯系物主要以二甲苯和乙苯为主。处理流程对苯系物的总去除率达77.82%。

11.3　采油废水多环芳烃的生态风险评价

11.3.1　生态风险评价方法

（1）等效系数的计算

由于 PAHs 类污染物对生物的致毒机理相似，其总效果可以表现为单一污染物独立作用效应的简单叠加。所以，PAHs 的联合作用效果可以用等效系数来表征。

计算等效系数的公式如下：

$$c_{等效} = e^{\frac{\ln LC_{50i}}{\ln LC_{50e}} \ln c} \tag{11-1}$$

式中，c 为特定多环芳烃的实际测定质量浓度（μg/L）；$c_{等效}$ 为与此质量浓度化合物毒性相当的苯并[a]芘的质量浓度（即等效质量浓度）（μg/L）；$\ln LC_{50i}$ 为化合物 i 对水生生物的半致死质量浓度（均值）（μg/L）；$\ln LC_{50e}$ 为苯并[a]芘对水生生物的半致死质量浓度（均值）（μg/L）。对于简单的指数响应关系，实际质量浓度与半致死质量浓度的关系为：

$$c_{等效} = c \frac{LC_{50i}}{LC_{50e}} \tag{11-2}$$

基于上述假设，各种多环芳烃均有确定的等效系数，那就是 $c_{等效}$ 与 C 的比值。

采用商值法计算风险商，基于总等效质量浓度的风险商可以进行 PAHs 的风险表征。

$$Q_{风险商} = c_{等效} / LC_{50平均}（苯并[a]芘） \tag{11-3}$$

$Q_{风险商} > 1$，即存在风险；$Q_{风险商} < 1$，即风险有待进一步分析。

根据式（11-1）对 8 种 PAHs 的等效系数的计算，将多种 PAHs 的危害归于统一尺度下进行比较，结果见表 11-15。各种 PAHs 的毒性差别可以通过等效系数反映出来，等效系数越大，对生物的毒性就越强。

表 11-15　等效系数

PAHs	等效系数
萘（NAP）	0.061
二氢苊（ACP）	0.010
芴（FLU）	0.021
菲（PHE）	0.781
蒽（ANT）	8.601
荧蒽（FLT）	3.008
芘（PYR）	0.750
䓛（CHR）	0.009
苯并[a]芘（BaP）	1.000

可以看出，水生生物对蒽最为敏感，等效系数为 8.601；对䓛的耐受性最强，等效系数为 0.009；耐受性顺序依次为：䓛＞二氢苊＞芴＞萘＞芘＞菲＞苯并[a]芘＞荧蒽＞蒽，即蒽对水生生物的毒性最强，䓛对水生生物的毒性最弱，芘的毒性居中。

（2）生态风险评价

从美国环保局毒性数据库中收集到研究区域各点检测到的有机污染物对藻、溞、鱼急性毒性数据，主要取自 24～96 h 的 L（E）C_{50} 和 NOEC。初步预测了检测出的多环芳烃在水体中的 PNEC，预测结果见表 11-16。

表 11-16　多环芳烃在水中的 PNEC　　　　　单位：μg/L

污染物	藻		溞		鱼		评价系数	PNEC
	EC_{50}	NOEC	EC_{50}	NOEC	LC_{50}	NOEC		
萘	2 000	-	4 610	-	10 000	-	1 000	2
蒽	-	-	-	44	-	-	100	0.44
菲	505	-	580.5	-	478	-	1 000	0.478
荧蒽	-	12.74	-	85	-	10.4	10	1.04
苯并[a]芘	76	-	5.0	-	5.6	-	1 000	0.005

注："-"代表无相关数据。

①暴露评价。暴露评价是评价污染物在被评价生态环境中的暴露情况，以该化学物质的环境浓度（PEC）表示，环境浓度采用实测的方法进行暴露评价。

②风险表征。采用商值法表征风险大小，即通过 PEC/PNEC 来评价污染物在研究区域的风险范围。PEC/PNEC＞1，有风险；PEC/PNEC＜1，无风险。

③不确定性分析。在评价水体中 PAHs 的生态风险过程中，测试的不确定性和评价方法是不确定性的主要来源。测试的不确定性主要是指测定污染物浓度所带来的误差以及同种生物的个体差异，主要表现在质量、脂肪含量不同等，这些差异都会造成污染物暴露浓度和毒性数据的不确定性。为了尽可能地降低不确定性，监测应完全依据美国环境保护局（USEPA）的方法。而且对于选用的藻、溞、鱼毒性数据，并不能完全代表典型生物物种，增加了风险评价的不确定性。评价方法本身也具有不确定性。商值法应用简单，但是在使用中有时会忽略环境中污染浓度的不同以及对不同生物危害的差别。

11.3.2　大港油田采油废水中 PAHs 的生态风险评价

（1）等效浓度的计算

根据等效浓度的计算方法，分别计算大港油田采油废水处理前后的多环芳烃等效浓度，计算结果如表 11-17 所示。蒽的等效质量浓度最高，分别为 9.198 μg/L 和 0.913 μg/L；处理前，䓛的等效质量浓度最低，为 0.000 08 μg/L；处理后，䓛的等效质量浓度最低，为 0.000 04 μg/L。说明蒽对水生生物的风险影响较高，䓛和二氢苊的影响很低。

表 11-17 多种 PAHs 等效浓度

PAHs	等效系数	等效质量浓度/（μg/L）	
		处理前	处理后
萘（NAP）	0.061	0.111	0.038
二氢苊（ACP）	0.010	0.001	0.000 3
芴（FLU）	0.021	0.003	0.001
菲（PHE）	0.781	0.733	0.068
蒽（ANT）	8.601	9.198	0.913
荧蒽（FLT）	3.008	1.006	0.033
芘（PYR）	0.750	0.078	0.012
䓛（CHR）	0.009	0.000 08	0.000 04
苯并[a]芘（BaP）	1.000		
总等效质量浓度		11.130	1.066

（2）生态风险评价

水体中 5 种 PAHs 的 PEC/PNEC 见表 11-18。

表 11-18 多环芳烃的 PEC/PNEC

污染物	PNEC	处理前		处理后	
		PEC	PEC/PNEC	PEC	PEC/PNEC
萘	2	1.810	0.905	0.621	0.31
蒽	0.44	1.070	2.43	0.106	0.24
菲	0.478	0.939	1.96	0.088	0.18
荧蒽	1.04	0.235	0.23	0.011	0.01
苯并[a]芘	0.005	0.009 4	1.88	0.004 7	0.94
8 种 PAHs 的等效浓度	0.005	11.130	2226	1.066	201.2

由表 11-18 可见，未处理前的废水中蒽、菲和苯并[a]芘具有一定的生态风险，经过处理工艺处理后的外排水中，萘、蒽、菲、荧蒽、苯并[a]芘的 PEC/PNEC 均小于 1，目前尚未对环境造成威胁。但是 8 种 PAHs 的等效浓度表现出较大的毒性，需要引起重视。

11.3.3 胜利油田采油废水中 PAHs 的生态风险评价

（1）等效浓度的计算

对胜利油田桩西联合站的进出水进行了 GC/MS 分析，测定了水中多环芳烃的含量。根据等效浓度的计算方法，分别计算桩西联合站采油废水处理前后的多环芳烃等效浓度，计算结果如表 11-19 所示。

表 11-19　多种 PAHs 等效浓度

PAHs	胜利油田桩西联合站废水浓度/（μg/L）		等效系数	等效质量浓度/（μg/L）	
	处理前	处理后		处理前	处理后
萘（NAP）	2.705	0.383	0.061	0.165	0.023
二氢苊（ACP）	0.014	0.007	0.010	0.000 14	0.000 07
芴（FLU）	0.020	0.009	0.021	0.000 42	0.000 19
菲（PHE）	0.393	0.095	0.781	0.307	0.074
蒽（ANT）	0.291	0.088	8.601	2.501	0.757
荧蒽（FLT）	0.022	0.006	3.008	0.065	0.017
芘（PYR）	0.005	0.004	0.750	0.004	0.003
䓛（CHR）	0.014	0.004	0.009	0.000 13	0.000 03
苯并[a]芘（BaP）	0.018	0.000 5	1.000	0.018	0.000 5
总等效质量浓度				3.061	0.875

在处理前和处理后，蒽的等效质量浓度最高，分别为 2.501 μg/L 和 0.757 μg/L；处理前，䓛的等效质量浓度最低，为 0.000 13 μg/L；处理后，䓛的等效质量浓度最低，为 0.000 03 μg/L。说明蒽对水生生物的风险影响较高，䓛和二氢苊的影响很低。

（2）生态风险评价

水体中 5 种 PAHs 的 PEC/PNEC 见表 11-20。

表 11-20　多环芳烃的 PEC/PNEC

污染物	PNEC	处理前		处理后	
		PEC	PEC/PNEC	PEC	PEC/PNEC
萘	2	2.705	1.353	0.383	0.192
蒽	0.44	0.291	0.661	0.088	0.2
菲	0.478	0.393	0.822	0.095	0.199
荧蒽	1.04	0.022	0.021	0.006	0.006
苯并[a]芘	0.005	0.018	3.6	0.000 5	0.1
8 种 PAHs 的等效浓度	0.005	3.061	612.2	0.875	175

由表 11-20 可见，未处理前的废水中萘、苯并[a]芘具有一定的生态风险，经过处理工艺处理后的外排水中，萘、蒽、菲、荧蒽、苯并[a]芘的 PEC/PNEC 均小于 1，目前尚未对环境造成威胁。但是 8 种 PAHs 的等效浓度表现出较大的毒性，需要引起重视。

11.3.4　小结

本章结合监测数据，对大港油田港东联合站以及胜利油田桩西联合站进出水中 PAHs 的生态风险进行了评价，所得结果如下：

①由于 PAHs 类污染物对生物的致毒机理相似，其总效果可以表现为单一污染物独立作用效应的简单叠加。所以，采用等效系数来表征 PAHs 的联合作用效果。等效系数在一定程度上能够反映各种 PAHs 的毒性差别，等效系数越大，对生物的毒性就越强。耐受性顺序依次为：菹＞二氢苊＞芴＞萘＞芘＞菲＞苯并[a]芘＞荧蒽＞蒽，即蒽对水生生物的毒性最强，菹的毒性最弱，芘的毒性居中。

②采用评价系数法推出污染物环境最大无影响浓度，并用商值法对大港油田港东联合站以及胜利油田桩西联合站进出水中 PAHs 的生态风险进行了评价。评价结果如下：

大港油田港东联合站未处理前的废水中，蒽、菲和苯并[a]芘具有一定的生态风险，经过处理工艺处理后的外排水中，萘、蒽、菲、荧蒽、苯并[a]芘的 PEC/PNEC 均小于 1，目前尚未对环境造成威胁。胜利油田桩西联合站未处理前的废水中萘、苯并[a]芘具有一定的生态风险，经过处理工艺处理后的外排水未对环境造成威胁。但是两联合站废水中 8 种 PAHs 的等效浓度表现出较大的毒性，需要引起重视。

11.4 指标体系的构建

指标可以简化复杂现象的信息，尽可能通过量化使之更易沟通。一个指标可以是一个变量或一个变量的函数（如比率），可以是定性的，也可以是定量的。既然指标是一组表示系统特性的信息，那么选择指标时就要有根据，使其具有代表性和适用性（杨建丽等，2009）。

指标体系就是运用一定的数学办法，从被评价对象的特点和表现出发选取一定的指标，进行量化描述其在某一方面或问题的水平和影响而形成的一套体系。

指标体系是由若干个指标组成的系统并且层次分明的指标群，用于评价某个对象或系统。指标体系需要有明确的指标结构，明确指标体系由哪些指标组成和这些指标之间的相互关系。指标体系可以看做一个信息系统，由系统元素和系统结构两部分构成。指标即为系统元素，其中包括指标的概念、计算方法、计量单位等；系统的结构即为各指标间的相互关系。

指标体系的建立可以简化复杂的系统，有利于决策者把握系统或对象的主要矛盾，并且通过信息和数据的搜集和评价，定量地描述系统，提高了指标体系的综合性、可比性和统一性。

11.4.1 指标体系建立的流程

（1）建立污染控制技术生态风险评价指标体系的流程

指标体系的构建流程如图 11-4 所示。

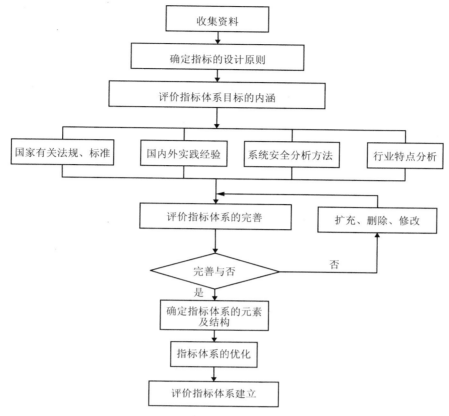

图 11-4　指标体系的构建流程

（2）指标体系的建立原则

指标体系的建立应遵循以下原则。

①目的性原则。指标体系要紧紧围绕改进污染控制技术生态风险这一目标来设计，并由代表系统各个组成部分的典型指标构成，多方位、多角度地反映污染控制技术的生态风险水平。

②科学性原则。指标、标准、程序等方法是否科学直接决定了生态风险评价活动是否科学。生态风险评价指标的选取应以环境生态学理论、生态系统生态学理论、可持续发展理论等相关理论为依据，所选取的指标应能够正确表现出自然—经济—社会符合生态系统的状态。指标应反映评估对象的特征，同时应具有明确的概念和物理意义、标准的测定方法和规范的统计计算方法。

③整体性与针对性原则。指标体系选取时要注意整体的功能和目标，能够全面体现生态系统的总体特征。另外，还要注意有针对性，要按各类指标的特点，选取具有典型性和代表性的指标，进而构建简单而有效的指标体系。

④层次性原则。指标体系应层次分明，将风险源本身及其对受体危害的主要特征和发展状况全面反映出来；指标体系要形成阶层性的功能群，层次之间要相互适应并具有一致性，所选的指标能够充分反映各个层次的差异。

⑤可操作性原则。指标体系的选取应充分考虑到资料来源和现实可能性，遵循简便实

用和可操作的原则，尽量采用易于获取数据以及现有指标体系内已有的指标。指标体系应符合国家政策，并使指标使用者便于理解和判断，因此指标设置应简洁，涉及数据应确凿并易于量化。

⑥定性与定量相结合的原则。设计指标体系时应满足定量与定性相结合的原则，也就是说在定性分析的基础上，仍需要量化处理。量化的目的是准确地揭示事物的真相。而那些缺乏统计数据的定性指标，需要采用评分法，利用专家意见近似实现其量化。定性和定量是指标选择方法的两大类，在选择指标时还要注意单个指标的意义和指标体系的内部结构。

⑦动态性与静态性相结合的原则。所选指标既要反映系统的发展状态，又要反映系统的发展过程。

（3）污染控制技术生态风险评价指标体系的目的

有毒有机物对生态环境和人体健康具有极其严重的危害潜能，被许多国家纳入危险物质清单，许多发达国家相继出台了各类环境介质（土壤、沉积物、地表水和地下水）中的石油烃含量标准，并对受污染地区进行风险评价以保护生态环境和人体健康。石油开采业已对生态环境造成不同程度的影响和破坏，而随着未来开采量的增加，石油开采将增加开采区的生态风险，甚至威胁区域生态安全。

从行业环境管理角度来看，我国石油开采行业尚未建立基于生态风险的科学有效的污染控制环境绩效评估方法，无法对现有生产工艺技术和污染控制技术存在的生态风险进行评估，更无法筛选和优化集成这些技术来降低风险。

针对不同石油开采技术方法、产生的污染物种类、现实和潜在的生态风险亦不相同的特征、污染控制技术对降低石油开采的生态风险的不同效果、从工艺技术到区域的环境—经济过程，分析采油区域生态系统的"压力—状态—响应"关系，构建基于降低采油生态风险的污染控制技术的环境绩效评估框架和环境绩效评估的程序流程，筛选适宜的环境绩效评估指标，对各种污染治理技术、资源化技术的环境影响因子进行特征化、标准化研究；建立基于降低采油生态风险的区域污染控制技术的环境绩效评估模型，从源头和过程有效降低石油开采过程的生态风险。为陆地石油开采行业的环境管理和污染预防提供依据，为筛选和集成优化陆地石油污染控制技术提供技术支持。

11.4.2 指标体系建立的拟订

（1）指标体系的构建

本评价指标体系分为定量评价和定性评价两大部分。定量评价指标选取了能反映外排水达标情况的污染物指标、去除率指标、资源利用率指标和经济指标。通过对各项指标的实际达到值、评价基准值和指标的权重值进行计算和评分，综合考评企业污染控制技术的生态风险大小。定性评价指标用于考核企业对相关政策法规的符合性以及污染控制设施的科学运行情况。

定量指标和定性指标分为一级指标和二级指标。一级指标为普遍性、概括性的指标，二级指标为反映废水处理设施效果的易于评价考核的指标。

本指标体系选用污染物指标、去除率指标、资源综合利用率指标作为定量评价指标。选用环境管理体系建设指标、安全指标、生产工艺及设备要求指标和经济指标为定性评价指标体系。

定量和定性评价指标体系框架分别见图 11-5 和图 11-6。

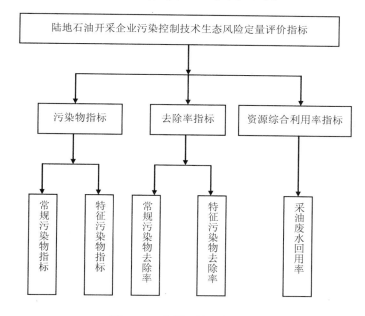

图 11-5　定量评价指标项目

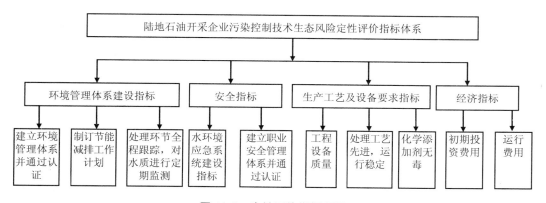

图 11-6　定性评价指标项目

（2）评价指标体系的基准值和权重分析

在定量评价指标体系中，各指标的评价基准值是衡量该项指标是否符合生态风险性基本要求的评价基准。本评价指标体系确定各定量评价指标的评价基准值的依据是：①参照国家、行业和地方规定的标准以及国际标准。②科学研究已判定的生态效应。通过当地或相似条件下科学研究已判定的保障生态安全的要求，生物体内污染物的最高允许量也可作为生态风险评价的参考标准。③调研与科学试验方法。专家调研以得到最直接的认识与经验，而那些无法在调研中获取的评价标准，可在相似生态环境条件下进行科学试验模拟。

在定性评价指标体系中，衡量该项指标是否贯彻执行国家有关政策、法规，以及企业的生产状况，按"是"或"否"两种选择来评定。选择"是"即得到相应的分值，选择"否"则不得分。

评价指标的权重反映了该指标在整个评价指标体系中所占的权重。它在原则上是根据该项指标对处理效果和所产生的影响的大小以其实施的难易程度来确定的。石油开采企业废水处理设施的生态风险评价的各项指标权重与基准值见表 11-21，定性评价的各项指标权重与基准值见表 11-22。

表 11-21　定量评价的各项指标权重与基准值

一级指标	权重值	二级指标			权重值	基准值
污染物指标	45	常规污染物指标/（mg/L）		pH	4	6～9
				COD	4	60
				石油类	4	5
		特征污染物指标	多环芳烃/（μg/L）	萘	4	2
				蒽	4	0.44
				菲	4	0.478
				荧蒽	4	1.04
				苯并[a]芘	5	0.005
			苯系物/（mg/L）	苯	4	0.011
				甲苯	4	0.1
				乙苯	4	0.4
去除率指标	45	常规污染物去除率/%		pH	4	90
				COD	4	90
				石油类	4	90
		特征污染物去除率/%	多环芳烃	萘	4	80
				蒽	4	80
				菲	4	80
				荧蒽	4	80
				苯并[a]芘	5	80
			苯系物	苯	4	80
				甲苯	4	80
				乙苯	4	80
资源综合利用指标	10	采油废水回用率/%			4	60

表 11-22　定量评价的各项指标权重与基准值

一级指标	权重	二级指标	权重	备注
环境管理体系建设	30	建立环境管理体系并通过认证	10	只建立环境管理体系但尚未通过认证的则给 5 分，未建立环境管理体系的不给分
		制订节能减排工作计划	10	（是或否）
		处理环节全程跟踪，对水质进行定期监测	10	（是或否）
安全指标	20	建立职业安全管理体系并通过认证	10	只建立安全管理体系但尚未通过认证的则给 5 分，未建立安全管理体系的不给分
		水环境应急系统建设情况	10	有完整的水污染应急预案，可以有效控制突发情况造成的不利影响
生产工艺及设备要求	30	处理工艺先进，运行稳定	10	（是或否）
		相关配套设施完整	10	（是或否）
		化学添加剂无毒	10	（是或否）
经济指标	20	初期投资费用	10	（高、中、低）
		运行费用	10	（高、中、低）

（3）定量评价指标计算及评价等级

综合指数法属于指数分析法。首先需要确定评价的指标，并对这些指标进行参数赋权；其次，用实际值和评价指标的标准值相比较得到一个数据，此数据经过归一化处理后便得到了一系列的无量纲的指数；然后，将这些无量纲的指数进行加权平均后即得到了综合评价指数，最后将指数按一定间隔划分等级。该方法便于横向和纵向的对比分析，在很多评价中应用普遍。

1）定量化评价指标的考核评分计算

定量化评价指标的单项评价指数的计算方法：

对指标数值越高（大）越符合要求的指标，其计算公式为：

$$S_i = \frac{S_{xi}}{S_{oi}} \tag{11-4}$$

对指标数值越低（小）越符合要求的指标，其计算公式为：

$$S_i = \frac{S_{oi}}{S_{xi}} \tag{11-5}$$

式中，S_i——第 i 项评价指标的单项评价指数，取值范围是 $S_i \leqslant 1.2$；

　　　S_{xi}——第 i 项评价指标的实际值；

　　　S_{oi}——第 i 项评价指标的评价基准值。

定量评价的指标考核总分值的计算公式为：

$$P_1 = A_i \sum_{i=1}^{m} S_i K_i \tag{11-6}$$

式中，P_1——定量化评价的指标考核总分值；

　　　A_i——定量评价指标得分值的修正系数，$A_i = A_{i1}/A_{i2}$；

A_{i1}——定量指标体系的权重值；

A_{i2}——实际参与考核的属于定量评价指标中各二级评价指标的权重值之和；

m_i——定量评价指标中实际参与评价考核的二级评价指标项目数；

S_i——第 i 项指标的单项评价指数；

K_i——第 i 项评价指标的权重值。

2）指标体系定性考核评分计算

对定性指标的考核仅考虑"有"与"无"及其效果。

指标体系定性评价考核总分值的计算公式为：

$$P_2 = \sum_{i=1}^{n} F_i \tag{11-7}$$

式中，P_2——定性化评价指标考核总分值；

　　　F_i——定性化评价指标体系中第 i 项指标的得分值；

　　　n——参与考核的定性化评价指标的项目总数。

3）综合评价指数的考核评分计算

综合评价指数的差异直接反映了企业之间废水处理水平的总体差距。综合评价指数的计算公式为：

$$P = \alpha P_1 + \beta P_2 \tag{11-8}$$

式中，P——企业废水处理设施的综合评价指数；

　　　α——定量类指标在综合评价时整体采用的权重值，取值 0.7；

　　　P_1——定量评价指标中各二级指标考核总分值；

　　　β——定性类指标在综合评价时整体采用的权重值，取值 0.3；

　　　P_2——定性评价指标中各指标考核总分值。

4）等级的评定

评价等级的划分是为了确定评价工作的深度和广度，体现废水控制技术对生态系统的影响程度和保护的要求程度（表 11-23）。

表 11-23　不同等级的综合评价指数

等级	状态	评价指数	特征
I	国内先进水平	$P \geqslant 90$	水质处理效果好，出水水质达标，能耗水平处于先进水平。对生态环境影响基本可忽略
II	国内基本水平	$80 \leqslant P < 90$	水质处理效果较好，出水水质达标，能耗处于国内先进水平。对生态环境影响较小
III	需改进水平	$P \leqslant 80$	水质处理效果不好，存在较大生态风险，需改进

11.4.3　实例应用

用所构建的指标体系评价大港油田港东联合站和胜利油田桩西联合站的废水处理设施。信息汇集于表 11-24、表 11-25。

表 11-24　指标体系所需信息汇集——定量评价

项目		权重值*	基准值	大港油田	胜利油田
pH		1	6～9	7	7
COD/（ng/L）		3	60	57.6	168.2
石油类/（ng/L）		3	5	4.6	33.4
萘/（ng/L）		4	2	0.621	0.383
蒽/（ng/L）		5	0.44	0.106	0.038
菲/（ng/L）		5	0.478	0.088	0.025
荧蒽/（ng/L）		4	1.04	0.011	0.006
苯并[a]芘/（ng/L）		6	0.005	0.004 7	0.005
苯/（ng/L）		4	0.011	0.000 173 51	0.000 286
甲苯/（ng/L）		5	0.1	0.000 083 90	0.000 165
乙苯/（ng/L）		5	0.4	0.001 031 07	0.000 268
去除率/%	COD	4	90	82.27	91.4
	石油类	3	90	91.06	96.4
	萘	4	80	65.66	85.83
	蒽	5	80	90.07	86.92
	菲	5	80	95.28	86.92
	荧蒽	4	80	90.66	73.94
	苯并[a]芘	6	80	50.21	97.29
	苯	4	80	90.33	78.46
	甲苯	5	80	94.75	83.42
	乙苯	5	80	62.79	75.53
采油废水回用率/%		10	60	—	—

注：* 权重值单位为"1"。

表 11-25　定性评价得分情况

二级指标	权重	大港油田得分	胜利油田得分
建立环境管理体系并通过认证	5	5	5
制订节能减排工作计划	5	5	5
处理环节全程跟踪，对水质进行定期监测	10	10	10
通过清洁生产审核	10	10	10
建立职业安全管理体系并通过认证	10	10	10
水环境应急系统建设情况	10	10	10
处理工艺先进，运行稳定	10	10	0
相关配套设施完整	10	10	10
化学添加剂无毒	10	10	10
初期投资费用	10	10	10
运行费用	10	10	10

　　按照综合指数法的步骤对两处理站的处理情况进行评价，大港油田港东联合站得分为 91.34，属于一级水平；胜利油田桩西联合站得分为 86.35，属于二级水平。两处理站达到了废水处理的基本要求，但仍有一定的发展空间。

11.4.4 小结

本章针对我国石油开采行业尚未建立基于生态风险的科学有效的污染控制环境绩效评估方法，无法对现有生产工艺技术和污染控制技术存在的生态风险进行评估的问题，构建基于降低采油生态风险的污染控制技术的环境绩效评估框架和环境绩效评估的程序流程，筛选适宜的环境绩效评估指标；建立基于降低采油生态风险的区域污染控制技术的环境绩效评估模型，从源头和过程有效降低石油开采过程的生态风险。为陆地石油开采行业的环境管理和污染预防提供依据，为筛选和集成优化陆地石油污染控制技术提供技术支持。

本评价指标体系分为定量评价和定性评价两大部分。定量评价指标选取了能反映外排水达标情况的污染物指标、去除率指标、资源利用率指标和经济指标。定性评价指标用于考核企业对相关政策法规的符合性以及污染控制设施的科学运行情况。选用环境管理体系建设指标、安全指标、生产工艺及设备要求指标和经济指标为定性评价指标体系。

采用综合指数法对各指标进行综合评价，得出综合评价指数，最后将指数按一定间隔划分为三个评价等级，即国内先进水平、国内基本水平和需改进水平。

11.5 结论与展望

11.5.1 结论

本文从陆地石油开采特征污染物的污染以及带来的生态风险角度出发，研究了油田废水中有机物的分布规律并对多环芳烃进行了生态风险评价。建立合理的生态风险评估方法和模型，评价采油废水有机污染物的污染现状及潜在生态风险，为采油废水的相关污染控制与风险管理决策提供科学依据。

①生物处理技术被认为是未来最有前景的废水处理技术，一直是废水处理工作者研究的重点和难点。随着全球范围水资源短缺的加剧以及人们对环境污染认识的加深，油田采出水处理后回用已经越来越受到重视。氧化塘处理含油废水具有效果好、运行简单、成本低等优点，有较大的发展前景。

②通过 GC/MS 定性和定量分析后，发现含油废水中有机污染物种类复杂。在常规指标达标的情况下，油田外排水中仍存在着具有生态风险的特征污染物。含油废水中多环芳烃主要以 2,3-多环芳烃类为主，占总含量的 93% 以上。大港油田外排水中苯并[a]芘含量超过我国水质标准。苯并[a]芘作为多环芳烃类污染物的代表性监测目标物，具有极强的致癌性，很有可能对受纳水生态环境造成危害，因此必须对废水处理工艺进行有效地优化和长期监测，以减少对环境的危害。另外，萘和菲在外排废水中含量较高，也可以作为含油废水替代参考物，进行常规性代表监测。

③对联合站废水处理前后的生态风险进行了评价。大港油田港东联合站未处理前的废水中，蒽、菲和苯并[a]芘具有一定的生态风险，经过处理工艺处理后的外排水中，萘、蒽、菲、荧蒽、苯并[a]芘的 PEC/PNEC 均小于 1，目前尚未对环境造成威胁。胜利油田桩西联合站未处理前的废水中，萘、苯并[a]芘具有一定的生态风险，经过处理工艺处理后的

外排水未对环境造成威胁。但是两联合站废水中 8 种 PAHs 的等效浓度表现出较大的毒性，需要引起重视。因此有必要对油田废水处理设施的处理效果进行评估以制定相应的控制要求。

④从生态风险角度出发，建立了基于生态风险的陆地石油开采企业污染控制技术评价指标体系。定量评价指标选取了能反映外排水达标情况的污染物指标、去除率指标、资源利用率指标和经济指标。选用环境管理体系建设指标、安全指标、生产工艺及设备要求指标和经济指标为定性评价指标体系。采用综合指数法对指标进行综合评价后，将污染控制技术分为三级。

11.5.2　研究展望

本研究虽然取得了一定的基础数据，但对于控制采油废水中"三致"污染物目的来说依然任重道远。为了更好地控制石油开采行业的生态风险，建议从以下几个方面继续开展相关研究：

①本研究只对 PAHs 和 BTEX 进行了探讨，未能够全面分析采油废水中的有毒有机物，下一步需要更加全面、细致地了解数据，并作进一步的研究。本次采样是单次采样，仅对污染物在该时段内的总体风险进行了评价，属于阶段性研究成果，以后可总结多次采样的数据，进行综合分析。

②研究中采用的生态风险评价方法具有一定的不确定性，以后的工作要在降低评价的不确定性方面进行研究。

③随着石油开采污染控制技术的更新和水质控制要求的进步，及时修改拟订的指标体系。

第 12 章　主要结论与研究展望

12.1　主要结论

（1）通过对胜利油田和大庆油田石油开采生态风险评价，确定陆地石油开采生态风险源为 16 种多环芳烃、11 种重金属和 6 种苯系物。

①大庆油田采用明亮发光杆菌 T3（*Photobacterium phosphoreum*）毒性测试对典型石油开采区的土壤进行生态毒理污染诊断，测试结果表明 69% 的采样点土壤级别为 I 级，毒性级别属于低毒，25% 为 II 级，属于中毒，5% 为 III 级，属于重毒，1% 为 IV 级，属于高毒，在所检测的各采样点中，未出现处于剧毒水平的土壤。

②采用地累积指数法以及单因子指数法与内梅罗指数法相结合的评价方法对开采区土壤重金属污染进行评价。从地累积指数法评价结果可以看出（参考全国平均背景值），典型石油开采区中除 Cd 外，其余监测的 8 种重金属基本未超标。从单因子指数法评价结果可以看出，在所监测的 9 种重金属中，除个别采样点 Fe 含量超标外，其余 8 种重金属均未超标。从内梅罗指数法评价结果可以看出，石油开采区的土壤中未受到重金属的污染。

③采用单因子指数法与内梅罗指数法相结合的评价方法对开采区土壤多环芳烃污染进行评价。从单因子指数法评价结果可以看出，BaP、DBA 均有部分采样点含量超过标准值，其余 14 种污染物的超标情况较轻。从内梅罗指数法评价结果可以看出，部分采样点的土壤均受到不同程度的 PAHs 的污染。

④对开采区土壤污染物进行总体的内梅罗指数评价时，在所评价的 262 个采样点中，土壤级别处于 I 级的采样点有 186 个，占采样点总数的 71%，II 级的采样点有 20 个，占采样点总数的 8%，III 级的采样点有 13 个，占采样点总数的 5%，属于轻污染水平，IV 级的采样点有 20 个，占采样点总数的 8%，属于中污染水平，处于 V 级的采样点有 23 个，占采样点总数的 9%，属于重污染水平。

（2）Trapp 和 Matthies（1995）模型描述了一系列与植物吸收有机物有关的过程和参数，包括污染物的亲脂性和挥发性，可以作为陆生植物的暴露评价模型。描述了植物吸收有机物的 4 个途径，分别为植物对有机物从土壤到根部的吸收、有机物跟随植物蒸腾流在植物体内的迁移、有机物通过植物叶片与大气的交流进入植物和植物的生长 4 个模块，并以萘和菲作为暴露特征污染物，研究了碱蓬和芦苇的暴露量。

（3）石油污染会影响植物的叶面积指数、生物量、植被盖度、光合色素等生物物理、生物化学和群落学指标。这些指标的变化可以利用植被指数和红边特征进行有效监测。针对以芦苇为优势种的生态系统，利用野外获得的植被高光谱数据，计算 43 种高光谱植被指数和红边斜率、红边面积、红边 3 个红边参数，最终建立了利用红边斜率监测土壤石油污染的最优模型。相对于传统的土壤、植被监测方法，高光谱遥感简单易行，可节约大量的人力、财力和时间，对植被破坏小；结合航空、航天等遥感技术，可实现土壤石油污染的定时、定位、定量、大面积监测。

（4）胜利油田水体中寡毛类和软体动物是该地区的指示生物类群，这两种生物主要生存于底泥中，石油含量不是该地区影响水生生态系统的主要胁迫因子，石油开采对水生生物生态风险较小。

（5）土壤线虫可以作为石油开采区土壤环境中生态受体，线虫受油井开采干扰程度较高，尤其是油井作业区 20 m 范围内影响很大，土壤食物网趋于退化。随着开采距离的增加，线虫群落优势度指数和多样性指数逐渐升高，影响逐渐减小。

（6）胜利油田部分土壤受到 PAHs 污染，土壤存在遗传毒性、雌激素效应和 EROD 效应，主要集中在油井较为密集的区域，包括孤东油田和孤岛油田以及东辛油田等区域。胜利油田土壤中苊烯和苊单因子指数小于 1，无污染。荧蒽、芘和茚苯[1,2,3-cd]芘无污染土壤超过 90%。芴和蒽污染比较严重，芴污染土壤比例超过 67%，其中轻、中、重污染比例分别为 14.38%、16.34% 和 36.60%。芴、蒽、蒽和苯并[a]芘污染较重，重污染土壤比例超过 20%。

（7）对大庆油田和胜利油田水体 PAHs 风险评价结果表明：

大庆油田水体萘超过 ERL 的点位有 13 个样点，占总样品的 81.25%，而苊烯超过 ERL 的点位有一个，占总样品的 6.25%，这些点位存在一定的生态风险，而其他 PAHs 均不存在生态风险。萘含量超过 ERM 的有 5 个点位，占总样品的 31.25%，这些点位存在高生态风险，存在明显的生态负效应。应用 Smith（1996）和 MacDonald（2000）等提出的水体生态基准值进行评价，大庆油田 PAHs 超过 TRV 的点位有 13 个，占总样品的 81.25%，这些样点水体萘存在一定的生态风险。

而胜利油田水体 PAHs 均不存在生态风险。原因可能为大庆水体多为水泡，水体流动性很小，化学物质容易积累，而胜利油田地处黄河三角洲平原，河流多，水量大，故不存在生态风险。

（8）大港油田港东联合站废水处理多环芳烃去除率依次升高。其中，隔油池、沉淀池、曝气池的去除效率较低，累计去除率分别为 14.04%、23.00% 和 29.30%。兼性塘和好氧塘的去除效率较高，分别达到 65.30% 和 79.02%。未处理前的废水中，蒽、菲和苯并[a]芘具有一定的生态风险，经过处理工艺处理后的外排水中，萘、蒽、菲、荧蒽、苯并[a]芘的 PEC/PNEC 均小于 1，目前尚未对环境造成威胁。但是 8 种 PAHs 的等效浓度表现出较大的毒性，需要引起重视。大港油田含油废水中苯系物主要以二甲苯和乙苯为主。废水中苯系物的去除率依次升高。其中，隔油池、沉淀池的去除效率较低，累计去除率分别为 9.07%、16.59%。处理流程对苯系物的总去除率为 77.82%。大港油田外排水中的 BTEX 含量与水质标准进行比较均未超标。

胜利油田桩西联合站外排水中多环芳烃的浓度未超过相关标准，且多环芳烃的去除率为 22.73%～97.29%。根据等效浓度的计算方法，在处理前和处理后，蒽的等效质量浓度最高，分别为 2.501 μg/L 和 0.757 μg/L。处理前，蒽的等效质量浓度最低，为 0.000 13 μg/L；处理后，蒽的等效质量浓度最低，为 0.000 03 μg/L。说明蒽对水生生物的风险影响较高，菌和二氢苊的影响很低。未处理前的废水中，萘、苯并[a]芘具有一定的生态风险，经过处理工艺处理后的外排水中，萘、蒽、菲、荧蒽、苯并[a]芘的PEC/PNEC均小于1，目前尚未对环境造成威胁。但是8种PAHs的等效浓度表现出较大的毒性，需要引起重视。苯系物的排放浓度没有超过相关标准，且去除率为58.05%～83.42%。

12.2　主要成果

（1）石油污染的多级生物标志物鉴别技术

通过大量野外观察数据建立了土壤酶活性与土壤总石油烃含量的数学模型，从而建立了通过测定土壤酶活性监测石油污染的方法。初步建立了高光谱观察、土壤酶活性、植物生理生态参数、群落指标相结合的石油污染标志物体系。通过野外观察与野外控制实验，建立了高光谱反射值、土壤酶活性、植物生理生态参数、群落指标与石油污染的数学关系，定量表达了其剂量-效应关系，为分析石油污染的生态效应奠定了基础。

（2）利用高光谱遥感监测石油污染的生态效应

石油污染会影响植物的叶面积指数、生物量、植被盖度、光合色素等生物物理、生物化学和群落学指标。这些指标的变化可以利用植被指数和红边特征进行有效监测。同时，相对于传统的宽波段遥感技术，高光谱成像光谱仪在可见光—近红外区域的光谱分辨率可达到纳米级，因此，可以取得研究对象详细而精确的光谱信息，从而为植被指数和红边参数的计算提供了更多的选择空间，使植被指数和红边参数监测的敏感性和准确性进一步提高。基于上述原因，针对以芦苇为优势种的生态系统，利用野外获得的植被高光谱数据，计算43种高光谱植被指数和红边斜率、红边面积、红边3个红边参数，最终建立了利用红边斜率监测土壤石油污染的最优模型。相对于传统的土壤、植被监测方法，高光谱遥感简单易行，可节约大量的人力、财力和时间，对植被破坏小；结合航空、航天等遥感技术，可实现土壤石油污染的定时、定位、定量、大面积监测。

（3）利用群落地上生物量指标监测土壤石油污染

石油污染的环境监测，一般进行常规的土壤和植物化学分析。但是，土壤和植物化学分析野外采样工作量大、程序复杂、成本较高，是一项耗力、耗财、耗时的工作。石油污染会影响植物的叶片、高度等形态指标以及叶面积指数、盖度、地上生物量等群落指标。而这些指标的测定均较为简便，成本也较为低廉，因此，本研究针对以芦苇为优势种的生态系统，筛选1 m×1 m样方内植物总地上生物量等10项指标，以这些指标为自变量，拟合土壤总石油烃含量，最终确定芦苇生态系统土壤石油污染的最佳预测模型为 $TPH = 806.514 - 134.763\ln(TBio)$（$n = 30$，$R^2 = 0.701$，$p < 0.001$）。TPH为土壤总石油烃含量（mg/kg），TBio为1 m×1 m样方内植被总地上生物量（g）。该方法相对于传统的土壤和植物化学分析方法，简单易行，成本低廉，可节约大量的人力、财力和时间。该方法的具体操作程序为：在野外选取具有代表性的样点后，采用收获法测量1 m×1 m样方内植被总地上生物量。若样方中植物太多，可取一定比例的植物样品进行换算，然后利用预测模型 $TPH = 806.514 - 134.763\ln(TBio)$，可推算出取样点土壤总石油烃含量。

（4）陆地石油开采生态风险识别及风险值的计算

研究一种用于评价石油开采污染物生态风险的联合概率二重积分分析方法，属于生态风险防范领域。其步骤为：确定石油开采过程中的主导有机污染物；根据时间、空间差异的污染物浓度与植物受体死亡率的对应关系，计算石油开采污染的生物半致死浓度值；依据石油污染物的浓度，进一步确定为缓慢恶化预警或迅速变化预警。在对研究区域环境要素进行遥感调查的基础上，结合区域工业发展胁迫的特点，考虑风险源、受体敏感性等特点，运用系统动力学、景观生态学以及 GIS 分析、AHP、Delphi 等理论和方法，构建区域生态风险评价指标体系，确定如何采用区域生态风险预警。

（5）表征遗传毒性的重组菌及其构建方法与应用

随着近代工业的发展，环境污染日趋严重，人类向环境中排放大量的有毒、有害物质，危害人类健康，因此对有毒物质的检测至关重要。其中，对遗传毒物的重视和遗传毒性的检测是近十年来备受关注的领域。本研究开发了一种表征遗传毒性的重组菌及其构建方法与应用。该重组菌是染色体的 recA 基因中含有报道基因的不动杆菌（*Acinetobacter* sp.）ADP1，该重组菌暴露于遗传毒性的物质或具有 DNA 损伤能力的辐射后，报道基因表达产生报道产物，报道产物的量与遗传毒性呈剂量-效应关系。利用上述方法检出遗传毒性的土壤样品中 PAHs 最低含量为 4.17 mg/kg，其中 BaP 含量为 0.05 mg/kg。细胞 ADP-recA 可以迅速且高灵敏度地直接表征油田污染土壤的遗传毒性。

（6）分区采样工具软件

分区采样工具软件（Areal Sampling Toolkit，AST）针对数据量繁杂庞大的现状，开展生态风险评价工作。进行空间采样分析是很有必要的，为使采样点选取科学、合理、高效，结合国外开展采样工作的宝贵经验，编制了一套能满足在获得研究区自然（水、土壤、生物等）、社会经济状况的空间数据的基础上开展采样点选取的基本工具。AST 是一个辅助分区（分块）空间采样的工具软件，内置有多项技术创新。AST 读取以制表符（Tab）为分隔符的本文档格式的空间数据，利用数据中的经纬度坐标（X-COORD，Y-COORD）进行点数据的模拟排列，然后对总体样本进行分区采样。AST 主要包含 3 种点数据抽样方法：等间隔抽样（Regular Sampling），整体随机抽样（Random Sampling），分区抽样（Areal Sampling）。

（7）开发并集成空间推演工具软件

风险评估过程中需要大量的空间属性数据及其他的辅助数据，在评估过程中经常会遇到一些数据的缺失。因此，对空间数据进行空间推演是非常必要的。空间推演工具软件（Spatial Extrapolation Toolkit，SET）便是对空间数据进行空间推演的工具。该工具的空间推演方法采用核密度回归平滑空间数据。

（8）典型石油开采区生态风险预警管理平台

典型石油开采区生态风险预警管理系统是符合陆地石油开采区环境质量管理特点的，涵盖污染源/风险源和区域生态环境监测、预警、应急反应、评估和决策多个业务阶段的框架体系。保证了数据管理的规范性、数据分析的时效性、预警的准确性、应急反应和决策的正确性，提供了石油开采区生态环境质量管理决策支持系统技术支撑，保证决策支持系统的科学性、可行性和可操作性。

典型石油开采区生态风险预警管理系统有多项技术为原始取得。不仅具备一般基于GIS 二次开发软件的功能，还需要一定的预警、决策和分析功能。考虑石油开采区生态环境数据的特点，系统功能包括：①地图操作。主要包括对地图进行放大、缩小、平移、漫游等基本地图操作功能。②采样点数据操作。主要包括石油开采区的采样点数据导入、采样点数据查询、报表统计功能；按照统一的数据标准和统一的数据接口规范，建立数据更新、质量审核、数据备份、数据安全、数据导入/导出等功能。③空间分析。主要包括叠置分析、缓冲区分析、数据转换（特征转栅格和栅格转特征）、空间分析的参数设置和初始化功能；主要功能有专题图的分类、专题图的制作、专题图的浏览、专题图的编辑、输出和专题图的存储；专题图管理的内容主要包括污染源监测、生态受体监测、区域生态基本信息、生态环境质量等各类专题图。④生态风险预警。这是系统的核心功能之一，主要包括生态风险预警分析、预警信息发布、预警查询等功能。⑤污染模型计算。这是系统的核心功能之一，主要功能是模拟污染的扩散。⑥系统管理。主要包括系统的用户管理、数据库的备份与恢复功能。

（9）陆地石油开采生态风险管理技术

通过多源污染信息、多源生态受体、不同生态类型环境污染的暴露模式和生态风险效应关系的研究，采用模型反演优化模型参数，建立不同生态类型石油开采区的生态风险评估模型，开发针对不同典型生态类型的石油污染区域性生态风险表征的集成技术，并将生态风险评估技术与预警技术相结合，实现陆地石油开采生态风险管理技术的集成创新。

（10）采油污染控制技术环境绩效评估技术体系及其应用框架

在对采油过程环境影响和污染控制技术环境绩效评估的基础上，建立采油污染控制技术环境绩效评估技术体系及其应用框架；进而建立基于源头削减和关键过程控制的采油过程污染控制技术集成与优化的生态风险验证评估值技术方法。

12.3 研究展望

石油污染场地生态风险评价尚属探索阶段，石油污染陆生生态系统风险暴露存在诸多的不确定性和途径的复杂性，难以在较短时间内有效识别暴露途径。另外，由于生态系统构成的多样性和复杂性，难以有效识别和确定指示性植物类型。

（1）加强不同区域、不同采油方式的油田生态风险评估与风险管理

我国陆地石油资源分布广泛，而这些地区又是我国重要生态脆弱区和重要生态功能区，具有较大的生态服务功能，对维护区域生态安全具有重要作用。过去几十年来石油资源的开发，加剧了这些地区的环境恶化和生态退化，因此需加强不同区域的石油开采生态风险评价。我国含油气盆地分为3个基本类型：东部拉张型盆地、中部过渡型盆地、西部挤压型盆地。全国分为5个含油气区：东部主要包括东北和华北地区；中部主要包括陕、甘、宁和四川地区；西部主要包括新疆、青海和甘肃西部地区；南部包括苏、浙、皖、闽、粤、湘、赣、滇、黔、桂10省区；西藏区包括昆仑山脉以南、横断山脉以西的地区。不同区域生态环境不一样，面临的生态问题也不同，其生态受体、暴露途径都不相同，因此应该加强不同区域油田的生态风险研究。

同时，不同区域、不同油田石油的性质不一样，地质情况也不一样，导致开采中污染也不一样，因此在研究石油开采生态风险评估时，要针对不同的油田提出不同的优控污染物，进行不同的管理。

针对我国不同区域生态环境特点，建立石油开采污染分区管理机制，对我国石油开采

的国土空间开发格局进行统一规划，开展有针对性的生态风险评估，提出优控污染物，制定相应的环境监管标准，进行分区、分油田的精细化管理。

（2）实施清洁生产，在石油开采过程中推广污染"全过程"控制理念

在石油开采过程中，推广实施钻井液污染"全过程控制"理念，通过"源头控制"减少钻井液使用量，通过"过程控制"减少废弃物产生量，通过"末端治理"消除污染环境隐患。开发并使用环保无毒钻井液是消除废钻井液对环境影响的治本之法，可以彻底解决废钻井液对环境的污染。推荐钻井液循环使用，减少环境污染和提高企业经济效应。开展井下清洁生产技术，采油、油气集输清洁生产技术，同时对一些大型设备进行节能改造，加强废物资源化利用以及余热的回收利用。

（3）加强天然气和非常规气开采过程中环境保护的研究

我国天然气开采强度日益增大，而我国非常规天然气资源类型多，勘探程度低，资源潜力巨大，前景良好。在应对气候变化、发展低碳经济的大背景下，随着技术进步和油气开发政策的不断完善，我国非常规天然气开发利用发展迅速。但是非常规气开采存在储层物性差，连续分布，资源丰度低；单井产量低，开采时间长；开发难度大，技术工艺要求高；用水量大，对环境影响显著等特点。我国对非常规天然气的大规模勘探开发是近 20年才兴起的。截至目前，致密砂岩气、煤层气的勘探开发形成了工业规模的产能，而对其他非常规气，尚处于调查、研究和小规模开发阶段。因此加强天然气和非常规气开采过程中环境保护的研究具有重要意义。

（4）加强石油开采生态修复研究

石油勘探与开发过程中的钻井、井下作业和采油等环节以及井喷、泄漏等偶然事故都会带来土壤的污染。常规污染处理方法包括物理处理和化学处理以及生物修复技术，而生态修复有费用低、处理效果好、对环境影响低、无二次污染、不破坏植物生长所需要的土壤环境等优点，在石油污染土壤修复方面具有广阔的应用前景。利用生物方法与物理和化学方法优化组合原理、土壤生态系统自净功能的激活原理、生态因子调控原理等，对石油污染进行生态修复。

（5）建设石油污染长期定位研究站点

由于经济、技术等方面的条件限制，目前我国尚没有石油污染的长期定位研究，给石油污染生态效应的研究带来一些不便。今后，在经济、技术条件允许的条件下，有必要在我国典型石油开采区建立石油污染长期定位研究站点，开展综合性的石油污染研究，为石油污染的防治与修复以及生态风险评价提供坚实的物质基础。

（6）建立石油开采生态风险监控网络

由于石油污染是一个长期的环境问题，因此，将来的研究工作应该尽量延长研究周期，为获得更加准确的实验数据，更加科学地评估石油污染的生态效应提供时间保障。

（7）加强石油开采对景观尺度的区域生态风险评价

石油开采不仅会产生许多污染物，对生态受体产生危害，同时由于油井井场等的建设，道路修建以及供电、供水管道修建等，会对生态景观尺度产生一定的破坏，导致景观破碎化，斑块分裂等，景观由单一、均质和连续的整体趋向于复杂、异质和不连续的斑块镶嵌体，导致景观分割、破碎化、斑块缩小、消失等空间过程。因此，需加强石油开采对景观尺度的区域生态风险评价。

（8）逐步健全陆地石油开采环境监管法律法规

开展我国陆地石油开采污染环境管理急需的法律、法规、标准及规范制定方法学研究。研究我国石油开采环境风险调查、监测、评估方法，开展石油污染风险预警研究。制定石油开采污染物处理技术方法，石油开采污染修复的技术政策和修复技术以及修复评价标准。逐步健全和完善我国陆地石油开采环境监管法规和制度，从根本上推进石油污染防治工作。

参考文献

[1] Abrahamson A，Brandt I，Brunström B，et al. 2008. Monitoring contaminants from oil production at sea by measuring gill EROD activity in Atlantic cod（*Gadus morhua*）[J]. Environmental Pollution，153（1）：169-175.

[2] Andrade M，Covelo E，Vega F.，et al. 2004. Effect of the Oil Spill on Salt Marsh Soils on the Coast of Galicia（Northwestern Spain）[J]. Journal of Environmental Quality，33（6）：2103-2110.

[3] Baker J M. 1970. The effects of oils on plants[J]. Environmental Pollution，1970，1（1）：27-44.

[4] Banks M，Schultz K. 2005. Comparison of plants for germination toxicity tests in petroleum-contaminated soils[J]. Water，Air，& Soil Pollution，167（1）：211-219.

[5] Baran S，Bielińska J E，Oleszczuk P. 2004. Enzymatic activity in an airfield soil polluted with polycyclic aromatic hydrocarbons[J]. Geoderma，118（3）：221-232.

[6] Benka-Coker M，Ekundayo J. 1995. Effects of an oil spill on soil physico-chemical properties of a spill site in the Niger Delta Area of Nigeria[J]. Environmental Monitoring and Assessment，36（2）：93-104.

[7] Bi X，Wang B，Lu Q. 2011. Fragmentation effects of oil wells and roads on the Yellow River Delta，North China[J]. Ocean & Coastal Management，54（3）：256-264.

[8] Blackburn G A. 1998. Spectral indices for estimating photosynthetic pigment concentrations：a test using senescent tree leaves[J]. International Journal of Remote Sensing，19（4）：657-675.

[9] Bokar H. 2004. Groundwater quality and contamination index mapping in Changchun city，China[J]. Chinese Geographical Science，14（1）：63-70.

[10] Bongers T. 1990. The Maturity Index：An Ecological measure of environmental disturbance based on nematode species composition[J]. Oecologia，83（1）：14-19.

[11] Bongers T，Bongers M. 1998. Functional diversity of nematodes[J]. Applied Soil Ecology，10（3）：239-251.

[12] Brekke C，Solberg A H. 2005. Oil spill detection by satellite remote sensing[J]. Remote Sensing of Environment，95（1）：1-13.

[13] Broge N H，Leblanc E. 2001. Comparing prediction power and stability of broadband and hyperspectral vegetation indices for estimation of green leaf area index and canopy chlorophyll density[J]. Remote Sensing of Environment，76（2）：156-172.

[14] Chiou C T，Sheng G，Manes M. 2001. A partition-limited model for the plant uptake of organic contaminants from soil and water[J]. Environmental Science & Technology，35（7）：1437-1444.

[15] Chutter F. 1972. An empirical biotic index of the quality of water in South African streams and rivers[J]. Water Research，6（1）：19-30.

[16] Colnar A M，Landis W G. 2007. Conceptual model development for invasive species and a regional risk assessment case study: the European Green Crab，Carcinus maenas，at Cherry Point，Washington，USA[J].

Human and Ecological Risk Assessment，13（1）：120-155.

[17] Critto A，Torresan S，Semenzin E，et al. 2007. Development of a site-specific ecological risk assessment for contaminated sites：Part I. A multi-criteria based system for the selection of ecotoxicological tests and ecological observations[J]. Science of the Total Environment，379：16-33.

[18] Culbertson J B，Valiela I，Pickart M，et al. 2008. Long‐term consequences of residual petroleum on salt marsh grass[J]. Journal of Applied Ecology，45（4）：1284-1292.

[19] Daughtry C，Walthall C，Kim M，et al. 2000. Estimating corn leaf chlorophyll concentration from leaf and canopy reflectance[J]. Remote Sensing of Environment，74（2）：229-239.

[20] De Jong E. 1980. The effect of a crude oil spill on cereals[J]. Environmental Pollution Series A，Ecological and Biological，22（3）：187-196.

[21] Delille D. 2000. Response of Antarctic soil bacterial assemblages to contamination by diesel fuel and crude oil[J]. Microbial Ecology，40（2）：159-168.

[22] Ferris H，Bongers T，de Goede R G M. 2001. A framework for soil food web diagnostics：extension of the nematode faunal analysis concept[J]. Applied Soil Ecology，18（1）：13-29.

[23] Fingas M F，Brown C E. 1997. Review of oil spill remote sensing[J]. Spill Science & Technology Bulletin，4（4）：199-208.

[24] Foran J，Glenn B. 1993. Criteria to identify chemical candidates for sunsetting in the Great Lakes Basin. The George Washington University. Environmental Health and Policy Program，Department of Health Care Sciences，Washington，DC.

[25] Forstner U，Ahlf W，Calmano W，et al. 1990. Sediment criteria development-contributions from environmental geochemistry to water quality management. Sediments and environmental geochemistry select aspects and case histories.

[26] French McCay D，Rowe J J，Whittier N，et al. 2004. Estimation of potential impacts and natural resource damages of oil[J]. Journal of Hazardous Materials，107（1–2）：11-25.

[27] Fried J，Muntzer P，Zilliox L. 2006. Ground‐Water Pollution by Transfer of Oil Hydrocarbons[J]. Ground Water，17（6）：586-594.

[28] Fujita S，Chiba I，Ishizuka M，et al. 2001. P450 in wild animals as a biomarker of environmental impact[J]. Biomarkers，6（1）：19-25.

[29] GB 3838—2002，地表水环境质量标准.

[30] González-Doncel M，González L，Fernández-Torija C，et al. 2008. Toxic effects of an oil spill on fish early life stages may not be exclusively associated to PAHs：Studies with Prestige oil and medaka（Oryzias latipes）[J]. Aquatic Toxicology，87（4）：280-288.

[31] Goodey T. 1963. Soil and freshwater nematodes[M]. New York：John Wiley & Sons Inc.

[32] Haboudane D，Miller J R.，Tremblay N，et al. 2002. Integrated narrow-band vegetation indices for prediction of crop chlorophyll content for application to precision agriculture[J]. Remote Sensing of Environment，81（2）：416-426.

[33] Hakanson L. 1980. An ecological risk index for aquatic pollution control. A sedimentological approach[J]. Water Research，14（8）：975-1001.

[34] Han D，Zhang X，Tomar V V S，et al. 2009. Effects of heavy metal pollution of highway origin on soil

nematode guilds in North Shenyang，China[J]. Journal of Environmental Sciences，21（2）：193-198.

[35] Henner P，Schiavon M，Druelle V，et al. 1999. Phytotoxicity of ancient gaswork soils. Effect of polycyclic aromatic hydrocarbons（PAHs）on plant germination[J]. Organic Geochemistry，30（8）：963-969.

[36] Hershner C，Lake J. 1980. Effects of chronic oil pollution on a salt-marsh grass community[J]. Marine Biology，56（2）：163-173.

[37] Hilscherova K，Machala M，Kannan K，et al. 2000. Cell bioassays for detection of aryl hydrocarbon（AhR）and estrogen receptor（ER）mediated activity in environmental samples[J]. Environmental Science and Pollution Research，7（3）：159-171.

[38] Horler D，Dockray M，Barber J. 1983. The red edge of plant leaf reflectance[J]. International Journal of Remote Sensing，4（2）：273-288.

[39] Horng C Y，Lin H C，Lee W. 2010. A reproductive toxicology study of phenanthrene in medaka（*Oryzias latipes*）[J]. Archives of Environmental Contamination and Toxicology，58（1）：131-139.

[40] Hung H，Mackay D. 1997. A novel and simple model of the uptake of organic chemicals by vegetation from air and soil[J]. Chemosphere，35（5）：959-977.

[41] Hunsaker C T，Graham R L，Suter G W，et al. 1990. Assessing ecological risk on a regional scale[J]. Environmental Management，14（3）：325-332.

[42] Ibarra-Berastegi G，Elias A，Barona A，et al. 2008. From diagnosis to prognosis for forecasting air pollution using neural networks：Air pollution monitoring in Bilbao[J]. Environmental Modelling & Software，23（5）：622-637.

[43] International Organization for Standardization（ISO）. 1998. 13829，Water quality—Determination of genotoxicity of water and waste water using the umu test. Berlin，Germany.

[44] Karnieli A，Kaufman Y J，Remer L，et al. 2001. AFRI—Aerosol free vegetation index[J]. Remote Sensing of Environment，77（1）：10-21.

[45] Kaufman Y J，Tanre D. 1992. Atmospherically resistant vegetation index（ARVI）for EOS-MODIS[J]. Geoscience and Remote Sensing，IEEE Transactions on，30（2）：261-270.

[46] Löhmannsröben H-G，Roch T. 2000. In situ laser-induced fluorescence（LIF）analysis of petroleum product-contaminated soil samples[J]. J. Environ. Monit.，2（1）：17-22.

[47] Lamb R G. 1978. A numerical simulation of dispersion from an elevated point source in the convective planetary boundary layer[J]. Atmospheric Environment（1967），12（6）：1297-1304.

[48] Landis W G.，Wiegers J A. 1997. Design considerations and a suggested approach for regional and comparative ecological risk assessment[J]. Human and Ecological Risk Assessment，3（3）：287-297.

[49] Lin Q，Mendelssohn I A. 1996. A comparative investigation of the effects of south Louisiana crude oil on the vegetation of fresh，brackish and salt marshes[J]. Marine Pollution Bulletin，32（2）：202-209.

[50] Lipton J，Galbraith H，Burger J，et al. 1993. A paradigm for ecological risk assessment[J]. Environmental Management，17（1）：1-5.

[51] Long E R，MacDonald D D，Smith S L，et al. 1995. Incidence of adverse biological effects within ranges of chemical concentrations in marine and estuarine sediments[J]. Environmental Management，19（1）：81-97.

[52] Müller P J，Suess E. 1979. Productivity，sedimentation rate，and sedimentary organic matter in the oceans-

I. Organic carbon preservation. Deep Sea Research Part A. Oceanographic Research Papers[J]. 26（12）: 1347-1362.

[53] MacDonald D D，Ingersoll C，Berger T. 2000. Development and evaluation of consensus-based sediment quality guidelines for freshwater ecosystems[J]. Archives of Environmental Contamination and Toxicology，39（1）: 20-31.

[54] Malling H. 1971. Dimethylnitrosamine: formation of mutagenic compounds by interaction with mouse liver microsomes[J]. Mutation Research，13（4）: 425.

[55] Margesin R，Zimmerbauer A，Schinner F. 2000. Monitoring of bioremediation by soil biological activities[J]. Chemosphere，40（4）: 339-346.

[56] McCulloch W S，Pitts W. 1943. A logical calculus of the ideas immanent in nervous activity[J]. Bulletin of Mathematical Biology，5（4）: 115-133.

[57] Megharaj M，Singleton I，McClure N，et al. 2000. Influence of petroleum hydrocarbon contamination on microalgae and microbial activities in a long-term contaminated soil[J]. Archives of Environmental Contamination and Toxicology，38（4）: 439-445.

[58] Mitchell R R，Summer C L，Blonde S A，et al. 2002. SCRAM: a scoring and ranking system for persistent，bioaccumulative，and toxic substances for the North American Great Lakes-resulting chemical scores and rankings[J]. Human and Ecological Risk Assessment: An International Journal，8（3）: 537-557.

[59] Moraes R，Molander S. 2004. A procedure for ecological tiered assessment of risks（PETAR）[J]. Human and Ecological Risk Assessment，10（2）: 349-371.

[60] Moseley C L，Meyer M R. 1992. Petroleum contamination of an elementary school: a case history involving air，soil-gas，and groundwater monitoring[J]. Environmental Science & Technology，26（1）: 185-192.

[61] Muller G. 1969. Index of geoaccumulation in sediments of the Rhine River[J]. Geojournal，2（3）: 108-118.

[62] Neher D A. 2001. Role of nematodes in soil health and their use as indicators[J]. Journal of Nematology，33（4）: 161-168.

[63] Neher D A，Peck S L，Rawlings J O，et al. 1995. Measures of nematode community structure and sources of variability among and within agricultural fields[J]. Plant and Soil，170（1）: 167-181.

[64] Ogboghodo I，Erebor E，Osemwota I，et al. 2004. The effects of application of poultry manure to crude oil polluted soils on maize（Zea mays）growth and soil properties[J]. Environmental Monitoring and Assessment，96（1）: 153-161.

[65] Ohe T，Watanabe T，Wakabayashi K. 2004. Mutagens in surface waters: a review[J]. Mutation Research-Reviews in Mutation Research，567（2）: 109-149.

[66] Payne J F，Fancey L L，Rahimtula A D，et al. 1987. Review and perspective on the use of mixed-function oxygenase enzymes in biological monitoring[J]. Comparative Biochemistry and Physiology Part C: Comparative Pharmacology，86（2）: 233-245.

[67] Peterson C H，Rice S D，Short J W，et al. 2003. Long-term ecosystem response to the Exxon Valdez oil spill[J]. Science，302（5653）: 2082-2086.

[68] Pezeshki S R，Hester M W，Lin Q，et al. 2000. The effects of oil spill and clean-up on dominant US Gulf coast marsh macrophytes: a review[J]. Environmental Pollution，108（2）: 129-139.

[69] Poland A，Knutson J C. 1982. 2,3,7,8-tetrachlorodibenzo-thorn-dioxin and related halogenated aromatic hydrocarbons：examination of the mechanism of toxicity[J]. Annual review of pharmacology and toxicology，22（1）：517-554.

[70] Porta A，Pellei M. 2001. Remediation and Beneficial Reuse of Contaminated Sediments. In：Hinchee，R.E.（Ed.），The First International Conference on Remediation of Contaminated Sediments.Venice.

[71] Poulton B，Finger S，Humphrey S. 1997. Effects of a crude oil spill on the benthic invertebrate community in the Gasconade River，Missouri[J]. Archives of environmental contamination and toxicology，33（3）：268-276.

[72] Pratt J M，Coler R A. 1976. A procedure for the routine biological evaluation of urban runoff in small rivers[J]. Water Research，10（11）：1019-1025.

[73] Pu R，Gong P，Biging G S，et al. 2003. Extraction of red edge optical parameters from Hyperion data for estimation of forest leaf area index[J]. Geoscience and Remote Sensing，IEEE Transactions on，41（4）：916-921.

[74] Qi S，Fang L. 2007. Environmental degradation in the Yellow River Delta，Shandong Province，China[J]. AMBIO：A Journal of the Human Environment，36（7）：610-611.

[75] Reifferscheid G，Heil J. 1996. Validation of the SOS/*umu* test using test results of 486 chemicals and comparison with the Ames test and carcinogenicity data[J]. Mutation Research/Genetic Toxicology，369（3）：129-145.

[76] Reifferscheid G，Heil J，Oda Y，et al. 1991. A microplate version of the SOS/*umu*-test for rapid detection of genotoxins and genotoxic potentials of environmental samples[J]. Mutation Research/Environmental Mutagenesis and Related Subjects，253（3）：215-222.

[77] Ritchie J，Cresser M，Cotter-Howells J. 2001. Toxicological response of a bioluminescent microbial assay to Zn，Pb and Cu in an artificial soil solution：relationship with total metal concentrations and free ion activities[J]. Environmental Pollution，114（1）：129-136.

[78] Rouse J，1974. Monitoring vegetation systems in the Great Plains with ERTS. NASA. Goddard Space Flight Center 3 d ERTS-1 Symp.

[79] Salanitro J P，Dorn P B，Huesemann M H，et al. 1997. Crude oil hydrocarbon bioremediation and soil ecotoxicity assessment[J]. Environmental science & technology，31（6）：1769-1776.

[80] Samsøe-Petersen L，Larsen E H，Larsen P B，et al. 2002. Uptake of trace elements and PAHs by fruit and vegetables from contaminated soils[J]. Environmental science & technology，36（14）：3057-3063.

[81] Schmitt M，Gellert G，Lichtenberg-Fraté H. 2005. The toxic potential of an industrial effluent determined with the Saccharomyces cerevisiae-based assay[J]. Water research，39（14）：3211-3218.

[82] Seilheimer T S，Mahoney T P，Chow-Fraser P. 2009. Comparative study of ecological indices for assessing human-induced disturbance in coastal wetlands of the Laurentian Great Lakes[J]. Ecological indicators，9（1）：81-91.

[83] Shao Y，Zhang W，Shen J，et al. 2008. Nematodes as indicators of soil recovery in tailings of a lead/zinc mine[J]. Soil Biology and Biochemistry，40（8）：2040-2046.

[84] Smith S L，MacDonald D D，Keenleyside K A，et al. 1996. A preliminary evaluation of sediment quality assessment values for freshwater ecosystems[J]. Journal of Great Lakes Research，22（3）：624-638.

[85] Snow-Ashbrook J，Erstfeld K M. 1998. Soil nematode communities as indicators of the effects of environmental contamination with polycyclic aromatic hydrocarbons[J]. Ecotoxicology，7（6）：363-370.

[86] Swartjes F A. 2001. Human exposure model comparison study：state of play[J]. Land Contamination and Reclamation，9（1）：101-106.

[87] Thomson A D，Webb K L. 1984. The effect of chronic oil pollution on salt-marsh nitrogen fixation （acetylene reduction）[J]. Estuaries and Coasts，7（1）：2-11.

[88] Trapp S. 2002. Dynamic root uptake model for neutral lipophilic organics[J]. Environmental Toxicology and Chemistry，21（1）：203-206.

[89] Trapp S，Matthies M. 1995. Generic one-compartment model for uptake of organic chemicals by foliar vegetation[J]. Environmental science & technology，29（9）：2333-2338.

[90] Trapp S，Rasmussen D，Samsøe-Petersen L. 2003. Fruit tree model for uptake of organic compounds from soil[J]. SAR and QSAR in Environmental Research，14（1）：17-26.

[91] Travis C C，Arms A D. 1988. Bioconcentration of organics in beef，milk，and vegetation[J]. Environmental science & technology，22（3）：271-274.

[92] USEPA，1992a. Framework for ecological risk Assessment. U.S. Environmental Protection Agency.

[93] USEPA，1992b. Guidelines for Exposure Assessment. U.S. Environmental Protection Agency.

[94] USEPA，1996a. Ecological Effects Test Guidelines OPPTS 850.1075，Fish Acute Toxicity Test，Freshwater and Marine. Washington DC，Office of water.

[95] USEPA，1996b. Soil screening guidance：User's guide. U.S. Environmental Protection Agency.

[96] USEPA，1998. Guidelines for ecological risk assessment. U.S. Environmental Protection Agency.

[97] USEPA，2000. Estuarine and Coastal Marine Waters：Bioassessment and Biocriteria Technical Guidance. Washington DC，United States Environmental Protection Agency，Office of Water.

[98] USEPA，2002. Priority pollution. Washington DC，U.S. Environmental Protection Agency.

[99] USEPA，2006. National recommended water quality criteria. U.S. Environmental Protection Agency.

[100] Verschuren D，Tibby J，Sabbe K，et al. 2000. Effects of depth，salinity，and substrate on the invertebrate community of a fluctuating tropical lake[J]. Ecology，81（1）：164-182.

[101] Von Steiger B，Webster R，Schulin R，et al. 1996. Mapping heavy metals in polluted soil by disjunctive kriging[J]. Environmental Pollution，94（2）：205-215.

[102] Vondráček J，Machala M，Minksová K，et al. 2009. Monitoring river sediments contaminated predominantly with polyaromatic hydrocarbons by chemical and in vitro bioassay techniques[J]. Environmental Toxicology and Chemistry，20（7）：1499-1506.

[103] Walter T，Ederer H，Först C，et al. 2000. Sorption of selected polycyclic aromatic hydrocarbons on soils in oil-contaminated systems[J]. Chemosphere，41（3）：387-397.

[104] Wang Y，Chen H，Wu J. 2009. Influences of chronic contamination of oil field exploitation on soil nematode communities at the Yellow River Delta of China[J]. Frontiers of Biology in China（4）：376-383.

[105] Weeks J，Comber S. 2005. Ecological risk assessment of contaminated soil[J]. Mineralogical Magazine，69（5）：601-613.

[106] Whipple J A，Eldridge M B，Benville Jr P. 1981. An ecological perspective of the effects of monocyclic aromatic hydrocarbons on fishes. In：Vernberg，F.J.（Ed.），Biological Monitoring of Marine Pollutants，

Academic Press：483-551.

[107] White J，Welch R，Norvell W. 1997. Soil zinc map of the USA using geostatistics and geographic information systems[J]. Soil Science Society of America Journal，61（1）：185-194.

[108] Woodall D W，Gambrell R P，Rabalais N N，et al. 2001. Developing a method to track oil and gas produced water discharges in estuarine systems using salinity as a conservative tracer[J]. Marine Pollution Bulletin，42（11）：1118-1127.

[109] Wyszkowska J，Kucharski J，Waldowska E. 2002. The influence of diesel oil contamination on soil microorganisms and oat growth[J]. Rostlinná Vyroba，48（1）：51-57.

[110] Xiao N W，Jing B B，Ge F，et al. 2006. The fate of herbicide acetochlor and its toxicity to *Eisenia fetida* under laboratory conditions[J]. Chemosphere，62（8）：1366-1373.

[111] Xu X，Lin H，Fu Z. 2004. Probe into the method of regional ecological risk assessment - a case study of wetland in the Yellow River Delta in China[J]. Journal of Environmental Management，70（3）：253-262.

[112] Yeates G W，Bongers T. 1993. Feeding habits in soil nematode families and genera-an out line for soil ecologists[J]. The Journal of Nematology，25：315-331.

[113] Yeates G W，Wardle D A，Watson R N. 1993. Relationships between nematodes，soil microbial biomass and weed-management strategies in maize and asparagus cropping systems[J]. Soil Biology and Biochemistry，25（7）：869-876.

[114] Yum S，Woo S，Kagami Y，et al. 2010. Changes in gene expression profile of medaka with acute toxicity of Arochlor 1260，a polychlorinated biphenyl mixture[J]. Comparative Biochemistry and Physiology Part C：Toxicology & Pharmacology，151（1）：51-56.

[115] 尹文英. 1998. 中国土壤动物检索图鉴[M]. 北京：科学出版社.

[116] 王久瑞，田永彬，陈雷，等. 2002. 油田开发区域草原生态环境演变规律及保护恢复对策[J]. 油气田环境保护，12（2）：36-38.

[117] 王大为，安黎哲，王勋陵，等. 1995. 原油的土壤污染对小麦、荞麦生长的影响[J]. 西北植物学报，15（5）：65-70.

[118] 王小雨，冯江，王静. 2009. 莫莫格湿地油田开采区土壤石油烃污染及对土壤性质的影响[J]. 环境科学，30（8）：2394-2401.

[119] 王如刚，王敏，牛晓伟，等. 2010. 超声-索氏萃取-重量法测定土壤中总石油烃含量[J]. 分析化学，38（3）：417-420.

[120] 王林昌. 2009. 石油开发对环境的影响及对策研究[D]. 青岛：中国海洋大学.

[121] 王雪峰，陈桂珠，许夏玲. 2005. 白骨壤对石油污染的生理生态响应[J]. 生态学报，25（5）：1095-1100.

[122] 王景华，穆从如，刘凤奎. 1989. 油田开发环境影响评价文集[M]. 北京：中国环境科学出版社.

[123] 王瑗，盛连喜，李科，等. 2008. 石油污染土壤的近红外波段偏振光特性测量[J]. 科学通报，（23）：2956-2961.

[124] 王备新，杨莲芳. 2004. 我国东部底栖无脊椎动物主要分类单元耐污值[J]. 生态学报，24（12）：2769-2775.

[125] 付在毅，许学工. 2001. 区域生态风险评价[J]. 地球科学进展，16（2）：267-271.

[126] 申保忠，田家怡. 2006. 黄河三角洲水质污染对淡水底栖动物多样性的影响[J]. 滨州学院学报，21（6）：43-46.

[127] 任随周，郭俊，邓穗儿，等. 2005. 石油降解菌的分离鉴定及石油污染土壤的细菌多样性[J]. 生态学报，25（12）：3314-3322.

[128] 何艺，谢志成，朱琳. 2008. 不同类型水浇灌对已污染土壤酶及微生物量碳的影响[J]. 农业环境科学学报，27（6）：2227-2232.

[129] 李小利，刘国彬，薛萐，等. 2007. 土壤石油污染对植物苗期生长和土壤呼吸的影响[J]. 水土保持学报，21（3）：95-98，127.

[130] 李迪强，张于光. 2009. 自然保护区资源调查与标本采集整理共享技术规程[M]. 北京：中国大地出版社：124-128.

[131] 杜军，杨青华. 2010. 基于土地利用变化和空间统计学的区域生态风险分析——以武汉市为例[J]. 国土资源遥感，84（2）：102-106.

[132] 汪生平，唐勇，柴源，等. 2009. 采油污水深度处理和回收再利用[J]. 油气田环境保护，19（73）：37-39，42.

[133] 肖汝，汪群慧，杜晓明，等. 2006. 典型污灌区土壤中多环芳烃的垂直分布特征[J]. 环境科学研究，19（06）：49-53.

[134] 肖能文，谢德燕，王学霞，等. 2011a. 大庆油田石油开采对土壤线虫群落的影响[J]. 生态学报，31（13）：3736-3744.

[135] 肖能文，谢德燕，李俊生，等. 2011b. 胜利油田油井开采时间对土壤线虫群落的影响[J]. 环境科学研究，24（9）：1008-1015.

[136] 肖睿洋，禹果，王春霞，等. 2005. 天津地区土壤中遗传毒性物质的分布规律[J]. 环境科学学报，25（10）：1403-1407.

[137] 邢尚军，郗金标，张建锋，等. 2003. 黄河三角洲植被基本特征及其主要类型[J]. 东北林业大学学报，31（6）：85-86.

[138] 周文敏，傅德黔，孙宗光. 1990. 水中优先控制污染物黑名单[J]. 中国环境监测，6（4）：1-3.

[139] 周文敏，傅德黔，孙宗光. 1991. 中国水中优先控制污染物黑名单的确定[J]. 环境科学研究，4（6）：9-12.

[140] 侯本栋，马风云，吴海燕，等. 2008. 黄河三角洲不同演替阶段湿地土壤线虫的群落特征[J]. 应用与环境生物学报，14（2）：202-206.

[141] 侯腱膑，陈东明，付晓. 2010. 油田污水处理技术现状和新进展[J]. 内蒙古石油化工，36（10）：55-59.

[142] 姜昌亮，邓皓，张德华. 2000. 石油工业环境保护[M]. 北京：石油工业出版社.

[143] 姚德明，许华夏，张海荣，等. 2002. 石油污染土壤生物修复过程中微生物生态研究[J]. 生态学杂志，21（1）：26-28.

[144] 凌斌，肖启明，戈峰，等. 2008. 云南省高黎贡山土壤线虫群落结构及多样性[J]. 湖南农业大学学报：自然科学版，34（3）：341-346.

[145] 桑玉全，马晓蕾. 2006. 氧化塘技术处理采油废水运转效果监测及分析[J]. 油气田环境保护，（1）：46-48，62.

[146] 常志州，何加骏. 1998. 石油污染对土壤氮素矿化和硝化作用的影响[J]. 农村生态环境，14（1）：40-43.

[147] 臧淑英，梁欣，张思冲. 2005. 基于 GIS 的大庆市土地利用生态风险分析[J]. 自然灾害学报，14（4）：141-145.

[148] 蒙吉军，赵春红. 2009. 区域生态风险评价指标体系[J]. 应用生态学报，20（4）：983-990.

[149] 蔡文超，黄韧，李建军，等. 2012. 生物标志物在海洋环境污染监测中的应用及特点[J]. 水生态学杂志，33（2）：137-146.

[150] 霍传林，王菊英，韩庚辰，等. 2002. 鱼体内 EROD 活性对多氯联苯类的指示作用[J]. 海洋环境科学，21（1）：5-8.

[151] 薛强，梁冰，刘建军，等. 2005. 石油污染组分在包气带土壤中运移的数值仿真模型及应用[J]. 系统仿真学报，17（11）：20-23.

[152] 冯君，唐丽娜，张晋京，等. 2008. 长期石油污染土壤腐殖质组成的研究[J]. 环境科学，29（5）：1425-1429.

[153] 李丽和. 2007. 石油烃污染场地风险评价及案例研究[D]. 北京化工大学.

[154] 刘五星，骆永明，滕应，等. 2007a. 石油污染土壤的生态风险评价和生物修复 II.石油污染土壤的理化性质和微生物生态变化研究[J]. 土壤学报，44（5）：848-853.

[155] 刘五星，骆永明，滕应，等. 2007b. 我国部分油田土壤及油泥的石油污染初步研究[J]. 土壤，39（2）：247-251.

[156] 刘征涛，张映映，周俊丽，等. 2008. 长江口表层沉积物中半挥发性有机物的分布[J]. 环境科学研究，127（2）：10-13.

[157] 刘培，梁继东，高伟，等. 2011. 延安石油开采对周边黄土污染的调查分析[J]. 西安交通大学学报，45（7）：123-128.

[158] 刘敬敏，刘广丽，卢宇. 2010. 油田污水处理方法分析[J]. 油气田地面工程，29（8）：63-64.

[159] 刘庆生，刘高焕，励惠国. 2004. 辽河三角洲土壤中石油类物质含量光谱分析初探[J]. 能源环境保护，18（4）：52-55.

[160] 刘晓艳，李兴伟，纪学雁，等. 2004. 油田城市地表土壤石油污染特点及其防治对策[J]. 国土与自然资源研究，（4）：68-69.

[161] 刘维志，2004. 植物线虫志[M]. 北京：中国农业出版社.

[162] 吕桂芬，赵吉，赵利，等. 1997. 应用土壤酶活性评价草原石油污染的初步研究[J]. 内蒙古大学学报：自然科学版，28（5）：106-110.

[163] 国家环境保护局. 1992. 石油石化工业废水治理[M]. 北京：中国环境科学出版社.

[164] 孙铁珩，宋玉芳. 2002. 土壤污染的生态毒理诊断[J]. 环境科学学报，22（6）：689-695.

[165] 张文. 2010. 油田污水处理技术现状及发展趋势[J]. 油气地质与采收率，17（2）：108-110，118.

[166] 张晋京，窦森，谢修鸿，等. 2009. 长期石油污染土壤中胡敏酸结构特征的研究[J]. 光谱学与光谱分析，29（6）：1531-1535.

[167] 杨云霞，张晓健. 2000. 我国油田采出水处理回注的现状及技术发展[J]. 给水排水，26（7）：32-35.

[168] 杨沛，李天宏，毛小苓. 2011. 基于 PESR 模型的深圳河流域生态风险分析[J]. 北京大学学报：自然科学版，47（4）：727-734.

[169] 杨建丽，刘征涛，冯流，等. 2009. 长江口水体中 PAHs 的基本生态风险特征[J]. 环境科学研究，22（7）：784-787.

[170] 许学工，林辉平，付在毅，等. 2001. 黄河三角洲湿地区域生态风险评价[J]. 北京大学学报：自然科学版，37（1）：111-120.

[171] 贾建丽，刘莹，李广贺，等. 2009. 油田区土壤石油污染特性及理化性质关系[J]. 化工学报，60（3）：

726-732.

[172] 邓秀英. 1999. 油田采出水处理技术综述[J]. 工业用水与废水，30（2）：7-9.

[173] 陆秀君，许有博，李常猛，等. 2009. 石油烃污染对三种灌木植物生理及叶绿素荧光参数的影响[J]. 北方园艺，8：9.

[174] 陈鹤建. 2000. 原油在土壤中的渗透及降解规律[J]. 油气田环境保护，10（4）：14-15.

[175] 项勇，常斌. 2002. 大港油田污水处理技术[J]. 石油规划设计，13（2）：17-18，10.

[176] 鲍士旦. 2000. 土壤理化分析[M]. 北京：中国农业出版社.

[177] 黄玉瑶，滕德兴，赵忠宪. 1982. 应用大型无脊椎动物群落结构特征及其多样性指数监测蓟运河污染[J]. 动物学集刊，2（2）：133-144.

[178] 黄廷林，任磊. 2000. 黄土地区石油类污染物的径流污染模拟及模型预测[J]. 中国环境科学，20（4）：345-348.

[179] 龚剑，冉勇，杨余，等. 2008. 珠江广州河段表层水中雌激素化合物的污染状况[J]. 环境化学，27（2）：242-244.